Die **Themenseite** enthält oftmals anspruchsvolle Aufgaben zu einem einzigen, interessanten Thema. Die mathematischen Inhalte werden dabei miteinander verbunden.

Der **zweite Teil** enthält „Diskussionsaufgaben": Bezieht Stellung zu den Behauptungen und begründet oder widerlegt sie. Anschließend vergleicht ihr eure Ergebnisse mit einem Partner.

Die Doppelseite **Das kann ich!** hat verschiedene Teile:
Im **ersten Teil** findet ihr Aufgaben, die ihr alleine löst. Anschließend bewertet ihr euch; die Lösungen dazu findet ihr im Anhang. Die Aufgaben sind Grundaufgaben des Kapitels, ihr solltet also einen Großteil davon gut schaffen.

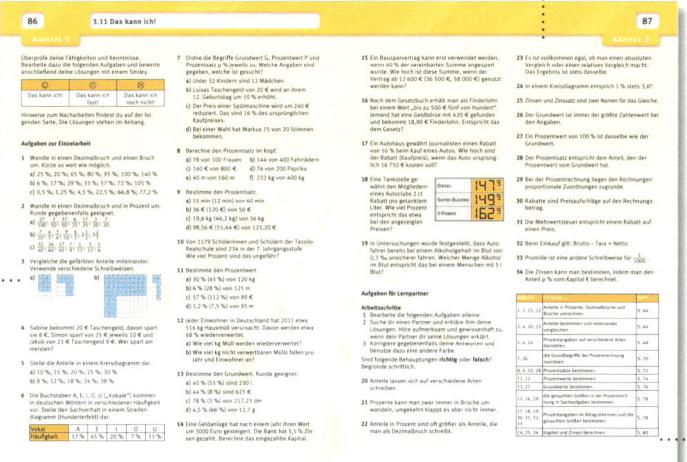

Mithilfe der Tabelle im **dritten Teil** könnt ihr prüfen, was ihr gut könnt und wo ihr noch üben müsst. Ihr findet auch Seitenverweise zum Nacharbeiten.

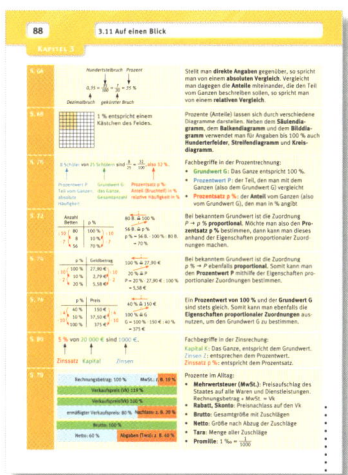

Die Seite **Auf einen Blick** enthält das Grundwissen des Kapitels in kompakter Form.

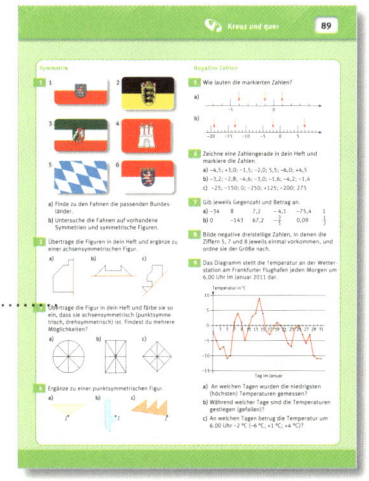

Habt ihr auch nichts vergessen? Auf den Seiten **Kreuz und quer**, die „zwischen zwei Kapiteln" stehen, könnt ihr testen, ob ihr im Stoff der zurückliegenden Kapitel bzw. Schuljahre noch fit seid.

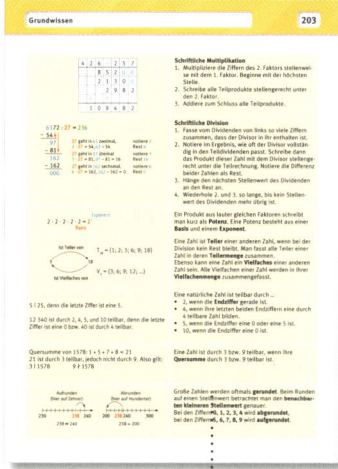

Wollt ihr Mathe-Stoff nachschlagen, der schon länger zurückliegt? Am Ende des Buches findet ihr das **Grundwissen**.

Lara T.

Mathe.Logo 7

Gymnasium Thüringen

Herausgegeben von Michael Kleine und Matthias Ludwig

Bearbeitet von Eva Fischer, Attilio Forte, Michael Kleine, Matthias Ludwig, Thomas Prill, Mareike Schmück, Frank Weigand

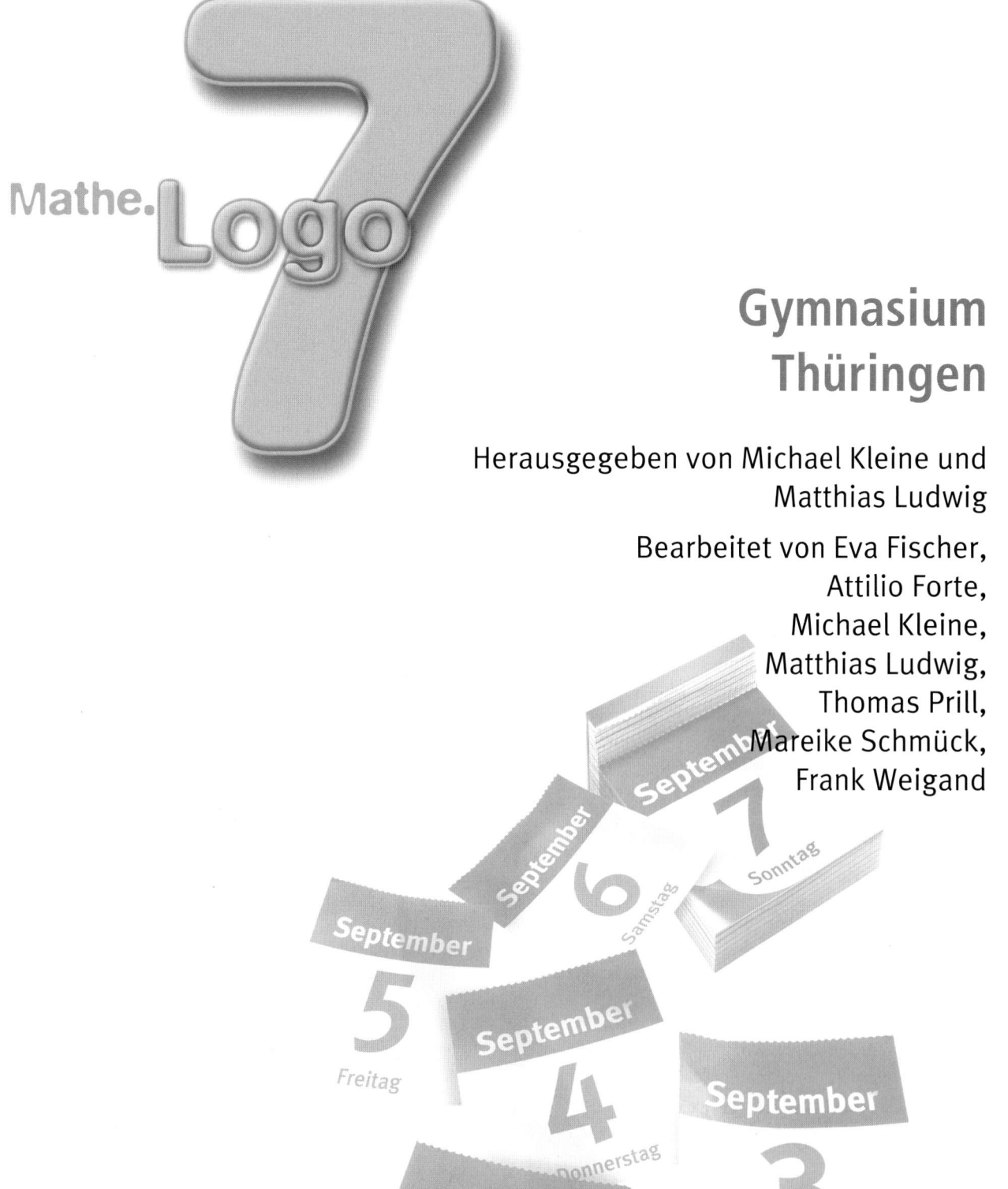

C.C.BUCHNER

Mathe.Logo 7
Gymnasium
Thüringen

Dieses Werk folgt der reformierten Rechtschreibung und Zeichensetzung. Ausnahmen bilden Texte, bei denen künstlerische und lizenzrechtliche Gründe einer Änderung entgegenstehen.

1. Auflage 1^{4321} 2014 2013 2012 2011
Die letzte Zahl bedeutet das Jahr dieses Druckes.
Alle Drucke dieser Auflage sind, weil untereinander unverändert, nebeneinander benutzbar.

© 2011 C.C. Buchners Verlag, Bamberg

Das Werk und seine Teile sind urheberrechtlich geschützt. Jede Verwertung in anderen als den gesetzlich zugelassenen Fällen bedarf der vorherigen schriftlichen Einwilligung des Verlages. Das gilt insbesondere auch für Vervielfältigungen, Übersetzungen und Mikroverfilmungen.
Hinweis zu § 52a UrhG: Weder das Werk noch seine Teile dürfen ohne eine solche Einwilligung in ein Netzwerk eingestellt werden. Dies gilt auch für Intranets von Schulen und sonstigen Bildungseinrichtungen.

Herausgeber: Prof. Dr. Michael Kleine, Prof. Dr. Matthias Ludwig
Autoren: Eva Fischer, Attilio Forte, Prof. Dr. Michael Kleine,
Prof. Dr. Matthias Ludwig, Thomas Prill, Mareike Schmück, Frank Weigand
Beratung: Grit Moschkau
Redaktion: Georg Vollmer, Jürgen Grimm
Grafische Gestaltung: Wildner & Designer GmbH, Fürth, www.wildner-designer.de
Druck- und Bindearbeiten: Stürtz GmbH, Würzburg

www.ccbuchner.de

ISBN 978-3-7661-**8407**-8

Inhalt

Mathematische Zeichen und Abkürzungen 6

1 Dreiecke 7

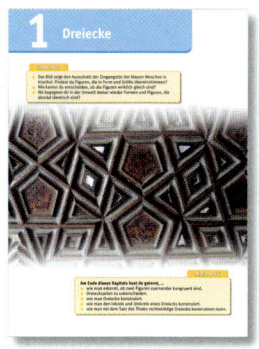

1.1	Kongruente Figuren	8
1.2	Dreiecksarten	12
1.3	Merkwürdige Linien im Dreieck	14
1.4	Umkreis und Inkreis	16
1.5	Dreiecke konstruieren	18
1.6	Satz des Thales	22
1.7	Kreistangenten	26
1.8	Vermischte Aufgaben	28
1.9	Themenseite: Origami	30
1.10	Das kann ich!	32
1.11	Auf einen Blick	34

Kreuz und quer 35

2 Zuordnungen 37

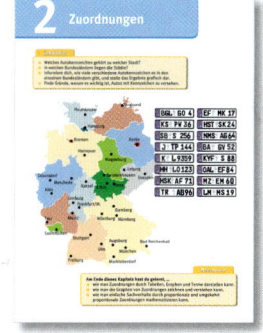

2.1	Zuordnungen und ihre Darstellung	38
2.2	Graphen zeichnen und beurteilen	40
2.3	Proportionale Zuordnungen	44
2.4	Umgekehrt proportionale Zuordnungen	48
2.5	Vermischte Aufgaben	52
2.6	Themenseite: Taschenrechner	54
2.7	Themenseite: Mathematische Experimente	56
2.8	Das kann ich!	58
2.9	Auf einen Blick	60

Kreuz und quer 61

3 Prozentrechnung 63

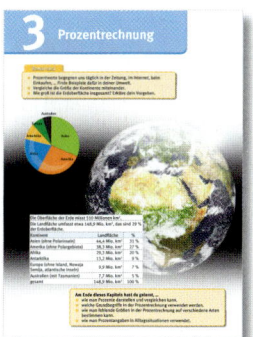

3.1	Brüche und Prozente	64
3.2	Prozente darstellen	68
3.3	Grundbegriffe der Prozentrechnung	70
3.4	Prozentsatz bestimmen	72
3.5	Prozentwert bestimmen	74
3.6	Grundwert bestimmen	76
3.7	Prozente im Alltag	78
3.8	Kapital und Zinsen	80
3.9	Vermischte Aufgaben	82
3.10	Themenseite: Rund um den Straßenverkehr	84
3.11	Das kann ich!	86
3.12	Auf einen Blick	88

Kreuz und quer 89

Inhalt

4	**Daten und Zufall**	**91**
4.1	Daten beschreiben	92
4.2	Boxplot	94
4.3	Zufallsversuche	98
4.4	Das Gesetz der großen Zahlen	100
4.5	Laplace-Wahrscheinlichkeit	102
4.6	Vermischte Aufgaben	106
4.7	Themenseite: Daten und Zufall mit dem Computer	108
4.8	**Das kann ich!**	**110**
4.9	**Auf einen Blick**	**112**
	Kreuz und quer	**113**

5	**Flächeninhalt von Drei- und Vierecken**	**115**
5.1	Vierecke	116
5.2	Flächenvergleich	120
5.3	Flächeninhalt von Parallelogrammen	122
5.4	Flächeninhalt von Dreiecken	124
5.5	Flächeninhalt von Trapezen	128
5.6	Flächeninhalt von Vielecken	130
5.7	Vermischte Aufgaben	134
5.8	Themenseite: Vermessen	136
5.9	**Das kann ich!**	**138**
5.10	**Auf einen Blick**	**140**
	Kreuz und quer	**141**

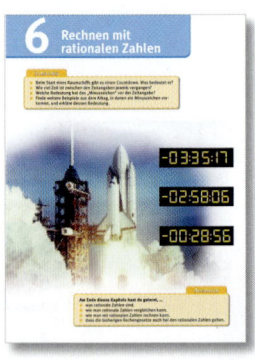

6	**Rechnen mit rationalen Zahlen**	**143**
6.1	Rationale Zahlen	144
6.2	Rationale Zahlen ordnen und runden	148
6.3	Rationale Zahlen addieren und subtrahieren	150
6.4	Rationale Zahlen multiplizieren	154
6.5	Rechengesetze	156
6.6	Rationale Zahlen dividieren	158
6.7	Verbindung der Grundrechenarten	160
6.8	Potenzen mit rationaler Basis	162
6.9	Vermischte Aufgaben	164
6.10	Themenseite: Luftige Höhen	166
6.11	**Das kann ich!**	**168**
6.12	**Auf einen Blick**	**170**
	Kreuz und quer	**171**

7	**Terme und Gleichungen**	**173**
7.1	Terme finden	174
7.2	Terme vereinfachen	178
7.3	Terme multiplizieren und dividieren	180
7.4	Terme mit Klammern auflösen	182
7.5	Gleichungen lösen	184
7.6	Grund- und Lösungsmenge	186
7.7	Gleichungen umformen	188
7.8	Sachaufgaben lösen	192
7.9	Vermischte Aufgaben	194
7.10	Themenseite: Fliegerei	196
7.11	Das kann ich!	198
7.12	Auf einen Blick	200

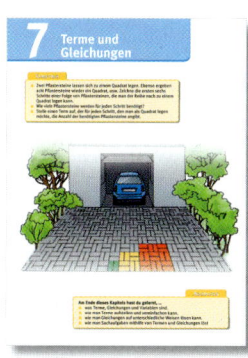

Kreuz und quer — 201

Grundwissen — 203

Lösungen zu „Das kann ich!" — 209

Stichwortverzeichnis — 223

Bildnachweis — 224

Mathematische Zeichen und Abkürzungen

$\mathbb{N}$	Menge der natürlichen Zahlen	ggT (m; n)	größter gemeinsamer Teiler von m und n
$\mathbb{Z}$	Menge der ganzen Zahlen	H (Z)	absolute Häufigkeit, mit der das Ergebnis Z (z. B. Zahl) vorkommt
$\mathbb{Q}$	Menge der rationalen Zahlen	h (Z)	relative Häufigkeit, mit der das Ergebnis Z (z. B. Zahl) vorkommt
=	gleich		
≈	ungefähr gleich	$\overline{x}$	arithmetisches Mittel
>	größer als	|n|	Betrag der Zahl n
<	kleiner als	P, A, …	Punkte
≧	größer oder gleich	P (x|y)	Punkt P mit den Koordinaten x und y
≦	kleiner oder gleich	g, h, …	Geraden, Strahlen
≙	entspricht	$\overline{PQ}$	Strecke mit den Endpunkten P und Q, auch Länge der Strecke
|	teilt	α, β, γ, …	Winkelbezeichnungen
∤	teilt nicht	°	Grad, Maßeinheit für Winkel
+	plus	LE	Längeneinheit
−	minus	u	Umfangslänge
·	mal, multipliziert mit	r	Radius eines Kreises
:	geteilt durch, dividiert durch	d	Durchmesser eines Kreises
a^n	Potenz; „a hoch n"	FE	Flächeneinheit
$\frac{a}{b}$	Bruch mit Zähler a und Nenner b	A	Flächeninhalt
%	Prozent	V	Volumen, Rauminhalt
$T_n = \{…\}$	Teilermenge der Zahl n	⊥	senkrecht auf
$V_n = \{…\}$	Vielfachenmenge der Zahl n	∥	parallel zu
kgV (m; n)	kleinstes gemeinsames Vielfaches von m und n		

1 Dreiecke

Einstieg

- Das Bild zeigt den Ausschnitt der Eingangstür der blauen Moschee in Istanbul. Findest du Figuren, die in Form und Größe übereinstimmen?
- Wie kannst du entscheiden, ob die Figuren wirklich gleich sind?
- Wo begegnen dir in der Umwelt immer wieder Formen und Figuren, die absolut identisch sind?

Ausblick

Am Ende dieses Kapitels hast du gelernt, …
- wie man erkennt, ob zwei Figuren zueinander kongruent sind.
- Dreiecksarten zu unterscheiden.
- wie man Dreiecke konstruiert.
- wie man den Inkreis und Umkreis eines Dreiecks konstruiert.
- wie man mit dem Satz des Thales rechtwinklige Dreiecke konstruieren kann.

1.1 Kongruente Figuren

KAPITEL 1

Ein Einbrecher hat versehentlich alle seine nachgemachten Tresorschlüssel fallen lassen. Vom passenden Tresorschlüssel hat er noch den Originalabdruck.
- Wie kann der Dieb anhand des Abdrucks den passenden Schlüssel finden?
- Gibt es noch weitere Schlüssel, die zu diesem Tresor passen?
- Welche (geometrischen) Eigenschaften muss der Schlüssel haben, damit dieser das Schloss öffnen kann?

*Punkte auf der Spiegelachse werden auf sich selbst abgebildet. Solche Punkte nennt man **Fixpunkte**.*

*Unter dem **Umlaufsinn** versteht man die „Richtung", in der die Punkte einer Figur bezeichnet sind.*

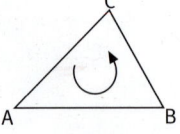

Verschiebungspfeile ein und derselben Verschiebung
- *sind gleich lang,*
- *sind zueinander parallel,*
- *haben die gleiche Richtung.*

MERKWISSEN

Figuren sind zueinander **kongruent** (**deckungsgleich**), wenn sie in Form und Größe übereinstimmen. Wird eine Figur durch eine **Achsenspiegelung**, **Punktspiegelung**, **Drehung** oder **Verschiebung** abgebildet, so ist die Bildfigur kongruent zum Original.

Achsenspiegelung
Für den Bildpunkt A' von A gilt als Abbildungsvorschrift:
1. Die Strecke $\overline{AA'}$ steht senkrecht zur Spiegelachse g.
2. A' hat von g denselben Abstand d wie A von g.

Punktspiegelung
Für den Bildpunkt P' von P gilt:
1. Punkt P, **Zentrum Z** und Bildpunkt P' liegen auf einer Geraden.
2. P und P' haben von Z den gleichen Abstand.
Eine Figur heißt **punktsymmetrisch zum Punkt Z** (Symmetriezentrum), wenn sie bei einer Drehung um 180° mit sich zur Deckung kommt.

Drehung
Eine Drehung ist durch das **Drehzentrum Z** und den **Drehwinkel** α festgelegt. Eine Figur, die bei einer Drehung um Z mit einem Drehwinkel zwischen 0° und 360° mit sich selbst zur Deckung gebracht wird, nennt man **drehsymmetrisch zum Punkt Z**.

Verschiebung
Bei einer Verschiebung werden alle Punkte einer Figur **um dieselbe Strecke in die gleiche Richtung** verschoben. Die Verschiebungsvorschrift wird durch einen Verschiebungspfeil festgelegt.

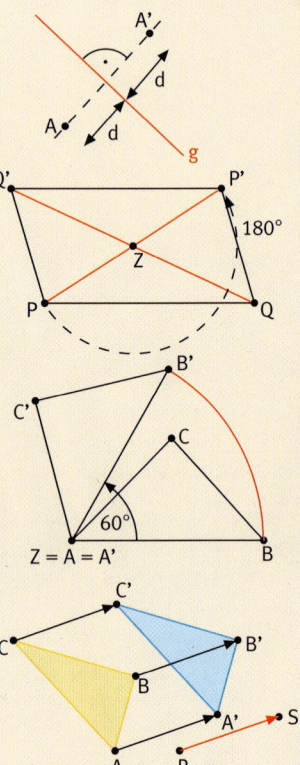

BEISPIELE

I Spiegle das Dreieck ABC an der Spiegelachse g.

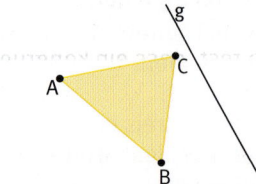

Lösung:

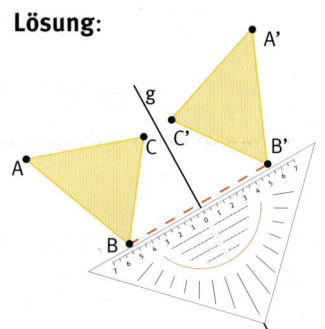

KAPITEL 1

II Spiegle das Viereck LENA am Punkt Z.   **Lösung:**

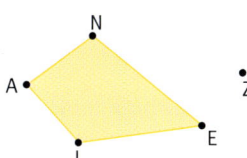

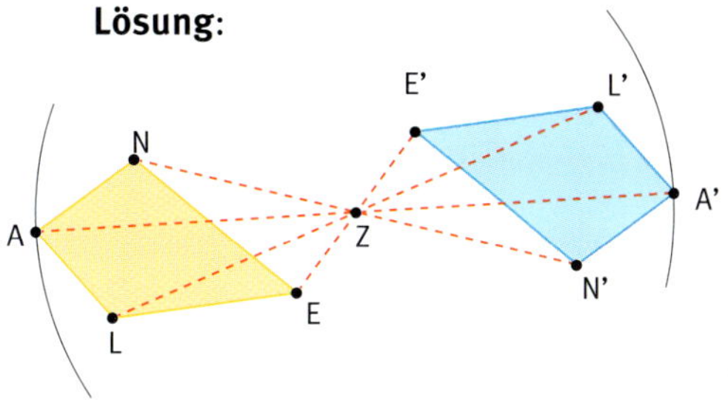

Spiegelungen und Verschiebungen kann man auch ohne Geodreieck, also nur mit Zirkel und Lineal, durchführen.

VERSTÄNDNIS

- Till ist der Meinung, dass eine Drehung den Umlaufsinn eines Dreiecks ABC erhält, eine Spiegelung diesen dagegen umkehrt. Stimmt das? Begründe.
- Selina behauptet, dass kongruente Figuren in allen Winkeln übereinstimmen. Markus erwidert, dass dies auch umgekehrt gelte. Was sagst du dazu?

AUFGABEN

1 Welche Figuren sind zueinander kongruent?

Du kannst auch Transparentpapier verwenden.

2 Viele Körper besitzen kongruente Flächen. Übertrage die Tabelle ins Heft, setze sie fort und erkläre deine Ausführungen.

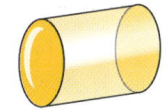

Körper	Kongruente Flächen
Zylinder	ja
Quader	
...	

3 Übertrage die Figuren ins Heft und spiegle sie an g. Beschreibe dein Vorgehen.

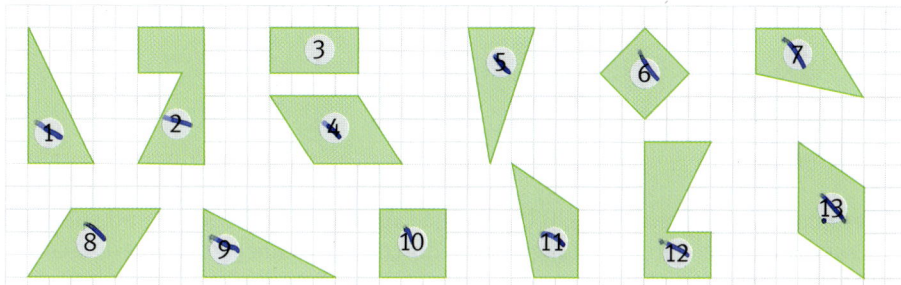

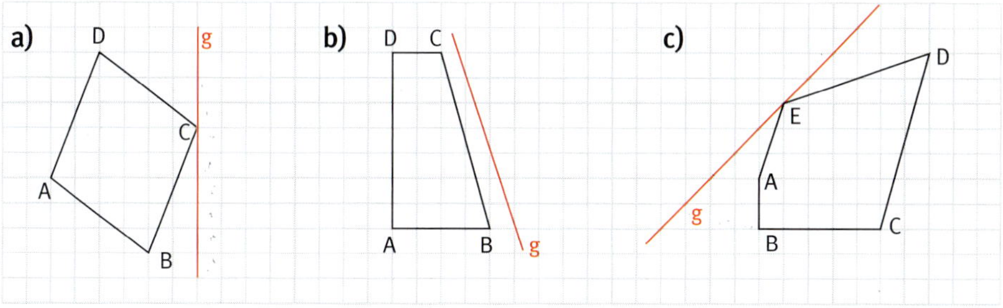

4 a) Trage die Punkte A (2|1), B (5|4) und C (–1|6) in ein Koordinatensystem (Einheit 1 cm) ein und verbinde sie zu einem Dreieck. Trage nun die Punkte A' (4|–1) und B' (7|2) ein und lege den Punkt C' so fest, dass ein kongruentes Dreieck entsteht. Gib die Koordinaten des fehlenden Punktes an. Es gibt zwei Lösungen.

b) Finde für jede Lösung eine Abbildung, die das Dreieck ABC auf das Dreieck A'B'C' abbildet.

1.1 Kongruente Figuren

Ein dynamisches Geometriesystem kann dir dabei helfen.

5 Trage die Punkte A (1|2), B (2|0), C (5|2) und D (4|4) in ein Koordinatensystem (Einheit 1 cm) ein und verbinde sie der Reihe nach zu einem Viereck. Spiegle die entstandene Figur anschließend an der Spiegelachse PQ mit P (–4|4) und Q (4|–4). Gib die Koordinaten der neu entstandenen Punkte an.

6 Untersuche, ob die Figur F' durch eine Achsenspiegelung an g aus F entstanden ist. Begründe deine Entscheidung mit den Eigenschaften der Achsenspiegelung.

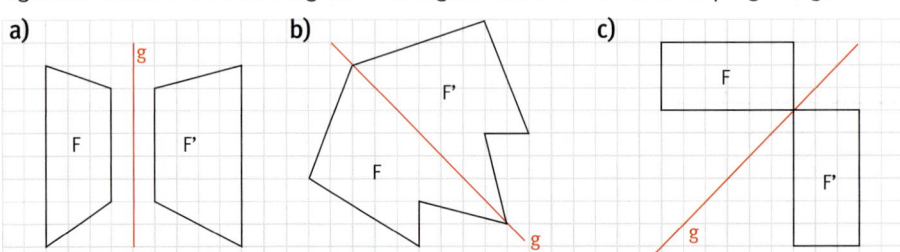

7 Übertrage ins Heft und führe eine Punktspiegelung an Z durch.

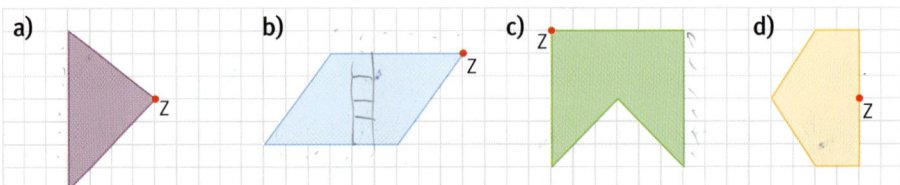

8 Verbinde die Punkte A (2|4), B (3|1), C (4|4), D (5|1) und E (6|4) und spiegle die Figur an C. Kann man die Bildfigur auch durch Achsenspiegelungen erhalten?

Du kannst auch Transparentpapier verwenden.

9 Welche Drehung bringt das Bild wieder zur Deckung?

a)  b) c)  d)

10 Verwende ein dynamisches Geometrieprogramm und erkunde. Zeichne ein beliebiges Dreieck ABC und zwei Geraden g und h. Spiegle das Dreieck ABC an der Gerade g und anschließend an h.
a) Beobachte, was mit dem zweifach gespiegelten Dreieck passiert, wenn du die Lage von g und h änderst.
b) Wie müssen g und h zueinander liegen, damit das Dreieck ...
① nur verschoben wird?
② um genau 90° gedreht wird? Wo liegt das Drehzentrum?

$\overrightarrow{PQ}$ *meint den Pfeil mit Anfangspunkt P und Spitze Q.*

11 a) ① Zeichne das Fünfeck RUNDE mit R (2|8), U (4|6), N (7|7), D (7|10), E (4|10) in ein Koordinatensystem (Einheit 1 cm). Markiere auch P (2|7) und Q (4|2).
② Konstruiere das Bild des Fünfecks bei der Verschiebung um den Pfeil $\overrightarrow{PQ}$.
③ Vergleiche die Koordinaten der Punkte und ihrer Bildpunkte. Was fällt auf?
b) Verschiebe ebenso das Dreieck LOT mit L (–5|2), O (–2|2) und T (–3|5) um $\overrightarrow{RS}$ wobei R (1|–1) und S (5|1).

12 a) Bestimme die Koordinaten der Bildpunkte des Dreiecks ABC mit A (−5|2), B (2|−5) und C (−2|−3) bei einer Verschiebung um die angegebenen Pfeile.

1 $\vec{HI}$ 2 $\vec{KL}$ 3 $\vec{MN}$ 4 $\vec{PQ}$

b) Beschreibe den Verschiebungspfeil $\vec{HI}$ mit Worten. Wie haben sich durch den Pfeil $\vec{HI}$ die Koordinaten des Dreiecks ABC verändert?

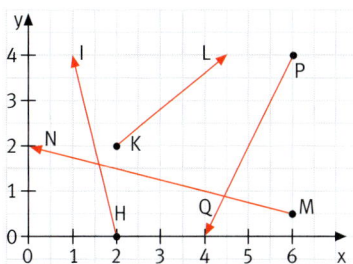

13 Die Buchstaben sind durch Bewegungen (Achsenspiegelung, Drehung, Verschiebung) entstanden.

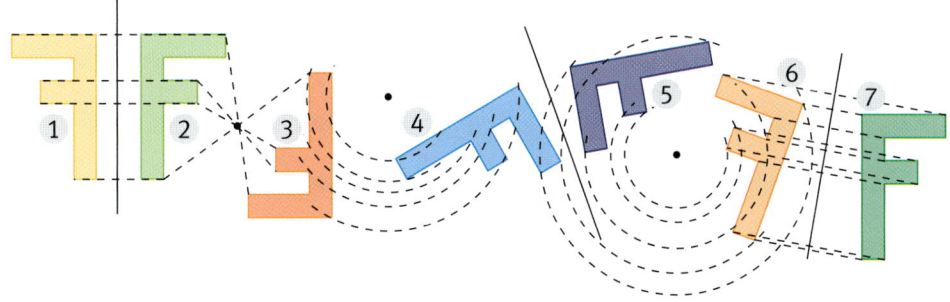

a) Gib die Bewegung an, durch die ein Buchstabe aus dem vorherigen entsteht.

b) Manchmal lassen sich mehrere Bewegungen hintereinander zu einfacheren Bewegungen zusammenfassen. Finde ähnliche Beispiele.

Beispiel: 7 entsteht aus 2 durch eine Verschiebung.

KUNST

Bandornamente (Friese)

Bandornamente, auch Friese genannt, sind Muster, die man erhält, wenn man eine oder mehrere Grundfiguren in derselben Richtung immer um die gleiche Länge verschiebt. Friese dienen meist zur Um- und Abgrenzung von Flächen oder zur Gliederung und Dekoration von Gegenständen (Vasen, Bilder, …) und Bauwerken (Gebäude, Säulen, …). In der Antike waren vor allem die Griechen große Anhänger und Meister dieser Kunst.

- Manche Friese sind achsen- oder punktsymmetrisch. Finde in den Beispielen diese Symmetrien. Wie muss ein Frieselement aufgebaut sein, damit der gesamte Fries die genannte Symmetrie behält?

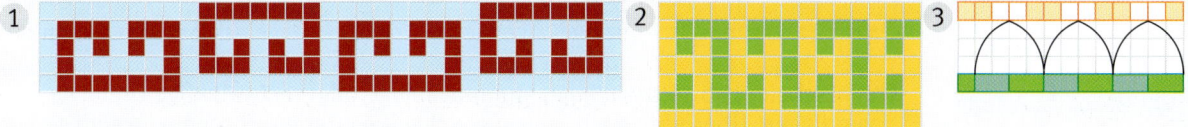

- Entwirf mithilfe der gegebenen Figuren eigene Friese im Heft.

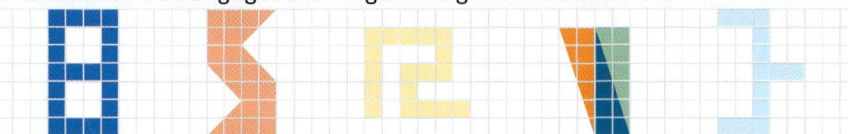

- Entwirf mit einer dynamischen Geometriesoftware Bandornamente. Dazu musst du zunächst eine Grundfigur erstellen, die du anschließend durch einen Verschiebungspfeil immer wieder gleich weit und in die gleiche Richtung verschiebst.

1.2 Dreiecksarten

In Fachwerkhäusern sind oftmals verschiedene Dreiecke zu erkennen.
- Beschreibe die Dreiecke anhand der vorkommenden Winkelarten.
- Beschreibe die Dreiecke, indem du sie nach der Anzahl gleich langer Seiten sortierst.
- Findest du weitere Dreiecksarten, die bei diesem Fachwerkhaus nicht vorkommen?

Winkelarten
spitzer Winkel: zwischen 0° und 90°
rechter Winkel: 90°
stumpfer Winkel: zwischen 90° und 180°
gestreckter Winkel: 180°
überstumpfer Winkel: zwischen 180° und 360°
Vollwinkel: 360°

Für einen Winkel von 90° (rechter Winkel) verwendet man auch das Zeichen ⌐.

MERKWISSEN

Dreiecke lassen sich anhand der darin vorkommenden Winkel unterscheiden:

spitzwinkliges Dreieck   **rechtwinkliges Dreieck**   **stumpfwinkliges Dreieck**

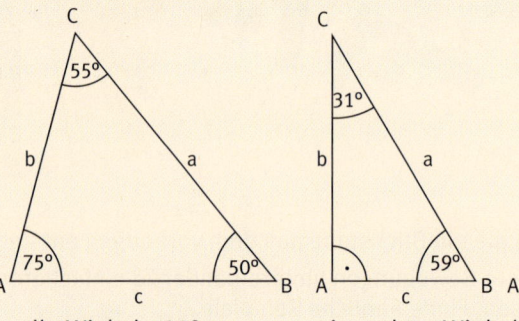

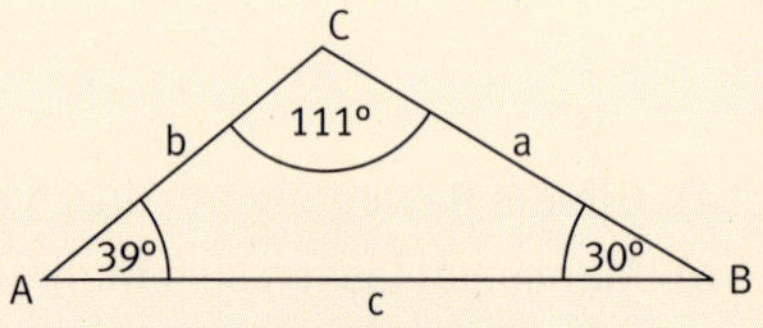

alle Winkel < 90°   ein rechter Winkel   ein Winkel > 90°

Ebenso kann man Dreiecke anhand gleicher Seitenlängen beschreiben:

gleichschenkliges Dreieck   **gleichseitiges Dreieck**

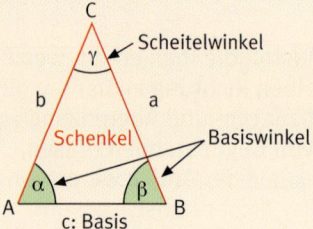

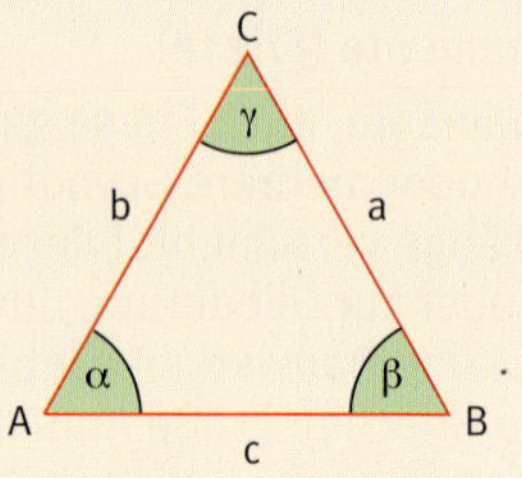

Zwei Seiten sind gleich lang.   Alle Seiten sind gleich lang.
$a = b$ (Schenkel) $a = b = c$
$\alpha = \beta$ $\alpha = \beta = \gamma = 60°$

BEISPIELE

I Entscheide, ob spitzwinklige, stumpfwinklige oder rechtwinklige Dreiecke vorliegen. Überprüfe auch, ob sie gleichseitig oder gleichschenklig sind.

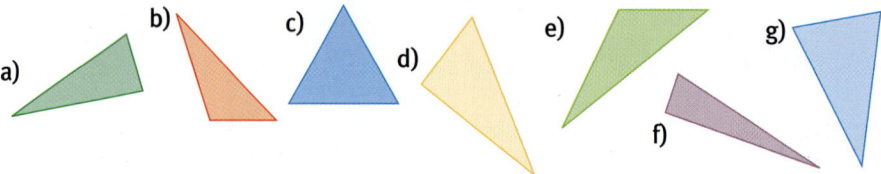

Lösung:
rechtwinklig: a), d) und f)   spitzwinklig: c) und g)   stumpfwinklig: b) und e)
gleichseitig: c)   gleichschenklig: g) und c)

KAPITEL 1

VERSTÄNDNIS

- Max behauptet, dass es auch rechtwinklig-gleichschenklige und stumpfwinklig-gleichseitige Dreiecke gibt. Was denkst du darüber? Begründe.
- Gibt es Dreiecke, die gleichzeitig einen rechten Winkel und einen stumpfen Winkel besitzen? Erkläre deine Überlegungen.
- Warum kann es kein Dreieck mit einem überstumpfen Winkel geben?

Die Summe der Winkel in einem Dreieck beträgt stets 180°.

AUFGABEN

1 Unterscheide die Dreiecke anhand ihrer Winkel. Welches Dreieck in einer Reihe passt nicht zu den anderen? Begründe deine Entscheidung.

a)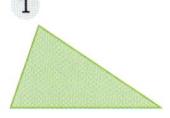

b)

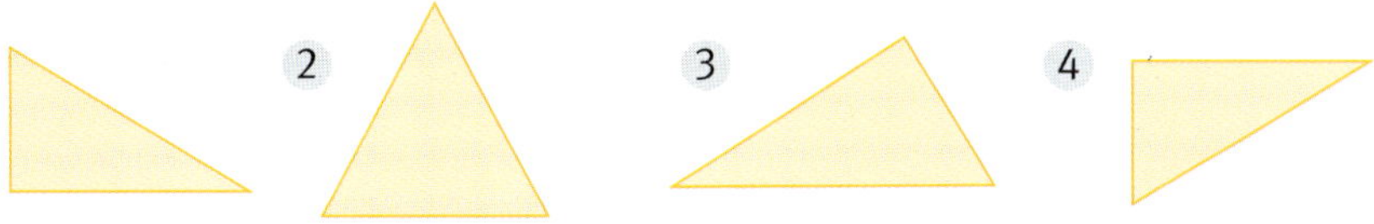

c)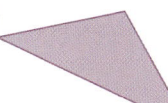

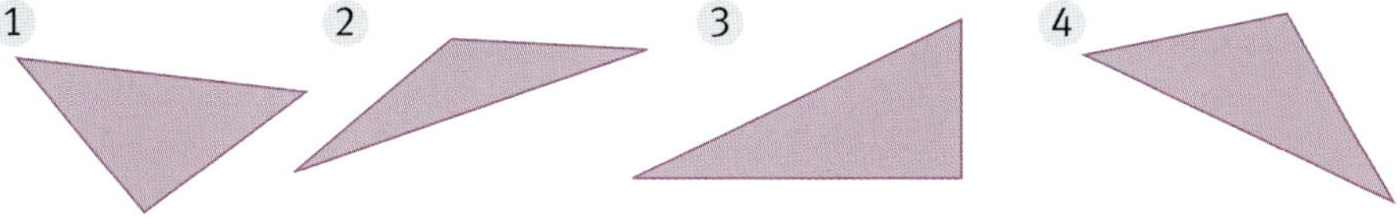

2 Suche Dreiecke in deiner Umwelt (z. B. Verkehrsschilder, Muster). Beschreibe die Dreiecke anhand ihrer Winkel und Seiten.

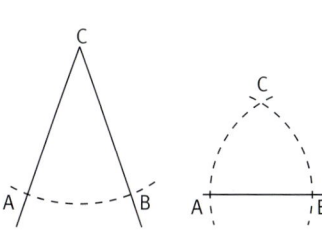

3 Untersuche die Winkel in einem Dreieck. Um welche Dreiecksart handelt es sich?
   a) $\alpha = 35°$; $\beta = 135°$; $\gamma = 10°$
   b) $\alpha = 40°$; $\beta = 50°$; $\gamma = 90°$
   c) $\alpha = 70°$; $\beta = 40°$; $\gamma = 70°$
   d) $\alpha = 39°$; $\beta = 78°$; $\gamma = 63°$

4 a) Zeichne die Figur in dein Heft. Markiere möglichst viele verschiedene Dreiecksarten in der Figur und färbe diese unterschiedlich ein.
   b) Erfinde selbst ein solches Muster mit verschiedenen Dreiecksarten. Dein Tischnachbar soll deine Aufgabe ebenfalls lösen und seine Ergebnisse am Ende mit dir vergleichen.

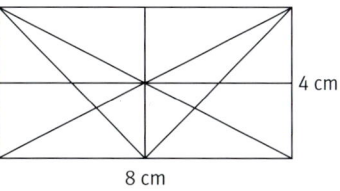

5 Trage die Punkte in ein Koordinatensystem ein (Einheit 1 cm) und verbinde sie zu einem Dreieck. Bestimme die Dreiecksart bezüglich der Winkel und Seiten.
   a) A (–1|0); B (4|5); C (1|6)
   b) P (7|4); Q (13|3); R (11|8)
   c) S (2|0); T (10|0); U (6|3)
   d) D (2|7); E (7|5); F (5|9)

Überlege zunächst, wie groß das Koordinatensystem sein muss.

6 a) Zeichne ein gleichschenkliges und ein gleichseitiges Dreieck in dein Heft. Untersuche die Dreiecke auf alle auftretenden Symmetrien.
   b) Begründe mithilfe der Symmetrien aus Teilaufgabe a):
      ① Die Basiswinkel im gleichschenkligen Dreieck sind gleich groß.
      ② Die Winkel im gleichseitigen Dreieck sind alle gleich groß.

14 1.3 Merkwürdige Linien im Dreieck

KAPITEL 1

Moritz

Tonia

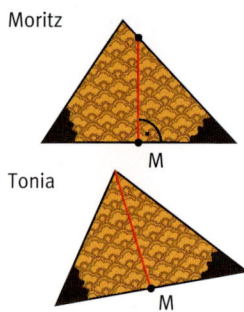

Tonia und Moritz überlegen, wie man mit einem Schnitt ein dreieckiges Kuchenstück gerecht teilen kann.
Moritz meint, dass man einen senkrechten Schnitt durch die Mitte einer Seite machen kann. Tonia erwidert, dass es besser wäre, die Mitte der Seite mit der gegenüberliegenden Ecke zu verbinden.

- Was meinst du? Wie kannst du feststellen, welche Methode besser ist?
- Bei welchen Dreiecken funktioniert die Methode von Moritz?
- Welche Ideen hast du, um ein Dreieck mit einem Schnitt gerecht zu halbieren?

Den Mittelpunkt der Seite b bezeichnet man mit M_b.

MERKWISSEN

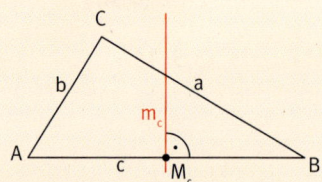

Die **Mittelsenkrechte** verläuft senkrecht durch die Mitte einer Dreiecksseite. Die Mittelsenkrechte durch die Seite c nennt man m_c.

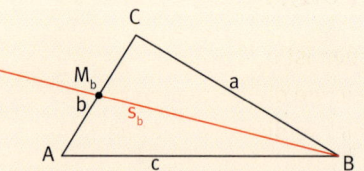

Die **Seitenhalbierende** verläuft von der Mitte einer Seite zur gegenüberliegenden Ecke. Die Seitenhalbierende, die b halbiert, heißt s_b.

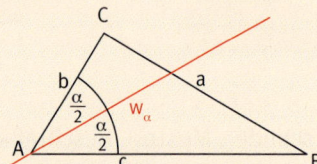

Die **Winkelhalbierende** halbiert den Winkel an einer Ecke des Dreiecks. Die Winkelhalbierende des Winkels α heißt w_α.

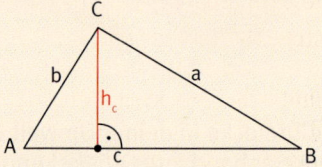

Die **Höhe** ist das Lot von einem Eckpunkt auf die gegenüberliegende Seite. Die Höhe auf die Seite c heißt h_c.

BEISPIELE

I Übertrage das Dreieck ABC ins Heft und zeichne folgende Strecken ein.

  a) Höhe h_c b) Winkelhalbierende w_α

Lösung:

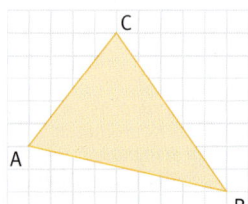

a)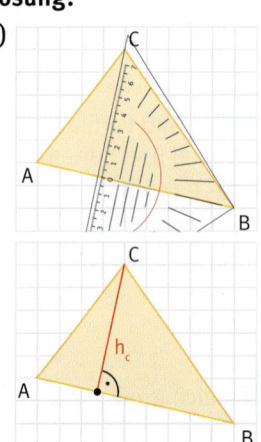

b)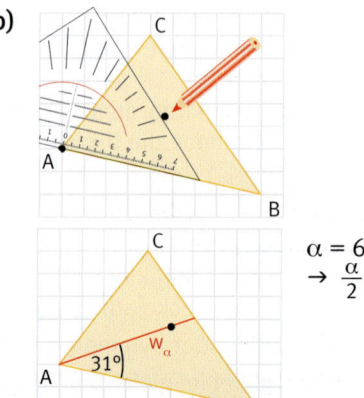

$\alpha = 62°$
$\rightarrow \frac{\alpha}{2} = 31°$

Kapitel 1

Verständnis

- Leon: „Die Seitenhalbierenden eines Dreiecks sind alle gleich lang." Richtig?
- Niki: „Die Höhen eines Dreiecks liegen immer innerhalb des Dreiecks." Stimmt das?
- Moritz: „Im gleichschenkligen Dreieck ist die Winkelhalbierende durch den Scheitelwinkel gleich der Höhe auf die Basis." Hat er Recht? Begründe.

Aufgaben

1 Zeichne die Dreiecke in dein Heft und bestimme den Schnittpunkt zweier Höhen.
  a) A (−6|−1); B (9|2); C (2|11)
  b) A (−2|−5); B (−2|0); C (−8|3)
  c) A (−6|2); B (−2|−4); C (1|−2)
  d) A (−5|1); B (2|−2); C (4|4)

Tipp: Eine Höhe kann auch außerhalb eines Dreiecks verlaufen.

2 Gegeben ist das Dreieck ABC mit A (2|4), B (11|2) und C (3,5|11).
  a) Zeichne die Mittelsenkrechte m_b.
  b) Zeichne die Seitenhalbierende s_c.
  c) Gib die Koordinaten des Schnittpunkts der Mittelsenkrechte m_b und der Seitenhalbierende s_c an.

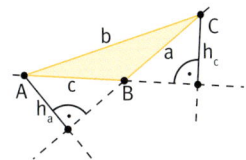

3 Zeichne mit einem dynamischen Geometriesystem in ein Dreieck ABC ein:
  a) alle Höhen
  b) alle Mittelsenkrechten
  c) alle Winkelhalbierenden
  d) alle Seitenhalbierenden

Was stellst du jeweils fest?

4 Von einem Dreieck kennst du die Punkte A (1|1), B (9|7) und W (7|8). W ist der Schnittpunkt der Winkelhalbierenden w_α und w_β des Dreiecks ABC. Ermittle durch Zeichnung die Koordinaten des Punktes C.

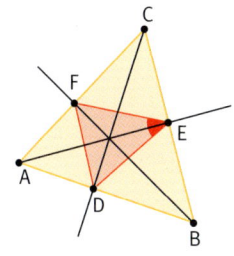

5 Zeichne in einem Dreieck ABC alle Höhen ein (vgl. Randspalte). Die Lotfußpunkte heißen D, E und F. Verbinde sie zu einem Dreieck DEF. Untersuche, welche besonderen Linien die Höhen des Dreiecks ABC im Dreieck DEF sind.

Wissen

Schwerpunkt eines Dreiecks
- Schneide ein beliebiges Dreieck aus einem Pappkarton aus. Zeichne alle **Seitenhalbierenden** ein. Lege das Dreieck so auf einen Stift, dass eine Seitenhalbierende auf dem Stift zum Liegen kommt.
- Was stellst du fest?
- Klappt das mit allen Seitenhalbierenden?
- Was passiert, wenn du das Dreieck aus dieser besonderen Lage herausdrehst?

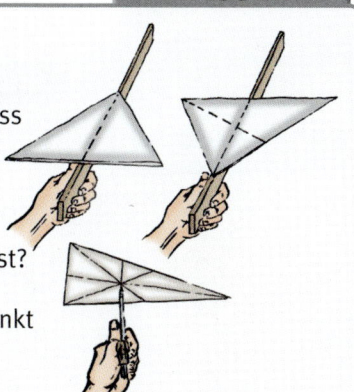

Die Seitenhalbierenden schneiden sich in einem Punkt. Du kannst in diesem Punkt leicht mit der Zirkelspitze einstechen und das Dreieck darauf balancieren. Man nennt diesen Punkt den **Schwerpunkt des Dreiecks**.

- Finde den Schwerpunkt in deinem Dreieck.
- Miss bei jeder Seitenhalbierenden die Länge der Strecke vom Schwerpunkt bis zur Ecke bzw. Seitenmitte. Was stellst du fest?

1.4 Umkreis und Inkreis

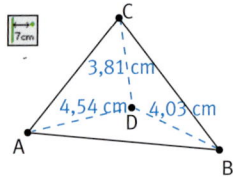

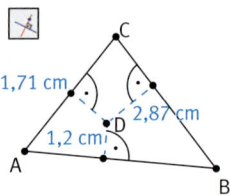

Zeichne mit einem dynamischen Geometriesystem ein Dreieck ABC.
- Zeichne einen vierten Punkt D ins Dreieck. Bestimme von diesem Punkt den Abstand zu jedem Eckpunkt des Dreiecks. Benutze dazu das Icon ⟷.
- Kannst du den Punkt so verschieben, dass er von zwei Eckpunkten den gleichen Abstand hat? Wo liegen alle diese Punkte? Schaffst du es, den Punkt so zu verschieben, dass er von allen Eckpunkten den gleichen Abstand hat?
- Findest du auch einen Punkt, der von allen Dreiecksseiten den gleichen Abstand hat? Konstruiere dazu mit ⊥ das Lot von D auf die Dreiecksseiten.

MERKWISSEN

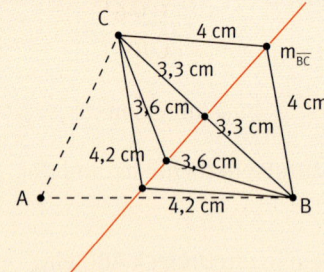
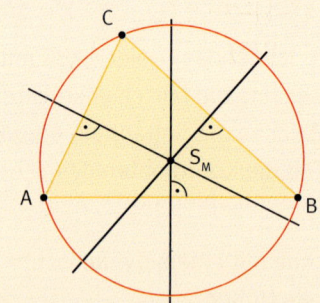

Die Punkte auf einer **Mittelsenkrechten** sind von den Endpunkten der Strecke gleich weit entfernt. Die drei Mittelsenkrechten eines Dreiecks schneiden sich in einem Punkt. Der Schnittpunkt S_M ist von allen Eckpunkten des Dreiecks gleich weit entfernt. Der Kreis um S_M durch die Ecken des Dreiecks ABC heißt **Umkreis**.

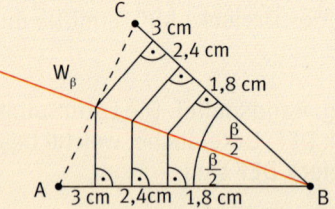
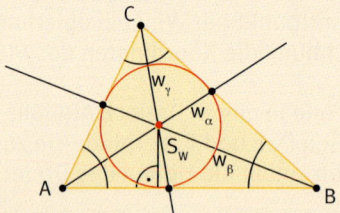

Die Punkte auf einer **Winkelhalbierenden** sind von den beiden Schenkeln gleich weit entfernt. Die drei Winkelhalbierenden eines Dreiecks schneiden sich in einem Punkt. Der Schnittpunkt S_W ist von allen Dreiecksseiten gleich weit entfernt. Der Kreis um S_W, der alle Dreiecksseiten berührt, heißt **Inkreis**.

BEISPIELE

I Übertrage das Dreieck ABC. Zeichne den Inkreis und beschreibe dein Vorgehen.

Lösung:

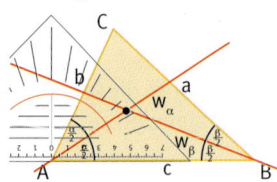
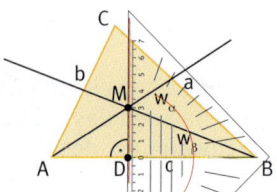
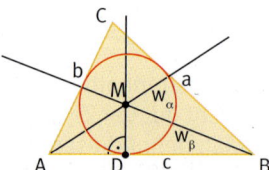

Miss zwei Winkel. Zeichne w_α und w_β und markiere den Schnittpunkt M.

Fälle das Lot von M auf die Seite. Markiere den Schnittpunkt mit D.

Schlage den Inkreis um M mit dem Radius $\overline{MD}$.

Kapitel 1

Verständnis

- Tonia meint, dass der Umkreismittelpunkt bei stumpfwinkligen Dreiecken außerhalb des Dreiecks liegt. Hat sie Recht?
- Orla ergänzt: „Der Inkreismittelpunkt liegt immer innerhalb des Dreiecks." Stimmt das?
- Lara sagt, dass der Umkreismittelpunkt und der Inkreismittelpunkt beim gleichseitigen Dreieck an der gleichen Stelle liegen. Was meinst du?

Aufgaben

1. Zeichne das Dreieck ABC. Bestimme die Koordinaten des Umkreismittelpunktes und zeichne den Umkreis.
   a) A (−1|−2); B (11|4); C (3|10)
   b) A (4|−2); B (4|10); C (−6|10)
   c) A (−8|3); B (5|1); C (2|11)
   d) A (−8|−1); B (6|7); C (0|7)

2. Zeichne das Dreieck ABC. Bestimme die Koordinaten des Inkreismittelpunktes und zeichne den Inkreis.
   a) A (−4|−2); B (10|−2); C (1|10)
   b) A (−7|−4); B (11|−3); C (−1|5)
   c) A (−2|7); B (10|−9); C (−2|−4)
   d) A (−7|−2); B (5|−2); C (−1|6)

3. Nimm ein rundes Glas (oder eine Tasse). Stelle es mit der Öffnung nach unten auf ein Blatt und zeichne den Kreis. Bestimme den Mittelpunkt des Kreises.

4. In diesem Wegedreieck soll ein größtmögliches kreisrundes Blumenbeet angelegt werden. Bestimme den Radius des Kreises und seinen Mittelpunkt.

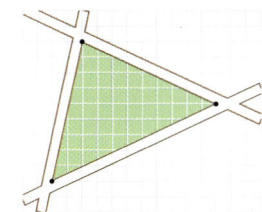

5. Zeichne drei Geraden, die sich in drei verschiedenen Punkten schneiden.
   a) Zeichne alle Winkelhalbierenden ein.
   b) Konstruiere vier Kreise, die jeweils die drei Geraden berühren.

6. Argumentiere.
   a) Jedes Rechteck hat einen Umkreis.
   b) Beim rechtwinkligen Dreieck schneiden sich die Mittelsenkrechten stets auf einer Seite.
   c) Bei gleichschenkligen Dreiecken berührt der Inkreis eine Dreiecksseite in der Mitte.

Wissen

Eulergerade

Der Schweizer Mathematiker Leonhard Euler (1707–1783) hat bei seinen Arbeiten am Dreieck etwas Besonderes entdeckt. Er stellte fest, dass die Schnittpunkte der Höhen, der Mittelsenkrechten und der Seitenhalbierenden eines Dreiecks auf einer Gerade, der sogenannten **Eulergerade**, liegen.

- Zeichne mit einem dynamischen Geometriesystem ein Dreieck ABC und den jeweiligen Schnittpunkt der Höhen (H), der Mittelsenkrechten (M) und der Seitenhalbierenden (S).
- Überprüfe, ob diese drei Punkte auf einer Gerade liegen.
- Miss die Entfernungen zwischen den drei Punkten. Verändere das Dreieck per Zugmodus und notiere weitere Messergebnisse. Was stellst du fest?
- Beobachte die Lage der Punkte H, S und M.

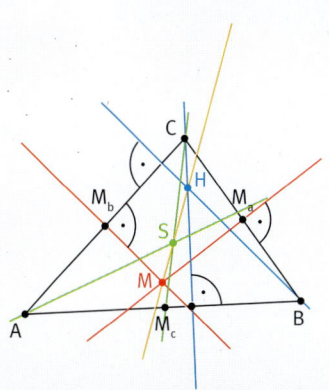

1.5 Dreiecke konstruieren

Familie Biermann möchte Nistkästen für Höhlenbrüter mit einem gleichschenkligen Dreieck als Vorderseite bauen. Im Internet finden sie zwei verschiedene Baupläne.

1. Die Länge der Schenkel soll 24 cm und die der Basis 14 cm betragen.
   - Zeichne die Vorderseite (verkleinert) in dein Heft. Beschreibe dein Vorgehen.
   - Vergleiche deine Lösung mit der deiner Mitschüler. Sind die Dreiecke kongruent?

2. Ein zweiter Bauplan gibt lediglich die Größe der Winkel an: Basiswinkel 70°, Scheitelwinkel 40°. Frau Biermann meint: „Da gibt es doch mehrere Lösungen."
   - Zeichne auch hier eine Vorderseite. Beschreibe dein Vorgehen.
   - Hat Frau Biermann Recht mit ihrer Behauptung?

Merkwissen

Unter einer **Konstruktion** versteht man in der Mathematik die Zeichnung von Figuren aus gegebenen Stücken mithilfe bestimmter Zeichenwerkzeuge. In der Regel sind als Konstruktionswerkzeuge nur Zirkel und Lineal zugelassen, das Geodreieck darf zum Winkelmessen benutzt werden. Eine Konstruktion besteht aus drei Schritten:

1 Planfigur   2 Zeichnung   3 Beschreibung

Für die Konstruktion von Dreiecken benötigt man drei Angaben, von denen eine eine Seitenlänge sein muss.
Dreiecke sind genau dann kongruent zueinander, wenn sie …

- in der Länge ihrer drei Seiten übereinstimmen (**SSS**).
- in der Länge zweier Seiten und der Größe des eingeschlossenen Winkels übereinstimmen (**SWS**).
- in der Länge einer Seite und der Größe der beiden anliegenden Winkel übereinstimmen (**WSW**).
- in der Länge zweier Seiten übereinstimmen und der Größe des Winkels, der der längeren Seite gegenüberliegt (**SsW**).

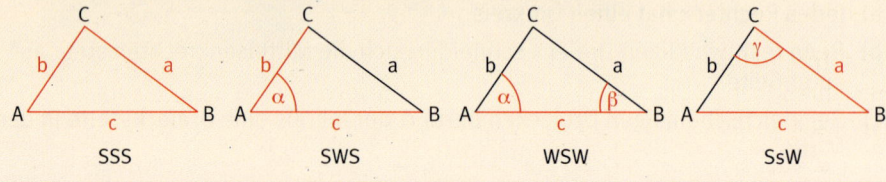

Schritte zur Konstruktion:
1. *Die Planfigur ist eine Skizze der Figur, in der die gegebenen Größen farbig markiert sind.*
2. *Die Zeichnung stellt die eigentliche Umsetzung der Konstruktion dar.*
3. *Die Beschreibung gibt in Stichworten an, mit welchen Schritten man die Zeichnung erhalten kann.*

Die Sätze bezeichnet man auch als Kongruenzsätze für Dreiecke.

Beispiele

I Gib den entsprechenden Kongruenzsatz an und konstruiere das Dreieck ABC.

a) $a = 3$ cm; $b = 4$ cm; $c = 3,5$ cm
b) $a = 4$ cm; $c = 3$ cm; $\beta = 40°$
c) $b = 3$ cm; $\alpha = 90°$; $\gamma = 30°$
d) $c = 3,5$ cm; $a = 3$ cm; $\gamma = 60°$

Lösung:

a) Planfigur (SSS):

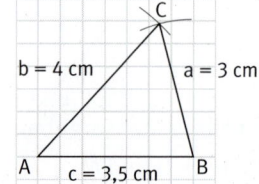

Zeichnung:

Beschreibung:
1. Zeichne die Strecke c mit den Eckpunkten A und B.
2. Zeichne einen Kreisbogen um A mit Radius b.
3. Zeichne einen Kreisbogen um B mit Radius a.
4. Die Kreise schneiden sich in C.

KAPITEL 1

b) Planfigur (SWS):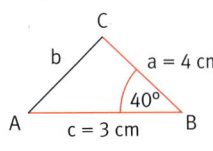

Zeichnung: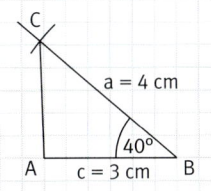

Beschreibung:
1. Zeichne die Strecke c mit den Eckpunkten A und B.
2. Trage in B den Winkel β an.
3. Die Länge des Schenkels in B beträgt 4 cm. Man erhält C.

c) Planfigur (WSW):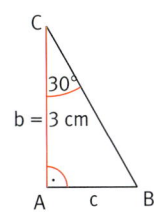

Zeichnung: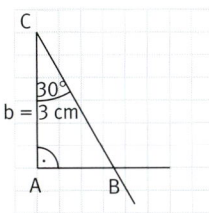

Beschreibung:
1. Zeichne die Strecke b mit den Eckpunkten A und C.
2. Trage in A den Winkel α an.
3. Trage in C den Winkel γ an.
4. Der Schnittpunkt der freien Schenkel von α und γ ergibt B.

d) Planfigur (SsW):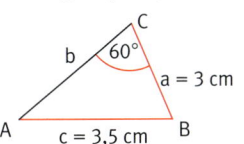

Zeichnung: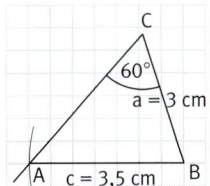

Beschreibung:
1. Zeichne die Strecke a mit den Eckpunkten B und C.
2. Trage in C den Winkel γ an.
3. Zeichne einen Kreisbogen um B mit Radius c.
4. Der Schnittpunkt des freien Schenkels von γ und des Kreisbogens ergibt A.

VERSTÄNDNIS

- Leon behauptet, dass man ein Dreieck auch dann eindeutig konstruieren kann, wenn alle drei Winkel gegeben sind. Stimmt das? Begründe.
- Ist die Summe der Länge zweier Seiten kleiner als die Länge der dritten Seite, ergibt die Konstruktion kein Dreieck. Ist die Aussage wahr? Begründe.

Erinnere dich an die Dreiecksungleichung.

AUFGABEN

1 Konstruiere die Dreiecke ABC anhand der drei Schritte Planfigur – Zeichnung – Beschreibung wie im Beispiel. Gib jeweils den verwendeten Kongruenzsatz an.

a) a = 3,5 cm; b = 6,4 cm; c = 5,7 cm
b) b = 3,9 cm; c = 7,3 cm; α = 36°
c) c = 5,4 cm; α = 44°; β = 72°
d) a = 5,2 cm; b = 6,6 cm; γ = 48°
e) a = 9 cm; b = 6 cm; c = 5 cm
f) a = 12,3 cm; b = 5,5 cm; c = 9,2 cm
g) b = 6 cm; c = 4,5 cm; β = 60°
h) a = 3,5 cm; b = 4,5 cm; γ = 110°
i) b = 5 cm; c = 4 cm; α = 75°
j) a = 7,4 cm; c = 4,7 cm; β = 35°
k) b = 5,5 cm; α = 80°; γ = 40°
l) a = 20 mm; b = 48 mm; c = 52 mm

Achte bei den Lösungen darauf, welches das Dreieck ABC ist.

2
① O (7|6); M (9|4); A (10|7) und O' (1|4); M' (3|2); A' (4|5)
② U (1|1); L (3|5); F (1|5) und U' (5|3); L' (3|–1); F' (5|–1)
③ G (1|0); E (6|1); L (4|2) und G' (1|0); E' (2|–2); L' (0|–3)
④ P (–1|5); I (–4|6); N (–3|3) und P' (–5|5); I' (–6|2); N' (–3|3)

a) Zeichne die Dreiecke in ein Koordinatensystem (Einheit 1 cm). Überprüfe mithilfe der Kongruenzsätze, ob die Dreiecke kongruent zueinander sind.
b) Finde für kongruente Dreiecke aus a) eine Achsenspiegelung, Punktspiegelung, Drehung oder Verschiebung, die die Dreiecke aufeinander abbildet.

Achte auf einen geeigneten Ausschnitt des Koordinatensystems.

1.5 Dreiecke konstruieren

3 Finde einen Punkt C' so, dass die Dreiecke ABC und A'B'C' kongruent sind.
   a) A (2|2); B (6|4); C (1|4) und A' (8|1); B' (12|3); C' (☐|☐)
   b) A (4|5); B (6|7); C (2|7) und A' (7|1); B' (9|3); C' (☐|☐)
   c) A (−1|−2); B (3|0); C (−1|2) und A' (3|7); B' (1|3); C' (☐|☐)
   d) A (1|4); B (5|0); C (7|2) und A' (1|1); B' (−3|5); C' (☐|☐)

Weitere griechische Buchstaben: delta δ, Epsilon ε, Phi φ Diese Buchstaben entsprechen d, e und f in unserem Alphabet.

4 Zeichne auf unliniertem Papier jeweils die beiden Dreiecke ABC und DEF und untersuche sie auf Kongruenz. Nenne den zugehörigen Kongruenzsatz.
   a) c = 4,5 cm; β = 50°; γ = 45° und f = 4,5 cm; δ = 50°; ε = 85°
   b) b = 6 cm; c = 5 cm; β = 85° und d = 5 cm; f = 6 cm; φ = 85°
   c) c = 7 cm; α = 60°; β = 35° und f = 5,5 cm; δ = 60° und ε = 35°

5 a) Konstruiere ein gleichschenkliges Dreieck ABC mit:
   ① Basis c = 4,9 cm und α = 71°   ② Basis a = 6,3 cm und γ = 48°
   b) Konstruiere ein gleichseitiges Dreieck ABC mit a = 4,5 cm (a = 6,4 cm). Finde verschiedene Möglichkeiten der Konstruktion.

6 a) Ein Dreieck mit a = 3 cm, b = 4 cm und c = 5 cm ist rechtwinklig. Überprüfe diese Aussage durch Konstruktion und miss nach. Welcher Winkel beträgt 90°?
   b) Man erhält immer rechtwinklige Dreiecke, wenn man alle Seitenlängen aus a) verdoppelt, verdreifacht, halbiert, usw. Überprüfe dies an Beispielen.

7 Übertrage die Spiralfigur ins Heft. Beginne mit dem kleinsten Dreieck.

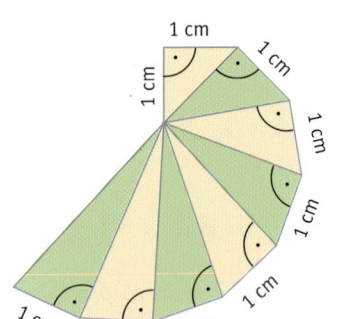

Zeichne einen vollständigen Kreisbogen.

8 Lässt sich aus den folgenden Angaben ein Dreieck konstruieren? Wenn ja, ist die Konstruktion eindeutig? Begründe deine Ausführungen. Zeichne gegebenenfalls.
   a) a = 4,5 cm; b = 4,5 cm; c = 9 cm   b) c = 9,4 cm; α = 80°; β = 100°
   c) c = 9 cm; a = 7 cm; α = 45°   d) α = 55°; β = 65°; γ = 60°

9 a) Konstruiere das folgende Dreieck. Welche Probleme treten auf? Beschreibe.
   ① a = 6,5 cm; c = 9,5 cm; α = 30°   ② b = 4 cm; c = 8,5 cm; β = 25°
   b) Finde eigene Beispiele wie in a), bei denen die Konstruktion Probleme bereitet. Beschreibe, wie du deine Beispiele findest. Beachte die Kongruenzsätze.

10 Bestimme zeichnerisch die Länge des Teichs zwischen A und C. Zeichne im Maßstab 1 : 100.

11 Damit eine Arbeitsleiter sicher steht, darf der Anstellwinkel α nicht größer als 70° sein. Im Baumarkt werden Leitern in den Längen 4 m, 5 m und 6 m angeboten.
   a) Bestimme anhand einer Zeichnung, bis zu welcher Höhe die Leitern unter der gegebenen Bedingung maximal reichen.
   b) Ein Maurer möchte mit dem höchsten Punkt seiner Leiter auf 4,5 m gelangen. Wie lang muss die Leiter mindestens sein, wenn die Sicherheitsbestimmung eingehalten werden soll?

12 Der Jentower in Jena ist mit fast 160 m Höhe das höchste Hochhaus Thüringens.

Einen Winkel, unter dem man etwas oberhalb der Sichtlinie beobachtet, nennt man auch Höhenwinkel. Entsprechend heißt ein Winkel unterhalb der Sichtlinie Tiefenwinkel.

a) Unter welchem Winkel sieht ein Beobachter ungefähr die Turmspitze, wenn er etwa 80 m vom Turm entfernt steht? Löse mit einer Zeichnung und vernachlässige die Augenhöhe.

b) Wie weit steht ein Beobachter vom Turm entfernt, wenn er dessen Spitze unter einem Winkel von 80° sieht?

ALLTAG

Landvermessung

Sicherlich hast du schon öfter Menschen gesehen, die mit verschiedenen Geräten und langen Stangen am Straßenrand stehen. Das sind (meist) Vermessungstechniker, die Daten sammeln und auswerten, wenn beispielsweise Straßen gebaut oder Landkarten erstellt werden sollen. Ein wichtiges Werkzeug dabei ist der Theodolit, mit dem Winkelmessungen durchgeführt werden. Heutige moderne Messgeräte enthalten auch Möglichkeiten, um Abstände zu bestimmen. Bei der Landvermessung werden die Messgeräte über sogenannten Vermessungspunkten aufgestellt, die an vielen Orten im Boden eingelassen sind. Das Prinzip der Landvermessung lässt sich auch mit Mitteln durchführen, wie sie bereits seit Jahrhunderten genutzt werden.

Material
- Winkelmesser (Schultheodolit, Blatt mit Winkelkreis)
- Maßband
- Fluchtstäbe
- Stifte, Nägel

Mess- und Bestimmungsvorgang

Mit der Mathematik, die ihr bis jetzt kennen gelernt habt, kann man Strecken und Entfernungen zwischen zwei Punkten im Gelände bestimmen, ohne die Strecken direkt abzumessen. Das klappt selbst dann, wenn die beiden Punkte nicht zugänglich sind. Das Prinzip ist folgendes:
Um die Entfernung beispielsweise zwischen zwei Bäumen (Kirschbaum K, Nussbaum N) zu bestimmen, wählt man zunächst eine Standlinie und markiert deren Endpunkte A und B mit zwei Fluchtstangen. Anschließend misst man die Länge dieser Standlinie $\overline{AB}$.
Mit dem Theodoliten oder einer Winkelscheibe misst man anschließend von A aus die beiden Winkel α und δ, von B aus β und γ. Nun kann man mithilfe des Kongruenzsatzes WSW die Dreiecke ABK und ABN konstruieren. Nun kann man die Länge der Strecke $\overline{NK}$ auf dem Papier ausmessen und mithilfe des gewählten Maßstabs den Abstand der beiden Bäume in Wirklichkeit bestimmen.

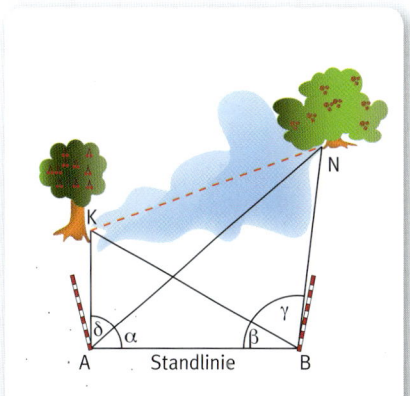

- Bestimme den Abstand der beiden Bäume für folgende gemessene Größen:
  α = 49°; δ = 63°; β = 41°; γ = 59°; $\overline{AB}$ = 55 m
  Wähle einen passenden Maßstab und löse die Aufgabe zeichnerisch.
- Ermittelt mit dieser Methode auch andere Längen und Entfernungen in eurer Umgebung (z. B. die Entfernung zwischen zwei besonderen Gebäuden) und überprüft eure Messungen mit google earth.

1.6 Satz des Thales

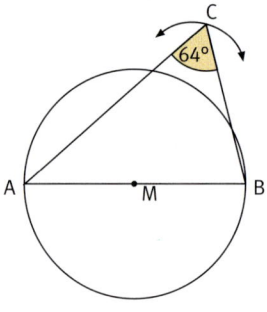

Erstelle mit einem Geometrieprogramm folgende Ausgangsfigur:
- Zeichne eine beliebige Strecke $\overline{AB}$.
- Markiere mithilfe der Mittelpunktsfunktion den Mittelpunkt M von $\overline{AB}$ und zeichne den Kreis um M mit Radius $\overline{MA}$.
- Erstelle einen beliebigen Punkt C außerhalb des Kreises und verbinde ihn mit Strecken zu A und B. Miss mithilfe der Winkelmessung die Größe des Winkels in C.
- Bewege den Punkt C mit dem Zugmodus und beobachte die Größe des Winkels in C. Beschreibe deine Beobachtung, indem du anhand der Lage von C verschiedene Dreiecksarten unterscheidest.

Der Satz des Thales ist benannt nach dem Mathematiker und Philosophen Thales von Milet, der etwa 600 vor Christus an der Westküste der heutigen Türkei lebte.

MERKWISSEN

Satz des Thales
Ein **Dreieck**, von dem zwei Punkte den Durchmesser eines Kreises („**Thaleskreis**") begrenzen und dessen dritter Punkt auf der Kreislinie liegt, ist stets **rechtwinklig**.
Der rechte Winkel liegt an dem Punkt auf der Kreislinie an.

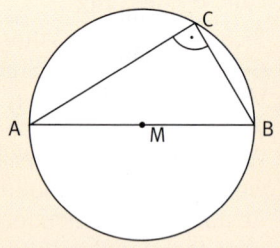

BEISPIELE

I Zeichne mit einem Geometrieprogramm den Thaleskreis über einer beliebigen Strecke $\overline{AB}$. Markiere einen Punkt C auf der Kreislinie, vervollständige das Dreieck ABC und miss den Winkel γ. Bewege C auf der Kreislinie und prüfe, ob γ = 90° ist.

Lösung:
1. Zeichne eine beliebige Strecke $\overline{AB}$.
2. Markiere den Mittelpunkt M der Strecke und zeichne den Thaleskreis um M mit r = $\overline{MA}$.
3. Lege einen Punkt C fest, der an die Kreislinie gebunden ist, und verbinde ihn mit Strecken zu A und B. Miss die Größe des Winkels in C. Der Winkel in C ist stets ein rechter.

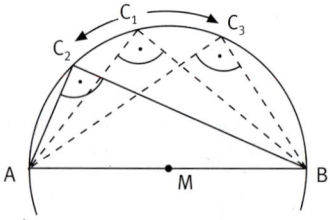

Anmerkung: Bewegt man C auf der Kreislinie über A oder B hinaus, dann wird nicht der rechte Winkel angezeigt, sondern der Winkel außerhalb des Dreiecks von 270°.

II Konstruiere ein Dreieck ABC mit c = 5 cm, a = 3 cm und γ = 90°.

Lösung:
Planfigur: Konstruktion:

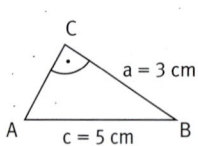 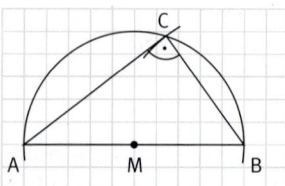

*Oftmals genügt es, einen **Halbkreis** als Thaleskreis zu zeichnen, und nicht den Vollkreis.*

Beschreibung:
1. Zeichne die Seite c mit den Eckpunkten A und B.
2. Markiere den Mittelpunkt M der Seite c. Zeichne einen Kreis um M mit Radius $\frac{1}{2}$ c = 2,5 cm (bzw. Radius $\overline{MA}$).
3. Zeichne einen Kreis um B mit Radius a = 3 cm. Der Schnittpunkt beider Kreise liefert den Eckpunkt C des Dreiecks. Aufgrund des Satzes von Thales ist der Winkel γ = 90°.

Kapitel 1

Verständnis

- Stimmt das? Wenn man auf einem Kreis drei beliebige Punkte markiert und zu einem Dreieck verbindet, dann ist das Dreieck immer rechtwinklig.
- Begründe, dass sich mithilfe eines Thaleskreises unendlich viele rechtwinklige Dreiecke über dem Durchmesser des Kreises erzeugen lassen.

Aufgaben

1 Zeichne mithilfe des Thaleskreises fünf verschiedene Dreiecke ABC mit der gemeinsamen Seite c = 8 cm und γ = 90° in dein Heft.

2 Konstruiere in dein Heft ein rechtwinkliges Dreieck ABC mithilfe des Thaleskreises anhand der drei Schritte Planfigur – Zeichnung – Beschreibung wie in Beispiel II.
   a) c = 6 cm; a = 4 cm; γ = 90°
   b) $\overline{AB}$ = 9 cm; b = 7 cm; γ = 90°
   c) c = 8 cm; α = 40°; γ = 90°
   d) $\overline{AB}$ = 7 cm; β = 20°; γ = 90°
   e) a = 10 cm; b = 6,5 cm; α = 90°
   f) c = 4,5 cm; b = 7 cm; β = 90°

Beginne stets mit der Seite, die dem rechten Winkel gegenüberliegt. Nutze deine Kenntnisse über rechtwinklige Dreiecke für die Konstruktion.

3 Welche Fehler sind bei der Konstruktion rechtwinkliger Dreiecke entstanden?

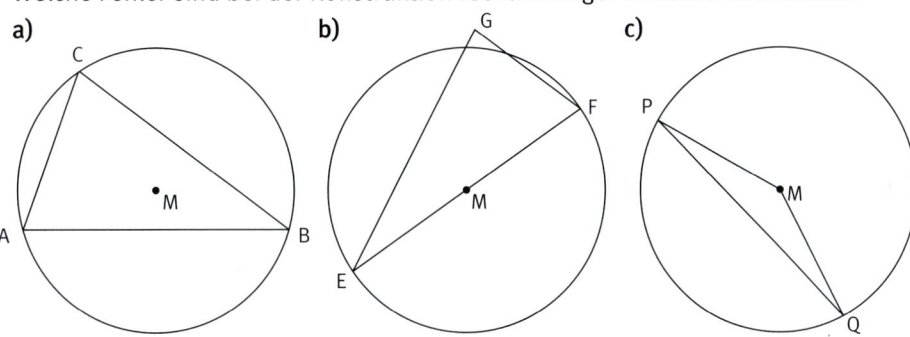

Wissen

Thales von Milet

Thales wurde etwa 624 v. Chr. in Milet geboren, einem griechischen Handelsposten, der heute auf der türkischen Seite am Mittelmeer liegt. Überlieferungen zufolge unternahm er ausgedehnte Reisen nach Persien, Kleinasien und Ägypten, in denen er seine mathematischen Kenntnisse erworben und vertieft hat. Mit etwa 78 Jahren starb er in seiner Heimatstadt.

- Suche im Internet nach Informationen und Erfindungen des Thales von Milet und erstelle hierzu ein Plakat.

Begründung des Satzes von Thales

- Erstelle mit einem Geometrieprogramm und mithilfe des Thaleskreises ein beliebiges rechtwinkliges Dreieck ABC mit dem beweglichen Punkt C auf der Kreislinie.
- Unterteile das Dreieck anhand der Strecke $\overline{MC}$ in zwei kleinere Dreiecke.
- Miss alle auftretenden Winkel in den kleinen Dreiecken in A, B und C. Miss ebenso die Länge der Strecken von M zu den drei Eckpunkten.
- Bewege den Punkt C auf dem Thaleskreis. Was beobachtest du? Welche Dreiecksart erkennst du in den kleinen Dreiecken?
- Du weißt, dass die Summe aller Winkel in einem Dreieck stets 180° beträgt. Versuche damit zu begründen, dass der Winkel am Thaleskreis im großen Dreieck immer die Größe 90° haben muss.

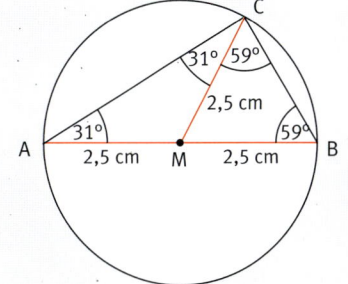

1.6 Satz des Thales

4 Was kannst du über die verschiedenen Dreiecke aussagen, ohne die Größe der Winkel zu messen? Begründe deine Antwort.

a) 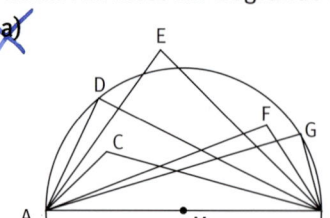 b)

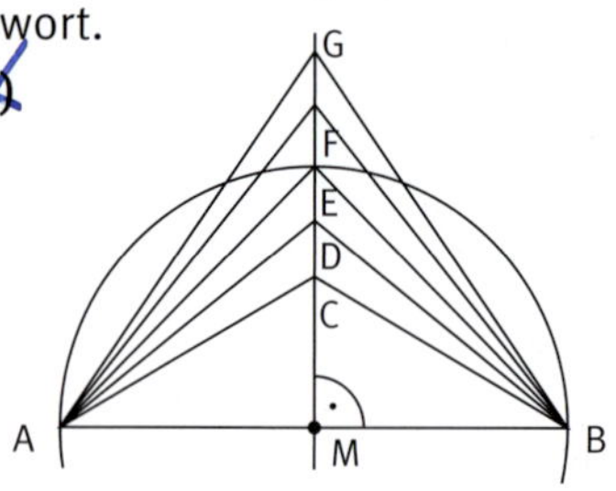

5 Zeichne mithilfe eines Geometrieprogramms ein rechtwinkliges Dreieck ABC.
a) $\overline{AB} = 14$ cm; $\overline{AC} = 5$ cm; $\gamma = 90°$
b) $c = 7{,}6$ cm; $b = 5{,}5$ cm; $\gamma = 90°$
c) $a = 7{,}6$ cm; $b = 5{,}6$ cm; $\alpha = 90°$
d) $a = 9{,}4$ cm; $b = 12{,}5$ cm; $\beta = 90°$

Maße kann man mithilfe von Icons eingeben:
Länge einer Strecke:
Größe eines Winkels:
Kreisdurchmesser:

6 Zeichne das Dreieck ABC in ein Koordinatensystem (Einheit 1 cm). Überprüfe mithilfe des Thaleskreises, ob das Dreieck rechtwinklig ist. Gib in diesem Fall die Koordinaten des Kreismittelpunkts M an.
a) A (−2|0,5); B (4|0,5); C (1|3,5)
b) A (0|2,5); B (6|2,5); C (3|7,5)
c) A (−1|−3); B (4|1); C (−1|1)
d) A (4,5|1); B (−1|0); C (5|−2)
e) A (−7|0); B (7|−2); C (−1|6)
f) A (−4|−3); B (7|2); C (−2|5)
g) A (1|−1); B (7|1); C (6|4)
h) A (0|4); B (6|0); C (1|5)

7 a) Konstruiere das Dreieck ABC. Achte auch auf die Anzahl der Lösungen.
① $c = 8$ cm; $h_c = 2{,}5$ cm; $\gamma = 90°$
② $\overline{AC} = 6$ cm; $h_b = 3$ cm; $\beta = 90°$
③ $a = 5{,}8$ cm; $h_a = 2{,}5$ cm; $\alpha = 90°$
④ $c = 6$ cm; $b = 2{,}5$ cm; $\alpha = 90°$

b) Konstruiere das Rechteck ABCD.
① $\overline{BD} = 8$ cm; $\overline{AD} = 3$ cm
② $\overline{AC} = 7$ cm; $\alpha_1 = 30°$ im $\triangle$ ABC

8 Kilian hat diese Figur in sein Heft gezeichnet. Er behauptet, dass die Strecke $\overline{AC}$ senkrecht zur Strecke $\overline{AD}$ ist.

a) Zeichne die Figur ab.
b) Kannst du begründen, warum Kilian Recht hat?

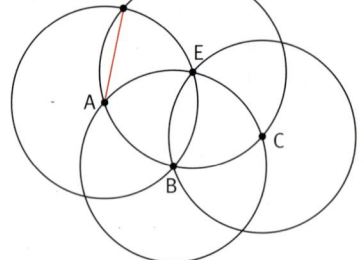

9 a) Zeichne eine Gerade g und zwei Punkte A und B auf verschiedenen Seiten von g. Finde nun auf der Gerade g einen Punkt C so, dass das Dreieck ABC bei C einen rechten Winkel hat. Wie viele Lösungen findest du?

b) Verfahre wie in Teilaufgabe a). Lege dieses Mal die Punkte A und B auf die gleiche Seite von g.

10 Gegeben sind die Punkte A (−2|1) und B (8|1).

a) Finde verschiedene Punkte C mit ganzzahligen Koordinaten so, dass das Dreieck ABC bei C rechtwinklig ist. Wie viele Lösungen für C findest du, wenn die y-Koordinate von C positiv ist?

b) Unter den Dreiecken aus a) gibt es drei Dreiecke, die zueinander nicht kongruent sind. Bestimme die Längen der Höhen h_c dieser Dreiecke und konstruiere aus diesen Längen ein neues Dreieck DEF. Was stellst du fest?

11 Von einem Dreieck weiß man Folgendes: c = 8 cm, γ = 90° und der Abstand des Punktes C von der Seite c beträgt 3 cm. Konstruiere das Dreieck. Wie viele Lösungen findest du?

Zeichne eine Parallele zur Seite c im Abstand 3 cm.

Vertiefung

Die Umkehrung des Satzes von Thales

Schlage in ein Holzbrett zwei Nägel im Abstand von 10 cm. Nenne die Punkte A und B. Schiebe dein Geodreieck mit dem rechten Winkel voraus so zwischen die beiden Nägel, dass die beiden kurzen Dreiecksseiten die Nägel berühren. Markiere die Stelle, an der die Spitze zum Liegen kommt. Drehe nun das Geodreieck und markiere erneut die Stelle an der Spitze. Achte darauf, dass die beiden Kanten immer die Nägel berühren.

- Führe das Experiment selbst durch. Welche Vermutung hast du?

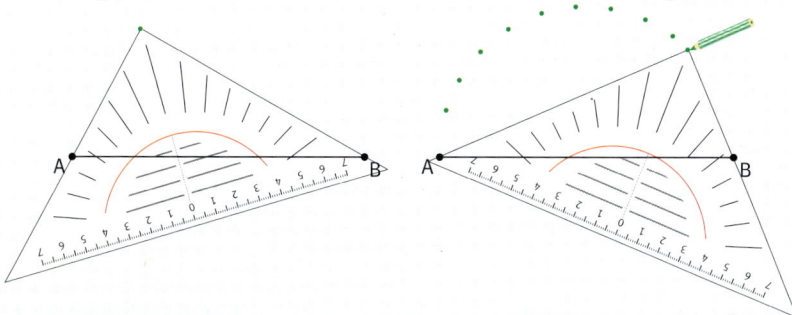

- Zeichne nun einen Thaleskreis über der Strecke $\overline{AB}$. Wenn du sorgfältig gezeichnet hast, liegen alle markierten Punkte auf der Kreislinie.

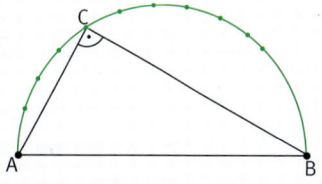

Wir können deshalb folgenden Satz formulieren:

Wenn das Dreieck ABC bei C einen rechten Winkel hat, dann liegt C auf dem Thaleskreis über der Seite $\overline{AB}$.

Es handelt sich hierbei um die **Umkehrung** des **Satzes von Thales**, weil wir die Behauptung (90°-Winkel) voraussetzen und die Voraussetzung (Ecke liegt auf dem Thaleskreis) folgern. Um die Umkehrung zu begründen, zeigen wir, dass der Winkel γ bei C ungleich 90° ist, wenn er nicht auf der Kreislinie liegt. Dabei unterscheiden wir zwei Fälle.

① C liegt außerhalb des Kreises.   ② C liegt innerhalb des Kreises.

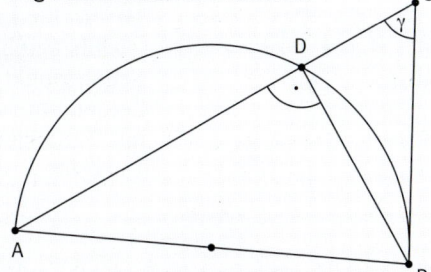 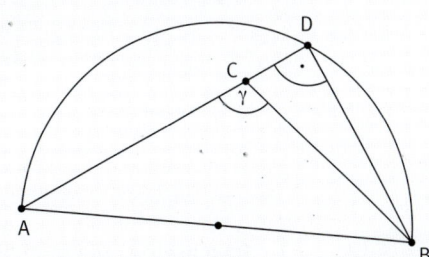

Das Dreieck BDC ist bei D rechtwinklig. Somit muss der Winkel γ kleiner als 90° sein.

Versuche selbst zu begründen, warum der Winkel γ nicht 90° groß sein kann.

Daraus folgt: Liegt C nicht auf dem Kreis über $\overline{AB}$, so gilt γ ≠ 90°. Also gilt umgekehrt: Ist das Dreieck ABC bei C rechtwinklig, so liegt C auf dem Thaleskreis über $\overline{AB}$.

1.7 Kreistangenten

An vielen Bauwerken, die im Mittelalter während der Gotik entstanden, beruhen die Verzierungen von Türen und Fenstern nur auf Kreisen oder Kreisausschnitten und Geraden. Das Bild zeigt das Westportal der Stadtkirche in Bad Hersfeld.

- Beschreibe, wie die Verzierungen über der Tür entstanden sind und welche Eigenschaften du in den Anordnungen erkennen kannst.
- Zeichne selbst Kreisausschnitte wie über dem Portal in dein Heft und konstruiere derartige Verzierungen. Beschreibe dein Vorgehen.

Passante von „passare" (lat.): vorübergehen

Sekante von „secare" (lat.): schneiden

Tangente von „tangere" (lat.): berühren

Merkwissen

Die Lage eines Kreises und einer Gerade lässt sich nach der Anzahl ihrer gemeinsamen Punkte unterscheiden.

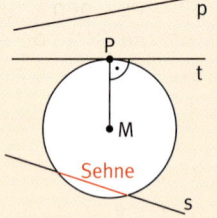

- Eine Gerade, die ohne Schnittpunkte an einem Kreis vorüberzieht, nennt man **Passante**.
- Schneidet eine Gerade einen Kreis in zwei Punkten, dann nennt man sie **Sekante**. Der Teil der Sekante, der durch den Kreis ausgeschnitten wird, heißt **Sehne**.
- Berührt eine Gerade den Kreis nur in einem Punkt, dann nennt man sie **Kreistangente** oder kurz **Tangente**. Die Tangente steht in P **senkrecht auf dem Radius** des Kreises.

Konstruktion der Kreistangente durch einen Punkt P:

1 P liegt auf dem Kreis.		2 P liegt außerhalb des Kreises.	
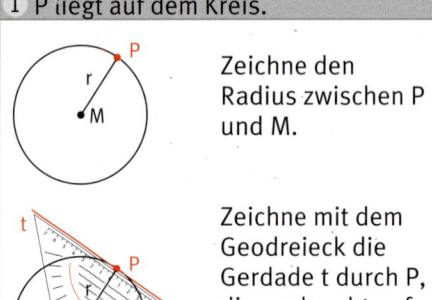	Zeichne den Radius zwischen P und M.	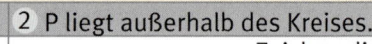	Zeichne die Verbindungsstrecke $\overline{MP}$ und markiere den Mittelpunkt T dieser Strecke.
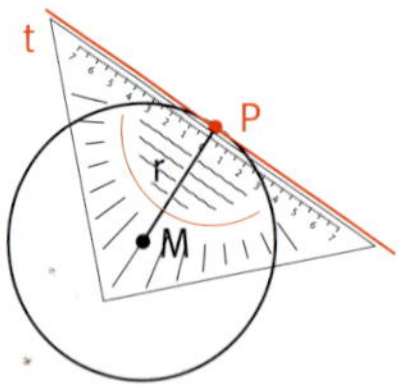	Zeichne mit dem Geodreieck die Gerade t durch P, die senkrecht auf dem Radius steht.	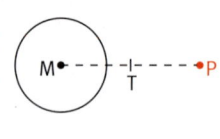 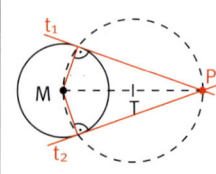	Zeichne den Thaleskreis über $\overline{MP}$. Verbinde jeweils einen Schnittpunkt der beiden Kreise mit P zu einer Tangente.

Beispiele

I Beschreibe, wie man einen Kreis findet, der eine Gerade g im Punkt P berührt. Findest du mehrere solcher Kreise?

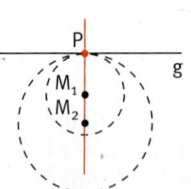

Lösung:
Man konstruiert eine Senkrechte auf g durch P. Von jedem Punkt M auf dieser Senkrechten lassen sich Kreise mit Radius $\overline{MP}$ zeichnen.

KAPITEL 1

VERSTÄNDNIS

- Warum kann man keine Kreistangente durch einen Punkt P konstruieren, der innerhalb eines Kreises liegt?
- Begründe, warum die Kreistangenten bei der Konstruktion ② im Merkwissen senkrecht auf dem Radius stehen.
- Unterscheide die Anzahl der Kreistangenten nach der Lage eines Punktes P.

AUFGABEN

1 Zeichne einen Kreis mit Radius r = 5 cm. Kennzeichne einen beliebigen Punkt P auf dem Kreis.
  a) Konstruiere die Kreistangente durch P.
  b) Zeichne verschiedene Sekanten durch P. Welche Sekante hat die längste Sehne?

2 Zeichne einen Kreis mit Mittelpunkt M und Radius r. Konstruiere die Kreistangenten, die durch den Punkt P verlaufen.
  a) M (4|3); r = 2 cm   ① P (8|3)   ② P (6|3)   ③ P (6|1)
  b) M (2|4,5); r = 2,5 cm   ① P (0|0)   ② P (2|2)   ③ P (−2|1)

3 Konstruiere im Koordinatensystem Kreise, die ...
  a) die y-Achse im Punkt P (0|4) berühren.
  b) beide Koordinatenachsen berühren.

  Beschreibe jeweils die Lage der Mittelpunkte im Koordinatensystem.

Wähle Punkte, die denselben Abstand zum Ursprung haben.

4 Beschreibe die Konstruktion mit Worten. Wie lautete wohl die Aufgabenstellung?

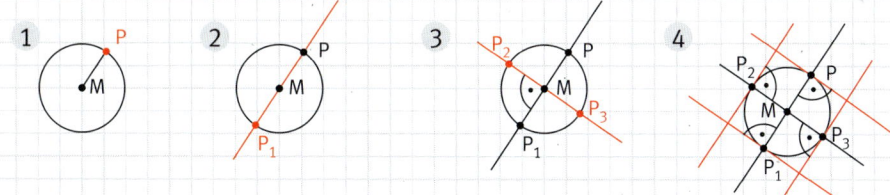

5 Eine CD oder DVD muss nicht immer in quadratischen Hüllen stecken: Auch eine Verpackung mit einem gleichseitigen Dreieck ist originell.
  a) Zeichne einen Kreis in dein Heft und konstruiere um den Kreis ein gleichseitiges Dreieck, sodass der Kreis alle Dreiecksseiten berührt. Beschreibe dein Vorgehen.
  b) Bastle eine dreieckige Hülle für eine CD. Nutze das Vorgehen aus a).
  c) Wie kannst du nun durch Falten eine regelmäßige sechseckige CD-Hülle herstellen?

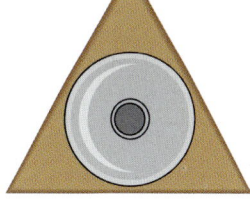

6 a) Theresa behauptet, dass man immer weniger als die Hälfte der Werbung auf einer Litfaßsäule sieht, wenn man davor steht. Stimmt das?
  b) Welchen Anteil der Litfaßsäule sieht Theresa? Übertrage die Zeichnung in dein Heft und bestimme den Anteil so genau wie möglich.

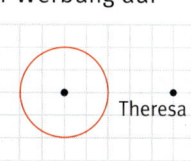

1 Welche Dreiecke sind zueinander kongruent?

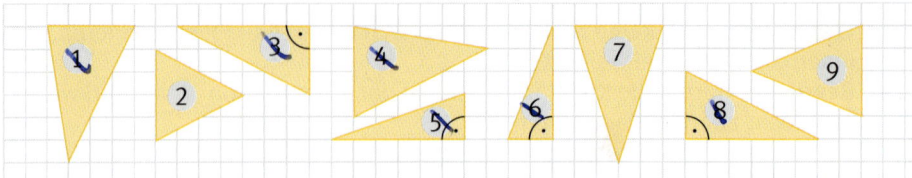

2 Welcher Dieb ist der Täter? Erkläre, wie du vorgegangen bist.

Täter   Dieb 1   Dieb 2   Dieb 3   Dieb 4   Dieb 5   Dieb 6

3 Übertrage ins Heft und ergänze zu einer achsensymmetrischen Figur.

a)   b)   c)

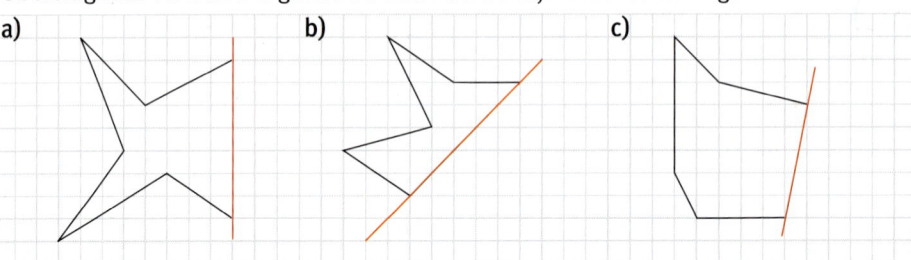

4 a) Zeichne das Dreieck ABC mit A (1|5), B (3|0), C (5|3) und spiegle es an der Geraden g, die durch die Punkte P (6,5|2,5) und Q (0,5|2,5) verläuft.

b) Zeichne in ein Koordinatensystem durch die Punkte S (5|5) und T (−2|−2) eine Spiegelachse g. Zeichne das Sechseck MARLEN mit M (−1,5|−2,5), A (1,5|−4,5), R (5,5|−3), L (3|1), E (7,5|2) und N (2,5|5) ein und spiegle es an g. Notiere die Koordinaten der Bildpunkte.

5 Übertrage die Figuren jeweils ins Heft und…

a) ergänze sie mit den angegebenen Drehwinkeln, sodass sie in Z drehsymmetrisch sind.

b) verschiebe sie jeweils viermal nacheinander. Du erhältst ein Bandornament.

① 90°   ② 120°

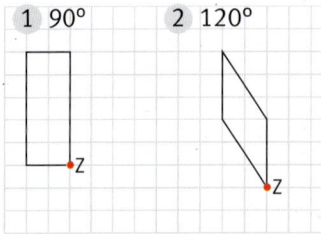

① ②

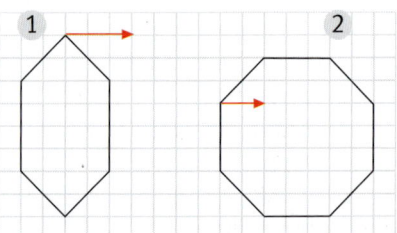

6 Konstruiere zu den Dreiecken ABC den Inkreis und den Umkreis. Gib so genau wie möglich die Koordinaten der Kreismittelpunkte an.

a) A (0|−2); B (4|2); C (−2|0) b) A (4|−1); B (8|3); C (4|7)

c) A (−1|−4); B (3|4); C (−3|7) d) A (−6|1); B (3|−3); C (5|6)

e) A (−1|−3); B (5|1); C (−2|1) f) A (0|−2); B (3,7|3,3); C (−2|4)

Kapitel 1

7 Entscheide, um welche Dreiecksart es sich handelt. Du darfst auch messen.

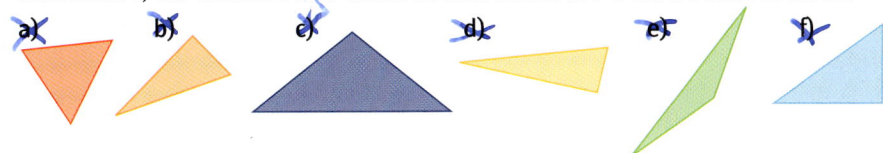

8 Konstruiere das nebenstehende Windrad. Beschreibe die Konstruktion.

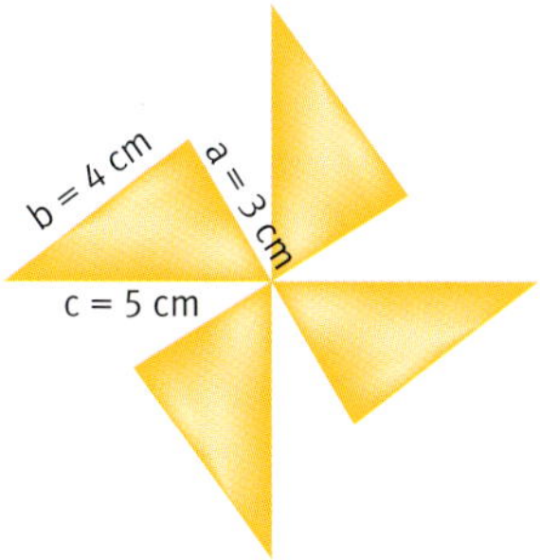

9 Trage die Punkte in ein Koordinatensystem ein und verbinde sie zu einem Dreieck. Um welche Dreiecksart handelt es sich jeweils?
   a) A (−7|1,5); B (−2|1,5); C (−2|7,5)   b) D (−5|−1); E (−1|1); F (1|−3,5)
   c) G (−1,5|7); H (1|−1); I (6|−3)   d) L (1|3,5); M (6|2,5); N (7|7,5)

10 Konstruiere das Dreieck. Um welche Dreiecksart handelt es sich jeweils?
   a) a = 7 cm; b = 6 cm; c = 8 cm   b) b = 5,5 cm; α = 30°; γ = 100°
   c) b = 6 cm; c = 8,5 cm; α = 90°   d) a = 6,4 cm; c = 3,7 cm; β = 37°
   e) a = 7 cm; c = 5,5 cm; h_c = 6 cm   f) a = 3,8 cm; β = 55°; $w_β$ = 4 cm

$w_β$ ist hier der Ausschnitt der Gerade von B bis zur Seitenmitte von b.

11 Der 20 m hohe Pulverturm in Jena soll bei Nacht beleuchtet werden. Dazu soll im Abstand von 5 m ein Strahler aufgestellt werden. Der Strahler hat einen Öffnungswinkel von 90°. In welcher Höhe ist der Strahler aufzustellen?
Löse die Aufgabe mit einer maßstabsgetreuen Zeichnung.

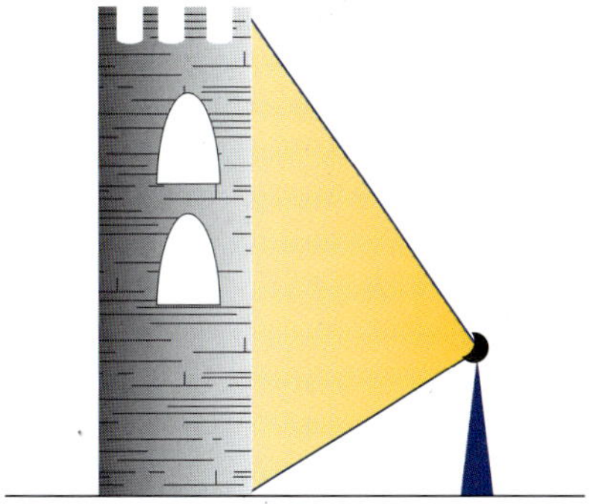

12 Konstruiere folgende Dreiecke ABC.
   a) $\overline{AB}$ = 12 cm; $\overline{BC}$ = 7 cm; γ = 90°
   b) a = 7,8 cm; b = 10,2 cm; β = 90°
   c) gleichschenkliges Dreieck mit der Basis c = 5 cm und Basiswinkeln von 65°

13 Konstruiere mithilfe des Thaleskreises ein rechtwinkliges Dreieck ABC.
   a) c = 7 cm; b = 5 cm; γ = 90°   b) c = 6 cm; β = 45°; γ = 90°
   c) c = 6 cm; a = 4 cm; γ = 90°   d) c = 8 cm; γ = 90°; h_c = 3 cm

14 1 A (2|4); B (7,5|2); C (9|6)   2 A (−5|0,5); B (1,5|−4); C (2|−0,5)
   a) Zeichne das Dreieck ABC in ein Koordinatensystem und miss seinen Umfang.
   b) Überprüfe mithilfe des Thaleskreises, ob das Dreieck rechtwinklig ist. Wie lauten die Koordinaten des Kreismittelpunktes?

Mit diesem Icon kannst du einen Punkt auf der Linie festhalten.

15 Experimentiere mit einem dynamischen Geometriesystem. Zeichne einen Kreis mit Radius 5 cm. Trage auf der Kreislinie eine Sehne $\overline{AB}$ mit 6 cm ab. Lege einen weiteren Punkt C auf die Kreislinie. Zeichne das Dreieck ABC.
   a) Bestimme den Winkel γ.
   b) Bewege den Punkt C auf der Kreislinie. Was stellst du fest?
   c) Führe das Experiment für eine andere Sehnenlänge durch.

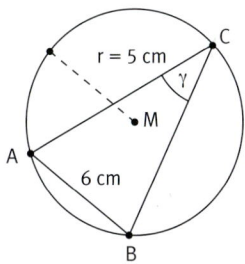

1.9 Themenseite: Origami

Wir falten einen Briefumschlag
Zum Falten dieses Briefumschlags brauchst du ein Blatt Papier im Format DIN-A4.

1. Halbiere die lange Seite des DIN-A4-Blattes und öffne das Papier wieder.

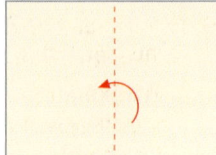

2. Falte zwei gegenüberliegende Ecken so zur Mittellinie, dass die obere Kante jeweils auf der Mittellinie liegt.

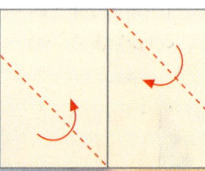

3. Falte die beiden überstehenden Randstreifen jeweils bis zur Unterkante der geknickten Ecke.

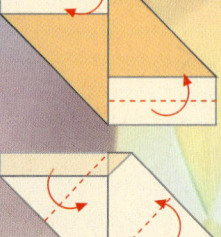

4. Falte die beiden Ecken der Randstreifen entlang so nach innen, dass die Ecke in die bestehende Tasche gesteckt wird.

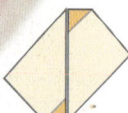

5. Fertig ist der Briefumschlag.

Schreibe einen Brief doch mal direkt auf das Papier, das du als Umschlag faltest.

Das Faltmuster des Briefumschlags
Entfalte deinen Briefumschlag wieder und betrachte das Faltmuster. Zeichne mit einem Stift die Faltlinien nach.

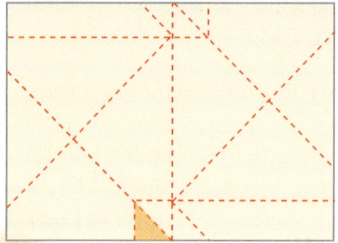

a) Welche Figuren erkennst du? Bezeichne sie so genau wie möglich.
b) Überprüfe die Dreiecke im Faltmuster auf Kongruenz ...
   1. durch Faltungen, indem du kongruente Figuren tatsächlich übereinanderlegst und somit zur Deckung bringst.
   2. mithilfe der Kongruenzsätze für Dreiecke. (Miss Längen oder Winkel nach, wenn du keine anderen Möglichkeiten siehst.)
c) Das eingefärbte Dreieck ist kongruent zu weiteren Dreiecken im Faltmuster. Zeichne die Symmetrieabbildungen in dein Faltmuster ein, die das Dreieck auf alle kongruenten Dreiecke abbilden.

Figuren auf dem Briefumschlag

Untersuche den Briefumschlag.
a) Welche Figuren kannst du entdecken? Bezeichne sie.
b) Überprüfe die Figuren auf Kongruenz.
c) Zeichne Symmetrieabbildungen ein, die die Kongruenz der Figuren aus b) bestätigen.

Themenseite

Kapitel 1

Der schlaue Fuchs
Zum Falten dieses Fuchses brauchst du ein quadratisches Blatt Papier.

1. Falte das Quadrat entlang einer Diagonalen.

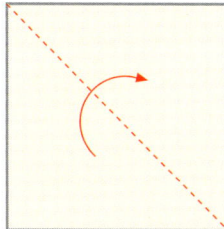

2. Falte das entstandene Dreieck einmal in der Mitte und öffne wieder.

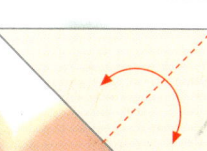

3. Falte die beiden unteren halben Dreieckskanten auf die entstandene Mittellinie.

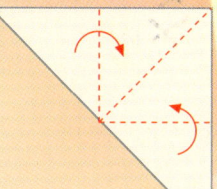

4. Knicke das entstandene Quadrat entlang der Diagonalen nach hinten um.

5. Falte am rechten Rand einen Teil des Dreiecks um. Es liegen drei Randstreifen übereinander.

6. Falte den oberen Randstreifen zurück, wodurch der mittlere Streifen mitgezogen wird. Dabei baut sich das obere Ende auf, sodass es als Kopf nach unten geknickt wird. Klappe einen Schwanz um.
Fertig ist der Fuchs.

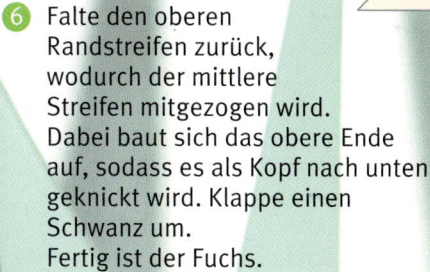

Dem Fuchs auf der Spur

a) Betrachte den gefalteten Fuchs. Sind die Dreiecke der Ohren und die im Gesicht kongruent zueinander? Begründe deine Antwort durch Faltung.

b) Entfalte den Fuchs wieder und untersuche das Faltmuster. Betrachte das markierte Dreieck.
   1. Zeige kongruente Dreiecke anhand von Achsenspiegelung, Punktspiegelung, Drehung und Verschiebung.
   2. Das markierte Dreieck ist rechtwinklig. Zeichne mit einem Zirkel den Thaleskreis über das Dreieck in dein Faltmuster ein.

Mehr Lust auf Origami?
Origami ist die japanische Kunst des Papierfaltens. Meistens geht man von einem quadratischen Blatt Papier aus, aus dem man dann ohne Schere und Klebstoff Figuren oder Körper bastelt.

Mehr Ideen zu Faltfiguren in der Geometrie findest du im gleichnamigen Arbeitsheft zu dieser Schulbuchreihe. Gib dazu unter www.ccbuchner.de die Zahl 8413 ins Suchfeld ein.

1.10 Das kann ich!

32 KAPITEL 1

Überprüfe deine Fähigkeiten und Kenntnisse. Bearbeite dazu die folgenden Aufgaben und bewerte anschließend deine Lösungen mit einem Smiley.

☺	😐	☹
Das kann ich!	Das kann ich fast!	Das kann ich noch nicht!

Hinweise zum Nacharbeiten findest du auf der folgenden Seite. Die Lösungen stehen im Anhang.

Aufgaben zur Einzelarbeit

1. Entscheide, welche Figuren kongruent sind.

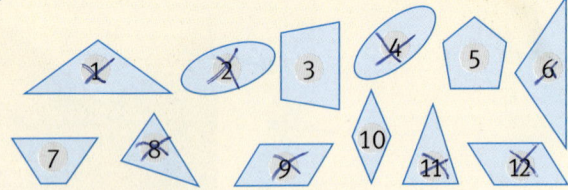

2. Zeichne in ein Koordinatensystem (Einheit 1 cm) das Viereck ABCD mit A (3|4), B (7|3), C (6|8) und D (4|7). Konstruiere dann das Bild des Vierecks bei Spiegelung an PQ.
   a) P (2|8), Q (8|2)   b) P (−2|4); Q (8|9)
   c) P (−1|5); Q (3|−3)   d) P (−2|4); Q (2|0)

3. Trage die Punkte G (3|1), O (5|2), T (3|3), H (2|5), A (1|3) in ein Koordinatensystem (Einheit 1 cm) ein und verbinde sie zu einem Fünfeck. G' (1|1) ist der Spiegelpunkt des Punktes G am Zentrum Z.
   a) Konstruiere das Zentrum Z und gib seine Koordinaten an.
   b) Ermittle die Koordinaten der übrigen Spiegelpunkte O', T', H', A' und zeichne das Bildfünfeck.
   c) Kennzeichne zwei zueinander kongruente Winkel (Strecken) farbig.

4. Übertrage die Figur in dein Heft. Stelle kongruente Figuren durch eine Verschiebung her. Die Verschiebung ist durch einen Pfeil angegeben.

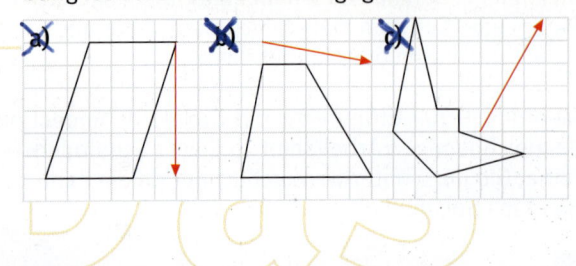

5. Gib eine möglichst genaue Beschreibung der Dreiecke an.
   a)   b)   c)   d)   e)
   f)   g)

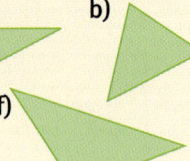
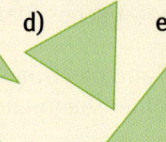

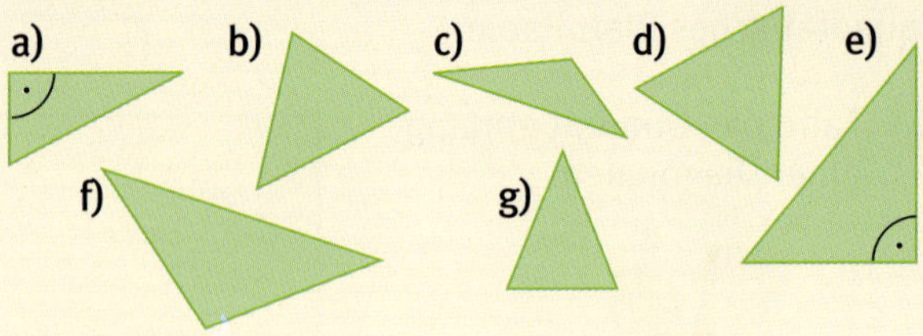

6. Entscheide, um welche Dreiecksart es sich handelt. *stumpf   g. schenklig*
   a) α = 35°; β = 125° b) a = b; γ = 60°
   c) α = 36°; γ = 54°   d) α = β; α + β = 120°
   spitz   g. schenklig

7. Konstruiere das Dreieck ABC mit den drei Schritten Planfigur – Zeichnung – Beschreibung.
   a) c = 4,9 cm; α = 53°; β = 87°
   b) b = 7,5 cm; c = 9,2 cm; α = 33°
   c) a = 4,4 cm; b = 3,3 cm; c = 5,5 cm
   d) a = 3,8 cm; c = 5,4 cm; γ = 70°
   e) a = 5 cm; h_a = 4,5 cm; γ = 50°   ?

8. Miss bei den Dreiecken drei Dinge (z. B. einen Winkel, eine Seite und eine Höhe oder eine Winkelhalbierende) und konstruiere mit diesen Maßen ein kongruentes Dreieck.
   a)   b)

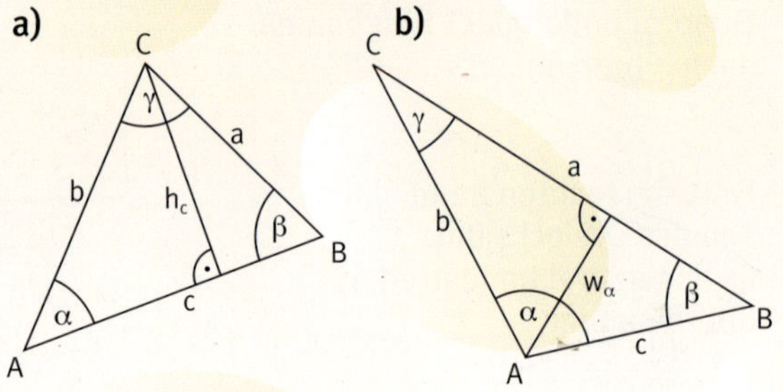

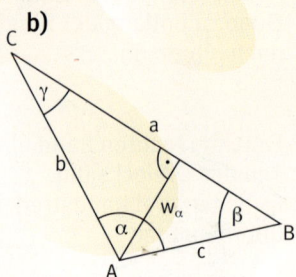

9. Konstruiere ein gleichschenkliges Dreieck ABC.
   a) c = 5,9 cm; α = 67°; a = b
   b) b = 5,4 cm; α = 45°; a = c
   c) a = 4,5 cm; b = 6 cm; a = c
   d) γ = 45°; $w_γ$ = 5 cm; a = b

10. Zeichne ein Dreieck nach folgender Konstruktionsbeschreibung:
    1. Zeichne die Strecke $\overline{BC}$ mit 5 cm Länge.
    2. Zeichne eine Parallele p zu $\overline{BC}$ im Abstand von 4 cm.
    3. Trage an B den Winkel β = 50° ab.
    4. Der freie Schenkel von β und die Parallele p schneiden sich in A.

KAPITEL 1

11 Gegeben sind das Dreieck ABC mit A (0|3), B (1|0), C (4|3) und der Punkt P (9|1).
  a) Konstruiere den Umkreis K des Dreiecks ABC und gib die Koordinaten des Mittelpunkts M an.
  b) Konstruiere die beiden Tangenten t und s des Punktes P an den Umkreis K.
  c) Konstruiere die Tangente r im Kreispunkt A.
  d) Gib die Koordinaten der zwei neuen Tangentenschnittpunkte R und S an.
  e) Begründe, warum die Geraden durch die Schnittpunkte R und S und den Mittelpunkt M Winkelhalbierende des Dreiecks PRS sind.

12 Früher wurden schwer zugängliche Höhen wie abgebildet gemessen. Schätze zunächst die Höhe des Felsens. Ermittle anschließend die Höhe zeichnerisch.

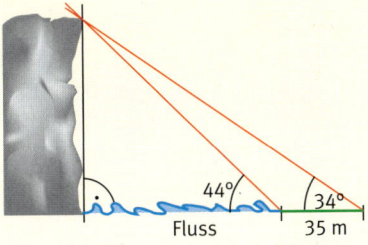

13 Konstruiere mithilfe des Satzes von Thales ein bei C rechtwinkliges Dreieck, wenn Folgendes gilt:
  a) c = 8 cm; b = 4 cm   b) c = 12,5 cm; h_c = 5 cm

14 Konstruiere für das Dreieck ABC mit A (−5|1), B (4|−1) und C (2|4,5) den Inkreis und den Umkreis. Gib die Koordinaten der Kreismittelpunkte an.

15 Konstruiere ein Rechteck mit einer Seitenlänge a = 4 cm und einer Diagonalen d = 7 cm.

16 Zeichne die Figur „Quadrat im Quadrat" ins Heft. Das innere Quadrat hat eine Kantenlänge von 3 cm. Bestimme mittels einer geeigneten Konstruktion ein passendes äußeres Quadrat. Findest du weitere Lösungen?

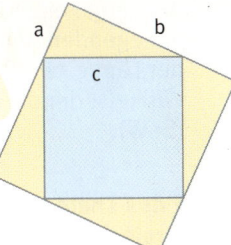

Aufgaben für Lernpartner

Arbeitsschritte
1 Bearbeite die folgenden Aufgaben alleine.
2 Suche dir einen Partner und erkläre ihm deine Lösungen. Höre aufmerksam und gewissenhaft zu, wenn dein Partner dir seine Lösungen erklärt.
3 Korrigiere gegebenenfalls deine Antworten und benutze dazu eine andere Farbe.

Sind folgende Behauptungen **richtig** oder **falsch**? Begründe schriftlich.

17 Figuren sind kongruent zueinander, wenn die Längen ihrer Seiten übereinstimmen.

18 Der Umkreismittelpunkt eines Dreiecks ist von den Ecken des Dreiecks und von den Seiten des Dreiecks gleich weit entfernt.

19 Bei einer Achsenspiegelung sind Original- und Bildgerade zueinander parallel.

20 Bei einer Punkt- und einer Achsenspiegelung dreht sich der Umlaufsinn der Eckpunkte einer Bildfigur gegenüber der Originalfigur um.

21 Es gibt Dreiecke, die keinen Inkreis haben.

22 Ein rechtwinkliges Dreieck kann gleichseitig sein.

23 Jedes Rechteck hat einen Umkreis.

24 Jedes rechtwinklige Dreieck besitzt auch einen spitzen Winkel.

25 Ein Dreieck lässt sich nur dann eindeutig konstruieren, wenn drei Seiten gegeben sind.

26 Die Schreibweise des Kongruenzsatzes SsW besagt, dass der Winkel der größeren Seite gegenüberliegt.

27 Ein Dreieck, von dem man alle drei Innenwinkel kennt, lässt sich eindeutig konstruieren.

Aufgabe	Ich kann ...	Hilfe
1, 17	überprüfen, ob Figuren kongruent zueinander sind.	S. 8
2, 3, 18, 19, 20	kongruente Figuren zeichnen und bestimmen.	S. 8
5, 6, 22, 24	Dreiecksarten unterscheiden.	S. 12
7, 8, 9, 10, 12, 25, 26, 27	mithilfe der Kongruenzsätze Dreiecke konstruieren.	S. 18
13, 15, 16	mithilfe des Satzes von Thales rechtwinklige Dreiecke konstruieren.	S. 22
8, 11, 14, 18, 21, 23	Höhen, Winkelhalbierende, Seitenhalbierende, Inkreise und Umkreise konstruieren.	S. 14, 16
11	Kreistangenten konstruieren.	S. 26

1.11 Auf einen Blick

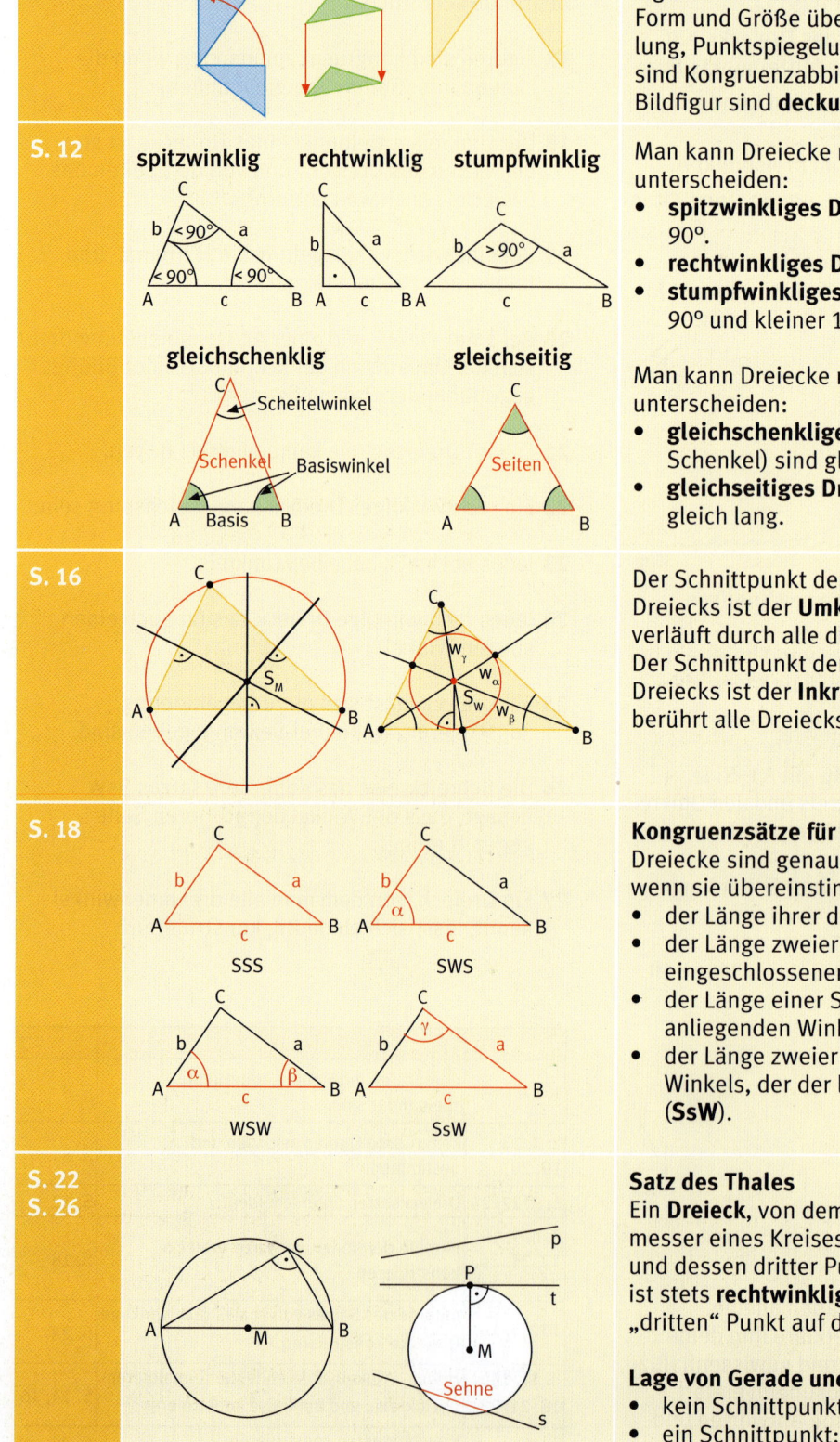

S. 8 — Figuren sind zueinander **kongruent**, wenn sie in Form und Größe übereinstimmen. Achsenspiegelung, Punktspiegelung, Drehung und Verschiebung sind Kongruenzabbildungen, d. h. Original- und Bildfigur sind **deckungsgleich**.

S. 12 — Man kann Dreiecke nach ihren Winkeln unterscheiden:
- **spitzwinkliges Dreieck**: Alle Winkel sind kleiner 90°.
- **rechtwinkliges Dreieck**: Ein Winkel ist 90°.
- **stumpfwinkliges Dreieck**: Ein Winkel ist größer 90° und kleiner 180°.

Man kann Dreiecke nach ihren Seitenverhältnissen unterscheiden:
- **gleichschenkliges Dreieck**: Zwei Seiten (die Schenkel) sind gleich lang.
- **gleichseitiges Dreieck**: Alle drei Seiten sind gleich lang.

S. 16 — Der Schnittpunkt der **Mittelsenkrechten** eines Dreiecks ist der **Umkreismittelpunkt**. Der **Umkreis** verläuft durch alle drei Ecken des Dreiecks.
Der Schnittpunkt der **Winkelhalbierenden** eines Dreiecks ist der **Inkreismittelpunkt**. Der Inkreis berührt alle Dreiecksseiten.

S. 18 — **Kongruenzsätze für Dreiecke**
Dreiecke sind genau dann kongruent zueinander, wenn sie übereinstimmen in …
- der Länge ihrer drei Seiten (**SSS**).
- der Länge zweier Seiten und der Größe des eingeschlossenen Winkels (**SWS**).
- der Länge einer Seite und der Größe beider anliegenden Winkel (**WSW**).
- der Länge zweier Seiten sowie der Größe des Winkels, der der längeren Seite gegenüberliegt (**SsW**).

S. 22 / S. 26 — **Satz des Thales**
Ein **Dreieck**, von dem zwei Punkte den Durchmesser eines Kreises („**Thaleskreis**") begrenzen und dessen dritter Punkt auf der Kreislinie liegt, ist stets **rechtwinklig**. Der rechte Winkel liegt am „dritten" Punkt auf der Kreislinie an.

Lage von Gerade und Kreis
- kein Schnittpunkt: Gerade ist Passante.
- ein Schnittpunkt: Gerade ist Tangente.
- zwei Schnittpunkte: Gerade ist Sekante.

Kreuz und quer 35

Teilbarkeit

1 Ein Kartenspiel besteht aus 32 Karten.
   a) Welche Rechtecksmuster lassen sich aus den Karten legen? Zeichne sie auf.
   b) Bestimme aus den Anordnungen die Teilermenge von 32.
   c) Betrachte die Vielfachen von 32, 64, 128, 256, 512. Bestimme die Teilermengen dieser Zahlen. Welche Regel erkennst du? Beschreibe.

2 Welche Augensummen sind beim Würfeln mit zwei Würfeln durch 3 (4, 5) teilbar?

3 Bestimme die Teilermengen.
   a) T_{15}; T_{12}; T_{27}; T_{18}; T_{16}; T_{24}; T_{36}
   b) T_{44}; T_{56}; T_{60}; T_{49}; T_{38}; T_{13}; T_{99}

4 Bestimme die Vielfachenmengen.
   a) V_5; V_{11}; V_{15}; V_{18}; V_{25}; V_{31}; V_{35}
   b) V_{47}; V_{77}; V_{83}; V_{99}; V_{101}; V_{121}; V_{142}

5 Übertrage die Tabelle ins Heft und überprüfe auf Teilbarkeit. Was fällt dir auf?

	126	432	345	720	621	475
2	×	☐	☐	☐	☐	☐
4	–	☐	☐	☐	☐	☐
5	–	☐	☐	☐	☐	☐
10	☐	☐	☐	☐	☐	☐
3	☐	☐	☐	☐	☐	☐
9	☐	☐	☐	☐	☐	☐

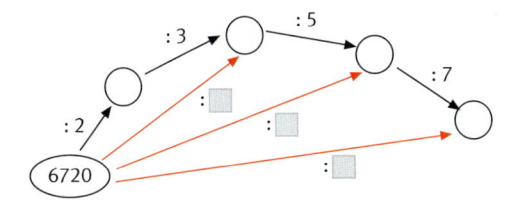

6
   a) Übertrage den „Teilbarkeitskreis" in dein Heft und fülle die fehlenden Stellen aus.
   b) Beginne den „Teilbarkeitskreis" mit der Zahl 20 160 und fülle aus.
   c) Welches ist die kleinste Zahl, die du als Startzahl wählen kannst, damit in allen Lücken natürliche Zahlen stehen? Begründe.

Zahlenmauern

7 Übertrage in dein Heft und bestimme die fehlenden Steine. Der Wert eines Steins ergibt sich aus der Summe der beiden darunter liegenden.
   a) 27 56 18 14
   b) 32,9 / 14,5 / −1,2 6,4

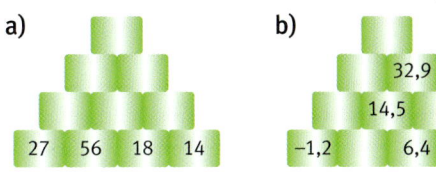

8 a) Vergleiche die Zahlenmauern miteinander und beschreibe deren Aufbau.

   12 / 5 7 / 2 3 4
   $a+2 \cdot b+c$ / $a+b$ $b+c$ / a b c

   b) Der mittlere Stein aus a) wird um 1 erhöht. Wie ändert sich das Ergebnis im obersten Stein? Probiere aus.

   2 3+1 4
   a b+1 c

   c) Der mittlere Stein aus a) wird um 2 (3, 4, 5, ...) erhöht. Wie ändert sich das Ergebnis im oberen Stein? Beschreibe.

   d) Wie ändert sich das Ergebnis im oberen Stein, wenn ein äußerer Stein in der unteren Lage um 1 (2, 3, 4, 5, ...) erhöht wird? Begründe.

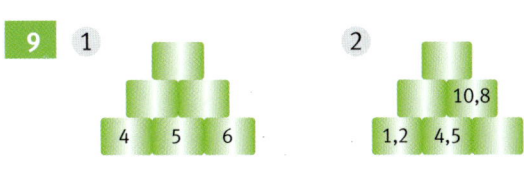

   2+1 3 4
   a+1 b c

9   1: 4 5 6
        2: 10,8 / 1,2 4,5

   a) Übertrage und bestimme die fehlenden Steine. Der Wert eines Steins ergibt sich aus dem Produkt der beiden darunter liegenden.
   b) Wie ändert sich das Ergebnis im oberen Stein, wenn ein äußerer Stein in der unteren Lage verdoppelt wird?
   c) Wie ändert sich das Ergebnis im oberen Stein, wenn der mittlere Stein in der unteren Lage verdreifacht wird?

Sachrechnen

10 Die Tabelle gibt für einige Lebewesen die Anzahl der Herzschläge pro Minute an.

Tier	Herzschläge pro Minute
Huhn	330
Giraffe	66
Fuchs	100
Maus	500
Storch	270
Elefant	25
Schwein	60

a) Vergleiche die Tiere miteinander anhand der Anzahl der Herzschläge.
Beispiel: Das Herz einer Maus schlägt etwa 8-mal so schnell wie das eines Schweins.

b) Chanel äußert die Vermutung, dass das Herz eines Tieres umso schneller schlägt, je kleiner das Tier ist.
① Wie kommt Chanel zu der Vermutung?
② Überprüfe anhand weiterer Daten, die du im Internet recherchieren kannst.

11 Sabine unternimmt mit ihren Eltern eine Radtour. Am zweiten Tag fahren sie 21 km weiter als am ersten Tag, am dritten Tag schaffen sie noch mal 4 km mehr. Insgesamt sind sie 247 km gefahren. Bestimme die Länge der einzelnen Tagesetappen.

12 Um Glas herzustellen, benötigt man neben großen Mengen Energie auch Holzasche, die dem Glas zugesetzt wird, um es besser schmelzen zu können. In früheren Zeiten benötigte man für die Herstellung von 1 kg Glas etwa 1,5 m³ Holz, wobei aus $\frac{4}{5}$ des Holzes Holzasche hergestellt wurde. Der Rest des Holzes wurde als Brennstoff für den Schmelzofen verwendet.

a) Wie viel m³ Holz benötigte ein Glasbetrieb, der am Tag etwa 25 kg Glas herstellte?
b) Wie viel m³ des Holzes aus a) wurde für die Herstellung von Holzasche verwendet?
c) 1 m³ Fichtenholz wiegt etwa 470 kg. Wie schwer ist das benötigte Holz für eine Tagesproduktion aus a)?

13 Herr Kurze kauft einen Geschirrspüler für 789,– €. Ein Drittel zahlt er an. Den Rest und 35 € Gebühren bezahlt er in 12 Monatsraten. Wie hoch ist eine Monatsrate?

Schätzen

14 Beschreibe jeweils dein Vorgehen.
a) Schätze die Anzahl der Spaghetti-Nudeln.

b) Schätze die Höhe des Turms.

c) Schätze die Anzahl der Garnrollen.

15 Schätze die folgenden Größen. Beschreibe dein Vorgehen.
a) Anzahl der Parkplätze in einem Parkhaus
b) Anzahl der Schüler in deiner Schule
c) Anzahl der Blätter an einem Baum

2 Zuordnungen

Einstieg

- Welches Autokennzeichen gehört zu welcher Stadt?
- In welchen Bundesländern liegen die Städte?
- Informiere dich, wie viele verschiedene Autokennzeichen es in den einzelnen Bundesländern gibt, und stelle das Ergebnis grafisch dar.
- Finde Gründe, warum es wichtig ist, Autos mit Kennzeichen zu versehen.

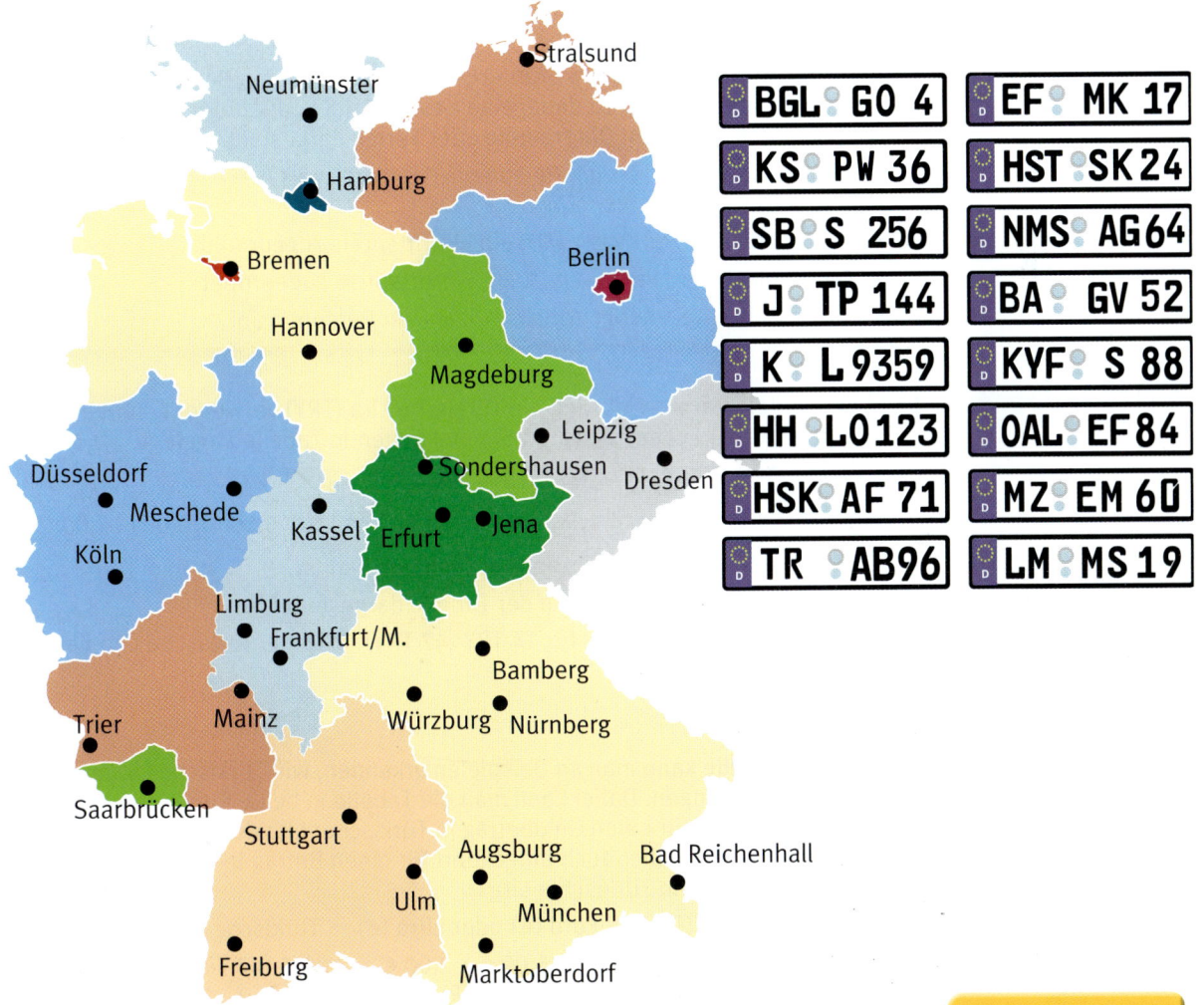

Städte auf der Karte: Neumünster, Stralsund, Hamburg, Bremen, Berlin, Hannover, Magdeburg, Leipzig, Düsseldorf, Meschede, Sondershausen, Dresden, Köln, Kassel, Erfurt, Jena, Limburg, Frankfurt/M., Trier, Mainz, Bamberg, Würzburg, Nürnberg, Saarbrücken, Stuttgart, Augsburg, Bad Reichenhall, Ulm, München, Freiburg, Marktoberdorf

Autokennzeichen:
- BGL · GO 4
- KS · PW 36
- SB · S 256
- J · TP 144
- K · L 9359
- HH · LO 123
- HSK · AF 71
- TR · AB 96
- EF · MK 17
- HST · SK 24
- NMS · AG 64
- BA · GV 52
- KYF · S 88
- OAL · EF 84
- MZ · EM 60
- LM · MS 19

Ausblick

Am Ende dieses Kapitels hast du gelernt, ...
- wie man Zuordnungen durch Tabellen, Graphen und Terme darstellen kann.
- wie man die Graphen von Zuordnungen zeichnen und verstehen kann.
- wie man einfache Sachverhalte durch proportionale und umgekehrt proportionale Zuordnungen mathematisieren kann.

2.1 Zuordnungen und ihre Darstellung

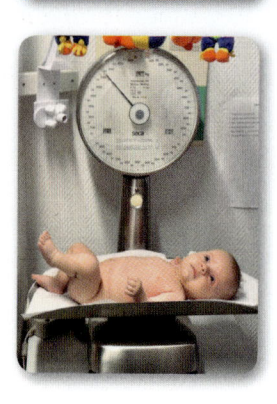

Um die Entwicklung von Säuglingen zu beobachten, wird in regelmäßigen Abständen deren Körpergewicht gemessen. Die Tabelle zeigt die Ergebnisse eines Babys in den ersten sechs Lebensmonaten.

Alter in Monaten	Körpergewicht in g
0	3900
1	4100
2	4900
3	6100
4	6900
5	7300
6	7500

- Welche Angaben kannst du der Tabelle entnehmen? Gib Beispiele an.
- Stelle die Entwicklung des Säuglings in diesem Zeitraum in einem geeigneten Diagramm dar.
- In welchem Monat hat das Baby am meisten (am wenigsten) zugenommen?

Die Diagramme, die du bereits kennst, sind im Grundwissen im Anhang noch einmal dargestellt.

MERKWISSEN

Bei einer **Zuordnung** werden Größen/Zahlen zueinander in Beziehung gesetzt. Jeder **Ausgangsgröße** wird dabei eine andere **Größe** zugeordnet. Zuordnungen können durch **Tabellen**, **Diagramme** oder **Terme** dargestellt werden.

Schreibweise: Anzahl Personen → Eintrittspreis in €
Mögliche Sprechweisen:

- Der Anzahl von Personen wird ein Eintrittspreis zugeordnet.
- Jeder Anzahl von Personen ist ein Eintrittspreis zugeordnet.
- Der Eintrittspreis hängt von der Anzahl der Personen ab.

BEISPIELE

I In der Türkei wird als Währung die Türkische Lira (TRY) verwendet. Für einen Urlaub in der Türkei hat sich Frau Simmel folgende Tabelle angelegt:

TRY	1	2	3	4	5	9	10	20	30	40
€	0,50	1,00	1,50	2,00	2,50	4,50	5,00	10,00	15,00	20,00

a) Beschreibe, was du der Tabelle entnehmen kannst.
b) Gib die Zuordnung an, die in der Tabelle dargestellt ist.
c) Wie viel Euro erhältst du für 14 TRY (47 TRY)? Wie viel Türkische Lira bekommst du für 7 € (19 €)?

Lösung:

a) In der Tabelle kann man an Beispielen erkennen, wie Türkische Lira und Euro zusammenhängen. Dabei kann man die Tabelle in beide Richtungen betrachten: Man kann für einen Geldbetrag in Türkischer Lira den zugeordneten Wert in Euro ablesen, aber auch umgekehrt für einen Betrag in Euro den zugeordneten Geldwert in Türkischer Lira.
b) Türkische Lira (TRY) → Euro (€) oder Euro (€) → Türkische Lira (TRY)
c) 14 TRY = 10 TRY + 4 TRY → 5,00 € + 2,00 € = 7,00 € (47 TRY → 23,50 €)
   7 € = 4,50 € + 2,50 € → 9 TRY + 5 TRY = 14 TRY (19 € → 38 TRY)

VERSTÄNDNIS

- Im Alltag findest du zahlreiche Beispiele für Zuordnungen. Nenne einige.
- Maria meint: „Oftmals kann ich eine Zuordnung in beide Richtungen betrachten, also Ausgangsgröße und zugeordnete Größe vertauschen." Was meinst du dazu? Finde Beispiele für Marias Behauptung.

Kapitel 2

Aufgaben

1
1 Stadt → Einwohnerzahl   2 Zeit in s → Strecke in m
3 Anzahl Eiskugeln → Preis in €   4 Tag der Woche → Höhe des Flusspegels

a) Gib zu jeder Zuordnung mindestens drei konkrete Größenpaare an, wie sie im Alltag vorkommen können.
b) Welches Diagramm ist für die Darstellung der Zuordnung sinnvoll? Begründe.

2 Karl hat sich eine Erkältung zugezogen und liegt mit Fieber im Bett. Die Abbildung zeigt seine Körpertemperatur im Verlauf der Tage aus seiner Krankenakte an.

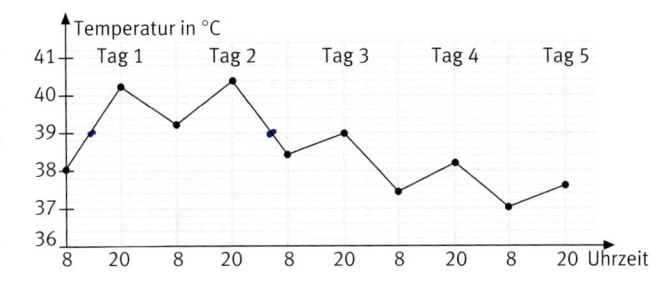

a) Gib die Zuordnung an, die in der Abbildung dargestellt ist.
b) Beschreibe den Verlauf der Fieberkurve zum Krankheitsverlauf.
c) Lies folgende Werte so genau wie möglich ab:
  1 Wann hatte Karl die höchste (niedrigste) Temperatur?
  2 Wann betrug die Temperatur 39 °C (38,2 °C)?
d) Am 4. Tag kann die höchste Körpertemperatur auch größer als 38,2 °C gewesen sein. Finde Gründe für diese Behauptung.

3 Bei Kindern wird regelmäßig das Wachstum kontrolliert und in einem sogenannten „Kinderuntersuchungsheft" eingetragen. Die folgenden Werte stammen von Massimo.

Alter in Jahren	1	2	3	4	5	6	7	8	9	10	11	12
Größe in cm	50	76	89	104	107	111	116	120	125	128	132	136

a) Gib die Zuordnung an. Benenne dabei Ausgangsgröße und zugeordnete Größe.
b) Wie viel ist Massimo von Jahr zu Jahr gewachsen? Zeichne ein Diagramm.
c) Wie groß wird Massimo wohl im Alter von 13 (14, 15, 16) Jahren sein? Beschreibe, wie du auf dein Ergebnis kommst.
d) Erstelle mithilfe deines Kinderuntersuchungshefts deine eigene Wachstumskurve. Benutze ein Tabellenprogramm und vergleiche mit deinen Freunden.

4 In der Klassenarbeit der Klasse 7a gibt es folgende Ergebnisse:

Note	sehr gut	gut	befriedigend	ausreichend	mangelhaft	ungenügend
Anzahl	2	5	8	6	3	0

a) Handelt es sich hierbei um eine Zuordnung? Begründe deine Antwort.
b) Stelle die Ergebnisse in einem Säulendiagramm dar. (Tabellenprogramm!)

5 Die Schüler in der 7b haben die Haarfarbe in ihrer Klasse als Balkendiagramm dargestellt.

a) Gib die Zuordnung an.
b) Stelle den Sachverhalt in einer Tabelle dar.
c) Erstelle eine Tabelle und ein Diagramm zu dieser Zuordnung von deiner Klasse.

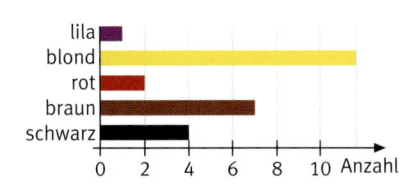

2.2 Graphen zeichnen und beurteilen

Auf ihrer Reise nach New York sieht Anna auf einem Bildschirm im Flugzeug die aktuellen Flughöhen. Sie entschließt sich, die Höhe zu jeder vollen Flugstunde zu notieren, und zeichnet einen Graphen dazu.

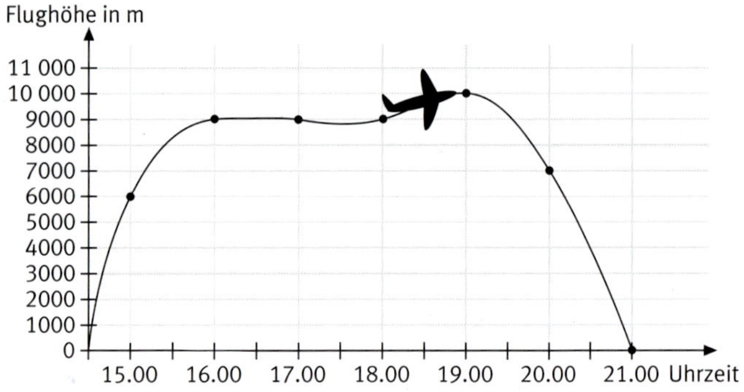

- Beschreibe den Verlauf des Fluges.
- Anna sagt: „Die Landung dauerte fast zwei Stunden!" Kannst du das bestätigen? Begründe.
- Kann ein Flugzeug zu verschiedenen Zeitpunkten auf gleicher Höhe sein?

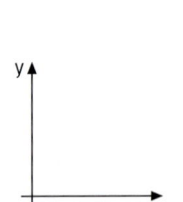

Beachte stets: Ausgangsgröße an der x-Achse und zugeordnete Größe an der y-Achse antragen.

Merkwissen

Eine Zuordnung nennt man **eindeutig**, wenn jeder Ausgangsgröße genau eine Größe zugeordnet ist.

Um den Graphen einer eindeutigen Zuordnung zu zeichnen, werden in einem **Koordinatensystem** die Größen- oder Zahlenpaare eingetragen. Je nachdem, ob Zwischenwerte vorkommen können, kann man die Punkte verbinden. Der Graph zeigt Veränderungen, Höchst- und Tiefstwerte.

Beispiele

I Im Schulgarten wurden Tomaten ausgesät und deren Wachstum beobachtet. Stelle das Wachstum grafisch dar. Beschreibe dein Vorgehen.

Zeit in Tagen	0	30	60	90	120	150	180
Höhe in cm	0	5	14	30	59	95	110

Vorgehen zum Zeichnen von Graphen:
1. Länge der Einheit festlegen
2. Achsen zeichnen und beschriften
3. Punkte eintragen
4. Punkte verbinden, wenn es sinnvoll ist

Beachte: Was zwischen zwei Messpunkten passiert, kann man nicht genau sagen. Wir wissen nur, dass die Höhen zwischen den Messwerten durchlaufen werden mussten.

Lösung:
Vorgehen beim Zeichnen des Graphen der Zuordnung *Zeit in Tagen → Höhe in cm*:

1. x-Achse: Zeit in Tagen
   Wenn 1 Einheit 10 Tagen entspricht, benötigt man 18 Kästchen, also 9 cm.
   y-Achse: Höhe in cm
   Wenn 1 Einheit 10 cm entspricht, benötigt man 12 Kästchen, also 6 cm.
2. Koordinatensystem zeichnen
3. Punkte eintragen
4. Punkte verbinden

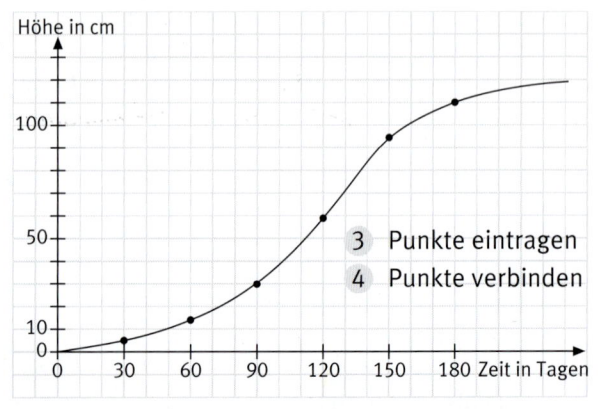

Verständnis

- Erkläre die Begriffe Höchst- und Tiefstwert eines Graphen.
- Wie lassen sich Veränderungen im Graphen ablesen? Erkläre am Beispiel.

Kapitel 2

Aufgaben

1 Ist die Zuordnung eindeutig? Begründe jeweils mit Beispielen.
   a) Parkdauer in min → Gebühr in €   b) Gebühr in € → Parkdauer in min
   c) Zeitdauer in s → Regenmenge in cm   d) Euro → US-Dollar
   e) Temperatur in °C → Uhrzeit   f) Uhrzeit → Temperatur in °C
   g) Benzinmenge in l → Preis in €   h) Preis in € → Benzinmenge in l

2 a) Jakob geht jeden Morgen zu Fuß zur Schule. Die beiden Graphen veranschaulichen an zwei verschiedenen Tagen seinen Schulweg. Erfinde eine Geschichte zu jedem Schulweg.

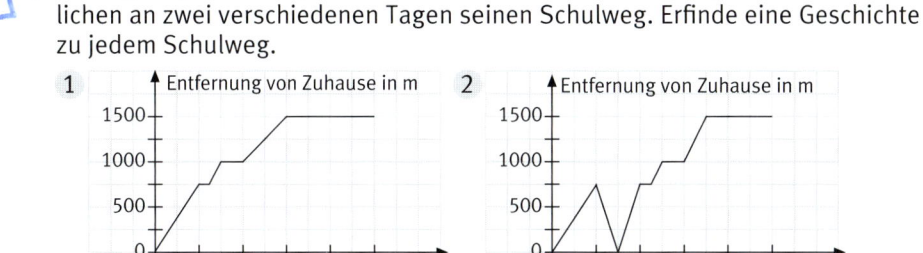

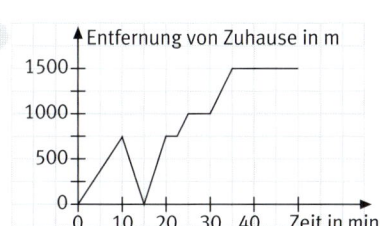

   b) Jakob zeichnet zu seinem Schulweg an einem Morgen zwei unterschiedliche Graphen. Beschreibe die Unterschiede. Finde Beziehungen zwischen den Graphen.

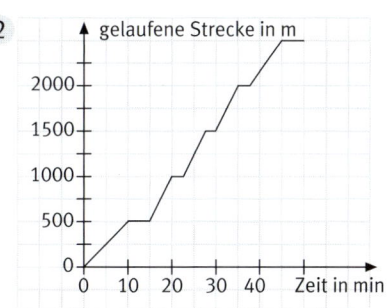

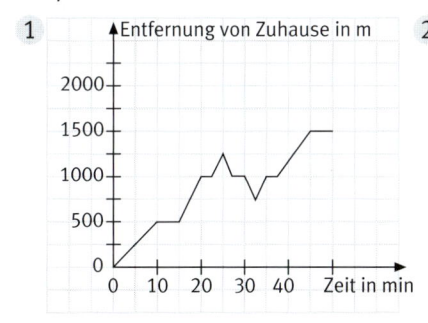

   c) Beschreibe einem Partner deinen Schulweg in Worten, der einen Graphen dazu zeichnet. Kontrolliere den Graphen. Tauscht anschließend die Rollen.

3 a) Welche Zuordnung ist im Graphen dargestellt?
   b) Lies die Höchst- und Tiefstwerte der zugeordneten Größe möglichst genau ab.
   c) Wann zeigte das Thermometer 12 °C (19 °C, 6 °C)?
   d) Lies alle zwei Stunden die Werte im Graphen ab und stelle den Sachverhalt in einer Tabelle dar.
   e) Schreibe einen Wetterbericht für den Tag.
   f) Suche im Atlas ein Diagramm für den Jahrestemperaturverlauf eines ausgewählten Ortes und beschreibe ihn.

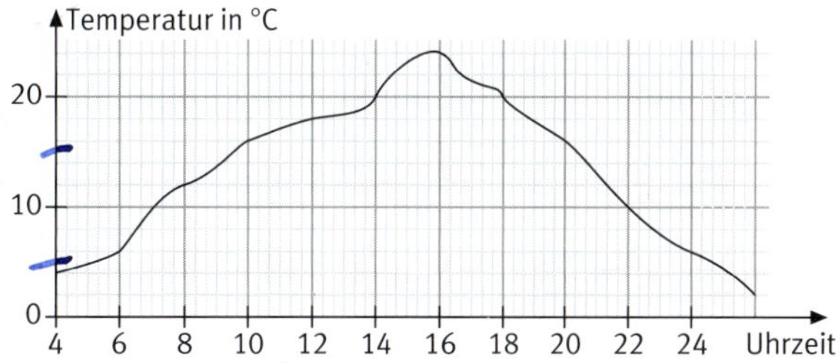

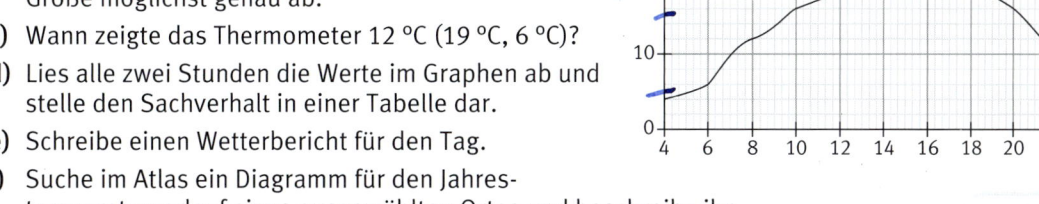

4 Sabrina möchte ihren Hund Bello baden. Dazu lässt sie zunächst Wasser in die Badewanne. Als die Wanne halb voll ist, stellt sie das Wasser ab und macht sich auf die Suche nach Bello. Nachdem sie ihn gefunden hat, gehen sie zur Wanne und Bello springt hinein. Nachdem Bello nach einiger Zeit fertig gebadet hat, springt er aus dem Wasser. Kurz darauf lässt Sabrina das Wasser wieder aus der Wanne. Skizziere einen Graphen, der die Höhe des Wasserstandes in der Wanne im Laufe der Zeit darstellt. Schätze die Zeiten und die Wassermenge in Litern.

2.2 Graphen zeichnen und beurteilen

5 Auf einem Wasserspielplatz in Townsville/Australien befindet sich ein übergroßer Eimer, der sich langsam mit Wasser füllt. Wenn er voll ist, entleert er sich plötzlich wie ein Wasserfall. Skizziere einen Graphen zu der Zuordnung *Zeit → Füllhöhe* für drei Füllvorgänge des Eimers.

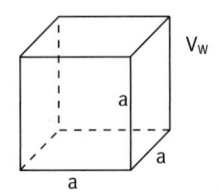

6 Untersuche das Volumen von Würfeln.

a) Übertrage die Tabelle der Zuordnung *Seitenlänge in cm → Volumeninhalt in cm^3* in dein Heft und vervollständige.

Seitenlänge in cm	0,5	1	2	2,5	3	4
Volumen in cm^3	☐	☐	8	☐	☐	☐

b) Zeichne den Graphen der Zuordnung.
  ① Wie verläuft der Graph am Ursprung bei kleinen Seitenlängen? Beschreibe.
  ② Darfst du die Punkte miteinander verbinden? Begründe.

c) Beschreibe, was passiert, wenn du die Seitenlänge weiter vergrößerst. Welches Problem tritt bei der Zeichnung auf?

d) Lies das Volumen für a = 1,5 cm (a = 3,5 cm; a = 2,8 cm) möglichst genau ab. Vergleiche die Ergebnisse mit den berechneten Werten.

e) Übertrage die gewonnen Werte aus a) in ein Tabellenprogramm und drucke den Graphen auch für größere Werte aus. Welches Problem fällt dir auf?

7 Stell dir vor, die Türme aus den Bausteinen sind Gefäße, die man mit Wasser füllen kann. In jeden Turm fließt das Wasser gleichmäßig hinein.

a) Welcher Füllgraph gehört zu welchem Turm? Begünde.

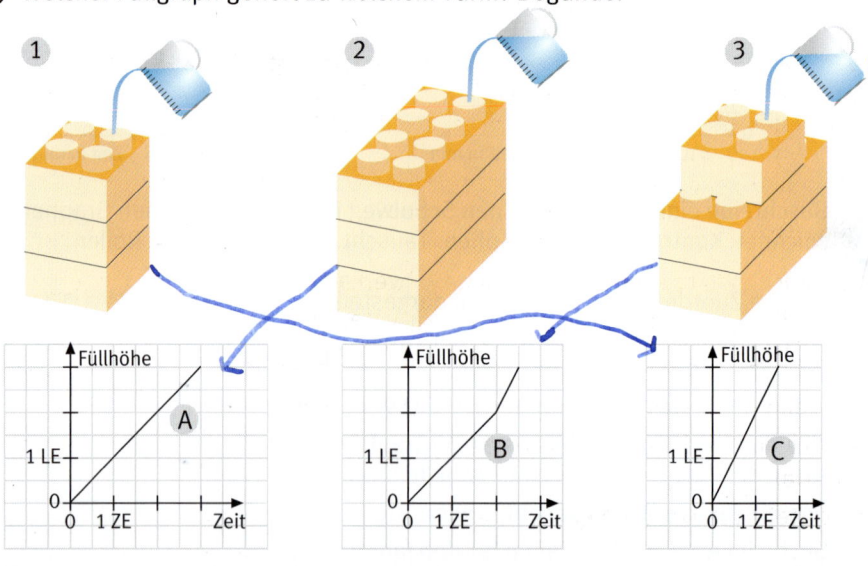

b) Zeichne einen Füllgraphen zu jedem Turm wie in a).

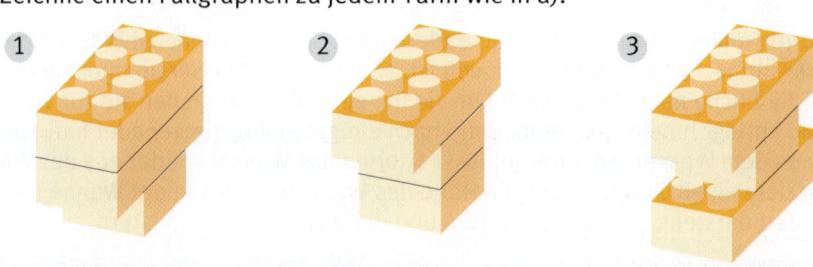

Als Füllgraph bezeichnet man den Graphen einer Zuordnung Zeit → Füllhöhe.

LE: Längeneinheit
ZE: Zeiteinheit

KAPITEL 2

8 Die Tabelle zeigt die Besucherzahlen des Berliner Zoos während eines Jahres.

Jahr	2006	2007	2008	2009	2010	2011
Besucher	814 085	1 180 566	2 505 844	3 182 531	2 992 286	3 018 707

a) Gib die Zuordnung an, die durch die Tabelle dargestellt wird. Beschreibe.
b) Zeichne einen zugehörigen Graphen. Runde geeignet.
c) In welchem Jahr gab es die höchsten (niedrigsten) Besucherzahlen?
d) Wann gab es die größten Veränderungen der Besucherzahlen? Beschreibe, wie du diese Information dem Graphen entnehmen kannst.
e) Ermittle die durchschnittliche jährliche Besucherzahl und zeichne das Ergebnis in den Graphen aus b) ein.

9 Ein Musikgeschäft wirbt mit einem Angebot für den Verkauf von Musik-CDs.

a) Eine CD kostet 5 €. Übertrage die Tabelle für die Zuordnung
   Anzahl CDs → Preis in € ins Heft und vervollständige.

Anzahl CDs	0	1	2	3	4	5	6	7	8	9	10
Preis	☐	5 €	☐	☐	☐	☐	☐	☐	☐	☐	☐

Top Angebot

Kaufe 3 CDs zum Preis von 2!

b) Zeichne den Graphen der Zuordnung. Ist die Zuordnung eindeutig?
c) Beschreibe den Verlauf des Graphen in Worten.
d) Wie werden sich Käufer bei diesem Angebot wohl verhalten? Begründe.
e) Suche nach weiteren Angeboten dieser Art in deiner Umgebung. Zeichne den Graphen der Zuordnung und beschreibe seinen Verlauf.

10 Der Bremsweg eines Fahrrades hängt neben dem Zustand der Reifen und der Fahrbahn von der Geschwindigkeit ab. Bei trockener, asphaltierter Fahrbahn muss man mindestens mit folgenden Bremswegen rechnen:

Geschwindigkeit in $\frac{km}{h}$	5	10	15	20	25	30	35
Bremsweg in m	1,5	3	5	7	10	13,5	17,5

a) Welche Werte werden bei diesem Sachverhalt einander zugeordnet?
b) Stelle den Sachverhalt in einem Koordinatensystem dar.
c) Welchen Bremsweg erwartest du bei 40 $\frac{km}{h}$? Begründe.

Überlege dir zunächst eine geeignete Einteilung der Achsen.

MEDIZIN

Atemzüge untersuchen (Partnerübung)

Material
- Zettel, Stift, Uhr mit Sekundenanzeige

Ablauf
Die Atmung hängt davon ab, wie stark man sich angestrengt hat. Dieses soll hier untersucht werden. Dazu gibt ein Schüler alle 15 Sekunden die Zeit an, der andere Schüler zählt seine eigenen Atemzüge, die er bis dahin insgesamt gemacht hat, und schreibt sie auf. Insgesamt werden jeweils $2\frac{1}{2}$ Minuten gemessen.
- Bestimmt die Anzahl der Atemzüge in dem Zeitraum, ohne euch vorher anzustrengen. Stellt den Sachverhalt im Graphen dar.
- Macht vor der nächsten Messung 30 Kniebeugen. Stellt den Sachverhalt in demselben Koordinatensystem dar. Vergleicht die Graphen.

2.3 Proportionale Zuordnungen

Suche Gegenstände, die es häufig in gleicher Qualität und Größe gibt, z. B. Schokolinsen oder Bausteine. Untersuche die Masse dieser Gegenstände mit einer Haushaltswaage.

- Lege eine Tabelle an, in der die Masse in Abhängigkeit von der Anzahl der Gegenstände notiert wird. Beispiel:

Anzahl Bausteine	5	10	20	40
Masse in g				

- Wie verändert sich die Masse, wenn sich die Anzahl der Gegenstände verdoppelt (verdreifacht, verzehnfacht)? Beschreibe in Worten.
- Übertrage den Sachverhalt aus der Tabelle in ein Koordinatensystem. Beschreibe den Verlauf des Graphen, auf dem die Punkte liegen.

MERKWISSEN

Derselbe Zusammenhang kann auch nur für Zahlen statt für Größen gelten.

Eine Zuordnung nennt man **proportional**, wenn folgender **Zusammenhang** gilt: Zum Doppelten (zum Dreifachen, zum Vierfachen, …, zur Hälfte, zum Drittel, …) der Ausgangsgröße gehört das Doppelte (das Dreifache, das Vierfache, …, die Hälfte, ein Drittel, …) der zugeordneten Größe. Dieser Zusammenhang lässt sich, neben der **Wortform**, folgendermaßen darstellen:

Eine proportionale Zuordnung liegt bereits vor, wenn du eine dieser Eigenschaften nachweisen kannst.

Eiskugeln	Preis in ct
1	70
2	140
3	210

Tabelle

Eiskugeln	Preis in ct
1	70
2	140
5	350
…	…

Gleichartige Veränderung auf beiden Seiten

Graph

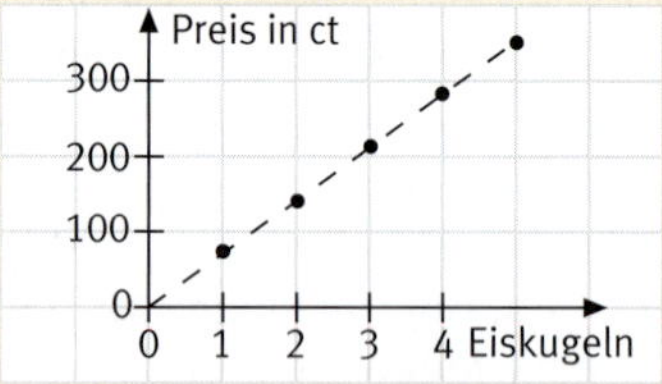

Die Punkte liegen auf einer **Geraden durch den Ursprung**.

Quotientengleichheit

$$\frac{70 \text{ ct}}{1 \text{ Kugel}} = \frac{140 \text{ ct}}{2 \text{ Kugeln}} = \frac{350 \text{ ct}}{5 \text{ Kugeln}} = \ldots$$

$\frac{\text{zugeordnete Größe}}{\text{Ausgangsgröße}}$ = bleibt gleich

Der Quotient „zugeordnete Größe durch Ausgangsgröße" ist für alle Wertepaare konstant. Er heißt **Proportionalitätsfaktor**.

BEISPIELE

Bei proportionalen Zuordnungen bleiben Rabatte oder Aktionspreise unberücksichtigt.

I 250 g Hackfleisch kosten beim Metzger 3,00 €.
  a) Erstelle eine Tabelle, die den Preis für verschiedene Mengen Hackfleisch angibt.
  b) Zeichne den zugehörigen Graphen dieser Zuordnung.
  c) Überprüfe die Wertepaare dieser Zuordnung auf Quotientengleichheit.

Lösung:

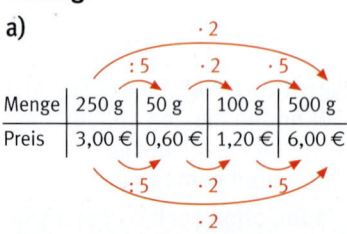

a)

Menge	250 g	50 g	100 g	500 g
Preis	3,00 €	0,60 €	1,20 €	6,00 €

Jedes Wertepaar in einer Tabelle kann Ausgangspunkt für die Berechnung sein.

b) Die Punkte liegen auf einer Geraden.

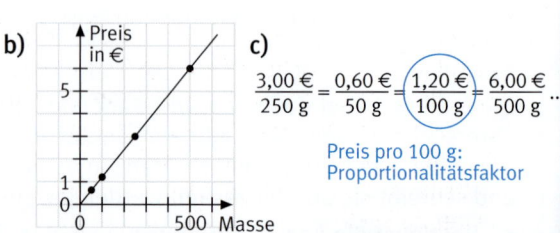

c) $\frac{3{,}00\ €}{250\ g} = \frac{0{,}60\ €}{50\ g} = \frac{1{,}20\ €}{100\ g} = \frac{6{,}00\ €}{500\ g} = \ldots$

Preis pro 100 g: Proportionalitätsfaktor

Der Quotient aus zugeordneter Größe und Ausgangsgröße ist stets gleich.

Kapitel 2

Verständnis

- Begründe: Jede proportionale Zuordnung ist stets eine eindeutige Zuordnung.
- Nenne Beispiele für proportionale Zuordnungen im Alltag.
- Bei vielen Sachkontexten zeichnet man den Graph einer proportionalen Zuordnung nur gestrichelt. Warum?

Aufgaben

1 Sind die folgenden Zuordnungen proportional? Begründe anhand von Beispielen.
  a) *Körpergewicht → Alter*
  b) *Schweizer Franken → Euro*
  c) *Anzahl der Arbeiter → Bauzeit auf einer Baustelle*
  d) *Preis in € → Menge Benzin in l*
  e) *Süßigkeiten in g → Preis in €*
  f) *Länge eines Musiktitels in min → Anzahl der CD-Player*
  g) *Seitenlänge des Rechtecks → Flächeninhalt*

2 a) Zeige auf verschiedene Arten, dass die Zuordnungen proportional sind.

1
Gewicht in g	300	900	600
Preis in €	3,45	10,35	6,90

2
Länge in m	7	2	4
Preis in €	14,70	4,20	8,40

3
Länge in cm	5	7	4
Preis in €	2	2,80	1,60

4
Weg in km	3	4	6
Zeit in min	39	53	78

5
Anzahl	3	7	11
Preis in €	1,35	3,15	4,95

6
Menge in l	14,5	21,2	46,7
Preis in €	21,75	31,80	70,05

  b) Beschreibe Situationen, die durch die Zuordnungen dargestellt werden können.

3 Familie Kremer fährt in den Urlaub an die Nordsee. Der Vater betankt das Auto mit 18 l Benzin und zahlt an der Kasse 21,60 €.
  a) Berechne den Preis für 36 l (54 l, 9 l) Benzin. Lege dazu eine Tabelle an.
  b) Stelle den Sachverhalt grafisch dar und beschreibe ihn.
  c) Lies den Preis für 20 l (30 l, 42 l) aus dem Graphen von b) möglichst genau ab. Überprüfe die Werte auch rechnerisch.
  d) Sicherlich kennst du die Anzeigeschilder von Tankstellen.
    1 Welche Bedeutung hat die Anzeige?
    2 Die Angaben an den Tankstellenschildern sind Proportionalitätsfaktoren. Begründe diese Aussage.

4 Suche dir aus einem Kochbuch oder im Internet dein Lieblingsgericht mit allen Zutaten. Lege eine Tabelle mit einem Tabellenprogramm an, woraus du entnehmen kannst, wie viele Zutaten man für 1, 2, 3, 4, ..., 8 Personen braucht. Du kannst die Tabelle vom Tabellenprogramm selbst erstellen lassen:
In der Zelle C2 steht eine Multiplikation von Platzhaltern: C1 (Anzahl der Personen) multipliziert mit B2 (Menge des Mehls). So kannst du alle Kästchen besetzen und das Programm für dich rechnen lassen.

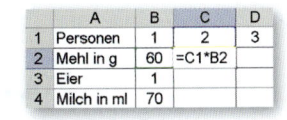

	A	B	C	D
1	Personen	1	2	3
2	Mehl in g	60	=C1*B2	
3	Eier	1		
4	Milch in ml	70		

2.3 Proportionale Zuordnungen

*Das Rechnen in drei Zeilen von der Ausgangsgröße auf eine geeignete Zwischengröße und dann hin zur gesuchten Größe nennt man **Dreisatz**.*
Beispiel:

Anzahl Pralinen	Masse in g
6	150
2	50
8	200

:3, ·4

5 Berechne die fehlenden Größen der proportionalen Zuordnungen. Rechne zuerst auf einen geeigneten Zwischenwert und dann auf die gesuchte Größe.

a)
Äpfel in kg	Preis in €
2	4,30
1	2,15
9	19,35

b)
Anzahl Hefte	Masse in g
3	225
1	75
8	1800

c)
Erdbeeren in g	Preis in €
250	1,50
500	3,00
800	

d)
Euro	US-Dollar
120	180
160	200
180	220

e)
Anzahl Bausteine	Turmhöhe in cm
7	10,5
1	1,5
15	22,5

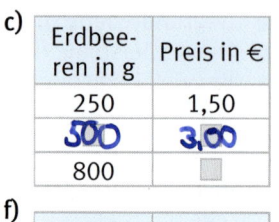

f)
Anzahl Kopien	Preis in €
450	13,50
500	15
800	24

6 Welcher der Graphen gehört zu einer proportionalen Zuordnung? Begründe.

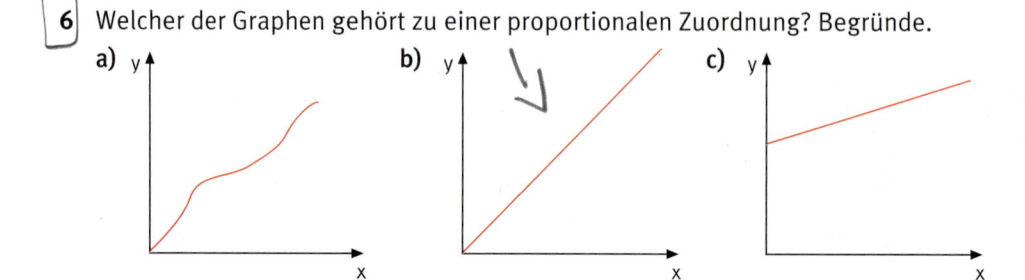

a) (Kurve) b) (Gerade durch Ursprung) ↙ c) (Gerade, nicht durch Ursprung)

7 Lennard muss das große Einmaleins auswendig lernen und hat mit der 13er-Reihe Probleme. Er versucht, sie grafisch darzustellen.

a) Begründe, warum die Zahlenreihen eine proportionale Zuordnung darstellt.
b) Stelle die Zuordnung *Vielfaches von 13 → Ergebnis* grafisch dar.
  ① Lies die Ergebnisse für drei mögliche Vielfache ab. Überprüfe rechnerisch.
  ② Welche Bedeutung haben Zwischenwerte beim Graphen? Gib Beispiele an.
c) Wie ändert sich das Ergebnis, wenn du die Ausgangsgröße um 1 erhöhst (um 2 verringerst)?

8 Betrachte die abgebildeten Graphen.

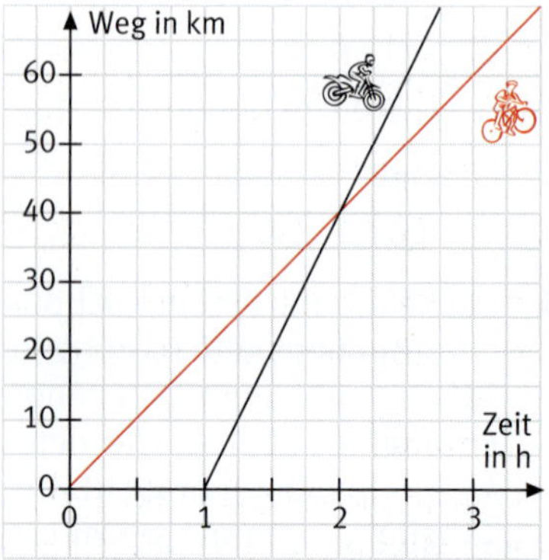

a) Erläutere die dargestellte Situation.
b) Übertrage und vervollständige die Tabelle.

Uhrzeit	8.00	9.00	10.00	11.00	12.00
Weg in km (🚴)	0	0	40	✗	✗
Weg in km (🚴)	0	20	40	60	✗

c) Bestimme die jeweilige Durchschnittsgeschwindigkeit.
d) Marko behauptet: „Die beiden Zuordnungen sind proportional." Wie kommt Marko zu dieser Behauptung? Was meinst du?
e) Erfinde eine Geschichte zu den Graphen.

Kapitel 2

9 Vergleiche den Flächeninhalt der Rechtecke mit der blauen Fläche. Welchen Zusammenhang erkennst du? Beschreibe mit eigenen Worten.

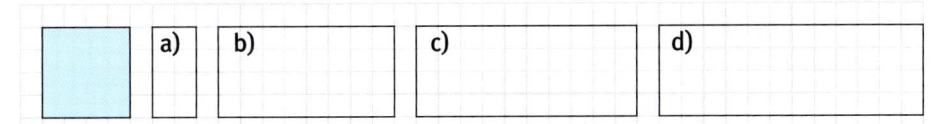

10 Sophia bessert ihr Taschengeld auf, indem sie ihrer Mutter beim Bügeln hilft. Mithilfe eines Tabellenprogramms veranschaulicht sie ihren möglichen Verdienst.
  a) Wie viele Kleidungsstücke muss sie bügeln, bis sie 18 € verdient hat?
  b) Wie viel Geld bekommt Sophia von ihrer Mutter, wenn sie eine Woche lang täglich vier Kleidungsstücke bügelt?
  c) Sophia braucht zum Bügeln eines Kleidungsstücks ca. 15 Minuten. Ergänze die Tabelle um eine Spalte „Arbeitszeit in min".
  d) Stelle die Zuordnung *Anzahl Kleidungsstücke → Lohn in €* als Diagramm dar. Welche Bedeutung haben Zwischenwerte? Erkläre.

	A Anzahl Klei- dungsstücke	B Lohn in €
1		
2	0	0,00
3	1	0,40
4	2	0,80
5	3	1,20
6	4	1,60
7	5	2,00
8	6	2,40

So erstellst du den Graphen einer Zuordnung mit einem Tabellenprogramm:

1. Markiere den Bereich in der Tabelle.
2. Wähle im Diagramm-assistenten den Diagrammtyp „Punkt (XY)" aus.
3. Nach Fertigstellen lässt sich mit einem Doppelklick auf einen Punkt aus dem Menü „Muster" eine Gerade einfügen.

Alltag

Füllhöhe von Gefäßen (Einzel- oder Gruppenarbeit)

Material
- Lineal, bei dem die Skala direkt am Rand beginnt
- Messbecher mit Skala
- Glaßgefäße in verschiedenen Formen

gerades Wasserglas   Glastulpe   gerader Becher

Aquarium   zulaufender Becher

Vorgehen
Fülle in jedes Glasgefäß mithilfe des Messbechers in 50-ml-Schritten Wasser ein. Miss die jeweilige Füllhöhe mit einem Lineal.
- Erstelle eine Tabelle und den Graphen der Zuordnung für jedes Gefäß.
- Überprüfe anhand der vorliegenden Tabellen und Graphen, bei welchen Glasgefäßen die Zuordnung proportional ist. Erkläre die Ergebnisse anhand der Formen der Glasgefäße.

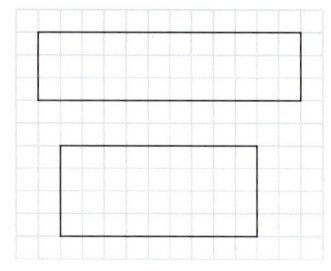

2.4 Umgekehrt proportionale Zuordnungen

Zeichne auf kariertes Papier möglichst viele unterschiedliche Rechtecke, die alle den Flächeninhalt von 36 Kästchen haben.

- Lege eine Tabelle an, in der du die Längen und die zugehörigen Breiten (in Kästchenlängen) notierst.

Länge Rechteck	1	2	3	4	6	...	36
Breite Rechteck	36	18				...	

- Wie ändert sich die Breite des Rechtecks, wenn sich die Länge verdoppelt (verdreifacht, versechsfacht, halbiert)?
- Übertrage die zusammengehörenden Werte aus der Tabelle in ein Koordinatensystem. Beschreibe den Verlauf des Graphen, auf dem die Punkte liegen.

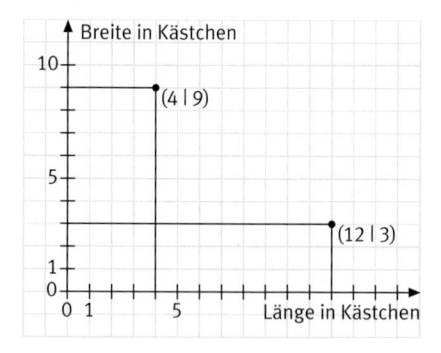

Derselbe Zusammenhang kann auch nur für Zahlen gelten.

Eine umgekehrt proportionale Zuordnung liegt bereits vor, wenn du eine dieser Eigenschaften nachweisen kannst.

MERKWISSEN

Eine Zuordnung nennt man **umgekehrt proportional**, wenn **Folgendes** gilt:
Zum Doppelten (zum Dreifachen, zum Vierfachen, ..., zur Hälfte, zum Drittel, ...) der Ausgangsgröße gehört die Hälfte (ein Drittel, ein Viertel, ..., das Doppelte, das Dreifache, ...) der zugeordneten Größe. Dieser Zusammenhang lässt sich, neben der **Wortform**, folgendermaßen darstellen:

Tabelle

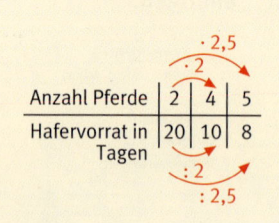

Anzahl Pferde	2	4	5
Hafervorrat in Tagen	20	10	8

· 2,5
· 2
: 2
: 2,5

Graph

Hafervorrat in Tagen

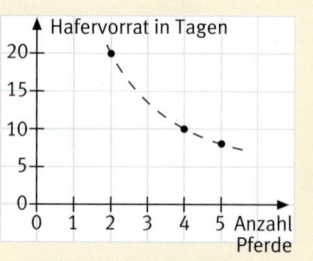

Die Punkte liegen auf einer Kurve, die **Hyperbel** heißt. Für große x-Werte nähert sie sich der x-Achse an, für kleine x-Werte der y-Achse.

Produktgleichheit

$2 \cdot 20 = 4 \cdot 10 = 5 \cdot 8 = 40$

Bedeutung:
40 Tagesportionen Pferdefutter

Das Produkt aus zugeordneter Größe und Ausgangsgröße ist stets gleich.

Veränderung auf beiden Seiten durch die Gegenoperation Multiplikation ↔ Division

Im Einstiegsbeispiel steht das gemeinsame Produkt der Wertepaare für den gleichen Flächeninhalt der Rechtecke.

BEISPIELE

I Überprüfe die Zuordnung auf umgekehrte Proportionalität. Welche Bedeutung hat das Produkt der Wertepaare?

Anzahl Arbeiter	2	4	6
Bauzeit in Tagen	30	15	10

Wir gehen davon aus, dass jeder Arbeiter gleich viel schaffen kann und sich die Arbeiter nicht gegenseitig im Weg stehen.

Lösung:
Man erkennt, dass bei einer Verdopplung der Arbeiter die Bauzeit halbiert wird. Ebenso ist das Produkt aus Anzahl der Arbeiter und Arbeitszeit immer gleich, nämlich 60. Es gibt die Gesamtarbeitszeit in Tagen an, mit der die Firma rechnet.

Kapitel 2

Verständnis

- Marion: „Umgekehrt proportionale Zuordnungen sind nicht eindeutig!"
  Hat Marion Recht? Begründe.
- Gibt es Höchst- und Tiefstwerte bei umgekehrt proportionalen Zuordnungen?

Aufgaben

1 1

Anzahl der Arbeiter	6	3	2		18			
Arbeitszeit in Tagen	18			9		2	3	27

2

Schrittlänge in cm	50	100	10		80			
Gesamtzahl Schritte	40			80		60	75	10

a) Übertrage die Tabellen der umgekehrt proportionalen Zuordnungen in dein Heft und ergänze die fehlenden Werte.
b) Wie realistisch sind die Werte aus a)? Welche Annahmen müssen gemacht werden?
c) Überprüfe die Zuordnungen auf Produktgleichheit. Welche Bedeutung hat dieses Produkt?

Lösungen zu 1:
4; 6; 12; 20; 25; 25; $26\frac{2}{3}$;
$33\frac{1}{3}$; 36; 36; 54; 54; 200; 200

2 André möchte ein Freilaufgehege für seine Hasen im Garten bauen. Sein Vater meint: „18 m² reichen dafür."
a) Welche Möglichkeiten hat André, den Freilauf rechteckig zu planen? Stelle in einer Tabelle dar. Die Seitenlängen sollen ganze Meter sein.
b) Stelle die Ergebnisse grafisch dar wie im Einführungsbeispiel nebenan.
c) Lies aus dem Graphen mindestens drei weitere mögliche Seitenlängen für den Freilauf so genau wie möglich ab.

3 Welcher Graph gehört zu einer umgekehrt proportionalen (zu einer proportionalen) Zuordnung? Begründe.

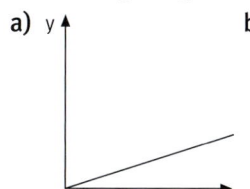

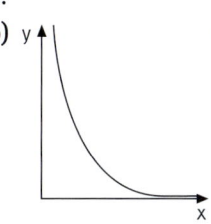

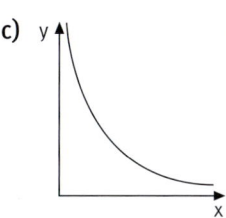

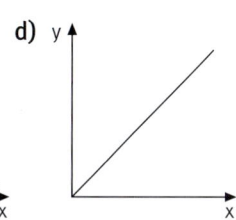

a) b) c) d)

4 Im Sportunterricht wird die Klasse 7a mit 24 Schülern in verschiedene, gleich große Gruppen aufgeteilt.
a) Lege eine Tabelle für die Zuordnung *Anzahl der Gruppen → Anzahl ihrer Mitglieder* an.
b) Welche Ergebnisse aus a) erscheinen dir sinnvoll? Begründe.
c) Welche Bedeutung hat hier das Produkt der Wertepaare?

5 Bei einem Schulfest verkauft die Klasse 7b Kuchen. Aus einem Kuchen kann man 20 Stücke schneiden und zu 1,20 € pro Stück verkaufen.
a) Christina macht den Vorschlag, nur 1 € pro Stück zu nehmen und die Anzahl der Stücke zu erhöhen. Mit wie vielen Stücken rechnet Christina wohl?
b) Welche Bedeutung hat das Produkt aus der Anzahl von Kuchenstücken und dem dazugehörigen Verkaufspreis?

2.4 Umgekehrt proportionale Zuordnungen

6 Bei einem Reiseunternehmen entdecken Max und Janina ein Angebot für einen Klassenausflug. Ihre Klasse 7c besteht aus 24 Schülern.

Pauschalreise für Klassen
- Busfahrt hin und zurück nach Erfurt (maximal 52 Personen)
- Besuch im Naturkundemuseum
- Besuch im Zoo

Festpreis: 850 €, inkl. aller Eintrittspreise

a) Berechne den Preis für jeden Teilnehmer, wenn die Klasse 7c mit zwei Lehrern fährt.
b) Mit welcher Parallelklasse kann die Klasse 7c reisen? Klasse 7a hat 29, 7b 26 und 7d 25 Schüler. Bedenke, dass je 20 Schüler ein Lehrer mitreisen muss.
c) Nach dem Ausflug kostete die Fahrt für jeden Teilnehmer 17,35 €. Wie viele Personen sind tatsächlich mitgefahren?

7 Übertrage die Tabellen in dein Heft. Rechne erst auf einen geeigneten Zwischenwert und bestimme dann die fehlenden Größen der umgekehrt proportionalen Zuordnungen.

*Auch bei umgekehrt proportionalen Zuordnungen lassen sich Größen mit dem **Dreisatz** berechnen. Beispiel:*

Anzahl Personen | Gewinn in €
:2 (10 | 1500) :2
5 | 3000
·3 (15 | 1000) :3

a)
Anzahl Personen	12	4	8
Beitrag	140		

b)
Anzahl an Pumpen	5		3
Füllzeit in h	93		

c)
Anzahl Lkw	6		9
Fahrten pro Lkw	12		

d)
Expeditionsteilnehmer	10		
Essensvorrat in Tagen	24		20

e)
Anzahl Arbeiter	4		10
Arbeitszeit in h	$7\frac{3}{4}$		

f)
Anzahl Mitglieder	242		
Vereinsbeitrag in €	36		24

8 Untersuche, ob die Zuordnung proportional oder umgekehrt proportional ist oder keinem dieser beiden Fällen entspricht.
a) Menge Mehl in g → Verkaufspreis in €
b) Anzahl der Bagger auf einer Baustelle → Bauzeit in Tagen
c) Anzahl der Teilnehmer eines Ausflugs → Länge des Ausflugs
d) Anzahl der Wasserschläuche → Zeit zum Füllen eines Gartenteichs
e) Anzahl der Eier im Kochtopf → Kochzeit in min
f) Anzahl Personen in einem Aufzug → gesamte Masse in kg

9 Ein Fischteich kann durch eine Pumpe innerhalb von vier Tagen leer gepumpt bzw. aufgefüllt werden. Es stehen drei weitere (baugleiche) Pumpen zur Verfügung.
a) Berechne die Dauer eines Ablassvorgangs für zwei (drei, vier, …) Pumpen. Erstelle eine Tabelle der Zuordnung *Anzahl der Pumpen → Dauer in d*.
b) Beschreibe den Zusammenhang in Worten.
c) Zeichne einen Graphen zum Sachverhalt. Beschreibe seinen Verlauf.
d) Welche Bedeutung hat das Produkt der Wertepaare dieser Zuordnung?
e) Der Teich ist noch halb voll, als eine von vier Pumpen ausfällt. Wie lange müssen die übrigen Pumpen arbeiten, bis der Teich komplett geleert ist?

10 Eine Expedition durch die Wüste Negev kann nur eine begrenzte Menge Trinkwasser mitnehmen. 150 Liter reichen für 10 Expeditionsmitglieder 5 Tage. Stelle eine Zuordnung auf. Beschreibe, wie sich die Expeditionsdauer bei einer Veränderung der Teilnehmeranzahl entwickelt.

11 Zur Kartoffelernte packt bei Familie Kauss (Vater, Mutter und drei Kinder) jeder mit an. Für die gesamte Ernte brauchen sie aller Erfahrung nach zusammen 24 Tage.
 a) Wie lange benötigen sie, wenn zwei Kinder wegen Krankheit ausfallen?
 b) Wie lange dauert die Ernte, wenn zwei Freunde die ganze Familie unterstützen?
 c) Zeichne den Graphen der Zuordnung *Anzahl der Erntehelfer → Dauer der Ernte in Tagen*. Fertige zunächst eine Tabelle an.
 d) Bestimme das Produkt der Wertepaare. Welche Bedeutung hat es hier?

12 Bäcker Schmittel backt an einem Arbeitstag normalerweise 75 Brote zu je 1,5 kg. Zu seinem Betriebsjubiläum möchte er aus der gleichen Menge Teig kleinere Brote backen und an seine treuen Kunden verschenken.
 a) Erstelle eine Tabelle zur Zuordnung *Anzahl der Brote → Masse eines Brotes* und zeichne damit den zugehörigen Graphen.
 b) Lies aus dem Graphen von a) verschiedene Möglichkeiten ab, die Bäcker Schmittel grundsätzlich hat.
 c) Mache Vorschläge, welche Brotgrößen Herr Schmittel anbieten soll.

13 Im Kunstunterricht sollen die 18 Schüler der Klasse 7c Gegenstände aus Tonpapier herstellen. Zur Auswahl steht eine Rolle mit 12 m und eine mit 8 m Länge.
 a) Fertige eine Tabelle für jede Rolle an. Wie lang ist ein Stück Papier, wenn jeder Schüler 1 (2, 3, 4, 5, 6) Stücke bekommt?
 b) Zeichne für jede Rolle die Graphen der Zuordnung *Anzahl der Stücke → Länge der Stücke in mm*. Erweitere gegebenenfalls die Tabellen aus a).
 c) Vergleiche die beiden Graphen aus b) miteinander. Beschreibe Gemeinsamkeiten und Unterschiede.

14 Bei einem Kühlschrank kann die Temperatur über einen Drehknopf verändert werden. Die Tabelle zeigt für einen Kühlschrank den Zusammenhang zwischen Drehstufe und Temperatur.

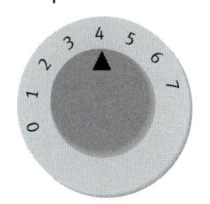

Drehstufe	1	2	3	4	5	6	7
Temperatur in °C	10	8	7	6	5	4	3

 a) Welche Schaltstufe entspricht der größten (kleinsten) Kühlung?
 b) Welche Bedeutung hat wohl die Drehstufe 0?
 c) Stelle den Sachverhalt grafisch dar. Beschreibe die Zuordnung. Handelt es sich um eine umgekehrt proportionale Zuordnung? Begründe.

Alltag

Untersuchung mit Schrittlängen (Gruppenarbeit)

Material
- Zettel, Stift
- Maßband

Ablauf
1. Legt Start und Zielpunkt einer Strecke in eurer Umgebung fest.
2. Jedes Gruppenmitglied misst seine Schrittlänge mit dem Maßband.
3. Jeder aus der Gruppe läuft die Strecke ab und notiert die Anzahl seiner Schritte.

Berechnet die Länge der gelaufenen Strecke und vergleicht eure Ergebnisse anschließend miteinander. Überprüft mit dem Maßband.

- Wie viele Schritte müssen die einzelnen Gruppenteilnehmer für eine Länge von 100 m (500 m) machen?
- Wie weit kommt jeder mit 150 (250, 500) Schritten?

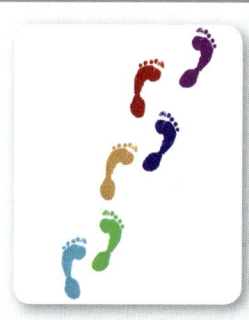

2.5 Vermischte Aufgaben

1
① Arbeitszeit in h → Lohn in €   Lohn in € → Arbeitszeit in h
② Paketgewicht in kg → Preis in €   Preis in € → Paketgewicht in kg
③ Wassermenge in l → Füllzeit in min   Füllzeit in min → Wassermenge in l
④ Euro → Kanadische Dollar   Kanadische Dollar → Euro
⑤ Anzahl der Arbeiter → Arbeitszeit in h   Arbeitszeit in h → Anzahl der Arbeiter

a) Ist die Zuordnung jeweils eindeutig? Begründe jeweils mit Beispielen.
b) Ist die Zuordnung proportional, umgekehrt proportional oder nicht? Begründe.

2 An einer Wetterstation wurden Temperaturen gemessen.

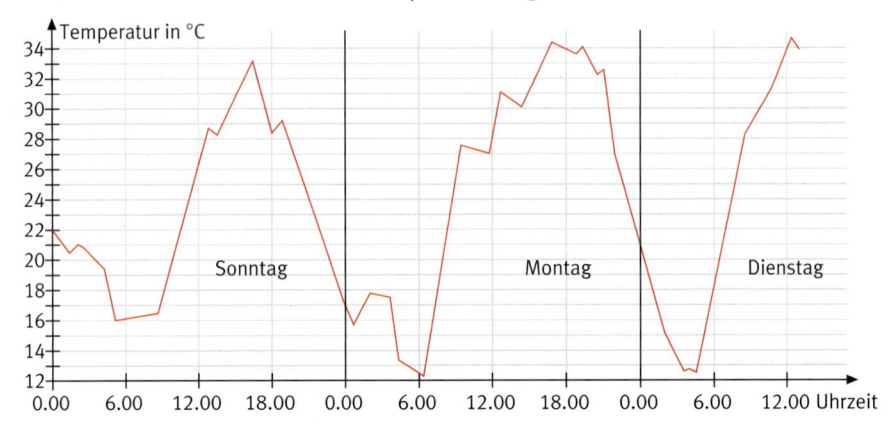

a) Beschreibe, welche Informationen du dem Graphen entnehmen kannst.
b) Gib die dargestellte Zuordnung an. Ist die Zuordnung eindeutig? Begründe.
c) Beschreibe den Verlauf des Graphen. Beachte dabei die Tageszeit.
d) Wann waren die Temperaturen am höchsten (geringsten)? Bestimme die zugehörigen Gradzahlen möglichst genau.
e) Bestimme in etwa die Zeiten, bei der die Temperatur 20 °C betrug.
f) In den Nachrichten wird oft die durchschnittliche Temperatur angegeben. Wie kannst du diese für den Montag bestimmen? Beschreibe dein Vorgehen.

Runde geeignet.

3 Die Tabelle stellt den Wasserstand der Nordsee an einem Tag in Duhnen dar.

Uhrzeit	0.00	3.00	6.00	9.00	12.00	15.00	18.00	21.00	24.00
Wasserstand in m	−0,2	−1,2	−0,8	0,6	1,0	−0,2	−1,1	0,2	1,2

a) Welche Zuordnung ist in der Tabelle beschrieben?
b) ① Was bedeuten die negativen Angaben des Wasserstandes?
  ② Kannst du den höchsten (niedrigsten) Wasserstand bestimmen?
c) Übertrage den Sachverhalt in einen Graphen.
  ① Kannst du die Werte miteinander verbinden? Begründe.
  ② Beschreibe den Verlauf des Graphen.
d) Kann der Wasserstand an dem Tag 1,40 m (0,90 m) betragen haben? Gib die Zeiträume an.

4 Beton dehnt sich bei Erwärmung proportional aus. Ein Betonstück von 10 m Länge wird bei einer Erwärmung um 20 °C etwa 1 mm länger. Stelle in einer Tabelle dar, um wie viel sich Betonteile unterschiedlicher Größe ausdehnen. Besprich die Ergebnisse in der Klasse. Was fällt auf?

Kapitel 2

5 Martina möchte in einer Badewanne baden. Der Graph ist eine einfache Darstellung der Zuordnung *Zeit in min → Höhe des Wasserstandes in cm*.
   a) Erfinde eine Geschichte zu dem Graphen.
   b) Ist das Wasser schneller in die Wanne hineingelaufen oder heraus? Begründe deine Antwort.

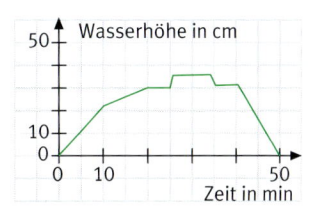

6 Die Vasen werden mit Wasser gefüllt. Welcher Graph gehört zu welcher Vase? Begründe.

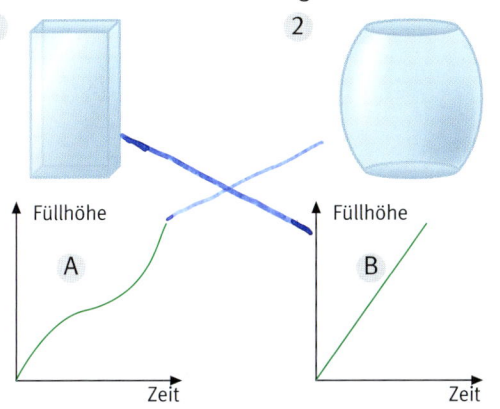

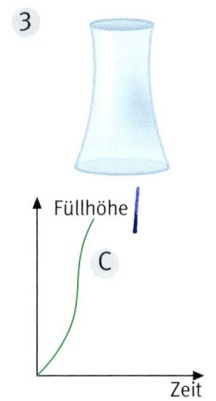

7 Entscheide, ob es sich um eine proportionale, umgekehrt proportionale oder keine dieser Zuordnungen handelt. Begründe deine Entscheidung.

a)
Heizöl in l	250	400	650
Preis in €	207,50	332,00	539,50

b)
Anzahl Erntehelfer	24	10	14
Erntetage	35	84	60

c)
Strecke in km	120	360	240
Zeit in h	1,25	3,75	2,5

d)
Anzahl Personen	6	13	99
Körpergewicht in kg	336	689	486

8 Zum 70. Geburtstag ihres Opas möchten ihm die sechs Enkel eine Fahrt in einem Heißluftballon schenken. Eine solche Fahrt kostet 360 €.
   a) Wie viel Geld muss jeder Enkel aufbringen, wenn jeder gleich viel bezahlt?
   b) Die Eltern der Kinder schalten sich ein. Jedes Elternpaar beteiligt sich an den Kosten zu gleichen Teilen wie jedes Kind. Wie viel muss jetzt jeder bezahlen?
   c) Die Kinder finden, dass die Eltern ihren Anteil erhöhen sollten. Daraufhin zahlt jedes Elternteil doppelt (dreimal) so viel wie jedes Kind. Berechne erneut.
   d) Das jüngste Enkelkind hat lange gespart und sagt: „Ich habe 20 € gespart. Mehr kann ich nicht dazugeben." Welche Möglichkeiten gibt es nun, die Kosten gerecht zu verteilen? Mache verschiedene Vorschläge.

9 Bei den Welt- und Europameisterschaften im Fußball werden Bildkarten von Spielern in Päckchen zu je fünf Bildern angeboten. Ein Päckchen kostet 0,70 €.
   a) Lege eine Tabelle an, in der man den Preis für 1, 2, 3, …, 12 Päckchen ablesen kann. Wie lautet die Zuordnung zu dieser Tabelle?
   b) Zeichne den zugehörigen Graphen zu dem Sachverhalt.
   c) Ein Geschäft macht folgendes Angebot: Zahle 4, erhalte 1 Päckchen umsonst.
      ① Ist die Zuordnung proportional, wenn du 1, 2, 3, …, 12 Päckchen kaufst?
      ② Ist die Zuordnung proportional, wenn du 5, 10, 15, …, 60 Päckchen kaufst?
      ③ Vergleiche den Verlauf der Graphen aus ① und ② miteinander.

2.6 Themenseite: Taschenrechner

Erkunde den Taschenrechner
Es gibt viele verschiedene Taschenrechner für Schule und Beruf. Diese Rechner sind wie kleine Computer mit weit über 100 Funktionen. Im Laufe der nächsten Jahre wird der Taschenrechner dich bei vielen Einsätzen begleiten. Zunächst geht es darum, den Taschenrechner und diejenigen seiner Möglichkeiten kennen zu lernen, mit denen du bereits jetzt rechnen kannst. Die Tasten können sich in der Lage und von der Bezeichnung bei verschiedenen Modellen unterscheiden. Weitere Tastenbezeichnungen sind in den Kästen abgebildet.

a) Suche an deinem Taschenrechner die Tasten mit den **Grundfunktionen** für Rechnungen rund um die Grundrechenarten. Probiere auch die **weiteren Funktionen** rund um Brüche, Quadratzahlen und Potenzen aus. Mit der **zweiten Tastenfunktion** kannst du weitere Möglichkeiten aktivieren.

b) Bestimme den Wert zunächst ohne, dann mit Taschenrechner. Besprich mit deinem Nachbarn, bei welchen Rechnungen der Einsatz des Taschenrechners sinnvoll ist.

① 51 233 · 789   79 986 + 14
② 999 · 1001   666 777 · 38 · 0
③ 8097 − 57   344 988 − 74 865 − 5 837 957
④ 2 295 043 : 241   5000 : 50

Ein-/Aus-Schalter
Löschen der Eingabe
Bisherige Ergebnisse löschen `C` `CE/C`

Zweite Tastenfunktion `2nd`

Quadratzahl berechnen `^` `2`

Potenzen berechnen `^`

Klammern setzen `(` `)`

Grundrechenarten

Ergebnis der Rechnung `EXE` `⏎`

Komma setzen `,`

Bruch eingeben `a/b`

Wie steht es mit den Rechenregeln?
Ein Taschenrechner sollte die Rechenregeln beachten: Klammern zuerst, Potenz vor Punkt, Punkt vor Strich

a) Probiere aus. Rechnet dein Rechner richtig?
b) Was passiert, wenn du durch „0" dividierst?

Term	richtig	falsch
$170 - 10 \cdot 5$	$170 - 50 = 120$	$160 \cdot 5 = 800$
$85 + 3^3$	$85 + 27 = 112$	$88^3 = 681\,472$
$367 - 3 \cdot 5^2$	$367 - 3 \cdot 25 = 292$	$(364 \cdot 5)^2 = 3\,312\,400$
$(145 - 13) \cdot 10$	$132 \cdot 10 = 1320$	$145 - 130 = 15$
$3 \cdot (45 - 5)^2$	$3 \cdot 40^2 = 4800$	$(3 \cdot 45 - 5)^2 = 16\,900$

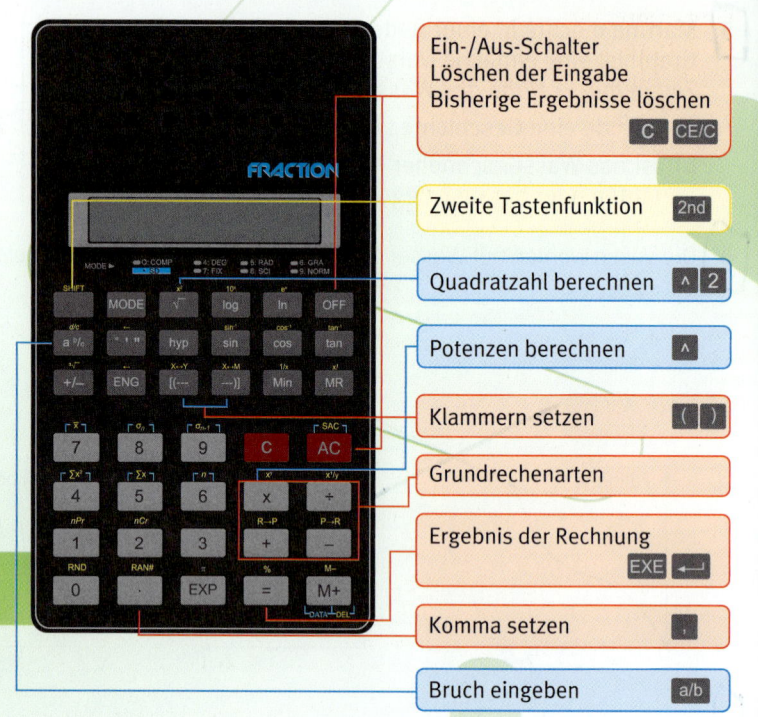

Geburtstagsrechner
Lass eine Person, deren Geburtstag du nicht kennst, folgende Rechnung durchführen:
(2 · Geburtstag + 3) · 50 + Geburtsmonat + 38 · 8
Die Person teilt dir das Ergebnis mit. Subtrahiere davon 454 und du kannst Geburtstag und Geburtsmonat direkt ablesen.
Probiere aus. Kannst du den „Trick" erklären?

Beispiel: 20. März, also 20.03.
(2 · 20 + 3) · 50 + 3 + 38 · 8 = 2457
2457 − 454 = 2003

THEMENSEITE

KAPITEL 2

Fingerübungen
Orientiere dich auf dem Taschenrechner. Berechne dabei folgende Aufgaben. Runde Ergebnisse geeignet.

a) 123 + 321   789 · 987   951 − 159
b) 963 − 258   147 + 862   7410 : 825
c) 1,23 : 6,54   8,25 − 6,45   0,001 · 987 654 321
d) 62,48 : 75,3   751,359 · 5,4   9,7 : 8,064

Geheime Botschaften
Mit etwas Fantasie kannst du mit dem Taschenrechner auch Wörter schreiben.

LIEBE

a) Berechne 1494 + 5897. Drehe den Taschenrechner „auf den Kopf".
   ① Welches Tier kannst du ablesen?
   ② Gib ein Produkt aus Faktoren größer 1 ein, das zu demselben Ergebnis führt.
b) Denke dir Aufgaben mit lauter mehrstelligen Zahlen aus, deren Ergebnis „auf den Kopf gestellt" das Wort **LIEBE** (**SOS**, **LOLLI**) ist.
c) Berechne 26 663 486 + 6 · 873 922. Das Ergebnis ergibt „auf dem Kopf" ein Unterrichtsfach.
d) Erfinde eigene Wörter mit dem Taschenrechner und verpacke sie in eine Aufgabe. Stelle die Aufgabe in der Klasse vor.

Nützliche Funktionen
a) Produkte aus lauter gleichen Faktoren kann man als **Potenz** schreiben.

5 gleiche Faktoren		Potenz
2 · 2 · 2 · 2 · 2	=	2^5

Die Zahl 2 ist in diesem Fall die Basis, 5 der Exponent.

① Beschreibe den Unterschied zwischen 2^5 und 5 · 2.
② Auch Potenzen lassen sich mit dem Taschenrechner berechnen.
   Beispiel: 9 [x^y] 6 → 9^6
   Berechne: 5^4 12^8 18^7 0^{13} 24^1 13^3
③ Probiere mit dem Taschenrechner aus, für welche Zahl b gilt: 2^b = 8 589 934 592

b) Auch Brüche lassen sich eingeben.
   Beispiele: 2 [a b/c] 3 → $\frac{2}{3}$ 4 [a b/c] 1 [a b/c] 5 → $4\frac{1}{5}$
   Berechne: $\frac{2}{3} + \frac{5}{6}$ $6\frac{2}{7} \cdot 3\frac{7}{8}$ $3\frac{1}{10} : 9\frac{3}{5}$

Seltsame Zahlen
Berechne mit dem Taschenrechner:
123 456 789 · 987 654 321
Doch was ist das? Dein Ergebnis kann wie folgt aussehen:

`1.219326311 E 17`   `1.219326311 × 17`

Wenn das Ergebnis zu groß ist für die Anzeige des Taschenrechners, dann wird die Zahl auf die letzte Anzeigestelle gerundet und als Zehnerpotenz ausgegeben.
Die Anzeige bedeutet: $1{,}219326311 \cdot 10^{17}$
Das Ergebnis muss also multipliziert werden mit 10^{17} = 100 000 000 000 000 000, d. h. das Komma verschiebt sich um 17 Stellen nach rechts:
$1{,}219326311 \cdot 10^{17}$ = 121 932 631 100 000 000

a) Finde heraus, wie die Zahl heißt.
b) Berechne und schreibe das Ergebnis mit und ohne Zehnerpotenz.
   ① 12^{10} 7^{12} 25^9 $456\,123^2$
   ② 8 529 637 410 · 147 258 369
      111 222 333 · 999 888 777
   ③ 10 000 000 · 1 000 000 $1000^2 \cdot 100^4$
c) Erfinde selbst Aufgaben, deren Ergebnis in der Anzeige als Zehnerpotenz dargestellt wird.

2.7 Themenseite: Mathematische Experimente

Auf das Ei gekommen
Bei einem Eierkocher hängt die Menge Wasser, die man in das Gerät geben muss, von der Anzahl der Eier ab.

a) Nimm den Messbecher eines Eierkochers und untersuche, wie die Menge Wasser mit der Höhe des Wasserstandes im Messbecher zusammenhängt. Lege eine Tabelle an, in der zu verschiedenen Wassermengen die Höhe des Wasserstandes abgelesen werden kann.
Stelle den Sachverhalt grafisch dar. Handelt es sich um eine bekannte Zuordnung? Begründe.

b) Untersuche, wie die Anzahl der Eier von der Höhe des Wasserstandes abhängt. Gehe dabei wie in a) vor.

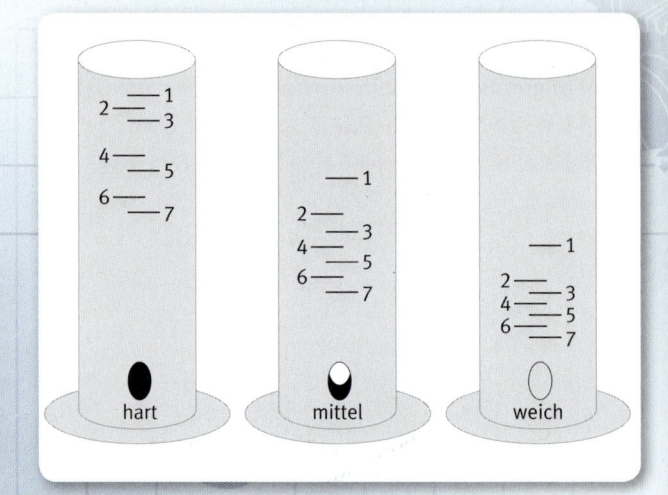

Versuchsaufbau

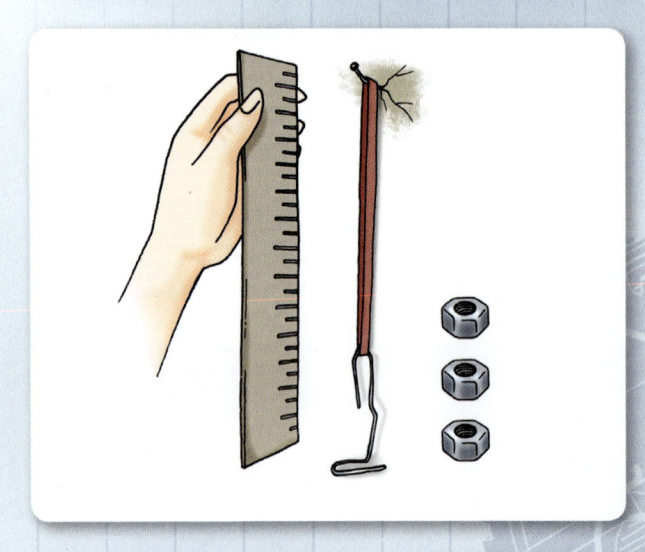

Hinweis: Probiere den Versuchsaufbau mit verschiedenen Gummibändern aus. Wenn das Gummiband zu dick ist, ist kaum eine Ausdehnung zu messen.

Gib Gummi
Du benötigst ein langes, dünnes Gummiband, das an einem Haken frei aufgehängt wird, eine Schraube oder eine gebogene Büroklammer, die am Ende des Gummibandes festgemacht ist, mehrere gleichartige schwere Muttern oder Gewichte sowie ein Lineal zum Messen.

a) Stelle den Versuchsaufbau her.
① Bestimme mit dem Lineal die Ausgangslänge des Gummibandes, wenn nur die Schraube bzw. Büroklammer angehängt ist.
② Hänge nacheinander die Muttern an die Schraube bzw. Büroklammer an und miss jeweils die Ausdehnung des Gummibandes. Halte die Ergebnisse in einer Tabelle fest.
③ Ergänze die Tabelle um die Änderung der Ausdehnung bei jeder weiteren angehängten Mutter zur Ausgangslage in ①.

Beispiel:

Anzahl Muttern	0	1	2	3	4
Gummilänge in cm	12,0	12,5			
Unterschied zur Ausgangslage in cm	0	0,5			

b) Stelle folgende Zuordnungen in einem Graphen dar. Handelt es sich um bekannte Zuordnungen? Begründe.
① Anzahl Schraubenmuttern → Ausdehnung Gummi in cm
② Anzahl Schraubenmuttern → Unterschied zur Ausgangslage in cm

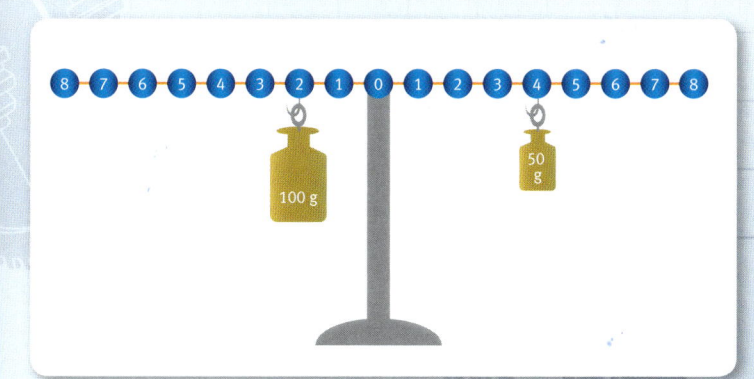

THEMENSEITE

KAPITEL 2

Mathematische Wippe
In der Schule in der Physiksammlung gibt es sicherlich eine Art Wippe, bei der in gleichen Abständen Haken angebracht sind, um Gewichte daran zu befestigen. Frage einmal deinen Lehrer, ob er dir diese Wippe für ein Experiment ausleihen kann.

a) Gehe beim Versuch wie folgt vor:
   Hänge auf der linken Seite der Wippe ein Gewicht in einem gewünschten Abstand auf und lasse es dort hängen.
   Probiere auf der rechten Seite der Wippe für verschiedene Abstände aus, welches Gewicht du jeweils aufhängen musst, damit die Wippe im Gleichgewicht ist. Nummeriere die Aufhängungspunkte durch. Der Drehpunkt ist 0. Notiere verschiedene Möglichkeiten in einer Tabelle.

b) Stelle den Sachverhalt in einem Diagramm dar. Handelt es sich um eine bekannte Zuordnung?

c) Probiere den Versuch aus a) mit einer anderen Masse und einem anderen Abstand auf der linken Seite. Überprüfe die Zuordnung anhand einer weiteren Eigenschaft.

Beispiel:
Linke Seite: Masse 100 g, Aufhängungspunkt 2
Rechte Seite: Masse 50 g, Aufhängungspunkt 4

Aufhängungspunkt rechts	2	3	4	5	6
Masse in g			50		

Auf die Füße gekommen
Untersuche den Zusammenhang zwischen der Länge von Füßen und der Schuhgröße.

a) Bestimme die Fußlänge und die Körpergröße von dir, deinen Eltern, Geschwistern und Freunden. Nimm als Fußlänge den Abstand zwischen Ferse und der längsten Zehe. Stelle die Ergebnisse der Zuordnung *Fußlänge → Körpergröße* grafisch dar. Gibt es einen Zusammenhang zwischen den Größen?

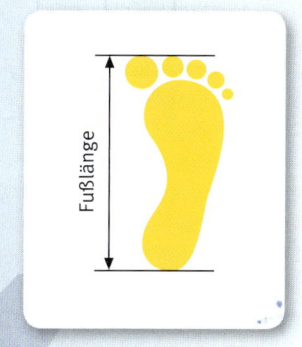

b) Schuhgrößen werden bei uns meist in ganzen Zahlen zwischen 20 und 50 angegeben. Man bezeichnet diese Einteilung auch als „Pariser Stich". In Amerika werden die Schuhgrößen dagegen in $\frac{1}{2}$-Einheiten zwischen 1 und 13 angegeben.
Die Abbildung zeigt den Zusammenhang zwischen den Einheiten.

① Beschreibe die Tabelle, mit der man von unserer Einheit in die amerikanische Einheit umrechnen kann.

② Stelle den Zusammenhang grafisch dar. Welche Probleme hast du?

③ Beschreibe die Zuordnung, mit der man zwischen den Einheiten umrechnen kann.

D	32	33	34	35	36	37	38	39	40	41	42	43	44	45	46	47
US	1	$1\frac{1}{2}$	2	$2\frac{1}{2}$	3	$3\frac{1}{2}$	4	$4\frac{1}{2}$	5	$5\frac{1}{2}$	6	$6\frac{1}{2}$	7	$7\frac{1}{2}$	8	$8\frac{1}{2}$	9	$9\frac{1}{2}$	10	$10\frac{1}{2}$	11	$11\frac{1}{2}$	12	$12\frac{1}{2}$	13

2.8 Das kann ich!

Überprüfe deine Fähigkeiten und Kenntnisse. Bearbeite dazu die folgenden Aufgaben und bewerte anschließend deine Lösungen mit einem Smiley.

☺	😐	☹
Das kann ich!	Das kann ich fast!	Das kann ich noch nicht!

Hinweise zum Nacharbeiten findest du auf der folgenden Seite. Die Lösungen stehen im Anhang.

Aufgaben zur Einzelarbeit

1. Gib zu jeder Zuordnung drei Wertepaare an, die in deiner Umgebung vorkommen können.
   a) *Parkdauer → Parkgebühr*
   b) *Körpergröße → Körpergewicht*
   c) *Uhrzeit → Temperatur*
   d) *Uhrzeit → Zurückgelegter Weg in km*

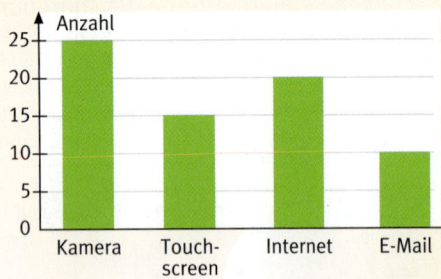

2. Die Schüler in der Klasse 7c haben ihre Handys verglichen.

   a) Gib eine Zuordnung an, die dem Diagramm zugrunde liegt.
   b) Stelle den Sachverhalt in einer Tabelle dar.

3. In einem Reiseführer für Ägypten findet man folgende Angaben zur Dauer des Sonnenscheins pro Tag.

Monat	Jan	Feb	März	April	Mai	Juni
Dauer in h	8	9	10	11	12	13
Monat	Juli	Aug	Sept	Okt	Nov	Dez
Dauer in h	13	12	11	10	9	8

   a) Stelle die Anzahl der Sonnenstunden in einem Diagramm dar.
   b) Beschreibe den Verlauf der Sonnenstunden in einem Jahr.

4. Gib an, ob die folgenden Zuordnungen eindeutig sind. Begründe deine Antwort mit Beispielen.
   a) *Anzahl Kuchenstücke → Preis in €*
   b) *Wasserstand in m → Uhrzeit*
   c) *Rabattaktion: Nimm 3, zahle 2. Anzahl → Preis in €*
   d) *Verbrauch an Farbe in l → gestrichene Fläche in m²*

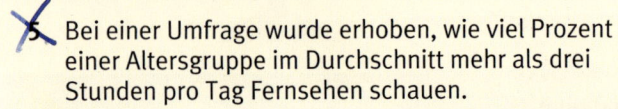

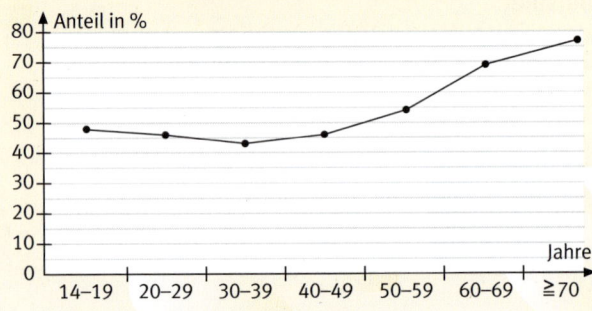

5. Bei einer Umfrage wurde erhoben, wie viel Prozent einer Altersgruppe im Durchschnitt mehr als drei Stunden pro Tag Fernsehen schauen.

   a) Beschreibe den Verlauf des Graphen.
   b) Welche Zuordnung ist dargestellt?
   c) In welcher Altersgruppe ist der Anteil derer, die mehr als drei Stunden Fernsehen schauen, am größten (am kleinsten)?

6. a) In einem Versuch werden wiederholt jeweils 20 ml nacheinander in einen Becher geschüttet und dann die Höhe des Wasserstandes gemessen. Die Tabelle zeigt das Ergebnis:

Menge Wasser in ml	0	20	40	60	80
Füllhöhe in cm	0	1,4	2,5	3,6	4,6
Menge Wasser in ml	100	120	140	160	180
Füllhöhe in cm	5,5	6,4	7,2	8,0	8,7

   a) Zeichne einen Graphen zu dem Sachverhalt.
   b) Wie muss das Gefäß aussehen, mit dem gemessen wurde? Erkläre, wie du zu deiner Aussage kommst.

7. Welche der Zuordnungen sind proportional, welche umgekehrt proportional? Begründe mit Beispielen.
   a) *US-Dollar → Euro*
   b) *Menge Benzin in l → Preis in €*
   c) *Geschwindigkeit in $\frac{km}{h}$ → Reisezeit in h*
   d) *Anzahl Lkw → Anzahl der Fahrten pro Lkw*

8. Untersuche, ob eine proportionale oder umgekehrt proportionale Zuordnung vorliegt.

a)
x	4	10	13
y	65	26	20

b)
x	4	10	13
y	56	140	182

c)
x	23	28	46
y	5,6	4,6	2,8

d)
x	4,4	5,4	6,4
y	19,8	21,8	23,8

9. Welcher Graph gehört zu einer proportionalen bzw. umgekehrt proportionalen Zuordnung?

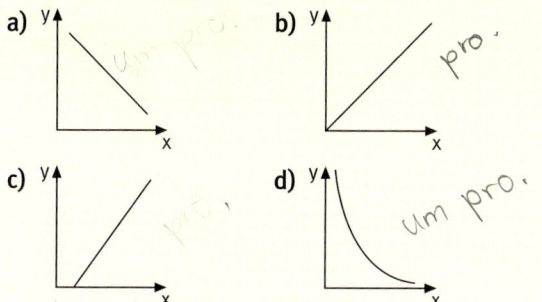

a) um pro. b) pro. c) pro. d) um pro.

10. Berechne die Preise für die verschiedenen Mengen.
a) 100 g Käse kosten 0,88 €.
Wie teuer sind 600 g (375 g, $1\frac{1}{2}$ kg, $\frac{3}{4}$ kg)?
b) 100 g Hackfleisch kosten 1,38 €.
Wie teuer sind 400 g (350 g; 750 g; 2,5 kg)?
c) 150 g Himbeeren kosten 1,69 €.
Wie teuer sind 100 g ($\frac{3}{4}$ kg, 75 g, 125 g)?

11. Für einen Ausflug hängen die Kosten für einen einzelnen Teilnehmer von deren Gesamtzahl ab.
a) Übertrage die Tabelle und vervollständige sie.

Anzahl Teilnehmer	5	8	12	15	18
Preis pro Teilnehmer in €	$\frac{25}{2}$	$\frac{15}{75}$	10,50	8,4	7

b) Welche Bedeutung hat das Produkt eines Wertepaares in diesem Sachverhalt? 126

12 Bei einer Zuordnung werden Größen oder Zahlen zueinander in Beziehung gesetzt.

13 Jede Zuordnung ist eindeutig.

14 Eine Zuordnung, bei der zur Hälfte (zum Drittel, zum Doppelten, …) der Ausgangsgröße die Hälfte (ein Drittel, das Doppelte, …) der zugeordneten Größe gehört, ist proportional.

15 Wenn bei einer Zuordnung die Ausgangsgröße kleiner wird und die zugeordnete Größe dabei steigt, dann ist die Zuordnung umgekehrt proportional.

16 Der Graph einer umgekehrt proportionalen Zuordnung verläuft durch den Ursprung des Koordinatensystems.

17 Der Graph einer proportionalen Zuordnung ist immer eine Gerade.

18 Wenn bei einer Zuordnung der Quotient aus zugeordneter Größe und Ausgangsgröße stets gleich ist, dann ist die Zuordnung umgekehrt proportional.

19 Die Punkte im Graphen einer Zuordnung müssen immer miteinander verbunden werden.

20 Am Graphen einer Zuordnung kann man Veränderungen oftmals besser ablesen als in einer Tabelle.

21 Eine Zuordnung ist entweder proportional oder umgekehrt proportional.

22 Bei Sachaufgaben zu proportionalen Zuordnungen werden Rabatte nicht berücksichtigt.

Aufgabe	Ich kann …	Hilfe
1, 2, 12	Zuordnungen erkennen und beschreiben.	S. 38
3, 6, 19	Graphen von Zuordnungen zeichnen und beurteilen.	S. 40
5, 20	aus Graphen die Zuordnungen erkennen und beurteilen.	S. 40
4, 13	entscheiden, ob Zuordnungen eindeutig sind.	S. 40
7, 8, 14, 15, 18, 21	prüfen, ob Zuordnungen proportional oder umgekehrt proportional sind.	S. 44, 48
9, 16, 17	die Graphen von proportionalen und umgekehrt proportionalen Zuordnungen beschreiben.	S. 44, 48
10, 11, 22	Sachaufgaben zu proportionalen und umgekehrt proportionalen Zuordnungen lösen.	S. 44, 48

Aufgaben für Lernpartner

Arbeitsschritte
① Bearbeite die folgenden Aufgaben alleine.
② Suche dir einen Partner und erkläre ihm deine Lösungen. Höre aufmerksam und gewissenhaft zu, wenn dein Partner dir seine Lösungen erklärt.
③ Korrigiere gegebenenfalls deine Antworten und benutze dazu eine andere Farbe.

Sind folgende Behauptungen **richtig** oder **falsch**? Begründe schriftlich.

2.9 Auf einen Blick

S. 38

Anzahl Personen → Eintrittspreis in €
Mögliche Sprechweisen:
- Der Anzahl von Personen wird ein Eintrittspreis zugeordnet.
- Der Eintrittspreis hängt von der Anzahl der Personen ab.

Bei einer **Zuordnung** werden Größen oder auch Zahlen zueinander in Beziehung gesetzt. Jede **Ausgangsgröße** wird dabei mit einer **zugeordneten Größe** verbunden.
Zuordnungen können in **Tabellen**, **Diagrammen** oder durch **Terme** dargestellt werden.

S. 40

Vorgehen zum Zeichnen von Graphen:
1. Länge der Einheit festlegen
2. Achsen zeichnen und beschriften
3. Punkte eintragen
4. Punkte verbinden, wenn es sinnvoll ist

Eine Zuordnung nennt man **eindeutig**, wenn jede Ausgangsgröße mit genau einer zugeordneten Größe verbunden ist. Eindeutige Zuordnungen lassen sich als **Graph zeichnen**.
Um den Graphen zu zeichnen, werden in einem **Koordinatensystem** die Wertepaare eingetragen. Je nachdem, ob Zwischenwerte vorkommen können, kann man die Punkte miteinander verbinden.

S. 44

$\frac{70 \text{ ct}}{1 \text{ EK}} = \frac{140 \text{ ct}}{2 \text{ EK}} = \frac{350 \text{ ct}}{5 \text{ EK}} = ...$

$\frac{\text{zugeordnete Größe}}{\text{Ausgangsgröße}}$ = bleibt gleich

Die Punkte liegen auf einer **Geraden durch den Ursprung**.

Der Quotient, bei dem die Ausgangsgröße eine Einheit ist, heißt **Proportionalitätsfaktor**.

Eine Zuordnung nennt man **proportional**, wenn gilt:
Zum Doppelten (zum Dreifachen, zum Vierfachen, ..., zur Hälfte, zum Drittel, ...) der Ausgangsgröße gehört das entsprechende Doppelte (das Dreifache, das Vierfache, ..., die Hälfte, ein Drittel, ...) der zugeordneten Größe.
Dieser Zusammenhang lässt sich als **Tabelle**, als **Graph** oder durch eine **Quotientengleichheit** der Wertepaare darstellen.

S. 48

$2 \cdot 20 = 4 \cdot 10 = 5 \cdot 8 = 40$

Bedeutung:
40 Tagesportionen Pferdefutter

Die Punkte liegen auf einer Kurve, die **Hyperbel** heißt. Für große x-Werte nähert sich die Hyperbel der x-Achse an, für kleine x-Werte der y-Achse.

Das **Produkt** aus zugeordneter Größe und Ausgangsgröße ist **stets gleich**.

Eine Zuordnung nennt man **umgekehrt proportional**, wenn gilt:
Zum Doppelten (zum Dreifachen, zum Vierfachen, ..., zur Hälfte, zum Drittel, ...) der Ausgangsgröße gehört die entsprechende Hälfte (das Drittel, das Viertel, ..., das Doppelte, das Dreifache, ...) der zugeordneten Größe.
Dieser Zusammenhang lässt sich als **Tabelle**, als **Graph** oder durch eine **Produktgleichheit** der Wertepaare darstellen.

S. 46 / S. 50

proportional

Anzahl Pralinen	Masse in g
6	150
2	50
8	200

:3 ... :3
·4 ... ·4

umgekehrt proportional

Anzahl Personen	Gewinn pro Person in €
2	1500
5	3000
15	1000

:2 ... ·2
·3 ... :3

Bei proportionalen und umgekehrt proportionalen Zuordnungen wird eine gesuchte Größe oft in einer Tabelle bestimmt, indem man in drei Schritten von der Ausgangsgröße auf eine geeignete Zwischengröße und dann hin zur gesuchten Größe rechnet. Dieses Vorgehen nennt man **Dreisatz**.

Kreuz und quer — 61

Flächeninhalt

1 Schneide ein Quadrat mit dem Flächeninhalt von 1 dm² aus. Zerschneide es entlang der beiden Diagonalen und versuche mit den Teilen die dargestellten Figuren nachzulegen.

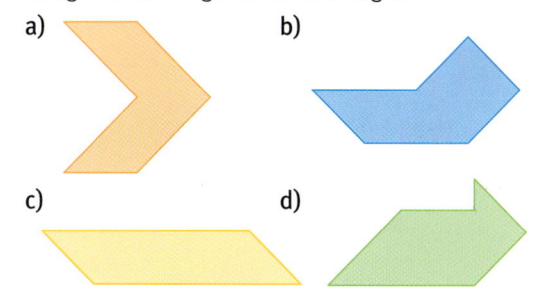

a)   b)
c)   d)

2 Übertrage die Tabelle in dein Heft und bestimme die fehlenden Größen des Rechtecks.

	a)	b)	c)
Länge a	3,5 cm	14,2 dm	
Breite b	2,8 cm	2,3 m	85 mm
Flächeninhalt A			22,1 cm²
Umfang u			

3 Bestimme die Seitenlängen eines Rechtecks, das einen Flächeninhalt von 54 cm² hat und einen Umfang von 30 cm.

4 Vergleiche die Flächen (Umfänge) einer Tischtennisplatte, eines Badmintonfeldes und eines Tennisplatzes miteinander.

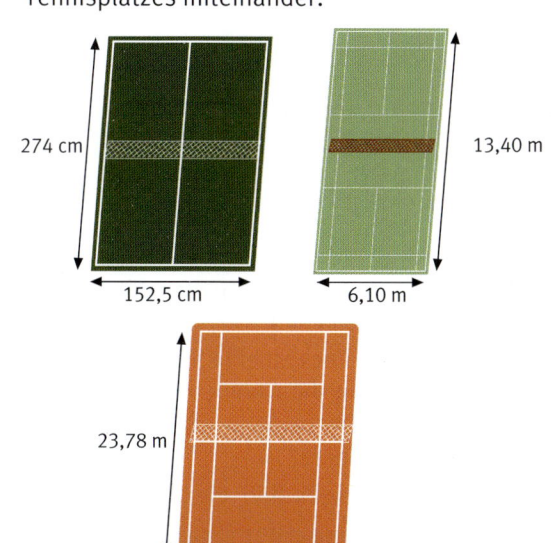

274 cm, 152,5 cm
13,40 m, 6,10 m
23,78 m, 10,97 m

Brüche

5 Welcher Anteil der Schokolade wurde gegessen?
a) 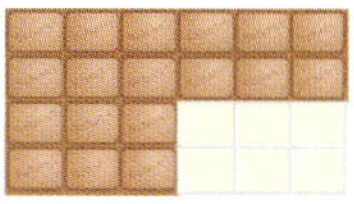   b)    c)

6 Anteile von Brüchen lassen sich in einem Kreis darstellen.
Beispiel:
$\frac{2}{3}$ von $\frac{1}{4} = \frac{2}{3} \cdot \frac{1}{4} = \frac{2}{12} = \frac{1}{6}$ 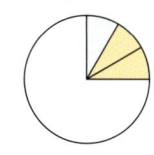

a) Bestimme ebenso den gefärbten Anteil vom ganzen Kreis.

1 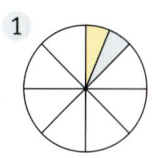   2 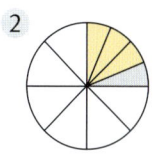   3

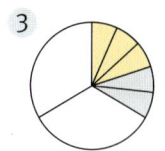

b) Veranschauliche ebenso am Kreis.

1. $\frac{1}{2}$ von $\frac{1}{2}$ — $\frac{1}{4}$ von $\frac{1}{2}$ — $\frac{1}{2}$ von $\frac{1}{3}$
2. $\frac{1}{5}$ von $\frac{1}{4}$ — $\frac{1}{3}$ von $\frac{1}{8}$ — $\frac{1}{6}$ von $\frac{1}{4}$
3. $\frac{2}{3}$ von $\frac{1}{4}$ — $\frac{2}{5}$ von $\frac{1}{2}$ — $\frac{5}{6}$ von $\frac{1}{3}$
4. $\frac{2}{3}$ von $\frac{3}{8}$ — $\frac{3}{4}$ von $\frac{3}{4}$ — $\frac{2}{3}$ von $\frac{5}{6}$

7 Berechne und kürze so weit wie möglich.

a) $\frac{3}{8} \cdot \frac{3}{18}$ $\frac{4}{9} \cdot \frac{3}{16}$ $\frac{8}{11} \cdot \frac{5}{12}$

b) $\frac{9}{35} \cdot \frac{7}{21}$ $\frac{24}{55} \cdot \frac{15}{27}$ $\frac{90}{144} \cdot \frac{60}{81}$

c) $3\frac{1}{3} \cdot \frac{6}{7}$ $2\frac{7}{8} \cdot 1\frac{3}{5}$ $4\frac{5}{6} \cdot 3\frac{3}{7}$

8 Übertrage in dein Heft und multipliziere entlang der Richtung mit den angegebenen Faktoren.

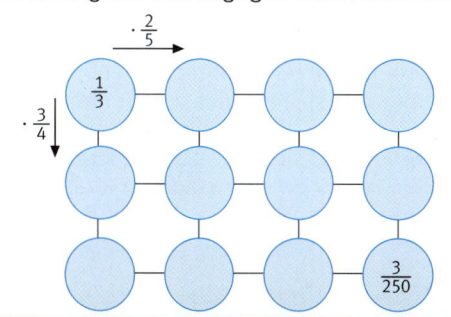

$\cdot \frac{2}{5}$ $\cdot \frac{3}{4}$ $\frac{1}{3}$ $\frac{3}{250}$

Kreuz und quer

Daten

9 Beim Werfen einer Reißzwecke gibt es zwei mögliche Positionen:

Kopf (K)	Spitze (S)

Bei einem Experiment ergaben sich folgende Ergebnisse:
S, S, K, S, S, S, K, K, S, S, K, S, S, S, S, K, S, S, K, S,
S, S, S, S, S, S, K, K, S, K, S, S, K, K, S, S, K, K, S,
S, S, S, K, S, S, S, S, K, S, S, S, K, S, S, S, S, S,
K, S, K, S, K, S, S, S, S, S, S, S, K, S, S, K, S, S, S, S

a) Bestimme für K und S die absoluten und die relativen Häufigkeiten.
b) Stelle den Sachverhalt in einem Diagramm dar.
c) Mache einen Vorschlag für ein Gewinnspiel mit der Reißzwecke, das „gerecht" abläuft. Begründe deinen Vorschlag.

10 Die beiden Spielquader wurden mehrfach geworfen. Das Diagramm stellt die Ergebnisse dar.

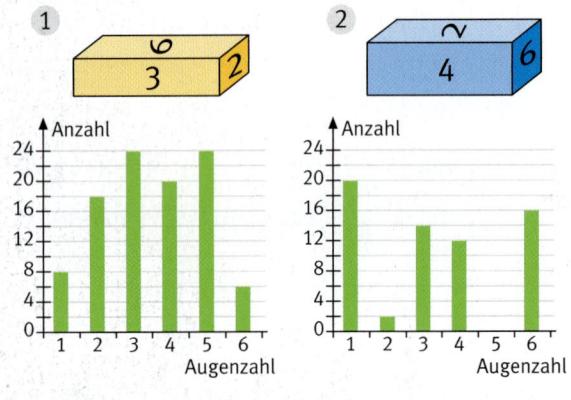

a) Bestimme für jeden Spielquader die relativen Häufigkeiten.
b) Welches Diagramm gehört wohl zu welchem Quader? Begründe deine Antwort.

11 Sophie hat sich zwei Wochen lang notiert, wie lange sie für die Hausaufgaben benötigt. Wie lange braucht sie im Durchschnitt dafür?

48 min	56 min	1 h 12 min	39 min
1 h 25 min	52 min	1 h 42 min	
36 min	54 min	1 h 6 min	

Terme

12 Ordne den richtigen Rechenbaum zu.
Eine Fahrt mit einem Taxi kostet 1,20 € pro Kilometer. Bei der Fahrt wird noch eine Grundgebühr von 2 € hinzugerechnet. Achim fährt 11 Kilometer.

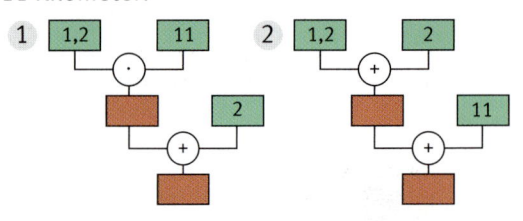

13 Übertrage die Tabelle in dein Heft und berechne die fehlenden Werte.

x	y	x + y	2 · x + y	x − 2 · y + 3
7	4			
3,5	0,25			
$\frac{4}{5}$	$\frac{2}{7}$			

14 Stelle einen Term auf und berechne.
a) Dividiere die Summe aus 6,6 und 34 durch 0,4.
b) Multipliziere die Differenz aus 68 und 54 mit 12.
c) Subtrahiere das Produkt der Zahlen 0,24 und 8 vom Quotienten aus den Zahlen 7,8 und 2.

15 Welche Terme haben die gleiche Bedeutung?

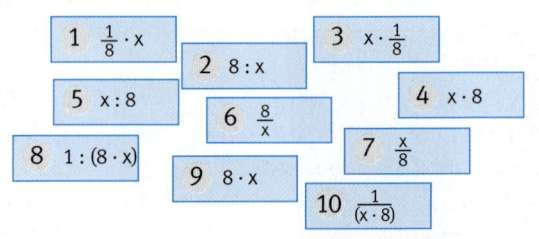

1. $\frac{1}{8} \cdot x$
2. $8 : x$
3. $x \cdot \frac{1}{8}$
4. $x \cdot 8$
5. $x : 8$
6. $\frac{8}{x}$
7. $\frac{x}{8}$
8. $1 : (8 \cdot x)$
9. $8 \cdot x$
10. $\frac{1}{(x \cdot 8)}$

16 Stelle einen Term auf, mit dem man den Umfang der Figur berechnen kann.
a) Bei einem Rechteck ist eine Seite 5 cm länger (3 cm kürzer) als die andere Seite.
b) Bei einem Parallelogramm ist eine Seite halb so lang wie die andere.
c) Bei einem Sechseck sind alle Seiten gleich lang.

3 Prozentrechnung

Einstieg

- Prozentwerte begegnen uns täglich in der Zeitung, im Internet, beim Einkaufen, ... Finde Beispiele dafür in deiner Umwelt.
- Vergleiche die Größe der Kontinente miteinander.
- Wie groß ist die Erdoberfläche insgesamt? Erkläre dein Vorgehen.

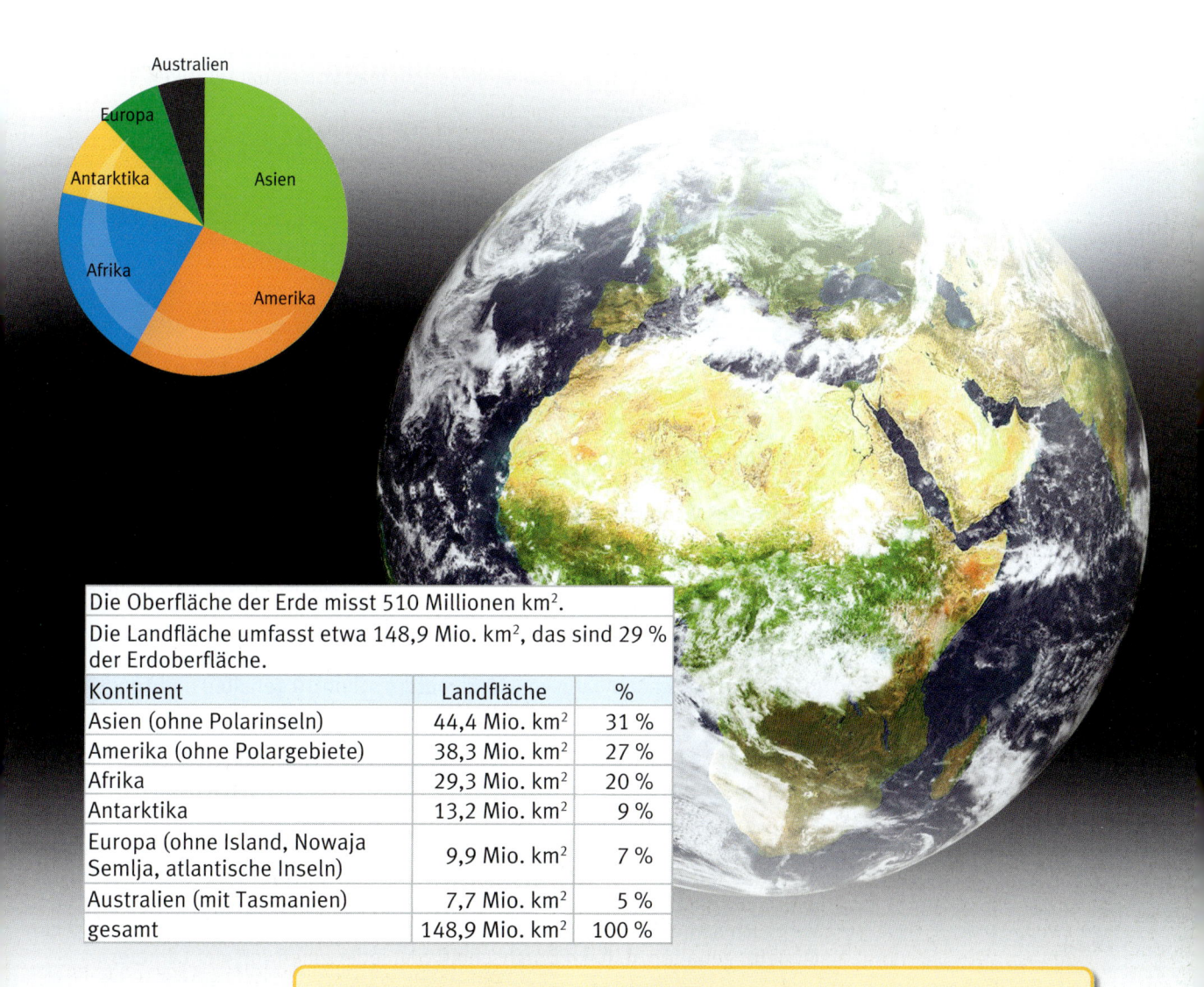

Die Oberfläche der Erde misst 510 Millionen km².
Die Landfläche umfasst etwa 148,9 Mio. km², das sind 29 % der Erdoberfläche.

Kontinent	Landfläche	%
Asien (ohne Polarinseln)	44,4 Mio. km²	31 %
Amerika (ohne Polargebiete)	38,3 Mio. km²	27 %
Afrika	29,3 Mio. km²	20 %
Antarktika	13,2 Mio. km²	9 %
Europa (ohne Island, Nowaja Semlja, atlantische Inseln)	9,9 Mio. km²	7 %
Australien (mit Tasmanien)	7,7 Mio. km²	5 %
gesamt	148,9 Mio. km²	100 %

Am Ende dieses Kapitels hast du gelernt, ...
- wie man Prozente darstellen und vergleichen kann.
- welche Grundbegriffe in der Prozentrechnung verwendet werden.
- wie man fehlende Größen in der Prozentrechnung auf verschiedene Arten bestimmen kann.
- wie man Prozentangaben in Alltagssituationen verwendet.

3.1 Brüche und Prozente

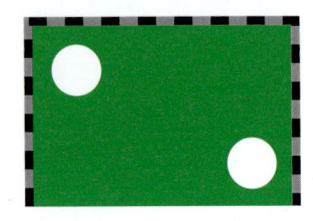

Dominik und Joachim schießen auf eine Torwand und haben folgende Trefferquoten:

Dominik: ... Joachim: ...

- Wer von beiden ist der bessere Torschütze? Begründe deine Antwort.

MERKWISSEN

Stellt man direkte Angaben gegenüber, so spricht man von einem **absoluten Vergleich**. Vergleicht man Anteile, so spricht man von einem **relativen Vergleich**.
Beispiel: Gewinne (G) an einer Losbude

	Mareike: 12 Lose, 9 G		Melanie: 15 Lose, 10 G
Absoluter Vergleich	9	<	10
Relativer Vergleich	$\frac{9}{12} = \frac{3}{4}$	>	$\frac{10}{15} = \frac{2}{3} = \frac{8}{12}$

Anteile kann man auf verschiedene Arten schreiben:

Bruch	Dezimalbruch	Prozent
$\frac{3}{4}$ ← Zähler / ← Bruchstrich / ← Nenner	$\frac{3}{10} = 0{,}3$; $\frac{6}{100} = 0{,}06$	$1\ \% = \frac{1}{100}$ $1{,}2\ \% = 0{,}012$
Der Zähler gibt die Anzahl der gewählten Teile an. Der Nenner besagt, in wie viele Teile das Ganze zerlegt wurde.	Dezimalbrüche sind eine andere Schreibweise für Brüche mit den Nennern 10, 100, 1000, ...	Prozente geben immer den Anteil von Hundert an.

Hundertstelbruch Prozent

$0{,}35 = \frac{35}{100} = \frac{7}{20} = 35\ \%$

Dezimalbruch   gekürzter Bruch

% bedeutet Hundertstel.

BEISPIELE

I In der Fußball-Bezirksklasse gibt es zwei starke sogenannte Elfmeterkiller: Rudi hat in seiner Laufbahn von 40 Elfmetern schon 10 gehalten und Toni von 36 Elfmetern schon 9. Vergleiche die Leistungen der beiden Torhüter miteinander.

Lösung:
Absoluter Vergleich: 10 gehaltene Elfmeter (Rudi) > 9 gehaltene Elfmeter (Toni)
Relativer Vergleich: Rudi: $\frac{10}{40} = \frac{1}{4} = \frac{25}{100} = 25\ \%$; Toni: $\frac{9}{36} = \frac{1}{4} = \frac{25}{100} = 25\ \%$

Absolut hat Rudi mehr Elfmeter gehalten als Toni. Berücksichtigt man jedoch, dass auch mehr Elfmeter auf sein Tor geschossen wurden, so sind beim relativen Vergleich beide Torhüter gleich gut, denn jeder hat bisher 25 % der geschossenen Elfmeter gehalten, d. h. im Durchschnitt hält jeder einen von vier Elfmetern.

Finde durch Erweitern und Kürzen den Hundertstelbruch.

Erweitern
Zähler und Nenner mit derselben Zahl multiplizieren

Kürzen
Zähler und Nenner durch dieselbe Zahl dividieren

II <, > oder =? Vergleiche die Anteile miteinander.
a) $\frac{1}{2}\ \square\ \frac{1}{3}$ b) $30\ \%\ \square\ \frac{3}{5}$ c) $\frac{5}{7}\ \square\ \frac{12}{21}$ d) $0{,}9\ \square\ \frac{9}{10}$ e) $0{,}35\ \square\ 34\ \%$

Lösung:
a) $\frac{3}{6} > \frac{2}{6}$ b) $\frac{30}{100} < \frac{60}{100}$ c) $\frac{15}{21} > \frac{12}{21}$ d) $0{,}9 = \frac{9}{10}$ e) $0{,}35 > 0{,}34$

KAPITEL 3

VERSTÄNDNIS

- Finde Beispiele aus deiner Umwelt, bei denen der absolute (relative) Vergleich notwendig ist.
- Erkläre den Zusammenhang zwischen Bruch, Hundertstelbruch, Dezimalbruch und Prozentangabe mit eigenen Worten.

AUFGABEN

1. Wandle in einen Dezimalbruch und Bruch um. Kürze den Bruch, wenn möglich.
   a) 7 %; 85 %; 40 %; 36 %
   b) 57 %; 21 %; 55 %; 96 %
   c) 1 %; 100 %; 125 %; 185 %
   d) 120 %; 99 %; 250 %; 45 %
   e) 352 %; 2,5 %; 66 %; 5,6 %
   f) 0 %; 0,9 %; 0,99 %; 1,2 %; 9,9 %

2. Wandle in einen Dezimalbruch und in Prozent um.
   a) $\frac{6}{100}$; $\frac{37}{100}$; $\frac{19}{100}$; $\frac{15}{100}$
   b) $\frac{75}{50}$; $\frac{3}{25}$; $\frac{7}{50}$; $\frac{2}{50}$
   c) $\frac{36}{40}$; $\frac{4}{20}$; $\frac{3}{4}$; $\frac{7}{10}$
   d) $\frac{30}{200}$; $\frac{45}{300}$; $\frac{500}{500}$; $\frac{130}{100}$
   e) $\frac{14}{35}$; $\frac{33}{30}$; $\frac{48}{12}$; $3\frac{54}{60}$
   f) $\frac{35}{1000}$; $\frac{6}{500}$; $\frac{16}{250}$; $\frac{60}{80}$

3. Ordne die Anteile der Größe nach. Beginne mit dem kleinsten.
   a) $\frac{9}{12}$; $\frac{3}{4}$; $\frac{3}{8}$; $\frac{6}{24}$; $\frac{7}{12}$; $\frac{7}{3}$; $\frac{2}{24}$
   b) $\frac{6}{50}$; 16 %; $\frac{14}{25}$; 0,14; 48 %; $\frac{14}{10}$; 0,99
   c) $\frac{33}{150}$; 33 %; $\frac{12}{125}$; 0,12; $\frac{5}{4}$; 54 %; 0,54
   d) $\frac{25}{20}$; $1\frac{2}{5}$; 1,5; 125 %; $\frac{9}{8}$; 112,4 %; 1,01

Lösungen zu 1:
$3\frac{13}{25}$; $2\frac{1}{2}$; $1\frac{17}{20}$; $1\frac{1}{4}$; $1\frac{1}{5}$;
1; $\frac{99}{100}$; $\frac{24}{25}$; $\frac{17}{20}$; $\frac{33}{50}$;
$\frac{57}{100}$; $\frac{11}{20}$; $\frac{9}{20}$; $\frac{2}{5}$;
$\frac{9}{25}$; $\frac{21}{100}$; $\frac{99}{1000}$; $\frac{7}{100}$; $\frac{7}{125}$;
$\frac{1}{40}$; $\frac{3}{250}$; $\frac{1}{100}$; $\frac{99}{10\,000}$;
$\frac{9}{1000}$; 0

Übertrage die Anteile in eine Schreibweise und ordne dann.

4. Auf dem Bolzplatz schießen einige Kinder nacheinander Elfmeter. Frank und Lisa wechseln sich dabei im Tor ab.

   Von 18 Schüssen habe ich 6 Bälle gehalten.

   Von 21 Schüssen konnte ich 9 parieren.

   a) Wie viele Tore sind bei beiden Torhütern gefallen?
   b) Vergleiche die Leistungen der Torhüter. Welchen Torhüter würdest du in deine Mannschaft wählen? Begründe.
   c) Erstelle ein passendes Diagramm.

5. An einer Losebude kauft sich Timon 40 Lose. Er hat insgesamt 380 Punkte. Felix kauft sich 30 Lose und kommt auf 290 Punkte.
   a) Wer hat das größere Glück? Vergleiche.
   b) Mache Vorschläge für die Punkte, wenn beide gleiches Losglück gehabt haben.

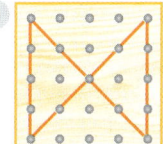

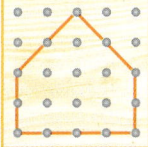

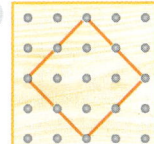

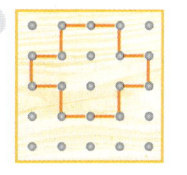

6. Spanne die Figuren auf dem Geobrett nach und vergleiche sie miteinander …
   a) anhand der umspannten Fläche.   b) nach der Anzahl ihrer Symmetrieachsen.

3.1 Brüche und Prozente

Diese einfachen Zusammenhänge zwischen Brüchen, Dezimalbrüchen und Prozenten werden häufig verwendet. Präge sie dir gut ein.

7 Übertrage die Tabelle in dein Heft und vervollständige sie.

Prozent	1 %					50 %		
Dezimalbruch		0,05		0,2			0,75		2
Bruch			$\frac{1}{10}$		$\frac{1}{4}$			$\frac{1}{1}$

8 <, > oder =? Vergleiche die Anteile miteinander.

a) 0,05 ☐ 5 %
   0,3 ☐ 30 %
   $\frac{4}{25}$ ☐ 14 %

b) 0,54 ☐ $\frac{1}{3}$
   13 % ☐ 1,3
   $\frac{6}{10}$ ☐ 6 %

c) $\frac{3}{25}$ ☐ 10 %
   0,033 ☐ 33 %
   $\frac{2}{100}$ ☐ 0,02

d) 0 ☐ $\frac{0}{7}$
   133 % ☐ 0,133
   $\frac{3}{20}$ ☐ 1,5 %

9 Vergleiche die Anteile miteinander. Verwende verschiedene Schreibweisen.

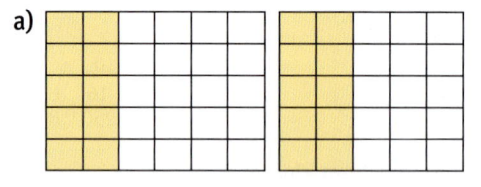

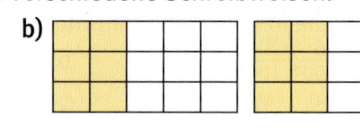

a) b)

10 a) Mit dem abgebildeten Hunderterquadrat kann man Prozente gut darstellen. Wie viel Prozent sind im Beispiel dargestellt?

b) Zeichne Hunderterquadrate in dein Heft und markiere folgende Prozente:
17 %; 30 %; 25 %; 70 %; 55 %; 67 %; 6 %; 15 %; 81 %

11 An einer Schule werden Fahrräder von der Polizei auf ihre Verkehrssicherheit kontrolliert. Die Tabelle zeigt die Ergebnisse zweier Kontrollen.

Jahr	2011	2012
kontrollierte Fahrräder	240	160
davon verkehrssicher	84	64

a) Vergleiche die Ergebnisse miteinander.

b) Schreibe einen kurzen Beitrag für die Schülerzeitung unter den Überschriften:
  ① Immer mehr Fahrräder sind verkehrssicher.
  ② Fahrräder an unserer Schule werden immer unsicherer.

12 Beim Pausenverkauf werden drei Geschmacksrichtungen von Schulmilch angeboten. Da „Kirsch" am häufigsten getrunken wird, hat der Hausmeister stets vier Paletten Kirsch und je zwei Paletten Erdbeere und Banane.

a) Auf einer Palette befinden sich 24 Päckchen. Stelle die Anteile der Geschmacksrichtungen an allen Getränken als Bruch und in Prozent dar.

b) Eine weitere Palette „Schoko" kommt hinzu. Bestimme die neuen Anteile und veranschauliche sie zeichnerisch.

c) Am Ende des Schultages zählt er von den vier Geschmacksrichtungen zusammen noch 39 Päckchen. Wie viel Prozent der Päckchen hat er noch? Wie viele wurden verkauft?

13 Im Abendprogramm ist eine Fernsehserie mit einer Stunde Spielzeit angegeben. Max schaut sich die Serie an und stellt fest, dass es während der Spielzeit drei Werbeunterbrechungen von sechs Minuten gab.

a) Wie viel Prozent der Sendezeit entfallen auf die Serie (auf die Werbung)?

b) Wie lange dauert ein 90-minütiger Spielfilm insgesamt, bei dem der gleiche (der doppelte, der halbe) Anteil an Werbung gezeigt werden soll?

Kapitel 3

14 Anteile kann man auch als Verhältnisse ausdrücken. Das ist besonders dann üblich, wenn man die Gesamtgröße, also das Ganze, nicht kennt.
Beispiel:
„3 von 10 Schülern fahren mit dem Rad zur Schule" lässt sich auch so ausdrücken:
- Das Verhältnis von „Fahrrad-Schülern" zu allen Schülern beträgt 3 : 10.
- Das Verhältnis von „Fahrrad-Schülern" zu „Nicht-Fahrrad-Schülern" ist 3 : 7.
- Von jeweils zehn Schülern kommen drei mit dem Fahrrad.
- 30 % der Schüler kommen mit dem Fahrrad.

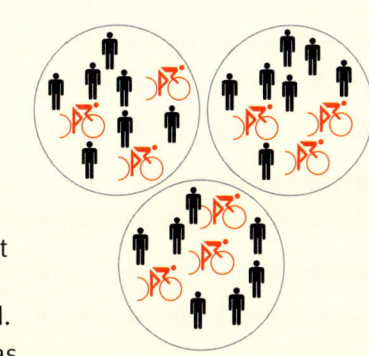

Die Prozentangabe gibt somit auch immer das Verhältnis an, das in einer Teilgruppe von 100 Personen herrscht.

Bei Verhältnissen wird stets angegeben, welche Mengen miteinander verglichen werden.

Drücke folgende Sachverhalte durch Prozente aus.
a) 8 von 10 Schülern haben ein Handy.
b) Das Verhältnis von Roggenmehl zu Weizenmehl im Brot ist 7 : 3.
c) Bei jedem vierten Radfahrer ist die Lampe kaputt.
d) Bei Gummibärchen ist das Verhältnis von roten Bären zu allen Bären 2 : 9.
e) Im Krankenhaus sind die Geburten von Mädchen und Jungen etwa fifty-fifty.

15 Auf dem Erfurter Oktoberfest gibt es verschiedene Losbuden.

Glückslos — Nur 3 Nieten auf 2 Gewinne.
Losexpress — Jedes dritte Los gewinnt.
Los-gelöst — Schon 4 Gewinne auf 10 Lose.

a) Drücke die Gewinnchancen an den drei Losbuden auf verschiedene Arten aus.
b) An welcher Losbude würdest du spielen? Welche Angabe wählst du zum Vergleich? Begründe deine Antwort.

16 Erkläre folgende Sachverhalte. Welche Bedeutung hat jeweils der Prozentsatz über 100 %?
a) Brote und Kuchen verlieren beim Backen an Masse. Der Teig wiegt etwa 160 % im Vergleich zum Ergebnis.
b) In einer Schneiderei hat man beim Zuschneiden stets Verschnitt. Man benötigt erfahrungsgemäß etwa 125 % der Menge Stoff, die später getragen wird.
c) Um in einem Geschäft die Kosten zu decken, rechnet man mit einem Zuschlag von 150 % auf den Einkaufspreis.

Spiel

Quartett mit Anteilen (3–4 Spieler)
Material
9–10 verschiedene Kartensätze zu jeweils 4 Karten, auf denen dieselben Anteile auf verschiedene Arten dargestellt sind.

Beispiele für Kartensätze:

25 %	$\frac{1}{4}$	0,25	Jeder Vierte gewinnt.
2 von 5	40 %	0,4	$\frac{2}{5}$

Regeln
- Alle Karten werden gemischt und an alle Mitspieler verteilt.
- Der jüngste Spieler beginnt. Es wird der Reihe nach von dem jeweils linken Nachbarn eine Karte gezogen.
- Wer einen Kartensatz („Quartett") zusammen hat, legt ihn ab.
- Der Spieler mit den meisten Quartetten am Ende des Spiels hat gewonnen.

3.2 Prozente darstellen

Die Schulunfälle an einer Schule verteilen sich etwa wie folgt:

Sportunterricht	Pause	Schulweg	sonstiger Unterricht	Sonstiges
40 %	25 %	20 %	10 %	5 %

- Stelle den Sachverhalt in verschiedenen Schaubildern dar.
- Beurteile die Schaubilder. Welche erscheinen dir geeignet für einen Vergleich?

Merkwissen

Prozente (oder allgemein Anteile) lassen sich durch verschiedene Diagramme darstellen. Neben dem Säulendiagramm, dem Balkendiagramm und dem Bilddiagramm verwendet man für Angaben bis 100 % auch **Hunderterfelder** für eine Darstellung.
1 % entspricht dabei einem Kästchen des Feldes.

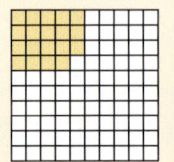

Sachverhalte, bei denen alle Prozente zusammen 100 % (**das Ganze**) ergeben, lassen sich durch **Kreisdiagramme** und **Streifendiagramme** veranschaulichen.

Kreisdiagramm

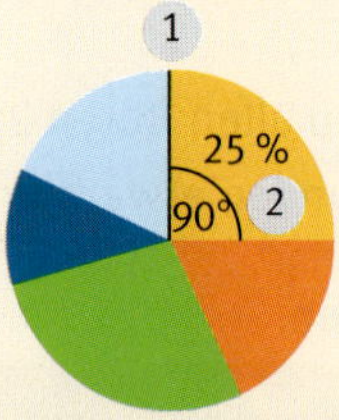

Zeichne einen beliebigen Radius ① ein. Trage von dort aus der Reihe nach die Winkel ② ab, die zu den Prozentangaben gehören.

Streifendiagramm

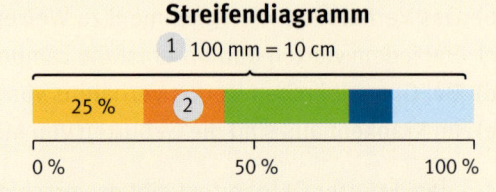

Ein Streifendiagramm ist ein Rechteck, das gemäß der Anteile unterteilt wird. Dazu wählt man eine geeignete Länge ① des Rechtecks. Von einer Seite beginnt man diese Seite zu unterteilen ②. Die Teilflächen entsprechen den Anteilen.

Zeichne für ein Hunderterfeld ein Quadrat mit einer Kantenlänge von 10 Kästchen ins Heft.

Kreisdiagramm:
100 % ≙ 360°
1 % ≙ 3,6°
Zu Vielfachen von 1 % gehört das entsprechende Vielfache von 3,6°.

Streifendiagramm:
Streifen von 100 mm Länge
100 % ≙ 100 mm
1 % ≙ 1 mm
Zu Vielfachen von 1 % gehört das entsprechende Vielfache von 1 mm.

Beispiele

I Welche Prozentangaben sind in dem Hunderterfeld dargestellt?

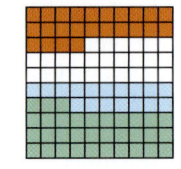

Lösung:

Bereich	rot	weiß	blau	grün
Anteil	24 %	26 %	17 %	33 %

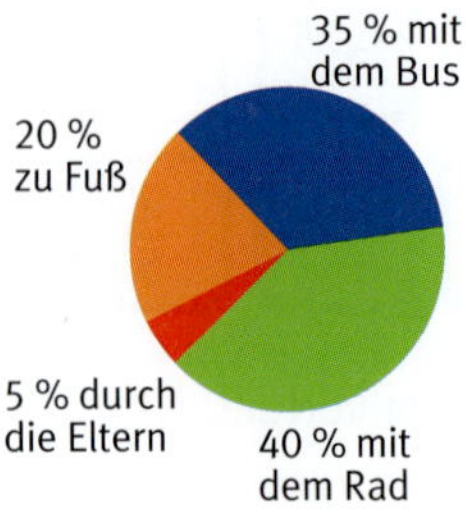

II Das Kreisdiagramm stellt die Anteile dar, wie die Schüler an ihre Schule kommen. Welcher Winkel gehört zu jedem Anteil?

Lösung:
1 % ≙ 3,6°   5 % ≙ 18°   20 % ≙ 72°   35 % ≙ 126°   40 % ≙ 144°

35 % mit dem Bus
20 % zu Fuß
5 % durch die Eltern
40 % mit dem Rad

Verständnis

- Ist beim Streifendiagramm die Zuordnung *Angabe in % → Länge in mm* proportional? Begründe.
- Statt eines Hunderterfeldes lassen sich auch Zehnerfelder (Fünfzigerfelder) zeichnen. Wie viel Prozent entspricht jeweils ein Kästchen des Feldes?

Kapitel 3

Aufgaben

1 Ergänze in deinem Heft die fehlenden Werte der Tabelle.

Anteil vom Kreis	a)	b)	c)	d)	e)	f)
Winkel	90°					
Anteil	25 %					

Diese Zusammenhänge können bei vielen Sachverhalten helfen.

2 Welche Anteile sind in den Hunderterfeldern dargestellt? Bestimme als Prozente und als gekürzter Buch.

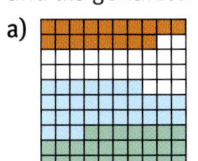

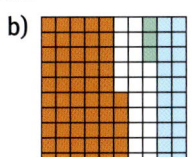

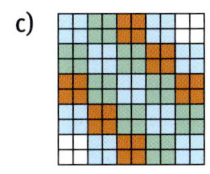

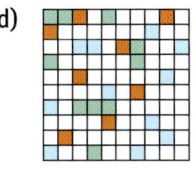

a)   b)   c)   d)

3 Stelle die Anteile in einem Kreisdiagramm mit Radius r = 3 cm dar.
a) 10 %; 15 %; 35 %; 40 %
b) 6 %; 20 %; 28 %; 46 %
c) 12,5 %; 22 %; 65,5 %
d) 4 %; 7 %; 11 %; 78 %

4 Betrachte an einem Kreisdiagramm die Zuordnung *Anteil in %* → *Winkel in °*.
a) Übertrage die Tabelle in dein Heft.

Anteil in %	4	10	23	35	50	65	72	85
Winkel in °								

b) Stelle die Zuordnung in einem Koordinatensystem dar. Darfst du die Punkte miteinander verbinden? Begründe.

c) Lies aus dem Graphen von b) so genau wie möglich ab:
  ① den Anteil in % für: 10°; 25°; 45°; 80°; 120°; 150°; 190°; 200°; 250°
  ② den Winkel in ° für: 15 %; 20 %; 25 %; 48 %; 56 %; 72 %; 84 %; 93 %

5 In Tabellenprogrammen hast du die Möglichkeit, Prozentangaben grafisch darzustellen.

a) Untersuche, welche Grafiken hierfür geeignet sind. Benutze das bereits bekannte Icon.

b) Stelle folgenden Sachverhalt in einem Kreis- und einem Säulendiagramm mithilfe des Tabellenprogramms dar und beschrifte es:
Aufgrund von Kriegen und Hungersnöten haben früher viele Menschen Deutschland verlassen. Die Tabelle zeigt eine Schätzung, wie viele Menschen bis zum Ende des 19. Jahrhunderts aus einigen Regionen ausgewandert sind.

Region	Bayern	Hessen	Thüringen	Sachsen	Pfalz
Auswanderer	200 000	120 000	75 000	60 000	145 000

c) Wie viele Auswanderer gab es insgesamt in den Regionen?
d) Welcher Anteil der Auswanderer entfällt auf die einzelnen Regionen? Runde geeignet.
e) Informiere dich im Internet über die Auswanderung heutzutage und stelle die Ergebnisse grafisch vor.

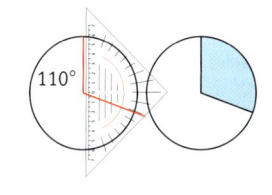

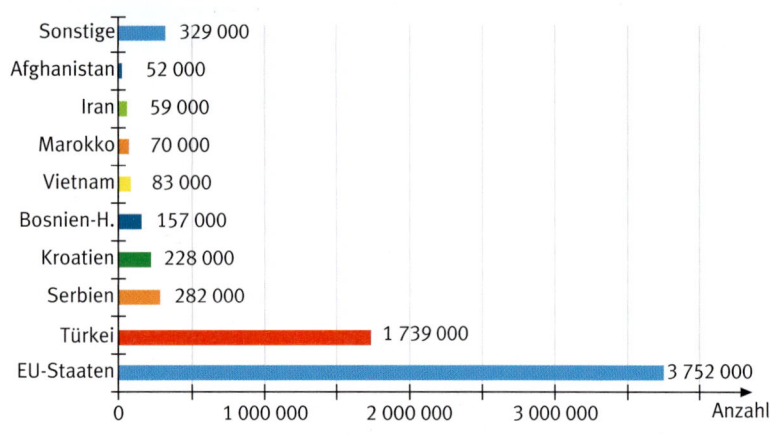

3.3 Grundbegriffe der Prozentrechnung

Balkendiagramm – Herkunft ausländischer Mitbürger in Deutschland:

- Sonstige: 329 000
- Afghanistan: 52 000
- Iran: 59 000
- Marokko: 70 000
- Vietnam: 83 000
- Bosnien-H.: 157 000
- Kroatien: 228 000
- Serbien: 282 000
- Türkei: 1 739 000
- EU-Staaten: 3 752 000

Das Balkendiagramm zeigt die Herkunft ausländischer Mitbürger in Deutschland. Insgesamt leben in Deutschland etwa 82 Millionen Menschen. Runde geeignet.

- Bestimme den prozentualen Anteil der Menschen in Deutschland, die aus einem anderen Land (aus den einzelnen Ländern) kommen. Runde geeignet.
- Beschreibe jeweils, wie du die Anteile gebildet hast: Was hast du als Ganzes im Nenner gewählt, was als Teil im Zähler?

Beim Umgang mit Daten wurde der Prozentwert P auch als absolute Häufigkeit bezeichnet.

Der Prozentsatz p % entspricht der relativen Häufigkeit, wenn diese in Prozent angegeben wird.

MERKWISSEN

In der Prozentrechnung verwendet man folgende drei Fachbegriffe:
- Was wir bei Brüchen oft als „das Ganze" bezeichnet haben, wird in der Prozentrechnung als **Grundwert G** bezeichnet.
- Der Teil (oder die Anzahl), den wir mit dem Ganzen (also dem Grundwert G) vergleichen, heißt in der Prozentrechnung **Prozentwert P**.
- Der Anteil vom Ganzen (also vom Grundwert G), den wir als Prozente angeben, nennt man in der Prozentrechnung **Prozentsatz p %**.

Beispiel:
In der Klasse 7a sind 25 Schüler. 8 von ihnen haben in der Klassenarbeit eine 2.

$$8 \text{ Schüler von } 25 \text{ Schülern sind } \frac{8}{25} = \frac{32}{100}, \text{ also } 32\,\%.$$

- **Prozentwert P:** Teil vom Ganzen, absolute Häufigkeit
- **Grundwert G:** das Ganze, Gesamtanzahl
- **Prozentsatz p %:** Anteil (Bruchteil) in %, relative Häufigkeit in %

BEISPIELE

I In einer Mühle werden aus 200 kg Getreide im Durchschnitt 150 kg Mehl gemahlen. Der Rest wird aussortiert. Die Ausbeute beträgt also 75 %. Ordne die Begriffe Grundwert G, Prozentwert P und Prozentsatz p % den Angaben im Text zu.

Lösung:
Grundwert G: 200 kg (das Ganze)
Prozentwert P: 150 kg (Teil vom Ganzen)
Prozentsatz p %: 75 % $\left(\frac{150}{200} = \frac{75}{100}\right)$ (Anteil in %)

II Erfinde einen kurzen Sachverhalt zu folgenden Angaben:
Grundwert G = 35 €; Prozentwert P = 7 €; Prozentsatz p % = 20 %

Lösungsmöglichkeiten:
- Karin möchte sich eine neue Uhr für 35 € kaufen. Jeden Monat spart sie 7 €, das sind 20 % des Kaufpreises. Nach 5 Monaten hat Karin das Geld zusammen.
- Eine Schubkarre kostet im Baumarkt 35 €. Während einer Verkaufsaktion wird der Preis um 20 % reduziert. Die Schubkarre ist also 7 € günstiger.

KAPITEL 3

VERSTÄNDNIS

- Was ist gemeint, wenn man sagt: „Du machst alles 150-prozentig"?
- Kann der Prozentwert auch größer als der Grundwert sein? Begründe.

AUFGABEN

1 Ein Elektrogeschäft gibt auf einen Flachbildfernseher einen Nachlass von 5 %. Gib bei den folgenden Aufgaben jeweils an, ob es sich bei den Angaben um den Grundwert G, den Prozentwert P oder den Prozentsatz p % handelt.
  a) Auf den Fernseher, der 999 € kostet, wird ein Nachlass von 5 % gegeben.
  b) Auf den Fernseher wird ein Preisnachlass von 49,95 € gegeben. Das sind 5 % des Kaufpreises.
  c) Der Preis für einen Fernseher, der 999 € kosten soll, wird um 49,95 € gesenkt.

2 Ordne die Begriffe Grundwert G, Prozentwert P und Prozentsatz p % den Angaben im Text zu. Stelle den Sachverhalt auch grafisch dar.
Beispiel: Christine spart auf ein neues Fahrrad, das 200 € kostet. 80 € hat sie schon gespart, das sind 40 % des Kaufpreises.

Grundwert G = 200 €
Prozentwert P = 80 €
Prozentsatz p % = 40 %

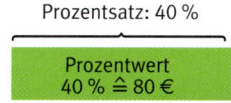

Prozentsatz: 40 %
Prozentwert 40 % ≙ 80 €
Grundwert: 100 % ≙ 200 €

  a) Die Klasse 7c besteht aus 30 Schülern. 12 von ihnen haben einen Hund als Haustier, das entspricht 40 % der Schüler.
  b) Ein Pfahl steckt zu 30 % im Boden. Bei einer Länge von 1,20 m sind das 36 cm.
  c) Ein Grundstück ist 600 m² groß. Familie Heiner plant 360 m² davon mit einem Haus zu bebauen, das sind 60 % des Grundstücks.
  d) Schokomilch besteht zu 90 % aus Milch, der Rest ist Kakaosirup. In einem Glas mit 200 ml sind das 180 ml Milch.
  e) Ein Liter Orangennektar enthält 45 % Fruchtsaft. Das enspricht 450 ml.
  f) Ein Neugeborenes verschläft etwa 75 % des Tages. Das sind 18 Stunden.
  g) Eine 150-g-Tafel Vollmilchschokolade enthält 32 % Kakao.

3 Ordne jeweils zu.

A	Hans gibt 25 % seines gesparten Geldes von 500 € aus.
B	Susanne hebt von ihrem Sparbuch 125 € ab. Das sind 25 % ihres Guthabens.
C	Max hat 500 € gespart und gibt davon 125 € aus.

1	Gegeben: Grundwert G = 500 € Prozentwert P = 125 € Gesucht: Prozentsatz p %
2	Gegeben: Grundwert G = 500 € Prozentsatz p % = 25 % Gesucht: Prozentwert P
3	Gegeben: Prozentwert P = 125 € Prozentsatz p % = 25 % Gesucht: Grundwert G

4 Erfinde einen kurzen Sachverhalt zu folgenden Angaben.
  a) Grundwert G = 480 Eier
     Prozentwert P = 24 Eier
     Prozentsatz p % = 5 %
  b) Grundwert G = 79 €
     Prozentwert P = 15,80 €
     Prozentsatz p % = 20 %
  c) Grundwert G = 15,00 m
     Prozentwert P = 2,25 m
     Prozentsatz p % = 15 %

3.4 Prozentsatz bestimmen

Um den Anteil der Jugendlichen zu bestimmen, die ein Handy haben, werden jedes Jahr 800 Personen befragt, die 14 Jahre alt sind.

Jahr	2006	2007	2008	2009	2010	2011
Anzahl Handynutzer	400	440	480	528	600	640
Anteil	50 %	55 %	60 %	66 %	75 %	80 %

- Ordne die Begriffe Grundwert G, Prozentwert P und Prozentsatz p % zu.
- Welchem Anteil in Prozent entsprechen 200 (40, 120, 720) Nutzer in der Studie?
- Begründe auf verschiedene Arten, dass die Zuordnung proportional ist.
- Zeichne einen Graphen und lies mindestens vier weitere Wertepaare ab.

Merkwissen

Die Eigenschaften proportionaler Zuordnungen findest du in Kapitel 2.3.

Bei bekanntem Grundwert ist die Zuordnung $P \rightarrow p\,\%$ proportional. Möchte man also in der Prozentrechnung den **Prozentsatz p %** bestimmen, kann man dies anhand der **Eigenschaften proportionaler Zuordnungen** machen.

Beispiel: In einer Jugendherberge mit 80 Betten sind 56 Betten belegt. Zu wie viel Prozent ist die Jugendherberge ausgelastet?
Gegeben: G = 80 Betten; P = 56 Betten   Gesucht: p %

Der Quotient aus Prozentwert und Grundwert entspricht dem gesuchten Anteil.
$p\,\% = \frac{P}{G}$
$p\,\% = \frac{56}{80} = \frac{7}{10} = 70\,\%$

① Tabelle mit Dreisatz

Anzahl Betten	Prozentsatz p %
80	100 %
8	10 %
56	70 %

(:10, ·7)

Verdoppelt (verdreifacht, halbiert, ...) sich die Ausgangsgröße, dann verdoppelt (verdreifacht, halbiert, ...) sich auch der Prozentsatz p %.

② Verhältnisgleichung

80 Betten ≙ 100 %
56 Betten ≙ p %

$p\,\% = 56\,\text{B.} \cdot 100\,\% : 80\,\text{B.}$
$p\,\% = 70\,\%$

G ≙ 100 %
P ≙ p %

$p\,\% = P \cdot 100\,\% : G$
oder $p\,\% = \frac{P \cdot 100\,\%}{G}$

Bei der Verhältnisgleichung wird der Anteil **direkt in Prozent** angegeben.

Beispiele

Ordne zunächst den Angaben die Begriffe Grundwert G, Prozentwert P und Prozentsatz p % zu.

Der Grundwert G („das Ganze") entspricht stets 100 %.

I Wie viel Prozent sind 105 € von 420 €?

Lösungsmöglichkeiten:
Gegeben: G = 420 €; P = 105 €   Gesucht: p %

①
€	p %
420	100 %
105	25 %

(:4)

② 420 € ≙ 100 %
105 € ≙ p %
$p\,\% = 105\,€ \cdot 100\,\% : 420\,€ = 25\,\%$

Antwort: 105 € entsprechen 25 % von 420 €.

Verständnis

- Bei einer Umfrage, bei der jeder Schüler sein Lieblingstier angeben soll, werden am Ende die einzelnen Prozentsätze addiert. Welches Ergebnis erwartest du?
- Nenne Gründe, warum Anteile in Prozent angegeben werden.
- Was bedeutet die Aussage: „Der macht alles 1000-prozentig"?

Kapitel 3

Aufgaben

1 Berechne den Prozentsatz im Kopf.
- a) 39 von 100 Schülern
- b) 88 von 200 Büchern
- c) 12 s von 25 s
- d) 64 von 400 Autos
- e) 75 kg von 0,3 t
- f) 76,5 kg von 300 kg
- g) 60 von 300 Äpfeln
- h) 3,5 m von 50 m
- i) 140 von 350 Eiern

Runde auf ganze Prozent. Verwende verschiedene Berechnungsmöglichkeiten.

2 Wie viel Prozent der Figur wurden eingefärbt? Benenne Grund- und Prozentwert.
a) b) c) d) e)

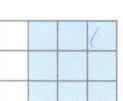

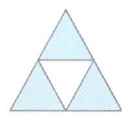

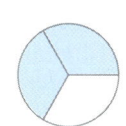

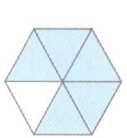

3 Bestimme die Prozentsätze auf verschiedene Arten. Gib Grund- und Prozentwert an.
- a) 81 € von 540 €
  2,4 t von 8 t
  476 m von 680 m
- b) 27,2 a von 68 a
  336 von 840 Schülern
  12,8 km von 16 km
- c) 0,66 l von 6 l
  76 cm von 40 dm
  50 € von 325 €

Lösungen zu 3:
11 %; 15 %; ≈15,4 %;
19 %; 30 %; 40 %; 40 %;
70 %; 80 %

4 Die Klasse 7b untersucht ihr Klassenklima.
- a) Wie viel Prozent der Nennungen entfallen auf die einzelnen Bereiche? Benenne zunächst Grundwert und Prozentwert.
- b) Stelle den Sachverhalt als Kreisdiagramm (Säulendiagramm) dar.
- c) Beurteile die Ergebnisse: Wie ist das Klassenklima deiner Meinung nach?

Wie fühlst du dich in deiner Klasse?

sehr wohl	₩₩ IIII
wohl	₩₩
mittelmäßig	₩₩ II
eher unwohl	₩₩
unwohl	II

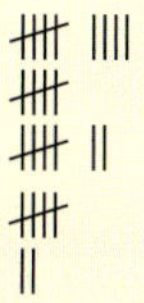

5 Runde geeignet. Wie viel Prozent der natürlichen Zahlen von 1 bis 100 …
- a) sind gerade Zahlen?
- b) sind durch 5 (durch 8, durch 9) teilbar?
- c) sind Quadratzahlen?
- d) haben die Quersumme 5?

Die Teilbarkeitsregeln findest du auch im Grundwissen im Anhang.

6 In der Tabelle findest du verschiedene Artikel, die in einem Warenhaus zu reduzierten Preisen angeboten werden. Runde auf ganze Prozentangaben.

Artikel	Hose	Jacke	Mütze	Schal	Stiefel	Tasche
alter Preis	69 €	59 €	16 €	13,95 €	149,95 €	19,99 €
neuer Preis	35 €	45 €	9 €	6,95 €	99,95 €	9,99 €

- a) Wie viel Prozent des ursprünglichen Preises muss der Käufer noch bezahlen? Benenne Grundwert und Prozentwert bei der Rechnung.
- b) Wie hoch ist der prozentuale Preisnachlass? Bestimme auf zwei Arten.

Medizin

Packesel

Aus gesundheitlichen Gründen sollte die Masse deiner Schultasche höchstens 10 % deines Körpergewichts betragen.

	Mo	Di	Mi	Do	Fr
10 % vom Körpergewicht					
Masse der Schultasche					
Überladen (ja/nein)					

- Übertrage die Tabelle in dein Heft und wiege eine Woche lang jeden Tag deine Schultasche. An wie viel Tagen bist du „überladen"?
- Erstelle ein Diagramm und präsentiere es deinen Mitschülern. Vergleicht die Ergebnisse.

3.5 Prozentwert bestimmen

Gold	Silber	Bronze
48 %	28 %	24 %

In einem Fußballcamp kann man das Sportabzeichen in Gold, Silber oder Bronze erwerben. Am Ende eines Camps ergeben sich für 125 teilnehmende Kinder nebenstehende Ergebnisse.

- Bestimme, wie viele Kinder jeweils die einzelnen Abzeichen gemacht haben, wenn jedes Kind ein Abzeichen bekommt.
- Betrachte nur die Anzahl der Kinder mit einem Bronzeabzeichen. Wie ändert sich diese Anzahl, wenn der zugehörige Prozentsatz verdoppelt (verdreifacht, halbiert) wird.
- Ist die Zuordnung *Prozentsatz → Prozentwert* proportional? Begründe.

MERKWISSEN

Wenn der Grundwert bekannt ist, dann ist die Zuordnung p % → P proportional. Somit kann man in der Prozentrechnung auch den **Prozentwert P** mithilfe der **Eigenschaften proportionaler Zuordnungen** bestimmen.

Beispiel: Ein Baumarkt wirbt mit dem Slogan „20 % auf alles". Wie viel Euro spart man bei einer Schubkarre, die eigentlich 27,90 € kostet?
Gegeben: G = 27,90 €; p % = 20 %   Gesucht: P

Wird der Grundwert in 100 gleich große Teile geteilt, von denen p Teile genommen werden, erhält man den Prozentwert:

$P = G \cdot \frac{p}{100}$ bzw.

$P = G \cdot p\,\%$

① Tabelle mit Dreisatz

Prozentsatz %	Geldbetrag
100 %	27,90 €
10 %	2,79 €
20 %	5,58 €

(: 10, · 2)

Verdoppelt (verdreifacht, halbiert, ...) sich der Prozentsatz p %, dann verdoppelt (verdreifacht, halbiert, ...) sich die zugeordnete Größe.

② Verhältnisgleichung

100 % ≙ 27,90 €   100 % ≙ G
20 % ≙ P   p % ≙ P

P = 20 % · 27,90 € : 100 %   P = p % · G : 100 %
P = 5,58 €

Bei der Verhältnisgleichung wird der Prozentwert direkt mit den Prozentangaben berechnet.

BEISPIELE

I Ein Navigationsgerät kostet normal 240 €. Ein Elektromarkt bietet es während einer Verkaufsaktion 19 % günstiger an. Wie viel € spart man beim Kauf?

Notiere stets die Angaben, die gegeben und gesucht sind. Das hilft bei der Rechnung.

Der Grundwert G („das Ganze") entspricht stets 100 %.

Lösungsmöglichkeiten:
Gegeben: G = 240 €; p % = 19 %   Gesucht: P

①

p %	Geldbetrag
100 %	240 €
1 %	2,40 €
19 %	45,60 €

(: 100, · 19)

② 100 % ≙ 240 €
19 % ≙ P
P = 19 % · 240 € : 100 %
= 45,60 €

③ P = G · p %
P = 240 € · 19 %
= 240 € · 0,19
= 45,60 €

Antwort: Man spart beim Kauf 45,60 €.

VERSTÄNDNIS

- Erkläre den Unterschied zwischen Prozentwert und Prozentsatz.
- Vergleiche den Grundwert und den Prozentwert miteinander, wenn der Prozentsatz größer als (kleiner als, gleich) 100 % ist.

Kapitel 3

Aufgaben

1 Bestimme den Prozentwert auf zwei verschiedene Arten.
 a) 15 % von 350 €
 b) 20 % von 1,5 kg
 c) 35 % von 84 Schülern
 d) 42 % von 198 m²
 e) 75 % von 1500 ml
 f) 60 % von 87 m

2 Berechne den Prozentwert im Kopf.
 a) 10 % von 100 €
    20 % von 100 Kindern
    80 % von 50 kg
 b) 5 % von 200 Äpfeln
    60 % von 400 m²
    75 % von 1000 g
 c) 25 % von 400 Autos
    120 % von 600 l
    200 % von 5 m²

Lösungen zu 2:
10; 10; 10; 20; 40; 100; 240; 720; 750
Die Einheiten sind nicht angegeben.

3 a) 500 g Erdbeeren kosten im Mai 1,20 €. Im Dezember kosten sie 350 % mehr.
   ① Um wie viel Euro ist der Preis im Dezember höher als im Mai?
   ② Wie teuer sind die Erdbeeren im Dezember?
 b) Im Schuljahr 2010/2011 wurden in Thüringen etwa 12 700 Kinder eingeschult. Ungefähr 48 % von ihnen waren Mädchen.
   ① Wie viele Mädchen wurden eingeschult?
   ② Gib den Prozentwert (Prozentsatz) der Jungen an, die eingeschult wurden.

4 Ein Kaufhaus bietet reduzierte Ware an.

① alter Preis: 490 €
   Nachlass: 50 %

② alter Preis: 799 €
   heute 20 % günstiger

③ alter Preis: 23,90 € pro m²
   Sie sparen 30 %.

 a) Wie viel € spart man beim Kauf der Ware?
 b) Berechne für jede Ware den neuen Preis.

5 An einem Lesetag der Karl-Kellner-Schule wurde eine Umfrage dazu durchgeführt, was die Schüler am liebsten lesen. Das Streifendiagramm stellt das Ergebnis dar.

| Comics | Zeitschriften | Märchen | Jugendkrimis | Sonstiges |

 a) Bestimme den Anteil der Schüler für die einzelnen Bereiche.
 b) Insgesamt wurden 680 Schüler befragt. Wie teilen sich die Schüler auf die verschiedenen Bereiche auf? Runde geeignet.

6 Die Aktien der Firma Trieman werden heute an der Börse mit 41,30 € notiert. Im vergangenen Monat hat diese Aktie um 12 % an Wert verloren. Wie viel war die Aktie vor einem Monat wert?

7 An einem Kopierer lassen sich Bilder vergrößern und verkleinern. Dazu muss man angeben, wie viel Prozent der ursprünglichen Längen die neuen Längen betragen sollen. Die Abbildung nebenan soll auf 120 % (144 %, 70 %) verändert werden.
 a) Bestimme die Seitenmaße der Kopie.
 b) Bestimme den Flächeninhalt der Kopie. Wie viel Prozent ist das vom ursprünglichen Flächeninhalt?
 c) Überprüfe deine Ergebnisse an einem Kopierer (z. B. in der Schule).

105 mm
148 mm

3.6 Grundwert bestimmen

22,4 km haben wir schon geschafft!

Das sind schon 70 % der Strecke.

Neal und Christoph machen eine Fahrradtour.
- Ordne die Begriffe der Prozentrechnung den Angaben zu.
- Untersuche die Situation, indem du die Tabelle überträgst und ergänzt.

Anteil	10 %	20 %	30 %	35 %	40 %	70 %	80 %
Strecke	☐	☐	☐	☐	☐	☐	☐

- Wie lang ist die gesamte Strecke? Erkläre dein Vorgehen.
- Welche Zuordnung liegt vor? Erkläre auf verschiedene Arten.

Die Bestimmung von Grundwert und Prozentwert sind die entgegengesetzten Rechnungen zueinander.

Prozentwert bestimmen:
$100\ \% \mathrel{\widehat{=}} G$
$\downarrow$
$p\ \% \mathrel{\widehat{=}} P$

Grundwert bestimmen:
$p\ \% \mathrel{\widehat{=}} P$
$\downarrow$
$100\ \% \mathrel{\widehat{=}} G$

Es gilt:
$G \xrightarrow[: p\ \%]{\cdot\ p\ \%} P$

$G = P : p\ \% = P : \dfrac{p}{100}$

bzw. $G = P \cdot \dfrac{100}{p}$

Merkwissen

Ein **Prozentwert von 100 %** und der **Grundwert G** sind stets gleich. Somit kann man in der Prozentrechnung die **Eigenschaften proportionaler Zuordnungen** ausnutzen, um den Grundwert G zu bestimmen.

Beispiel: Für eine Urlaubsreise hat Herr Dörfler 150 € angezahlt, das sind 40 % des Reisepreises. Wie teuer ist die gesamte Reise?
Gegeben: P = 150 €; p % = 40 %   Gesucht: G

① Tabelle mit Dreisatz

Prozentsatz %	Preis
40 %	150 €
10 %	37,50 €
100 %	375 €

(: 4, · 10)

Verdoppelt (verdreifacht, halbiert, …) sich der Prozentsatz p %, dann verdoppelt (verdreifacht, halbiert, …) sich die zugeordnete Größe.

② Verhältnisgleichung

40 % ≙ 150 €
100 % ≙ G

G = 100 % · 150 € : 40 %
G = 375 €

p % ≙ P
100 % ≙ G

G = 100 % · P : p %

Bei der Verhältnisgleichung wird der Grundwert direkt mit den Prozentangaben berechnet.

Beispiele

$p\ \% \mathrel{\widehat{=}} P$
$\downarrow$
$100\ \% \mathrel{\widehat{=}} G$

I Marlene hat bereits 450 € gespart. Das sind 75 % von dem, was sie für den Kauf einer Hifi-Anlage benötigt. Wie teuer ist die Anlage?

Lösungsmöglichkeiten:
Gegeben: P = 450 €; p % = 75 %   Gesucht: G

①

p %	Preis
75 %	450 €
25 %	150 €
100 %	600 €

(: 3, · 4)

② 75 % ≙ 450 €
100 % ≙ G
G = 100 % · 450 € : 75 %
  = 600 €

③ G = P : p %
P = 450 € : $\dfrac{75}{100}$
  = 450 € · $\dfrac{100}{75}$
  = 600 €

Antwort: Die Anlage kostet 600 €.

Verständnis

- Wie lässt sich ein Grundwert zeichnerisch an einem Streifen bestimmen?
- Gilt folgender Zusammenhang? „Bei gleichem Prozentsatz ist der Grundwert umso höher, je höher der Prozentwert ist." Begründe.

Kapitel 3

Aufgaben

1 Bestimme den Grundwert auf zwei verschiedene Arten.
   a) 45 % sind 315 €.
   b) 40 % sind 3,5 kg.
   c) 27 % sind 108 km.
   d) 32 % sind 208 m².
   e) 85 % sind 1020 ml.
   f) 56 % sind 126 g.

Lösungen zu 1:
8,75; 225; 400; 650; 700; 1200
Die Einheiten sind nicht angegeben.

2 Rechne im Kopf. Wie groß ist der Grundwert?
   a) 5 % sind 80 g.
   b) 2 % sind 23 ml.
   c) 20 % sind 14,2 kg.
   d) 50 % sind 16,23 s.
   e) 75 % sind 81 Leute.
   f) 10 % sind 783,21 m.
   g) 150 % sind 60 g.
   h) 200 % sind 13 l.
   i) 40 % sind 34,6 cm.

3 Übertrage die Figuren in dein Heft und ergänze zeichnerisch auf 100 %.
   a) 15 % b) 45 % c) 25 % d) 75 % e) 20 %

Findest du mehrere Möglichkeiten?

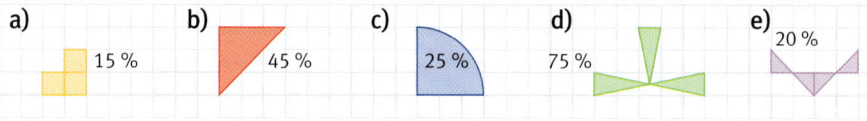

4 Berechne die Gesamtgröße der Gruppen. Runde sinnvoll.
   a) Der Verein führt 128 Jugendliche. Das sind 32 %.
   b) 98 Schüler sind unter 12 Jahre alt. Das entspricht ca. 43 %.
   c) Bei einer Umfrage geben 78 % an, dass sie Fleisch essen. 264 Leute sagen, dass sie kein Fleisch essen.

5 Wie hoch war der ursprüngliche Preis?
   a) Sie sparen 52,50 €, das sind 15 %.
   b) Sie sparen 30 %, das sind 225 €.
   c) 19 % Preisnachlass. Zahlen Sie 38 € weniger.

6 Petra und Henrike kaufen sich neue Tennisschläger. Henrike hat sich einen für 59 € ausgesucht. Petra sagt: „Guck mal, wenn ich den gleichen nehme, bekommen wir auf beide Schläger 20 % Preisnachlass. Wir sparen insgesamt 25,60 €. 
   a) Wie hoch ist der ursprüngliche Preis für beide Schläger zusammen?
   b) Bestimme den alten Preis für jeden Schläger.
   c) Wie viel muss jede tatsächlich bezahlen?

7 a) Alexander muss monatlich 756 € für Miete bezahlen. Das sind 21 % seines Gehalts. Wie hoch ist sein Gehalt?
   b) Herr Bauer zahlt jährlich 2800 € (3200 €, 4000 €) in eine Bausparkasse ein. Das sind 8 % der Sparsumme.
   ① Wie hoch ist die Sparsumme?
   ② Nach wie viel Jahren hat Herr Bauer seine Sparsumme erreicht?

8 Eine Nachrichtenagentur meldet: „38 Spieler spielten länger als zehn Jahre für die deutsche Fußball-Nationalmannschaft. Das ist ein Anteil von rund 4,2 % aller eingesetzten Spieler. Von den 2010 eingesetzten Spielern spielten nur zwei schon länger als 10 Jahre für Deutschland."
Von wie vielen Nationalspielern geht diese Aussage aus?

3.7 Prozente im Alltag

rabatto (ital.): Abschlag
sconto (ital.): Abzug

Rabatt: 20 %
Skonto bei 10 Tagen: 3 %
Skonto bei 30 Tagen: 2 %
1490,- Euro

Überlege stets, was Grundwert G, Prozentwert P und Prozentsatz p % ist.

1 Im Alltag kommen oft Prozentsätze vor, die eine bestimmte Bedeutung haben.

Der Staat verlangt einen **Preisaufschlag** auf alle Waren und Dienstleistungen: die **Mehrwertsteuer (MwSt.)**. In Verkaufspreisen ist diese Steuer bereits eingerechnet, sie muss aber auf den Rechnungen und Quittungen ausgewiesen werden.

Rechnungsbetrag des Geschäfts: 100 %   MwSt.: z. B. 19 %
Verkaufspreis 119 %

Einen **Preisnachlass** bezeichnet man als **Rabatt**.
Wird eine Rechnung innerhalb einer bestimmten Zeit bezahlt, dann wird dieser besondere Rabatt auch **Skonto** genannt.

Verkaufspreis 100 %
ermäßigter Verkaufspreis: 80 %   Nachlass: z. B. 20 %

a) Skonto ist meistens zeitlich gestaffelt. Je nach Zahlungstermin wird ein unterschiedlicher Preisnachlass gewährt. Erkläre anhand des Beispiels.
b) Wie teuer ist das Mofa, wenn man innerhalb von 10 Tagen (30 Tagen) bezahlt?

2 Mike benötigt Ersatzteile für sein Motorrad.
a) Wie hoch ist die MwSt. für alle Ersatzteile?
b) Wie viel muss Mike insgesamt bezahlen?

Rechnung
Auspuff   104,90
Tank   198,00
Kettensatz 176,50
           479,40
+ MwSt.

3 Wie viel bekommt der Staat?
a) Auf die Kosten für eine Autoreparatur von 539 € (655 €) kommen noch 19 % MwSt. hinzu. Wie viel muss der Kunde bezahlen?
b) Ein Auto kostet ohne 19 % MwSt. 38 520 € (44 900 €). Berechne den Verkaufspreis.
c) Ein Großmarkt bezieht Lebensmittel im Wert von 425,20 € (593,80 €). Hinzu kommen 7 % Mehrwertsteuer. Wie viel muss der Großmarkt bezahlen?

4 Bei Überweisung einer Rechnung innerhalb von 10 Tagen werden 3 % Skonto eingeräumt. Die Rechnung beträgt 320 € (249 €; 29,99 €; 14,50 €). Welchen Betrag muss man überweisen, wenn man innerhalb der 10 Tage zahlt?

5 Ein Hotelbetrieb gewährt bei einer Übernachtung einer Gruppe ab 5 Personen einen Rabatt von 10 % auf den Rechnungsbetrag. Pro Nacht und Person berechnet er 51 €. Wie teuer ist eine Übernachtung für 8 Personen (6 Personen, 4 Personen), die 5 Nächte in dem Hotel bleiben?

6 Eine Schule kauft sieben CD-Spieler zu je 299 €, einen Laptop zu 785 € und einen Netzwerkdrucker zu 895 €. Es werden 3169,32 € bezahlt.
a) Wie viel € Rabatt hat das Elektrogeschäft gewährt?
b) Wie viel Prozent beträgt der Rabatt vom ursprünglichen Verkaufspreis?

7 Ergänze die auf dem Kassenzettel fehlenden Angaben.

Trends

1 x Perform	21,82
1 x Trocknen	9,20
1 x Wimpern färben	5,00
1 x Augen zupfen	2,50
1 x Nagel Design	25,00
1 x Dauerwelle	65,00
Gesamt EUR:	
Gegeben: 130,00	
Rückgeld:	
MwSt. 19,00 %:	
Service: Frau Kutter	
10.10.12	16.47

8 Steffi hat einen Fernseher, der 449 € kosten sollte, für nur 400 € gekauft. Berechne den Rabatt in € und in %. Runde geeignet.

9 Was bedeuten eigentlich „Brutto" und „Netto"?

> Das Wort **„Brutto"** bezeichnet eine Gesamtgröße, bei der **sämtliche Zuschläge** enthalten sind. Demgegenüber bezeichnet des Wort **„Netto"** die Größe **nach Abzug aller Zuschläge**. Die Zuschläge werden auch als **Tara** bezeichnet.
>
> Brutto: 100 %
> Netto: 60 %   Abgaben (Tara): z. B. 40 %
>
> **Beispiele**:
> - Der Bruttolohn wurde noch nicht um Steuern und Versicherungen (Tara) reduziert. Den Nettolohn bekommt man dann ausbezahlt:
>   Nettolohn + Abgaben (Tara) = Bruttolohn
> - Das Bruttogewicht beinhaltet die Masse der Ware (Nettogewicht) und seiner Verpackungen (Tara): Nettogewicht + Tara = Bruttogewicht

a) Bei verschiedenen Artikeln ist die Masse der Verpackung im Vergleich zur eigentlichen Ware sehr hoch. Suche nach Beispielen aus deiner Umwelt.

b) Übertrage die Tabelle in dein Heft und berechne jeweils die fehlende Größe.

	1	2	3	4	5	6
Brutto	42 kg	118 kg			560 g	1200 g
Tara	8,82 kg		14 kg	13,8 kg	0,287 t	
Anteil Tara| 21 %	18 %	35 %	30 %			17 %
Netto	33,18 kg				3,813 t	364 g

c) Ordne Grundwert, Prozentwert und Prozentsatz den Angaben aus b) zu.

10 Entnimm den Sachaufgaben die Daten und trage sie in eine Tabelle wie in Aufgabe 9 ein. Berechne die fehlenden Größen. Runde auf eine Dezimale.

a) Eine Packung Spaghetti wiegt 260 g. Das Füllgewicht beträgt 250 g.
b) Eine Dose Fleisch wiegt 280 g. Die Einwaage beträgt 240 g.
c) Eine Kiste Äpfel wiegt 8,25 kg. Das Nettogewicht der Äpfel beträgt 6,5 kg.
d) Ein Paket wiegt 950 g. Es enthält sieben Packungen Tee zu je 125 g.

Findest du weitere solche Beispiele aus dem Alltag? Recherchiere.

11 Wie hängen die Begriffe Mehrwertsteuer, Rabatt und Skonto mit den Begriffen Brutto- und Nettopreis zusammen? Beschreibe an Beispielen.

12 Herr Burmüller bekommt einen Arbeitslohn von 2450 € (1940 €) im Monat. Von diesem Betrag gehen fast 10 % an die Rentenversicherung, etwa 8 % an die Krankenversicherung, gut 1 % an die Pflegeversicherung und 1,5 % an die Arbeitslosenversicherung. Zusätzlich kassiert der Staat noch etwa 15 % an Lohnsteuer. Wie hoch ist der Nettolohn von Herrn Burmüller?

13 Im Alltag begegnen uns Angaben nicht nur in Prozent, sondern auch in Promille.

> Ein **Promille** (Zeichen: ‰) ist der Anteil, wenn das Ganze in **Tausend Teile** unterteilt wird: 1 ‰ = $\frac{1}{1000}$ = 0,001.

pro mille (lat.): von Tausend

a) Das Risiko eines Autodiebstahls für ein Modell liegt bei 2 ‰ (5 ‰, 12 ‰).
   1 Übersetze die Angabe in mindestens zwei andere Sprechweisen.
   2 Mit wie vielen Diebstählen rechnet man bei 75 000 (120 000, 1 Mio.) Autos?
b) In Promille gibt man auch den Alkoholgehalt im Blut an. Ein Mensch hat etwa 6 l Blut. Wie viel Alkohol hat man bei 1 ‰ (0,5 ‰; 1,6 ‰) im Blut?

3.8 Kapital und Zinsen

Bei Banken gibt es unterschiedliche Arten von Konten mit verschiedenen Zinssätzen.

- Herr Grimm legt ein Jahr lang 5000 € an. Am Ende des Jahres erhält er entsprechend des Zinssatzes die Zinsen gutgeschrieben.
  1. Berechne die Zinsen nach einem Jahr für jedes Konto aus der nebenstehenden Tabelle.
  2. Ordne die Begriffe Grundwert, Prozentwert und Prozentsatz zu.
- Was meinst du: Wie soll Herr Grimm sein Geld anlegen, wenn er sich nicht sicher ist, ob er das Geld in nächster Zeit benötigt? Begründe.

Girokonto: täglich verfügbares Guthaben, Überweisungen und Lastschriften möglich.
Zinssatz: 0,2 % p. a.

Tagesgeldkonto: täglich verfügbares Guthaben, keine Überweisungen oder Lastschriften möglich.
Zinssatz: 2,5 % p. a.

Festgeldkonto: Guthaben erst nach Ablauf einer Frist verfügbar, Mindestguthaben oftmals vorgeschrieben.
Zinssatz: 4 % p. a.

p. a. = per annum, das heißt „pro Jahr" oder „jährlich"

Beachte die Einheiten. Rechne immer mit Euro oder der angegebenen Währungseinheit.

Merkwissen

Bei der Berechnung von Zinsen werden statt der Begriffe Grundwert, Prozentwert und Prozentsatz andere Begriffe verwendet:

Prozentrechnung	Zinsrechnung
Grundwert G	Kapital, Guthaben K
Prozentwert P	Zinsen Z
Prozentsatz p %	Zinssatz p %

In den meisten Fällen wird ein Jahreszins (Abkürzung: p. a.) vereinbart, d. h. nach einem Jahr wird das Kapital um den errechneten Zinswert erhöht.

Die Zinsen nach einem Jahr berechnet man mit der **Zinsformel**: $Z = p\ \% \cdot K$

Beispiele

Bei der Zinsrechnung hast du die gleichen Lösungsmöglichkeiten wie bei der Prozentrechnung.

I
a) Ein Kapital von 8000 € wird zu einem Zinssatz von 4,6 % p. a. angelegt. Berechne die Jahreszinsen.

b) Welches Guthaben muss man anlegen, um beim Zinssatz 1,25 % nach einem Jahr 90 € Zinsen zu haben?

c) Bei einem Guthaben von 3000 € werden nach einem Jahr 180 € Zinsen gutgeschrieben. Wie hoch war der Zinssatz?

Lösung:

a) $Z = K \cdot p\ \%$
$Z = 8000\ € \cdot \frac{4,6}{100} = 368\ €$
Die Jahreszinsen betragen 368 €.

b)
Prozentsatz	Geldbetrag
1,25 %	90 €
100 %	7200 €

(· 80)
Man muss 7200 € anlegen.

c) Anteil $p\ \% = \frac{Z}{K}$
$p\ \% = \frac{180\ €}{3000\ €} = 0,06 = 6\ \%$
Der Zinssatz betrug 6 %.

II Eine Bank zahlt für Kapital, welches 1 Jahr angelegt wird, 5,5 % Zinsen. Welches Kapital wurde angelegt, wenn jetzt genau 1 Million € auf dem Konto sind?

Lösung:
Auf dem Konto liegt das Kapital K zusammen mit den Zinsen Z.

$K + Z = 1\ 000\ 000\ €$
$K + 5,5\ \% \cdot K = 1 \cdot \text{Kapital} + \frac{5,5}{100} \cdot \text{Kapital} = 1\ 000\ 000\ €$
$1,055 \cdot K = 1\ 000\ 000\ €$
$K = 1\ 000\ 000\ € : 1,055 = 947\ 867,30\ €$

Antwort: Auf dem Konto wurden vor einem Jahr 947 867,30 € angelegt.

Kapitel 3

Verständnis

- Lohnt es sich, einen großen Geldbetrag für kurze Zeit auf einem Girokonto anzulegen? Begründe.
- Ein Zinssatz von 100 % verdoppelt das Kapital nach einem Jahr. Stimmt das?

Aufgaben

1. Berechne die fehlenden Werte in der Tabelle. Die Zinsen sind Jahreszinsen.

	a)	b)	c)	d)	e)	f)	g)
K	2445 €	6250 €		5000 €	7434 €	26 540 €	
p %	5 %		4,5 %	3 %			11 %
Z		125 €	162 €		55,76 €	2388,60 €	9964,68 €

	h)	i)	j)	k)	l)	m)	n)
K		1 000 550 €		90 588 €	500 €	8800 €	17 500 €
p %	3,2 %		1,7 %	5 %			5 %
Z	2089,60 €	45 024,75 €	451,18 €		35 €	9680 €	

2. Mathias spart Geld, um sich ein Notebook für 780 € kaufen zu können. Er bringt 700 € zur Bank, die ihm 4,5 % p. a. Zinsen bezahlt. Kann sich Mathias das Notebook nach einem Jahr kaufen?

3. Für einen Kredit in Höhe von 180 000 € muss ein Hausbesitzer im ersten Jahr 11 700 € Zinsen zahlen. Wie hoch ist der Zinssatz?

4. Familie Storck will ein Haus für 275 000 € kaufen. Sie erhält ein Angebot einer Bank über einen Kredit mit der Verzinsung von 8 % p. a. Wie viel Eigenkapital ist nötig, wenn die Zinsbelastung im Jahr nicht höher als 9600 € sein darf?

5. Herr Merk kauft ein Motorrad. 5000 € der Kaufsumme in Höhe von 8820 € zahlt er sofort. Den Rest zahlt er mit einem Kontoüberziehungskredit, für den ihm die Bank 14,3 % p. a. Zinsen berechnet. Wie viel kostet ihn das Motorrad tatsächlich, wenn er den Kredit nach einem Jahr zurückzahlt?

6. Welches Kapital hast du vor einem Jahr auf der Bank angelegt, wenn du bei einem Zinssatz von 2 % nun 1020 € auf dem Konto hast? Überlege und begründe.

7. Peter ist überrascht. Die Summe auf seinem Sparkonto ist im vergangenen Jahr um 5 % gestiegen. Nun hat er 1575 € auf dem Konto. Berechne die Höhe des Kapitals, das er vor einem Jahr eingezahlt hat.

8. Herr Sparfuchs hat auf seinem Konto 50 000 € angespart. Die Bank zahlte ihm im vergangenen Jahr 3,8 % Zinsen. Wie hoch war das Kapital, das Herr Sparfuchs vor einem Jahr eingezahlt hat?

9. Frank und Lisa legen jeweils 1000 € zu einem Zinssatz von 6 % auf einer Bank an. Beide belassen das Kapital zwei Jahre auf der Bank. Frank lässt sich jedoch die Zinsen nach einem Jahr auszahlen, während Lisa im zweiten Jahr Zinsen auch für den Zinswert des ersten Jahres erhält.
   a) Berechne den Unterschied der Erträge am Ende des zweiten Jahres.
   b) Was passiert, wenn Frank und Lisa ihr Geld mehrere Jahre in der beschriebenen Weise anlegen? Begründe.

Legt man sein Geld auf der Bank an, erhält man Zinsen. Leiht man sich mit einem Kredit Geld aus, muss man Zinsen zahlen.

Banken arbeiten manchmal mit folgenden Rundungsregeln:
- *Erhält die Bank einen Betrag, wird er auf ganze Cent aufgerundet.*
- *Zahlt die Bank einen Betrag aus, wird er auf ganze Cent abgerundet.*

3.9 Vermischte Aufgaben

1 <, > oder =? Vergleiche die Anteile miteinander.

a) 0,12 > 1,2 %
$\frac{19}{100}$ > 0,19
0,04 < 14 %

b) 0,24 < $\frac{1}{4}$
100 % > 0,1
$\frac{1}{5}$ > 20 %

c) $\frac{7}{20}$ > 24 %
0,30 < $\frac{1}{3}$
0,041 < 41 %

d) 1 < $\frac{0}{100}$
450 % = 4,5
2,5 % = $\frac{25}{10}$

2

	Länge	Breite	Umfang	Flächeninhalt	gefärbter Anteil
1	6 cm		18 cm		65 %
2	10 cm			30 cm²	40 %
3	3 cm	4,5 cm			10 %
4			16 cm	16 cm²	80 %

a) Übertrage die Tabelle ins Heft und ergänze die fehlenden Rechteckswerte.
b) Zeichne das Rechteck und färbe den angegebenen Prozentsatz ein.

500 € ≙ 100 %
5 € ≙ 1 %
120 € ≙ 24 %

3 a) Susanne hat 500 € auf ihrem Konto gespart. Davon hebt sie 120 € ab.
 ① Erkläre die Veranschaulichung im Hunderterfeld.
 ② Lies am Hunderterfeld ab, wie viel Prozent von 500 € ein Betrag von 160 € (245 €, 320 €, 465 €, 495 €) ist.

b) Stelle jeweils an einem Hunderterfeld dar:
 ① 36 € (270 €) von 300 €
 ② 32 % (56 %) von 300 €
 ③ 490 € (546 €) von 700 €
 ④ 66 % (23 %) von 700 €
 ⑤ 248 € (128 €) von 400 €
 ⑥ 77 % (42 %) von 400 €

Runde geeignet.

4 Berechne jeweils die fehlende Angabe.

	a)	b)	c)	d)	e)	f)	g)
G	438 m		1413 €	51,00 t		91,00 a	
P		357 m²		43,17 t	588,80 a	89,12 a	464,81 l
p %	68 %	85 %	98 %		115 %		53 %

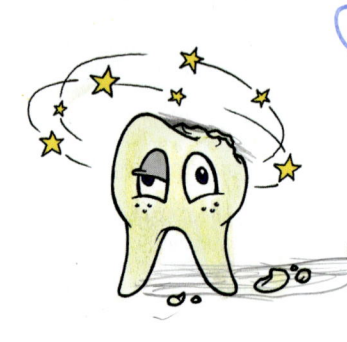

5 Zahnvorsorge ist wichtig. Vergleiche die Ergebnisse einer Zahnuntersuchung an verschiedenen Schularten. Welche Schüler putzen am fleißigsten?

Schulart	Grundschule	Regelschule	Gymnasium	Berufsschule
untersuchte Schüler	1143	525	948	312
mit Zahnmängeln	298	112	200	56

26 %   21 %   21 %   18 %

6 Frau Hagermann hat 2200 € Ausgaben im Monat. Das Kreisdiagramm zeigt die Verteilung dieses Geldes auf verschiedene Bereiche.

a) Miss die zugehörigen Kreiswinkel so genau wie möglich und bestimme die zugehörigen prozentualen Anteile.

b) Wie viel € ihrer Ausgaben gibt Frau Hagermann etwa pro Monat für die einzelnen Bereiche aus?

Wähle Zahlenbeispiele, wenn es nötig ist.

7 a) Wie ändert sich der Prozentwert, wenn der Grundwert sich verdoppelt (verdreifacht, halbiert, drittelt) und der Prozentsatz gleich bleibt?

b) Wie ändert sich der Prozentwert, wenn der Prozentsatz sich verdoppelt (verdreifacht, halbiert, drittelt) und der Grundwert jeweils gleich bleibt?

Kapitel 3

8 Luisa wirft einen Würfel 200-mal und notiert die gefallene Augenzahl.

Augenzahl	1	2	3	4	5	6
Häufigkeit	32	46	38	35	15	34

a) Stelle die Ergebnisse in Prozent dar. Ordne zuvor die Begriffe Grundwert, Prozentwert und Prozentsatz zu.
b) Stelle das Ergebnis durch ein geeignetes Diagramm dar.

9 Das Etikett zeigt die Mengenangaben in einer Dose „Erbsen und Möhren".
a) Stelle die prozentualen Anteile der Zutaten in einem Kreisdiagramm dar.
b) Ermittle das jeweilige Gewicht der Zutaten, wenn die Dose 320 g wiegt.
c) Als Abtropfgewicht bezeichnet man die Zutaten ohne Wasser. Bestimme das Abtropfgewicht.

> 100 g enthalten:
> Erbsen: 25 g
> Möhren: 44 g
> Wasser: 21 g
> Gewürze: 10 g

10 Anita und Marie arbeiten in der gleichen Firma. Anita verdient 1250 €, während Marie 2000 € bekommt. Die Gewerkschaft hat für die Angestellten eine einmalige Zahlung von jeweils 250 € ausgehandelt. Vergleiche die Zahlung in Bezug auf das Gehalt der beiden miteinander.

11 Karl hat vor einem Jahr 350 € auf ein Konto eingezahlt. Die Bank hat das Guthaben mit 5,3 % verzinst. Wie viel Geld hat er nach einem Jahr auf seinem Konto?

12 In einem Wohnhaus mit fünf Wohneinheiten werden zwei Wohnungen für 270 €, zwei weitere für 340 € und die größte Wohnung für 490 € vermietet. Nach Renovierungs- und Modernisierungsarbeiten wird die Miete um 15 % erhöht.
a) Um welchen Betrag steigen die Mieten jeweils an? Wie hoch sind die zusätzlichen Einnahmen für den Vermieter insgesamt?
b) Wie hoch sind die neuen Mieten? Welche Gesamtmiete erhält der Vermieter?
c) Der Mieter aus der großen Wohnung kündigt sein Mietverhältnis. Welchen prozentualen Ausfall hat der Vermieter vor (nach) der Mieterhöhung?

13 Das Wohl seiner Mannschaften steht bei Trainer Jürgen im Vordergrund. Welches Angebot ist günstiger? Begründe.

> **Trikotsatz Raul**
> – 15 Trikots + Hosen + Stutzen
> – Beflockung der Trikots
> – 3 % Skonto bei Barzahlung
> **jetzt 749 € (inkl. MwSt.)**

> **Koppa Trikots**
> – 15 Trikots + Hosen
> – Beflockung
> – bei Barzahlung gibt's Stutzen gratis
> **für sagenhafte 649 € (zuzüglich 19 % MwSt.)**

14 Ein Lehrling erhält die Lohnabrechnung.
a) Wie hoch ist sein Bruttolohn (Nettolohn)?
b) Wie viel Prozent vom Bruttolohn ist der Nettolohn?
c) Wie viel Prozent beträgt die Krankenversicherung (Renten-, Arbeitslosen-, Pflegeversicherung) von seinem Bruttolohn?
d) Wie viel Prozent betragen die Abzüge insgesamt?

Bezeichnung	Berechnungsbasis	Betrag
AZUBI-Gehalt		1073,00
Vermögensbildung: Arbeitgeberanteil		26,00
Bruttolohn		1099,00
Krankenversicherung	1099,00	– 74,18
Rentenversicherung	1099,00	– 105,50
Arbeitslosenversicherung	1099,00	– 35,72
Pflegeversicherung	1099,00	– 9,34
Nettolohn		874,26
Vermögensbildung: Arbeitnehmeranteil		– 78,00
Auszug / Bank		796,26

3.10 Themenseite: Rund um den Straßenverkehr

Reifen-ABC
Jeder Autoreifen wird durch eine Zeichenfolge beschrieben. Du findest die Angaben jeweils an der Außenseite. Sie lassen sich wie folgt entschlüsseln:

1. Reifenbreite in mm
2. Höhe des Reifens in Prozent der Reifenbreite
   Hier: 70 % von 175 mm sind 122,5 mm Höhe.
3. Bauart des Reifens (R: radial „kreisförmig")
4. Durchmesser der Felge in Zoll (1 Zoll ≈ 2,5 cm)
5. Wert für die maximale Belastbarkeit des Reifens (Diese Angabe kann auch manchmal entfallen.)
6. Geschwindigkeit, die der Reifen maximal fahren darf (T: 190 km/h, H: 210 km/h, V: 240 km/h)

Die folgenden Reifentypen sind gängig:
A: 175/65 R 14 T   B: 185/60 R 14 T
C: 195/65 R 15 T   D: 205/55 R 16 H
E: 215/65 R 15 H   F: 225/45 R 17 H

a) Bestimme jeweils die Reifenhöhe.
b) Bestimme den Durchmesser der Felge.
c) Warum ist in der Realität der Durchmesser eines Rades kleiner als die Summe aus Felgendurchmesser und doppelter Reifenhöhe?
d) Welche Reifenangaben findest du in deiner Umgebung?
   1. Überprüfe an mehreren Autos in deiner Umgebung die Autoreifen.
   2. Fasst eure Ergebnisse in der Klasse zusammen: Welche Reifengröße kommt am häufigsten vor?

Augen auf im Straßenverkehr
Die Statistik zeigt die Anzahl von Schülerunfällen nach Verkehrsmitteln gegliedert auf dem Schulweg in Deutschland im Jahr 2010.

a) Bestimme für jedes Verkehrsmittel die prozentualen Anteile. Runde geeignet.
b) Erstelle ein übersichtliches Diagramm zu dem Sachverhalt, indem du Bereiche zusammenlegst. Begründe diese Zusammenlegung.

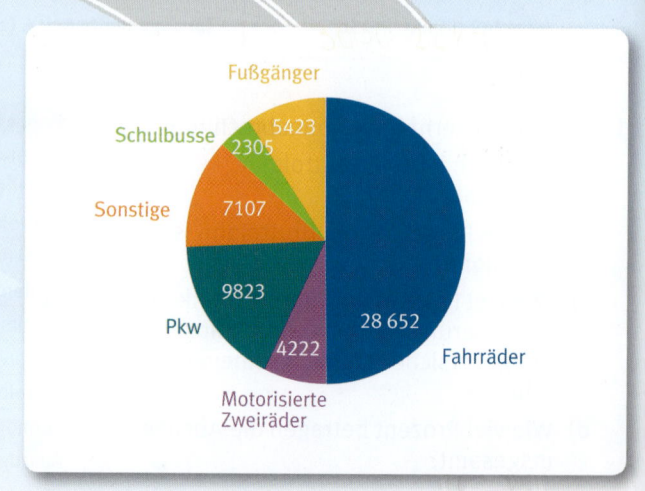

Fußgänger 5423
Schulbusse 2305
Sonstige 7107
Pkw 9823
Motorisierte Zweiräder 4222
Fahrräder 28 652

Immer schneller
Womit ist man in der Stadt am schnellsten? Mit dem Auto, Bus oder Fahrrad? Die Tabelle stellt die Fahrtzeit durch eine deutsche Stadt auf vier Strecken gegenüber.
Vergleiche die Verkehrsmittel miteinander. Auf welchen Strecken lagen die jeweiligen Stärken? Präsentiere deine Ergebnisse in der Klasse.

Strecke	Auto	Bus	Fahrrad
Stadtpark – Dammtor (4 km)	15 min	21 min	18 min
Dammtor – Rathaus (10 km)	33 min	38 min	31 min
Rathaus – Stadtbrücke (14 km)	45 min	46 min	47 min
Stadtbrücke – Stadtpark (13 km)	30 min	43 min	34 min

THEMENSEITE

KAPITEL 3

Auf und ab

Steile Anstiege werden auf Verkehrsschildern immer prozentual angegeben. Dargestellt ist der Höhenunterschied zwischen zwei Orten, die horizontal („in der Ebene" wie auf einer Landkarte) 100 m voneinander entfernt sind.

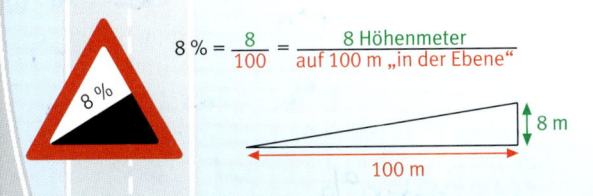

$$8\% = \frac{8}{100} = \frac{8 \text{ Höhenmeter}}{\text{auf 100 m „in der Ebene"}}$$

Allgemein gilt also: Möchte man eine bestimmte Strecke horizontal („in der Ebene") laufen, dann gibt der Prozentsatz p % an, um welchen Anteil dieser Strecke man auch in die Höhe gehen muss.

a) Berechne die Höhenunterschiede für die angegebenen Steigungen, wenn man einer Landkarte eine (horizontale) Strecke von 200 m (1 km, 1800 m) entnimmt.

1 12 %   **2** 18 %   **3** 20 %

b) Wie lang ist eine Straße mit der Steigung p % mindestens?

  1 Konstruiere das rechtwinklige Dreieck („Steigungsdreieck") aus der Zeichnung oben im Verhältnis 1 : 1000 und bestimme so die ungefähre Streckenlänge zeichnerisch. Verfahre ebenso mit den Verkehrsschildern aus a).

  2 Bestimme an den Dreiecken jeweils den „Steigungswinkel" zwischen Straße und horizontaler Strecke. Übertrage dazu die Tabelle in dein Heft und vervollständige sie.

Steigung	8 %	12 %	18 %	20 %
Winkel				

  3 Zeichne den Graphen zu der Zuordnung aus **2**. Beschreibe den Verlauf des Graphen. Lies mindestens vier weitere Wertepaare ab.

Auf und ab – auf der Insel anders

In Großbritannien werden die Steigungen als Verhältnis angegeben: Wie verhalten sich die Höhenmeter zur horizontalen Strecke?

1 1 : 4   **2** 1 : 5   **3** 1 : 6

a) Beschreibe jeweils anschaulich, was das angegebene Verhältnis bedeutet.

b) Rechne die Verhältnisse auf den Schildern wie in Deutschland um.

c) Rechne die %-Angaben von den Schildern nebenan in Verhältnisse um.

Flach bergauf

Rampen für Rollstuhlfahrer dürfen nach der deutschen Bauverordnung nicht steiler als 6 % sein. Andernfalls müssen Warnschilder angebracht werden.

1 13 %   **2** 17 %

a) Bestimme zeichnerisch den Höhenunterschied einer 50 m (30 m) langen Rampe mit den gegebenen Steigungen.

b) Bestimme ungefähr die Steigung der Rampe auf dem Foto. Entnimm dem Foto die notwendigen Angaben.

3.11 Das kann ich!

Überprüfe deine Fähigkeiten und Kenntnisse. Bearbeite dazu die folgenden Aufgaben und bewerte anschließend deine Lösungen mit einem Smiley.

☺	😐	☹
Das kann ich!	Das kann ich fast!	Das kann ich noch nicht!

Hinweise zum Nacharbeiten findest du auf der folgenden Seite. Die Lösungen stehen im Anhang.

Aufgaben zur Einzelarbeit

1 Wandle in einen Dezimalbruch und einen Bruch um. Kürze so weit wie möglich.
   a) 25 %; 20 %; 65 %; 80 %; 95 %; 100 %; 140 %
   b) 6 %; 17 %; 29 %; 33 %; 57 %; 72 %; 105 %
   c) 0,5 %; 1,25 %; 4,5 %; 22,5 %; 66,8 %; 77,2 %

2 Wandle in einen Dezimalbruch und in Prozent um. Runde gegebenenfalls geeignet.
   a) $\frac{27}{100}$; $\frac{3}{50}$; $\frac{37}{50}$; $\frac{6}{25}$; $\frac{17}{25}$; $\frac{3}{20}$; $\frac{7}{20}$
   b) $\frac{7}{10}$; $\frac{4}{5}$; $\frac{3}{4}$; $\frac{9}{10}$; $\frac{6}{5}$; $2\frac{1}{2}$; $3\frac{2}{5}$
   c) $\frac{32}{40}$; $\frac{34}{60}$; $\frac{17}{45}$; $\frac{7}{9}$; $\frac{1}{11}$; $\frac{5}{12}$; $\frac{5}{6}$

3 Vergleiche die gefärbten Anteile miteinander. Verwende verschiedene Schreibweisen.
   a)   b)

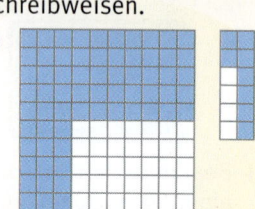

4 Sabine bekommt 20 € Taschengeld, davon spart sie 8 €, Simon spart von 25 € jeweils 10 € und Jakob von 21 € Taschengeld 9 €. Wer spart am meisten?

5 Stelle die Anteile in einem Kreisdiagramm dar.
   a) 10 %; 15 %; 20 %; 25 %; 30 %
   b) 8 %; 12 %; 18 %; 24 %; 38 %

6 Die Buchstaben A, E, I, O, U („Vokale") kommen in deutschen Wörtern in verschiedener Häufigkeit vor. Stelle den Sachverhalt in einem Streifendiagramm (Hunderterfeld) dar.

Vokal	A	E	I	O	U
Häufigkeit	17 %	45 %	20 %	7 %	11 %

7 Ordne die Begriffe Grundwert G, Prozentwert P und Prozentsatz p % jeweils zu. Welche Angaben sind gegeben, welche ist gesucht?
   a) Unter 32 Kindern sind 12 Mädchen.
   b) Luisas Taschengeld von 20 € wird an ihrem 12. Geburtstag um 10 % erhöht.
   c) Der Preis einer Spülmaschine wird um 240 € reduziert. Das sind 16 % des ursprünglichen Kaufpreises.
   d) Bei einer Wahl hat Markus 15 von 20 Stimmen bekommen.

8 Berechne den Prozentsatz im Kopf.
   a) 78 von 100 Frauen   b) 144 von 400 Fahrrädern
   c) 160 € von 800 €   d) 76 von 200 Paprika
   e) 40 m von 160 m   f) 232 kg von 400 kg

9 Bestimme den Prozentsatz.
   a) 15 min (12 min) von 60 min
   b) 36 € (120 €) von 50 €
   c) 19,6 kg (46,2 kg) von 56 kg
   d) 98,56 € (55,44 €) von 123,20 €

10 Von 1179 Schülerinnen und Schülern der Tassilo-Realschule sind 234 in der 7. Jahrgangsstufe. Wie viel Prozent sind das ungefähr?

11 Bestimme den Prozentwert.
   a) 30 % (45 %) von 120 kg
   b) 6 % (28 %) von 125 m
   c) 57 % (112 %) von 89 €
   d) 1,2 % (7,5 %) von 95 m

12 Jeder Einwohner in Deutschland hat 2011 etwa 516 kg Hausmüll verursacht. Davon werden etwa 68 % wiederverwertet.
   a) Wie viel kg Müll werden wiederverwertet?
   b) Wie viel kg nicht verwertbaren Mülls fallen pro Jahr und Einwohner an?

13 Bestimme den Grundwert. Runde geeignet.
   a) 40 % (55 %) sind 230 l.
   b) 44 % (8 %) sind 625 €.
   c) 78 % (3 %) von 217,23 dm
   d) 4,5 % (66 %) von 12,7 g

14 Eine Geldanlage hat nach einem Jahr ihren Wert um 3000 € gesteigert. Die Bank hat 5,5 % Zinsen gezahlt. Berechne das eingezahlte Kapital.

15 Ein Bausparvertrag kann erst verwendet werden, wenn 40 % der vereinbarten Summe angespart wurde. Wie hoch ist diese Summe, wenn der Vertrag ab 12 600 € (36 500 €, 58 000 €) genutzt werden kann? 5040 € 14600€ 23200€

16 Nach dem Gesetzbuch erhält man als Finderlohn bei einem Wert „bis zu 500 € fünf von Hundert". Jemand hat eine Geldbörse mit 420 € gefunden und bekommt 18,90 € Finderlohn. Entspricht das dem Gesetz? 4,5 % / 21 € eigentlich

17 Ein Autohaus gewährt Journalisten einen Rabatt von 16 % beim Kauf eines Autos. Wie hoch sind der Rabatt (Kaufpreis), wenn das Auto ursprünglich 16 750 € kosten soll? 2680 €

18 Eine Tankstelle gewährt den Mitgliedern eines Autoclubs 2 ct Rabatt pro getanktem Liter. Wie viel Prozent entspricht das etwa bei den angezeigten Preisen?

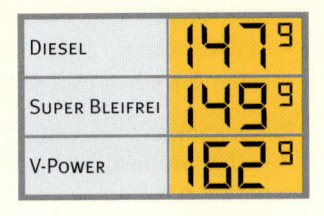

DIESEL 147,9
SUPER BLEIFREI 149,9
V-POWER 162,9

19 In Untersuchungen wurde festgestellt, dass Autofahrer bereits bei einem Alkoholgehalt im Blut von 0,3 ‰ unsicherer fahren. Welcher Menge Alkohol im Blut entspricht das bei einem Menschen mit 5 l Blut?

Aufgaben für Lernpartner

Arbeitsschritte

1. Bearbeite die folgenden Aufgaben alleine.
2. Suche dir einen Partner und erkläre ihm deine Lösungen. Höre aufmerksam und gewissenhaft zu, wenn dein Partner dir seine Lösungen erklärt.
3. Korrigiere gegebenenfalls deine Antworten und benutze dazu eine andere Farbe.

Sind folgende Behauptungen **richtig** oder **falsch**? Begründe schriftlich.

20 Anteile lassen sich auf verschiedene Arten schreiben.

21 Prozente kann man zwar immer in Brüche umwandeln, umgekehrt klappt es aber nicht immer.

22 Anteile in Prozent sind oft größer als Anteile, die man als Dezimalbruch schreibt.

23 Es ist vollkommen egal, ob man einen absoluten Vergleich oder einen relativen Vergleich macht. Das Ergebnis ist stets dasselbe.

24 In einem Kreisdiagramm entsprich 1 % stets 3,6°.

25 Zinsen und Zinssatz sind zwei Namen für das Gleiche.

26 Der Grundwert ist immer der größte Zahlenwert bei den Angaben.

27 Ein Prozentwert von 100 % ist dasselbe wie der Grundwert.

28 Der Prozentsatz entspricht dem Anteil, den der Prozentwert vom Grundwert hat.

29 Bei der Prozentrechnung liegen den Rechnungen proportionale Zuordnungen zugrunde.

30 Rabatte sind Preisaufschläge auf den Rechnungsbetrag.

31 Die Mehrwertsteuer entspricht einem Rabatt auf einen Preis.

32 Beim Einkauf gilt: Brutto – Tara = Netto.

33 Promille ist eine andere Schreibweise für $\frac{1}{1000}$.

34 Die Zinsen kann man bestimmen, indem man den Anteil p % vom Kapital K berechnet.

Aufgabe	Ich kann ...	Hilfe
1, 2, 21, 22	Anteile in Prozente, Dezimalbrüche und Brüche umrechnen.	S. 64
3, 4, 20, 23	Anteile bestimmen und miteinander vergleichen.	S. 64
5, 6, 24	Prozentangaben auf verschiedene Arten darstellen.	S. 68
7, 26	die Grundbegriffe der Prozentrechnung zuordnen.	S. 70
8, 9, 10, 28	Prozentsätze bestimmen.	S. 72
11, 12	Prozentwerte bestimmen.	S. 74
13, 27	Grundwerte bestimmen.	S. 76
15, 16, 29	die gesuchten Größen in der Prozentrechnung in Sachaufgaben bestimmen.	S. 78
17, 18, 19, 30, 31, 32, 33	Prozentangaben im Alltag erkennen und die gesuchten Größen bestimmen.	S. 78
14, 25, 34	Kapital und Zinsen berechnen.	S. 80

3.12 Auf einen Blick

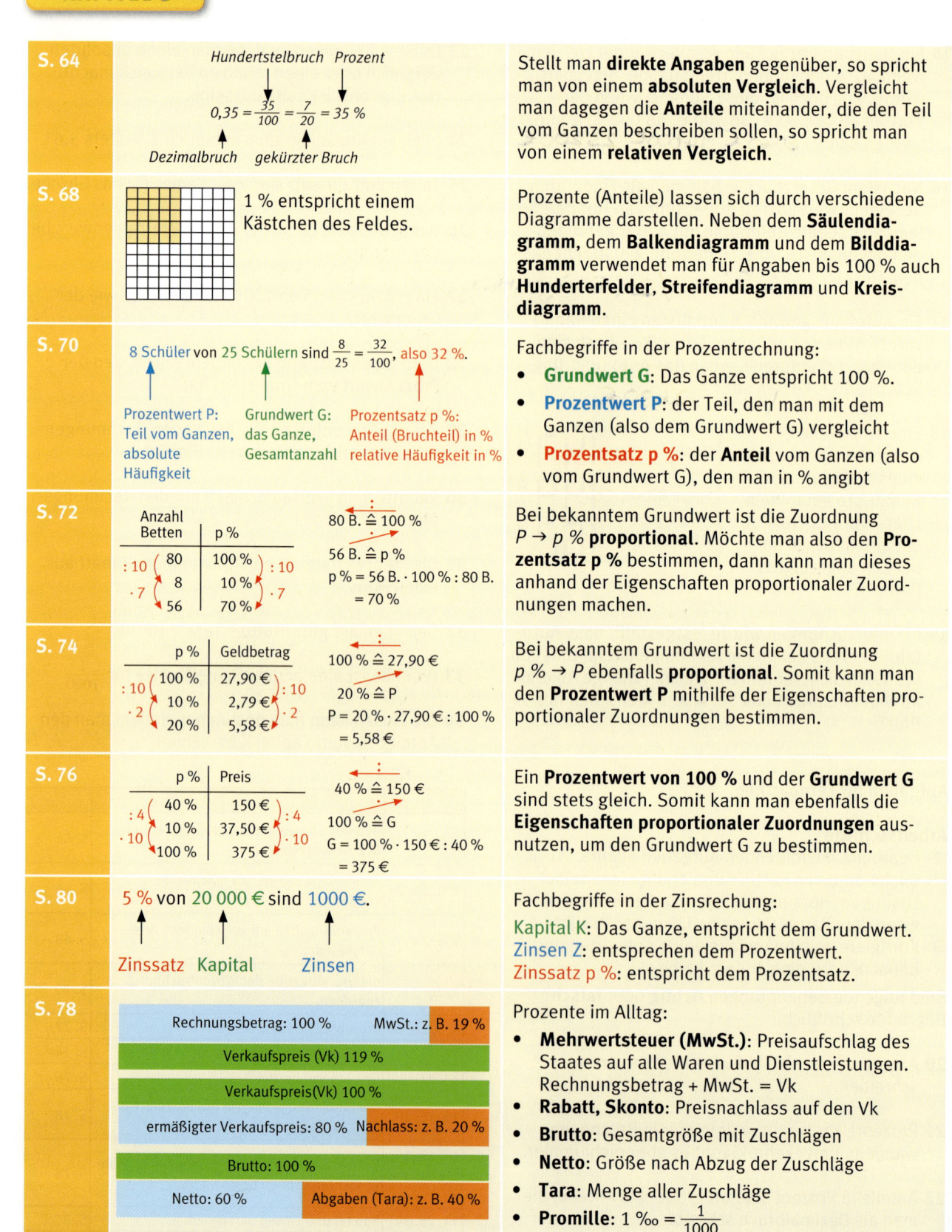

S. 64	*Hundertstelbruch* *Prozent* $0{,}35 = \dfrac{35}{100} = \dfrac{7}{20} = 35\,\%$ *Dezimalbruch* *gekürzter Bruch*	Stellt man **direkte Angaben** gegenüber, so spricht man von einem **absoluten Vergleich**. Vergleicht man dagegen die **Anteile** miteinander, die den Teil vom Ganzen beschreiben sollen, so spricht man von einem **relativen Vergleich**.
S. 68	1 % entspricht einem Kästchen des Feldes.	Prozente (Anteile) lassen sich durch verschiedene Diagramme darstellen. Neben dem **Säulendiagramm**, dem **Balkendiagramm** und dem **Bilddiagramm** verwendet man für Angaben bis 100 % auch **Hunderterfelder**, **Streifendiagramm** und **Kreisdiagramm**.
S. 70	8 Schüler von 25 Schülern sind $\dfrac{8}{25} = \dfrac{32}{100}$, also 32 %. **Prozentwert P:** Teil vom Ganzen, absolute Häufigkeit **Grundwert G:** das Ganze, Gesamtanzahl **Prozentsatz p %:** Anteil (Bruchteil) in % relative Häufigkeit in %	Fachbegriffe in der Prozentrechnung: • **Grundwert G**: Das Ganze entspricht 100 %. • **Prozentwert P**: der Teil, den man mit dem Ganzen (also dem Grundwert G) vergleicht • **Prozentsatz p %**: der **Anteil** vom Ganzen (also vom Grundwert G), den man in % angibt
S. 72	Anzahl Betten | p % 80 | 100 % 8 | 10 % 56 | 70 % (:10, ·7)	80 B. ≙ 100 % 56 B. ≙ p % p % = 56 B. · 100 % : 80 B. = 70 %	Bei bekanntem Grundwert ist die Zuordnung $P \to p\,\%$ **proportional**. Möchte man also den **Prozentsatz p %** bestimmen, dann kann man dieses anhand der Eigenschaften proportionaler Zuordnungen machen.
S. 74	p % | Geldbetrag 100 % | 27,90 € 10 % | 2,79 € 20 % | 5,58 € (:10, ·2)	100 % ≙ 27,90 € 20 % ≙ P P = 20 % · 27,90 € : 100 % = 5,58 €	Bei bekanntem Grundwert ist die Zuordnung $p\,\% \to P$ ebenfalls **proportional**. Somit kann man den **Prozentwert P** mithilfe der Eigenschaften proportionaler Zuordnungen bestimmen.
S. 76	p % | Preis 40 % | 150 € 10 % | 37,50 € 100 % | 375 € (:4, ·10)	40 % ≙ 150 € 100 % ≙ G G = 100 % · 150 € : 40 % = 375 €	Ein **Prozentwert von 100 %** und der **Grundwert G** sind stets gleich. Somit kann man ebenfalls die **Eigenschaften proportionaler Zuordnungen** ausnutzen, um den Grundwert G zu bestimmen.
S. 80	5 % von 20 000 € sind 1000 €. Zinssatz Kapital Zinsen	Fachbegriffe in der Zinsrechnung: Kapital K: Das Ganze, entspricht dem Grundwert. Zinsen Z: entsprechen dem Prozentwert. Zinssatz p %: entspricht dem Prozentsatz.
S. 78	Rechnungsbetrag: 100 % MwSt.: z. B. 19 % Verkaufspreis (Vk) 119 % Verkaufspreis (Vk) 100 % ermäßigter Verkaufspreis: 80 % Nachlass: z. B. 20 % Brutto: 100 % Netto: 60 % Abgaben (Tara): z. B. 40 %	Prozente im Alltag: • **Mehrwertsteuer (MwSt.)**: Preisaufschlag des Staates auf alle Waren und Dienstleistungen. Rechnungsbetrag + MwSt. = Vk • **Rabatt, Skonto**: Preisnachlass auf den Vk • **Brutto**: Gesamtgröße mit Zuschlägen • **Netto**: Größe nach Abzug der Zuschläge • **Tara**: Menge aller Zuschläge • **Promille**: $1\,‰ = \dfrac{1}{1000}$

Kreuz und quer

Symmetrie

1 1 2 3 4 5 6

a) Finde zu den Fahnen die passenden Bundesländer.
b) Untersuche die Fahnen auf vorhandene Symmetrien und symmetrische Figuren.

2 Übertrage die Figuren in dein Heft und ergänze zu einer achsensymmetrischen Figur.
a)   b)   c)

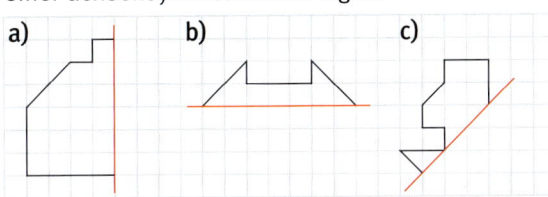

3 Übertrage die Figur in dein Heft und färbe sie so ein, dass sie achsensymmetrisch (punktsymmetrisch, drehsymmetrisch) ist. Findest du mehrere Möglichkeiten?
a)   b)   c)

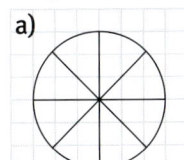

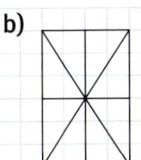

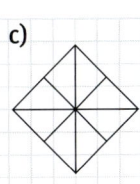

4 Ergänze zu einer punktsymmetrischen Figur.
a)   b)   c)

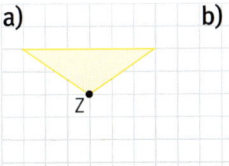

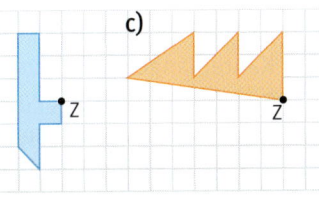

Negative Zahlen

5 Wie lauten die markierten Zahlen?
a)
b)

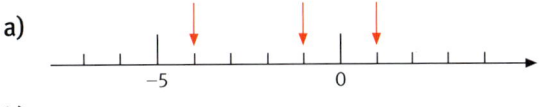

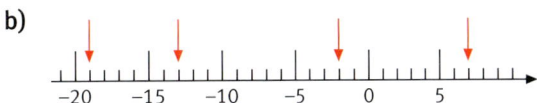

6 Zeichne eine Zahlengerade in dein Heft und markiere die Zahlen.
a) −4,5; +3,0; −1,5; −2,0; 5,5; −6,0; +4,5
b) −3,2; −2,8; −4,6; −3,0; −1,6; −4,2; −1,4
c) −25; −150; 0; −250; +125; −200; 275

7 Gib jeweils Gegenzahl und Betrag an.
a) −34   8   7,2   −4,1   −75,4   1
b) 0   −143   67,2 $-\frac{3}{5}$ 0,09 $\frac{1}{2}$

8 Bilde negative dreistellige Zahlen, in denen die Ziffern 5, 7 und 8 jeweils einmal vorkommen, und ordne sie der Größe nach.

9 Das Diagramm stellt die Temperatur an der Wetterstation am Frankfurter Flughafen jeden Morgen um 6.00 Uhr im Januar 2011 dar.

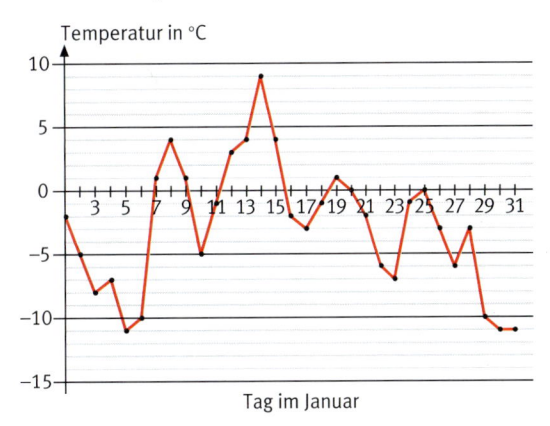

a) An welchen Tagen wurden die niedrigsten (höchsten) Temperaturen gemessen?
b) Während welcher Tage sind die Temperaturen gestiegen (gefallen)?
c) An welchen Tagen betrug die Temperatur um 6.00 Uhr −2 °C (−6 °C; +1 °C; +4 °C)?

Kreuz und quer

Diagramme

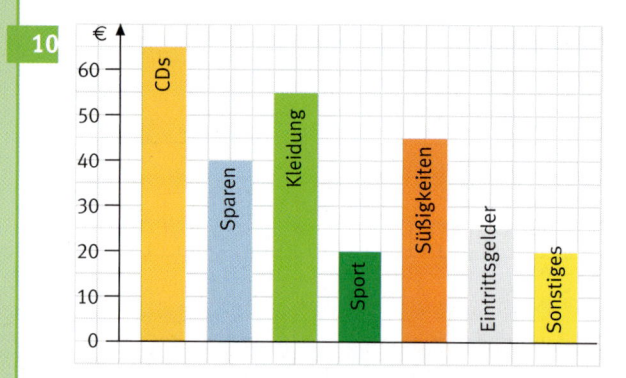

10

a) Lies ab, wie viel Taschengeld die Schüler der Klasse 7c durchschnittlich pro Jahr für die einzelnen Bereiche ausgeben.

b) Wie viel Taschengeld bekommt ein Schüler der Klasse 7c durchschnittlich im Monat?

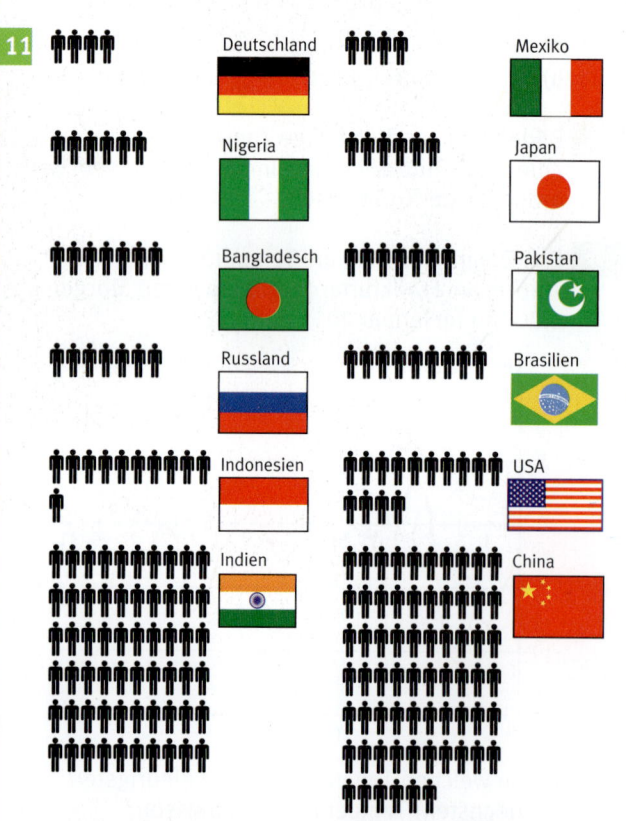

11

Deutschland, Nigeria, Bangladesch, Russland, Indonesien, Indien, Mexiko, Japan, Pakistan, Brasilien, USA, China

a) Deutschland hat rund 80 Millionen Einwohner. Bestimme die übrigen Einwohnerzahlen.

b) Gib für jedes Land den Bereich an, in dem die tatsächliche Einwohnerzahl liegt.

c) Erstelle ein Säulendiagramm.

Schrägbilder und Netze

12 Welche Farbe hat die Fläche, die beim Würfel der grauen (gelben) Fläche gegenüberliegt?

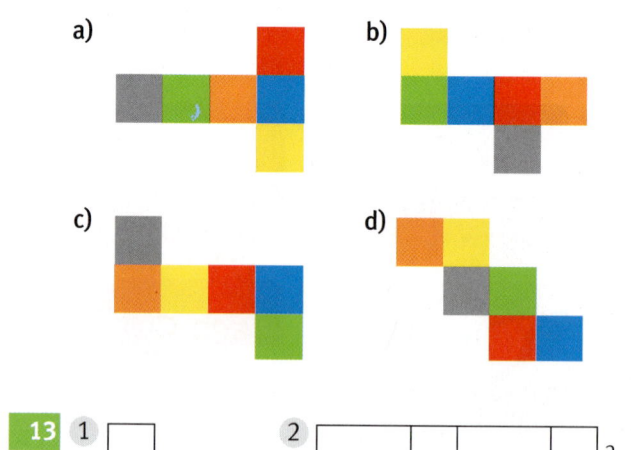

a) b) c) d)

13 1   2

Maße: 1,5; 3,5; 2

a) Übertrage in dein Heft und ergänze jeweils zu einem vollständigen Würfel- bzw. Quadernetz.

b) Bestimme das Volumen und die Oberfläche der Körper.

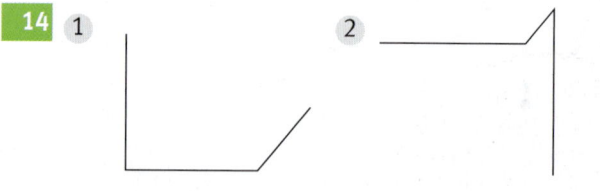

14 1   2

a) Übertrage in dein Heft und ergänze zum Schrägbild eines Quaders. Entnimm die notwendigen Angaben aus der Zeichnung.

b) Welche Maße (in cm) hat der Quader, wenn er im Maßstab 3 : 1 gezeichnet wurde? Nach hinten verlaufende Kanten wurden auf die Hälfte gekürzt.

15
a) Zeichne das Schrägbild eines Würfels mit einer Kantenlänge $s = 3{,}5$ cm.

b) Zeichne das Schrägbild einer Pyramide mit quadratischer Grundfläche ($a = 5$ cm) und der Höhe $h = 5$ cm. Beschreibe dein Vorgehen.

c) Zeichne zu a) und b) ein zugehöriges Netz.

4 Daten und Zufall

EINSTIEG

- Wie groß ist die Wahrscheinlichkeit, bei einem Spielwürfel eine 6 zu würfeln?
- Würfle hintereinander möglichst oft mit einem Würfel. Bestätigt sich deine Vermutung?
- Wie lassen sich die Ergebnisse des Würfelwurfs mithilfe von Kennzahlen beschreiben und darstellen?

Am Ende dieses Kapitels hast du gelernt, ...
- wie du Kennzahlen von Daten bestimmen kannst.
- wie du die Verteilung von Daten durch einen Boxplot darstellen kannst.
- auf welche Weise man aus den wiederholten Ergebnissen eines Zufallsversuchs eine Wahrscheinlichkeit schätzen kann.
- was eine Laplace-Wahrscheinlichkeit ist und wie man sie bestimmen kann.

4.1 Daten beschreiben

In einer Klasse vergleichen die Schüler die Anzahl der SMS miteinander, die im letzten Monat verschickt wurden.

- Erstelle eine Rangliste.
- Welches ist hierbei der größte und kleinste Wert? Wie groß ist die Differenz der beiden Werte?
- Beschreibe die Anzahl verschickter SMS mithilfe bekannter Mittelwerte.

Verschickte SMS			
23	45	8	77
65	34	12	51
34	21	101	12
17	49	31	27
121	14	22	76
21	63	11	65

MERKWISSEN

Du kennst bereits **Kennwerte**, um eine **Datenreihe** zu beschreiben.

- Um zu erfahren, wie weit die Daten **auseinanderliegen**, verwendet man den größten Wert der Datenreihe als Maximum und den **kleinsten Wert** als Minimum. Die **Differenz** dieser beiden Werte wird Spannweite genannt.
  Spannweite = Maximum − Minimum

- Durch die Angabe eines **Mittelwertes** versucht man, einen Wert zu bestimmen, der typisch ist für die Datenreihe. Man unterscheidet drei Mittelwerte:
  - Der Modalwert ist der Wert, der **am häufigsten** vorkommt.
  - Der Median ist der Wert, der genau in der **Mitte einer Rangliste** liegt.
  - Das arithmetische Mittel $\bar{x}$ **verteilt** die Summe aller Einzelwerte **gleichmäßig** auf alle Werte: $\bar{x} = \frac{\text{Summe aller Einzelwerte}}{\text{Anzahl der Einzelwerte}}$.

Beispiel: Schuhgrößen
Urliste: 38, 39, 37, 40, 42, 38, 40, 36, 39, 39, 38, 41, 38, 37
Rangliste: 36, 37, 37, 38, 38, 38, 38, 39, 39, 39, 40, 40, 41, 42

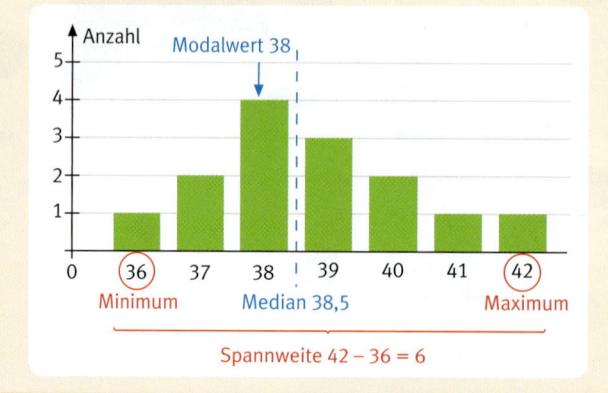

Modalwert 38
Minimum 36 — Median 38,5 — Maximum 42
Spannweite 42 − 36 = 6

arithmetisches Mittel:
$\bar{x} = \frac{36 + 37 + 37 + \ldots + 41 + 42}{14} \approx 38{,}7$

Im Durchschnitt hat jede Person eine Schuhgröße von fast 39.

Kommen mehrere Werte gleich häufig vor, dann gibt es auch mehrere Modalwerte.

Beim Median liegen in der geordneten Datenreihe genauso viele Werte rechts wie links. Gibt es zwei mittlere Werte, so wählt man als Median die Zahl in der Mitte zwischen diesen beiden Werten.

BEISPIELE

I Martin vergleicht die Preise pro Kugel Eis in Eisdielen in seiner Stadt.
50 ct   70 ct   45 ct   70 ct   60 ct   60 ct   50 ct   75 ct   70 ct   55 ct
Wie viel kostet eine Kugel mindestens (höchstens)? Wie groß ist der Preisunterschied? Beschreibe die Eispreise anhand der bekannten Mittelwerte.

Lösung:
niedrigster Preis (Minimum): 45 ct   höchster Preis (Maximum): 75 ct
größter Preisunterschied ist die Spannweite: 75 ct − 45 ct = 30 ct
Modalwert: 70 ct (häufigster Wert)   Median: 60 ct (Mitte einer Rangliste)
arithmetisches Mittel: $\bar{x} = \frac{45\,ct + 2 \cdot 50\,ct + 55\,ct + 2 \cdot 60\,ct + 3 \cdot 70\,ct + 75\,ct}{10} = 60{,}5\,ct$

Taucht ein Wert häufiger auf, kann man bei der Berechnung des arithmetischen Mittels beispielsweise statt 70 + 70 + 70 auch kurz 3 · 70 schreiben.

Kapitel 4

Verständnis

- Zeige an einem einfachen Zahlenbeispiel, dass Modalwert und Median (arithmetisches Mittel) auch gleich sein können.
- Der Median einer Datenreihe kann auch das Maximum sein. Überlege dir ein Beispiel hierfür.
- Der Median wird oft als Zentralwert bezeichnet. Finde eine Begründung.

Aufgaben

1
1. 15 20 15 30 25 15 30 25 10 15
2. −5 −3 −2 0 0 0 2 4 4
3. −100 000 200 000 100 000 −100 000 400 000
4. 2,5 12,6 28,3 14,1 27,9 1,0 14,8 19,3
5. 0,6 0,8 0,2 0,5 0,7 1,2

   a) Gib jeweils Minimum, Maximum sowie die Spannweite der Datenreihe an.
   b) Bestimme die drei Mittelwerte von jeder Datenreihe.

2 Ergänze jeweils eine weitere Zahl so, dass …
   a) der Median 100 ist. ① 50, 99, 100, 101 ② 50, 99, 101, 102
   b) die Spannweite 13 ist. ① 10 000, 9991, 10 001 ② 27, 28, 40, 32
   c) der Modalwert 21 ist. ① 99, 21, 13 000, 11 ② 22, 23, 23, 21
   d) das arithmetische Mittel 25 ist. ① 3, 19, 30, 44 ② 17, 22, 23
   e) das arithmetische Mittel gleich dem Median ist. 14, 25, 30, 37

3 Beim Eiskunstlaufen wird der Sprung von einer Jury aus neun Wettkampfrichtern beurteilt. Jeder vergibt pro Sprung 0 (nicht gelaufen) bis 6 Punkte (perfekt gelaufen). Eine Eisläuferin erhält folgende Wertung:

5,4   5,1   5,8   5,3   5,6   5,4   5,4   5,2   5,5

   a) Ordne die Wertungen in einer Rangliste.
   b) Bestimme Minimum, Maximum und die Spannweite der Wertung.
   c) Bestimme Modalwert, Median und arithmetisches Mittel der Wertung.
   d) Bei Wettkämpfen werden jeweils die beiden höchsten und niedrigsten Wertungen gestrichen. Bestimme die Kennwerte nach dieser Streichung und vergleiche mit den ursprünglichen Werten.
   e) Finde Gründe, warum es zu der Streichung der Werte in Aufgabe d) kommt.

4 Ändere zwei der Größen 2 €, 3 €, 5 €, 5 €, 7 €, 3 €, 5 € und 2 € so ab, dass …
   a) der Modalwert sich nicht verändert.
   b) das arithmetische Mittel gleich bleibt.
   c) der Median sich ändert, aber der Modalwert gleich bleibt.
   d) das arithmetisches Mittel sich ändert, aber der Modalwert gleich bleibt.

5 a) Wähle aus den Zahlen 1, 2, 3, 4, 5, 6, 7, 8 fünf Zahlen so aus, dass der Median 4 ist. Wie groß ist das arithmetische Mittel dieser fünf Zahlen höchstens (mindestens)?
   b) Warum ist es nicht sinnvoll, hier den Modalwert anzugeben?

4.2 Boxplot

Ein Trainer braucht für das nächste Spiel noch einen Stürmer. Zur Auswahl hat er Hassan und Moritz. Der Trainer hat sich aus den letzten Spielen die Tore der beiden notiert.

- Erstelle für jeden der beiden Stürmer ein eigenes Säulendiagramm. Was fällt dir auf?
- Bestimme für beide Spieler arithmetisches Mittel und Modalwert. Zeichne beide Werte ins Diagramm ein.
- Zu welchem Stürmer würdest du dem Trainer raten? Argumentiere mithilfe statistischer Kennwerte.

Spiel	Hassan	Moritz
1	3	2
2	4	1
3	4	1
4	2	5
5	3	3
6	3	7

MERKWISSEN

Man kann mithilfe der bekannten **Kennwerte** Daten **veranschaulichen**. Dazu markiert man neben einem Zahlenstrahl das **Minimum**, das **Maximum** sowie den **Median**. Da der Median die Daten in zwei gleich große Teile teilt, kann man von **jeder Hälfte** wiederum den **Median** bestimmen, und hat dadurch die Datenreihe in **vier gleich große Teile** geteilt. Einen solchen Wert bezeichnet man als Quartil („Viertelwert"). Da man die mittlere Hälfte der Daten als Box markiert, heißt diese Darstellung **Boxplot**.

Beispiel:

- Maximum
- oberes Quartil (Dreiviertelwert): Drei Viertel aller Werte sind kleiner (oder gleich).
- Median: Die Hälfte aller Werte ist kleiner (oder gleich).
- unteres Quartil (Viertelwert): Ein Viertel aller Werte ist kleiner (oder gleich).
- Minimum

Die Box umfasst den Bereich zwischen dem unteren und dem oberen Quartil.

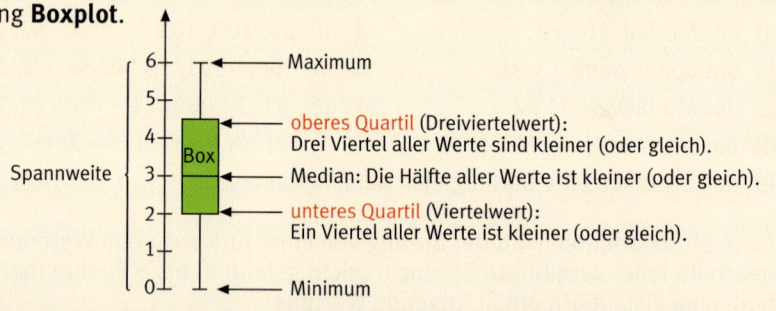

BEISPIELE

I Zehn Schüler wurden nach der Anzahl ihrer Geschwister befragt: 2; 3; 1; 1; 2; 0; 0; 2; 2; 1
Veranschauliche die Daten mit einem Boxplot.

Lösung:
Rangliste: 0 0 1 1 1 2 2 2 2 3

unteres Quartil: 1   Median: 1,5   oberes Quartil: 2

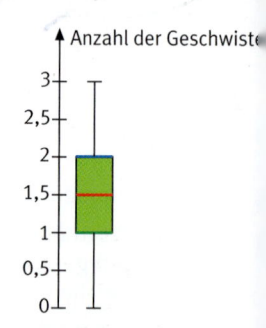

Beschreibe und vergleiche Boxplots anhand der Kennwerte.

II Die Boxplots zeigen die Größen von Jungen und Mädchen in einer Klasse. Welche Bedeutung hat die unterschiedliche Größe der Box?

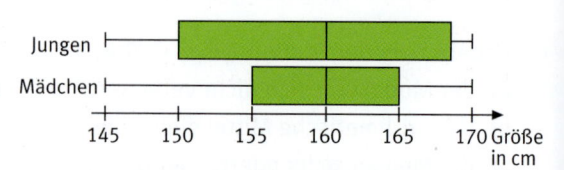

Lösung:
In beiden Boxplots sind der Median, das Minimum, das Maximum und somit auch die Spannweite gleich. Das heißt, die Daten für Jungen und Mädchen schwanken in demselben Bereich. Die kleinere Box bei den Mädchen bedeutet, dass die mittlere Hälfte viel dichter um den Median herum liegt. Bei den Jungen verteilt sich die mittlere Hälfte über einen größeren Bereich, die Daten streuen mehr. Dafür gibt es viele Jungen im oberen Viertel, die alle fast gleich groß sind.

Anstatt „Daten schwanken" sagt man auch „Daten streuen".

KAPITEL 4

III Die Boxplots stellen die Ergebnisse einer Umfrage nach der Höhe des wöchentlichen Taschengeldes bei Grundschülern (GS) und Gymnasiasten (GY) dar.
Gib für jeden Boxplot die Kennwerte an und vergleiche die beiden Darstellungen.

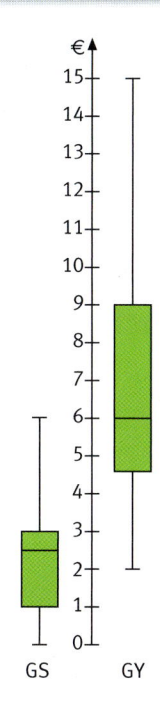

Lösung:
Grundschüler: Minimum: 0 €   Maximum: 6 €   Spannweite: 6 €
             Median: 2,5 €   unteres Quartil: 1 €   oberes Quartil: 3 €
Gymnasiast: Minimum: 2 €   Maximum: 15 €   Spannweite: 13 €
             Median: 6 €   unteres Quartil: 4,5 €   oberes Quartil: 9 €

Die Grundschüler bekommen insgesamt weniger Taschengeld. Es gibt Grundschüler, die kein Taschengeld bekommen. Das meiste Taschengeld eines Grundschülers entspricht dem mittleren Taschengeld eines Gymnasiasten. Jeweils ein Viertel der Grundschüler bekommt zwischen 0 € und 1 €, 1 € und 2,5 €, 2,5 € und 3 € und zwischen 3 € und 6 €.
Die Gymnasiasten bekommen zwischen 2 € und 15 €, davon liegt die Hälfte zwischen 4,5 € und 9 €.

VERSTÄNDNIS

- Erkläre die Begriffe „oberes Quartil" und „unteres Quartil" mit eigenen Worten.
- Die beiden Bereiche außerhalb der Box werden oft als „Antennen" bezeichnet. Welche Bedeutung haben sie?

AUFGABEN

1 Vervollständige die Tabelle und zeichne jeweils einen zugehörigen Boxplot.

	Minimum	Maximum	Spannweite	Median	unteres Quartil	oberes Quartil
a)	2	18	16	13	9	15
b)	0	1000	1000	600	500	700
c)	390	730	340	500	420	640
d)	1,5	6,5	5	3,0	2,5	5,0

2 Welche Datenreihen passen zum dargestellten Boxplot? Begründe deine Antwort.
a) 15; 50; 60; 60; 80; 95; 100; 110   b) 15; 40; 60; 60; 70; 90; 100; 110
c) 10; 15; 50; 60; 80; 95; 100; 110   d) 15; 50; 50; 65; 65; 95; 95; 110

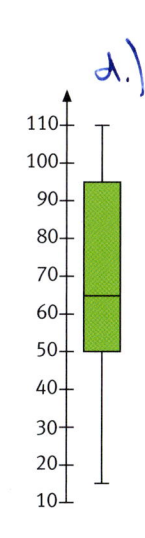

3 Erstelle aus den gegebenen Daten zuerst eine Rangliste, bestimme dann die für den Boxplot notwendigen Kennwerte und zeichne den Boxplot.
a) 7   13   5   8   9   2   6   8   10   12
b) 999   994   1003   1010   988   1005   998   990   1006   996   1002   1001
c) 25,5   23   27   24,5   28,5   25   23,5   27   28,5   28   25,5
d) 1,0   0,7   1,6   1,2   0,1   0,5   1,2   1,6   0,8   1,4   0,1   1,3   1,5   0,9

4 ① 0   0   0   0   0   0   10   10   10   20
   ② 0   0   10   10   10   10   20   20   20   20

a) Betrachte die beiden Ranglisten. Beschreibe die auftretenden Gemeinsamkeiten und Unterschiede.
b) Zeichne die Boxplots zu beiden Datenreihen über einen gemeinsamen Zahlenstrahl. Vergleiche die Darstellungen miteinander.
c) Vergleiche das Vorgehen aus a) mit dem in b). Nenne Vor- und Nachteile.

4.2 Boxplot

5 Beim Schulfest traten Jungen und Mädchen im Kirschkern-Weitspucken gegeneinander an. Das Diagramm zeigt die auf halbe Meter gerundeten Ergebnisse.

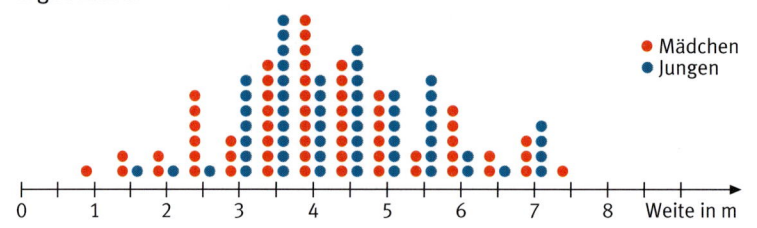

● Mädchen
● Jungen

a) Übertrage die Werte in eine Tabelle und bestimme die absoluten und relativen Häufigkeiten für Jungen und Mädchen (alle Teilnehmer).
b) Wie viel Prozent aller Teilnehmer (Jungen, Mädchen) haben ...
① weiter als 6 m   ② weniger als 3 m weit   ③ genau 4,5 m weit
gespuckt?
c) Zeichne für Jungen und Mädchen jeweils einen Boxplot über denselben Zahlenstrahl. Entscheide mithilfe der Boxplots, wer den Wettbewerb gewonnen hat.

6 Erfinde zu jedem Boxplot jeweils eine Datenreihe mit mindestens neun Werten.
a)
b)

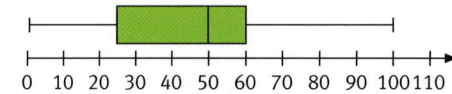

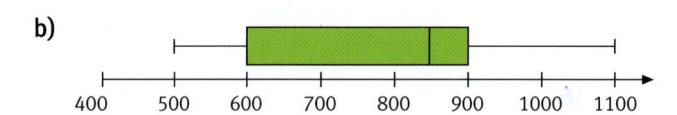

7 Das Säulendiagramm veranschaulicht die Krankheitstage der Klasse 7b im vergangenen Schuljahr.

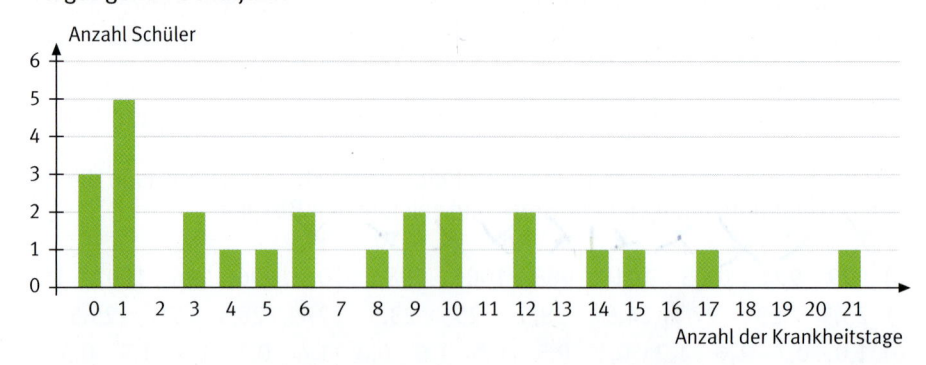

Sabrinas Lösung:

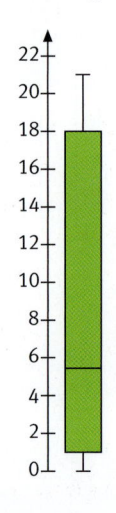

a) Stelle den Sachverhalt in einer Häufigkeitstabelle dar. Bestimme die relativen Häufigkeiten für die Anzahl der Krankheitstage in Prozent. Runde geeignet.
b) Wie viel Prozent aller Schüler der Klasse hatten mehr als 10 Krankheitstage (weniger als 6 Krankheitstage)?
c) Stelle die Daten in einem Boxplot dar und mache Aussagen zu ihrer Verteilung.
d) Sabrina hat zu dem Säulendiagramm den Boxplot nebenan gezeichnet. Dabei sind ihr einige Fehler unterlaufen. Benenne die Fehler.
e) Erfinde Daten, die zu Sabrinas Boxplot passen. Achte dabei auf die Kennwerte.

Aufgaben

8 Welche Aussagen zu den Boxplots sind richtig? Berichtige falsche Aussagen.

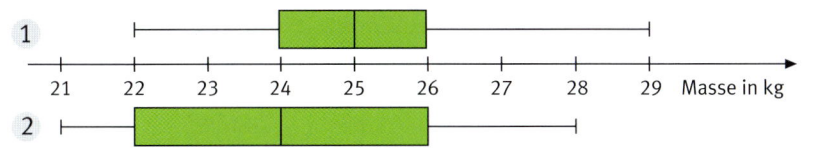

a) Die Spannweiten beider Datenreihen sind gleich groß.
b) Wenn die Spannweiten von ① und ② gleich sind, dann sind auch Minimum und Maximum gleich.
c) Wenn in ② 50 % der Daten in der Box liegen, dann kann es in Reihe ① nur halb so viele Daten geben, weil die Box nur halb so lang ist.
d) Die kürzere Box von ① gegenüber ② bedeutet, dass die mittleren 50 % von ① dichter um den Median herum liegen als bei ② .
e) Außerhalb der Box liegen mehr als 50 % aller Daten.
f) Bei ② liegen die unteren 25 % der Daten dichter beieinander als die oberen 25 %.

9 Die beiden Boxplots zeigen die Verteilung der Körpergrößen der Jungen und Mädchen in der Klasse 7a.
Vergleiche die Verteilung der Körpergrößen.

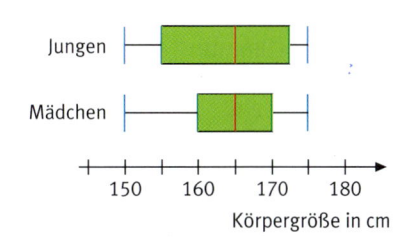

Alltag

Boxplots beurteilen

① Besucherzahlen eines Zaubermuseums an den verschiedenen Wochentagen im Jahr 2011

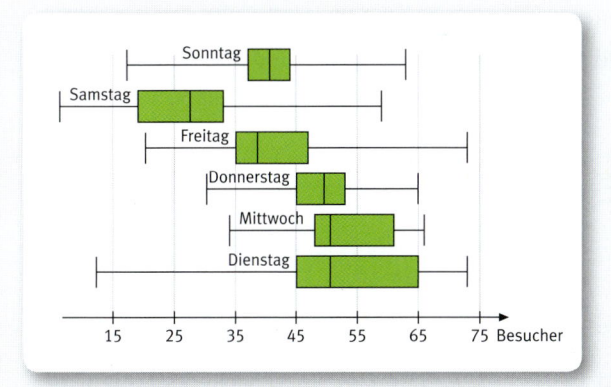

② Wochenabsatz des Shampoos einer Firma in verschiedenen Regionen im Jahr 2011

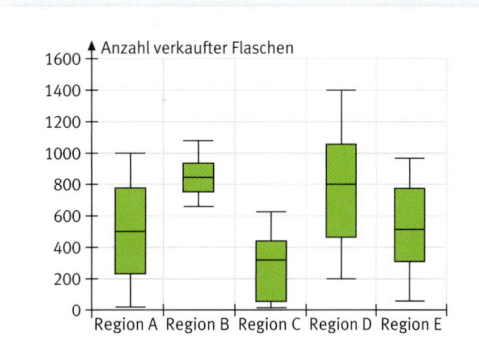

In der Berufswelt und im Internet findest du zahlreiche Darstellungen von Daten mit Boxplots.
- Beschreibe, welche Informationen in den Abbildungen dargestellt werden.
- Beurteile anhand der Darstellungen, welche Wochentage bzw. Regionen besonders erfolgreich waren. Begründe deine Antwort.
- Finde im Internet Boxplots zu Themen aus der Wirtschaft und stelle sie deiner Klasse vor.

4.3 Zufallsversuche

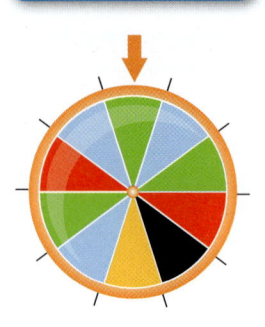

Die Klasse 7b hat ein Glücksrad aufgebaut.
- Georg versucht sein Glück und dreht fest. Das Rad bleibt auf Blau stehen. Was hat Georg gewonnen?
- Kai sagt: „Auf Dauer gibt es öfter T-Shirts als Gutscheine zu gewinnen." Hat er Recht?
- Welchen Gewinn wird man am häufigsten bekommen, welchen am seltensten? Begründe deine Antwort.

Gewinn	Felder
Sporttasche	Rot
Spielkarten	Blau
Taschenrechner	Gelb
T-Shirt	Grün
Gutschein	Schwarz

MERKWISSEN

Einen Versuch mit zufälligem, d.h. nicht vorhersehbarem Ausgang bzw. Ergebnis, bezeichnet man als **Zufallsversuch**. Dabei muss gelten:

1. Die Durchführung erfolgt nach genau festgelegten Regeln und ist beliebig oft wiederholbar.
2. Es müssen mindestens zwei Ergebnisse möglich sein.
3. Das Ergebnis ist nicht vorhersagbar.

Ein bestimmter Teil aller möglichen Ergebnisse, für den man sich genauer interessiert, wird **Ereignis** genannt. Ein Ereignis kann **unmöglich**, **möglich** oder **sicher** sein.
Beispiel: Würfelwurf. Mögliche Ergebnisse: 1, 2, 3, 4, 5, 6
- Man interessiert sich für das Ereignis „Augenzahl gerade".
- Man betrachtet das Ereignis „Augenzahl 6".
- Man betrachtet das Ereignis „Augenzahl größer als 1".

Ein Ereignis ist sicher, wenn alle möglichen Ausgänge zu dem Ereignis gehören.

BEISPIELE

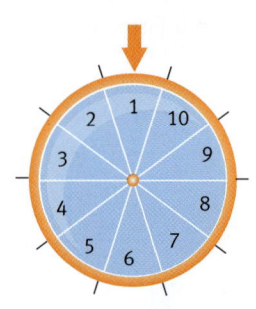

I Das nebenstehende Glücksrad wird gedreht.
a) Welche Ergebnisse sind möglich?
b) Welche Ergebnisse passen für folgende Ereignisse?
   ① Die Zahl ist gerade.   ② Die Zahl ist durch 3 teilbar.
   ③ Die Zahl ist größer als 10.   ④ Die Zahl liegt zwischen 0 und 15.
c) Auf welches Ereignis würdest du eher wetten? Begründe deine Antwort.
   ① Die Zahl ist gerade.   ② Die Zahl ist kleiner als 5.

Lösung:
a) Mögliche Ergebnisse: 1, 2, 3, 4, 5, 6, 7, 8, 9, 10
b)

Ereignis	Mögliche Ergebnisse
① gerade Zahl	2, 4, 6, 8, 10
② 3 | Zahl	3, 6, 9
③ Zahl > 10	keine (unmögliches Ereignis)
④ Zahl zwischen 0 und 15	1, 2, 3, 4, 5, 6, 7, 8, 9, 10 (sicheres Ereignis)

c) Die Felder zu jeder Zahl sind gleich groß, also kann man damit rechnen, dass jede Zahl in etwa gleich häufig vorkommt. Also muss man nur die Anzahl der möglichen Ergebnisse zu den beiden Ereignissen miteinander vergleichen: Zum Ereignis „Zahl gerade" gehören 5 Ergebnisse (2, 4, 6, 8, 10), zum Ereignis „Zahl kleiner als 5" nur 4 Ergebnisse (1, 2, 3, 4). Also würde man eher auf Ereignis ① wetten, weil dort mehr Ergebnisse möglich sind.

Kapitel 4

Verständnis

- Richtig oder falsch? Beim Lotto kommt die Zahl 1 häufiger als die Zahl 49.
- Wenn Paul beim Mensch-ärgere-dich-nicht-Spiel dreimal hintereinander eine Sechs würfelt, dann hat er einen gezinkten Würfel. Stimmt das?

Aufgaben

1 Handelt es sich hier um ein Zufallsexperiment? Entscheide und begründe.
   a) Der Trainer wählt Spieler aus.
   b) Petra würfelt beim Kniffel-Spiel.
   c) Felix dreht ein Glücksrad.
   d) Anna löst eine Mathematikaufgabe.
   e) Der Schiedsrichter gibt eine gelbe Karte.
   f) Margot fährt Auto.

2 Welche möglichen Ergebnisse gibt es zu folgenden Zufallsexperimenten?

a) Augensumme beim gleichzeitigen Werfen mit zwei Würfeln

b) Einmaliges Ziehen einer Kugel aus der abgebildeten Urne

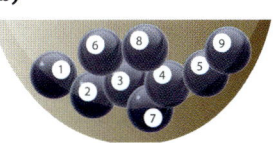

c) Würfeln mit einem Körper mit acht gleich großen Flächen (Ziffern 1 bis 8)

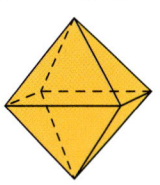

3 a) Übertrage die Tabelle ins Heft und fülle sie aus, indem du für die angegebenen Ereignisse jeweils die möglichen Ergebnisse bestimmst.

Ereignis	Ergebnisse
Zahl ist kleiner als 4.	
Zahl ist ungerade.	
Zahl ist größer als 5.	
Zahl ist größer als 0.	

Mithilfe eines Bierdeckels und einer Nadel kannst du leicht selbst ein Glücksrad bauen. Probiere es aus!

b) Formuliere mehrere Ereignisse, die einen sicheren (einen unmöglichen) Ausgang erwarten lassen.

4 Eva schlägt ein Spiel vor: Man würfelt gleichzeitig mit zwei Würfeln. Ist die Summe der Augenzahlen ungerade, so hat der Gegenspieler gewonnen. Würfelt man einen Pasch (zwei gleiche Augenzahlen), so darf man nochmals würfeln. Ist die Summe der Augenzahl gerade (und kein Pasch), so hat man selbst gewonnen.

Ereignis	Ergebnisse
Summe gerade	1 + 3; ...
Pasch	

a) Erstelle eine Tabelle mit den Ereignissen und möglichen Ergebnissen.
b) ① Würfle 100-mal und notiere die Häufigkeiten für die Ereignisse.
   ② Erstelle zur Häufigkeitstabelle ein passendes Diagramm.
c) Würdest du mitspielen wollen? Begründe.

5 Man kann auch mit Bausteinen würfeln. Dabei lassen sich verschiedene Lagen unterscheiden.
   a) Auf welche Lage würdest du wetten? Begründe.
   b) Nimm einen Baustein und würfle mit ihm 150-mal.
      ① Erfasse die Ergebnisse in einer Strichliste.
      ② Bestimme die absoluten und relativen Häufigkeiten.
      ③ Überprüfe anhand deiner Ergebnisse die Aussage aus a). Werden deine Begründungen bestätigt oder widerlegt. Woran kann es liegen?

Oberseite (O)   Unterseite (U)   Seite (S)

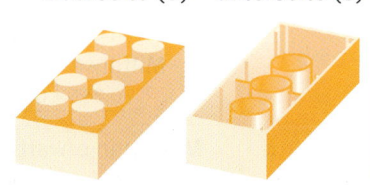

4.4 Das Gesetz der großen Zahlen

Hast du schon einmal mit Schraubverschlüssen gewürfelt? Wenn sie an der Seite recht gerade sind, lassen sich drei Positionen unterscheiden.

oben (o) 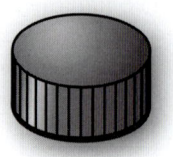　　　　　　　unten (u) 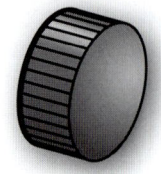　　　　　　　Seite (S)

- Besorge dir zehn gleichartige Verschlüsse (z. B. von Milchtüten oder Getränkeflaschen). Würfle wiederholt mit den Verschlüssen und vervollständige die Tabelle.

Anzahl geworfener Verschlüsse	absolute Häufigkeit H			relative Häufigkeit h		
	H (o)	H (u)	H (S)	h (o)	h (u)	h (S)
10	☐	☐	☐	☐	☐	☐
50	☐	☐	☐	☐	☐	☐
100	☐	☐	☐	☐	☐	☐
500	☐	☐	☐	☐	☐	☐
1000	☐	☐	☐	☐	☐	☐
...	☐	☐	☐	☐	☐	☐

*Die tatsächliche Anzahl, wie oft ein Ergebnis vorkommt, bezeichnet man als **absolute Häufigkeit H**. Den Anteil, den ein Ergebnis in Bezug auf alle Ergebnisse hat, nennt man **relative Häufigkeit h**.*

- Beschreibe, wie sich die absoluten und relativen Häufigkeiten in Abhängigkeit von der Anzahl der Würfe verändern.

Merkwissen

Führt man ein Zufallsexperiment sehr oft durch, dann beobachtet man, dass sich die **relativen Häufigkeiten** bei wachsender Versuchszahl stabilisieren. Das heißt, die relativen Häufigkeiten ändern sich kaum noch, wenn das Experiment nur oft genug durchgeführt wird. Diese Tatsache wird auch als das **Empirische Gesetz der großen Zahlen** bezeichnet.

Die stabilisierten relativen Häufigkeiten sind ein guter **Schätzwert für die Wahrscheinlichkeit**, mit der man die Ergebnisse eines Zufallsexperiments erwartet.

„Empirisch" bedeutet, dass das Gesetz auf Erfahrungen beruht.

Beispiele

Kopf:　　　Seite:

I　Eine Reißzwecke wird wiederholt 1000-mal geworfen. Bestimme einen Schätzwert für die Wahrscheinlichkeit, dass die Reißzwecke auf dem Kopf landet.

Durchgang	1	2	3	4
Anzahl Kopf	356	372	365	362

Lösungsmöglichkeiten:

① relative Häufigkeit als Mittelwert aller Würfe:
$$\bar{x} = \frac{356 + 372 + 365 + 362}{4000} = \frac{1455}{4000} \approx 0{,}364 = 36{,}4\,\%$$

② Mittelwert der relativen Häufigkeiten der einzelnen Durchgänge:
$$\bar{x} = \frac{0{,}356 + 0{,}372 + 0{,}365 + 0{,}362}{4} = \frac{1{,}455}{4} \approx 0{,}364 = 36{,}4\,\%$$

Man kann erwarten, dass in ca. 36 % der Fälle die Reißzwecke auf dem Kopf landet.

Verständnis

- Stimmt das? Egal wie häufig man ein Zufallsexperiment bei verschiedenen Durchgängen durchführt, kann man immer den Mittelwert der relativen Häufigkeiten als Schätzwert für die Wahrscheinlichkeit verwenden.
- Begründe, warum die Lösungsmöglichkeiten in Beispiel I gleichwertig sind.

Aufgaben

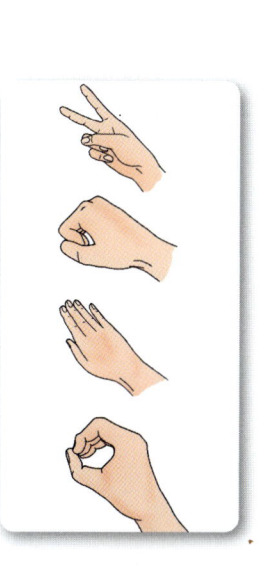

1 Wirf mehrere Reißzwecke auf einen harten Untergrund. Ermittle für die Lagen Kopf und Seite (siehe Beispiel I) einen Schätzwert für die Wahrscheinlichkeit, indem du wiederholt die Lage von 200 Reißzwecken bestimmst.

2 Eine Spielkarte wird 10-mal nacheinander in die Luft geworfen. Sie landet 7-mal auf der Vorderseite und 3-mal auf der Rückseite. Nelson ist sich sicher: „Die Wahrscheinlichkeit, dass die Spielkarte auf der Vorderseite landet, beläuft sich auf 70 %." Was meinst du dazu? Begründe deine Meinung.

3 Telefonnummern bestehen aus verschiedenen Ziffern. Die Tabelle zeigt die absoluten Häufigkeiten der Ziffern in den Seiten eines Telefonbuchs.

Ziffer	0	1	2	3	4	5	6	7	8	9
S. 34	354	276	451	289	313	462	243	178	254	327
S. 187	267	189	312	251	281	361	176	189	243	278
S. 342	317	229	395	321	276	385	207	165	265	332

a) Bestimme die relativen Häufigkeiten der Ziffern auf den einzelnen Seiten.

b) Bestimme einen Schätzwert für die Wahrscheinlichkeit der einzelnen Ziffern der Telefonnummern.

4 In deutschen Texten treten die Buchstaben mit unterschiedlichen Häufigkeiten auf.

a) Nimm eine beliebige Buchseite aus diesem Schulbuch und bestimme die Anzahl der einzelnen Buchstaben. Übertrage dazu die Tabelle in dein Heft und vervollständige sie.

Buchstabe	a	b	c	d	e	f	g	...	x	y	z
H („Buchstabe")	☐	☐	☐	☐	☐	☐	☐		☐	☐	☐
h („Buchstabe")	☐	☐	☐	☐	☐	☐	☐		☐	☐	☐

b) Führe die Untersuchung an einer weiteren Seite durch. Bestimme mit deinen Ergebnissen einen Schätzwert für die Wahrscheinlichkeiten des Auftretens der einzelnen Buchstaben.

5 Sicherlich kennst du das Spiel „Schere, Stein, Papier und Brunnen". Dabei entscheidet man sich gleichzeitig für eine dieser Figuren und es gewinnt (Sieger jeweils fett):

① **Schere** schneidet Papier.   ② **Papier** bedeckt Brunnen und wickelt Stein ein.
③ **Stein** schleift Schere.   ④ Stein bzw. Schere fällt in **Brunnen**.

a) Untersuche die Gewinnchancen, wenn man nur die Figuren Schere, Stein und Papier verwendet.

b) Beim Spiel mit allen Figuren hat man angeblich die besten Gewinnchancen, wenn man niemals „Stein" benutzt. Überprüfe die Behauptung mit einem Partner, indem einer niemals „Stein" benutzt und ein anderer in etwa einem Viertel aller Fälle. Beschreibt eure Ergebnisse und versucht, sie zu erklären.

4.5 Laplace-Wahrscheinlichkeit

Bastle einen Tetraeder und male die Begrenzungsflächen mit den Farben rot, blau, grün und violett an.
Mit dem Tetraeder soll gewürfelt werden. Diejenige Farbe gilt als gewürfelt, mit der die untere, nicht sichtbare Fläche angemalt wurde.

- Überlege zunächst vor dem ersten Würfeln: In wie viel Prozent aller Fälle erwartest du, dass die Farbe rot (blau) gewürfelt wird? Begründe deine Antwort.
- Überprüfe deine Vermutungen, indem du mit dem Tetraeder 1000-mal würfelst. Stimmen die relativen Häufigkeiten mit deinen Erwartungen überein?
- Kannst du mit deinen Überlegungen auch einen Schätzwert für die Wahrscheinlichkeiten eines Spielwürfels angeben, ohne mit ihm zu würfeln?

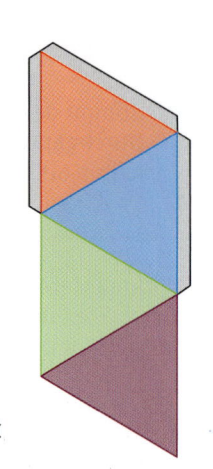

MERKWISSEN

Bei manchen Zufallsexperimenten kann aufgrund theoretischer Überlegungen (z. B. Symmetriebetrachtungen) davon ausgegangen werden, dass **alle möglichen Ergebnisse gleich wahrscheinlich sind**.
Gibt es n mögliche Ergebnisse (n = 2, 3, 4, ...), dann ist die Wahrscheinlichkeit für jedes einzelne Ergebnis $\frac{1}{n}$. Man spricht von einer **Laplace-Wahrscheinlichkeit**.

Beispiel:
Bei einem Farbwürfel mit den Farben Rot, Gelb, Grün, Blau, Weiß und Schwarz beträgt die Wahrscheinlichkeit für das Ergebnis Grün $\frac{1}{6}$.

*Pierre Simon **Laplace** (1749 – 1827) war ein französischer Physiker und Mathematiker. Besonders bedeutsam sind seine Theorien zur Berechnung von Wahrscheinlichkeiten.*

Die Annahme von gleichen Wahrscheinlichkeiten kann auch bei völliger Ungewissheit sinnvoll sein.

BEISPIELE

I Mary sitzt bereits seit einer Stunde beim Zahnarzt im Warteraum. Sie weiß nur, dass es in der Praxis drei Behandlungszimmer (I, II und III) gibt.
Wie groß ist die Wahrscheinlichkeit, dass die Behandlung von Mary im Behandlungszimmer III stattfindet?

Lösung:
Für alle drei möglichen Behandlungszimmer kann die gleiche Wahrscheinlichkeit angenommen werden. Somit ist die Wahrscheinlichkeit, dass die Behandlung von Mary in Zimmer III stattfindet, $\frac{1}{3} = 0,\overline{3} = 33,\overline{3}\,\%$.

II Bestimme für jeden „Spielwürfel" die Wahrscheinlichkeit für die Farbe Gelb.

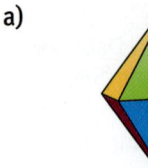

a) 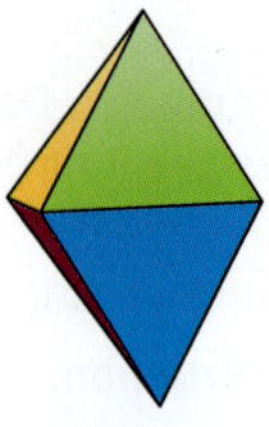 Oktaeder: 8 gleich große Seiten
b) 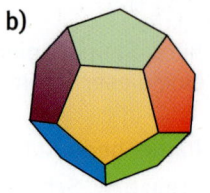 Dodekaeder: 12 gleich große Seiten
c) 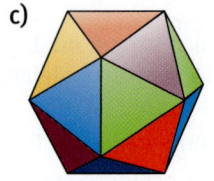 Ikosaeder: 20 gleich große Seiten

Lösung:
a) Oktaeder: $\frac{1}{8}$
b) Dodekaeder: $\frac{1}{12}$
c) Ikosaeder: $\frac{1}{20}$

Kapitel 4

Verständnis

- Nenne verschiedene Zufallsexperimente, bei denen man nur anhand der wiederholten Durchführung einen Schätzwert für die Wahrscheinlichkeit der möglichen Ergebnisse angeben kann.
- Kann die Laplace-Wahrscheinlichkeit für ein mögliches Ergebnis bei einem Zufallsexperiment 75 % betragen? Begründe.

Aufgaben

1 Entscheide, ob sich eine Laplace-Wahrscheinlichkeit angeben lässt. Begründe.
  a) Werfen einer 50-ct-Münze
  b) Ziehen der Zusatzzahl beim *Samstagslotto 6 aus 49*
  c) Würfeln mit einem halbkugelförmigen Karamellbonbon
  d) Werfen eines Flaschendeckels
  e) Ziehen eines Loses aus einer Lostrommel

2 Ordne den angegebenen Laplace-Wahrscheinlichkeiten das passende Zufallsgerät zu.
  ① $8,\overline{3}$ %
  ② $16,\overline{6}$ %
  ③ $33,\overline{3}$ %

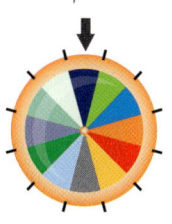

Urne — Würfel — Glücksrad

3 Gib die zugehörige Laplace-Wahrscheinlichkeit in Prozent an.
  a) Werfen eines Buchstabenwürfels mit den Buchstaben A, D, I, R, T und W
  b) Ziehen einer Socke aus einer Sockenschublade, in der ein Paar dunkelblaue und ein Paar schwarze Socken liegen
  c) Werfen eines Oktaeder-Würfels mit den Augenzahlen 1, 2, 3, 4, 5, 6, 7 und 8

4 Die Abbildung zeigt alle Spielkarten eines Skatspiels.
  a) Aus dem Spiel wird verdeckt eine Karte gezogen. Wie groß ist die Wahrscheinlichkeit, dass es sich dabei …
   ① um Herz 10 handelt?
   ② um eine schwarze Karte handelt?
   ③ um eine Kreuzkarte handelt?
   ④ um ein Ass handelt?
   ⑤ um ein Bild handelt?
   ⑥ um eine Zahlkarte 7 bis 10 handelt?
   ⑦ um eine rote Dame handelt?
   ⑧ um ein Kreuz-Bild handelt?
  b) Sind alle Ereignisse gleich wahrscheinlich, dann lassen sich die Wahrscheinlichkeiten wie Anteile bestimmen. Begründe diese Aussage.

Bezeichnungen:
J: Bube
Q: Dame
K: König
A: Ass

♣ : Kreuz
♥ : Herz
♠ : Pik
♦ : Karo

4.5 Laplace-Wahrscheinlichkeit

5 Die Abbildungen zeigen verschiedene Glücksräder.

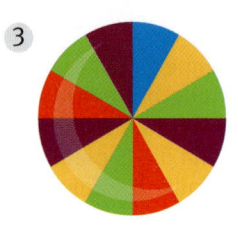

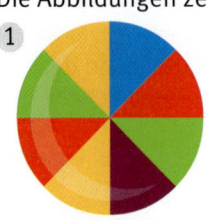

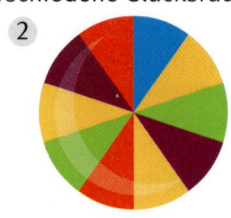

a) Bestimme jeweils die Wahrscheinlichkeit für die Farbe blau.
b) Jedes Glücksrad wird 200-mal (360-mal) gedreht. Wie oft erwartest du die Farbe blau?

6 Die Abbildungen zeigen Behälter mit verschiedenfarbigen Kugeln.

Die Kugeln sind jeweils gleichartig, d. h. durch Fühlen nicht zu unterscheiden.

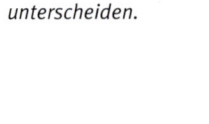

a) Bestimme jeweils die Wahrscheinlichkeit dafür, eine rote Kugel zu ziehen, wenn man aus dem vollen Behälter eine Kugel entnimmt.
b) Jemand zieht jeweils 120-mal eine Kugel und legt diese anschließend wieder zurück. Wie oft erwartest du, dass eine rote Kugel gezogen wird?

7 Beim Roulette kann die Kugel auf die Zahlen von 0 bis 36 fallen.
Auf dem Spielfeld gibt es verschiedene Möglichkeiten zum Setzen:

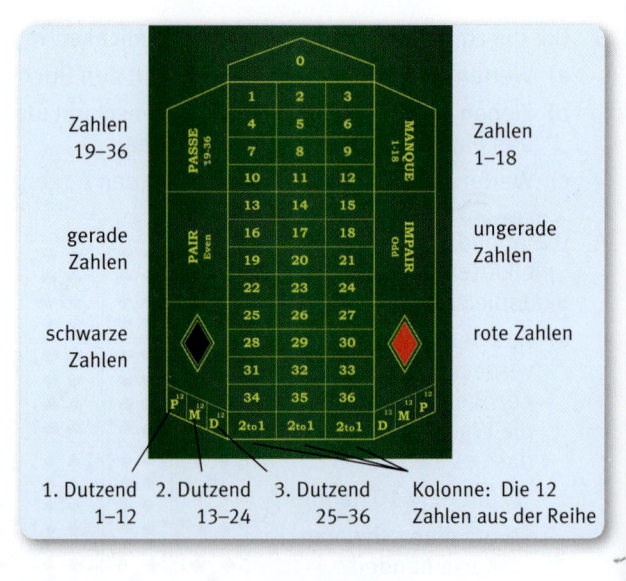

a) Bestimme die Wahrscheinlichkeit für folgende Ereignisse:
   ① Es fällt die Zahl 18.
   ② Es kommt die Zahl 0.
   ③ Die Zahl ist gerade.
   ④ Es fällt eine schwarze Zahl.
   ⑤ Es kommt eine Zahl aus dem 1. Dutzend (aus einer Kolonne).

Beachte: Die Zahl 0 ist beim Roulette weder gerade noch ungerade. Sie ist nicht rot und auch nicht schwarz und gehört auch zu keinem Dutzend und keiner Kolonne.

b) Für eine einzelne Zahl erhält ein Spieler das 36-Fache seines Einsatzes zurück. Findest du das Spiel fair? Begründe.

8 Denke dir jeweils zwei Zufallsexperimente aus, bei denen jedes mögliche Ergebnis mit der folgenden Wahrscheinlichkeit auftritt. Stelle das Experiment der Klasse vor.

a) 0,5
b) 5 %
c) $\frac{1}{5}$

Kapitel 4

9 Abgebildet sind die Lottotipps von Albert und Bertram.
Einer der beiden hat 6 Richtige.
Was meinst du zu Hedwigs Einschätzung?
Begründe deine Meinung.

Ich glaube, dass von den beiden eher Bertram die 6 Richtigen hat.

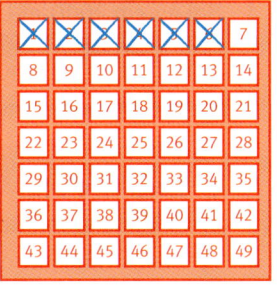

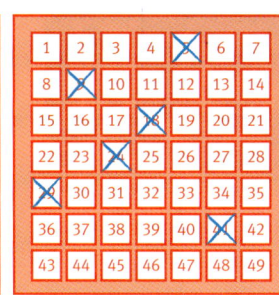

Albert   Bertram

10 Friederike wirft eine 2-€-Münze. Sie erhält Zahl. Anschließend wirft Antje die Münze und bekommt ebenfalls Zahl. Nun ist Gina an der Reihe. Wie groß schätzt du die Chance ein, dass Gina das Ergebnis Adler erhält? Erläutere.

11 In einer Lostrommel für ein Klassenfest befinden sich 50 von 1 bis 50 durchnummerierte Lose. Bei einem Gewinnspiel wird eine Karte „blind" gezogen.
Mit welcher Wahrscheinlichkeit zeigt die gezogene Karte …

a) die Zahl 17?   b) eine gerade Zahl?   c) eine Primzahl?
d) eine Quadratzahl?   e) eine durch 9 teilbare Zahl?

12 Timo wirft einen blauen und einen roten Spielwürfel jeweils genau einmal. Die möglichen Ergebnisse des Wurfes werden durch die Abbildung verdeutlicht:

Die Punkte auf einem Spielwürfel werden auch „Augen" genannt.

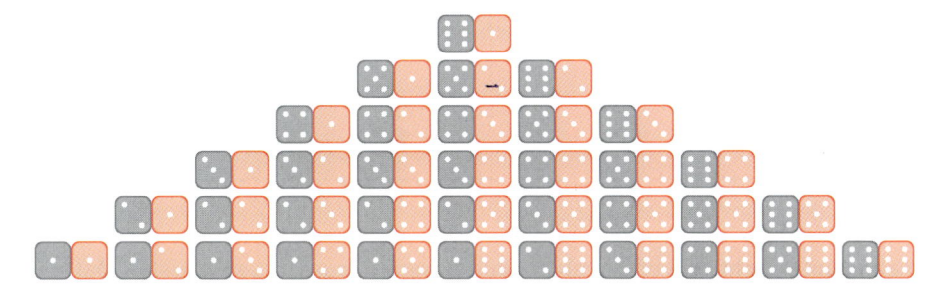

a) Bestimme die folgenden Wahrscheinlichkeiten:
① Der graue Würfel zeigt 1 Auge an, der rote Würfel eine beliebige Augenanzahl.
② Entweder der graue Würfel zeigt 1 Auge an oder der rote Würfel zeigt 1 Auge an.
③ Die Augenanzahl auf dem roten Würfel ist durch 2 teilbar, die Augenanzahl auf dem grauen Würfel ist beliebig.

b) Bilde für jeden Wurf die Summe der Augenzahlen beider Würfel.
① Übertrage dazu die Tabelle in dein Heft und vervollständige sie.

Summe der Augenzahlen	2	3	4	5	6	7	8	9	10	11	12
Anzahl der Möglichkeiten											
Wahrscheinlichkeit											

② Mit welcher Wahrscheinlichkeit ist die Summe der Augenzahlen eine Primzahl? Beschreibe dein Vorgehen.

4.6 Vermischte Aufgaben

8:24 steht für 8 min 24 s.

1 Bei einem 2000-m-Lauf wurden folgende Zeiten gemessen:
8:24   9:03   7:57   8:12   8:49   8:11   7:20   7:27   9:28   7:51
6:36   9:42   8:39   8:17   9:08   8:18   9:37   7:12   8:39   8:21

a) Erstelle eine Rangliste. Beginne bei der besten Zeit.
b) Bestimme die durchschnittliche Zeit. Wandle die Zeiten zuvor in s um.
c) Bestimme den Modalwert sowie den Median der Messung.
d) Zeichne einen Boxplot. Bestimme zuvor die fehlenden Kennwerte.
e) Beschreibe mit dem Boxplot aus d) die Verteilung der Daten.

2 Bei einer Klassenarbeit sind maximal 15 Punkte erreichbar. Nach der Korrektur stellt die Lehrerin die von den Schülerinnen und Schülern erreichten Punktzahlen als Boxplot dar:

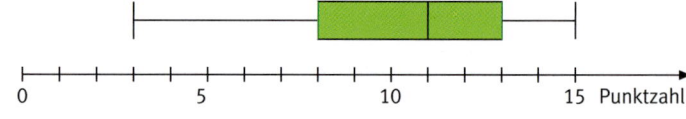

a) Gib alle Informationen an, die du dem Boxplot entnehmen kannst.
b) Die Klassenarbeit wurde von insgesamt 30 Schülerinnen und Schülern bearbeitet. Gib eine mögliche Liste von erreichten Punktzahlen an.
c) Begründe, welches der beiden Diagramme zu diesem Boxplot gehören könnte:

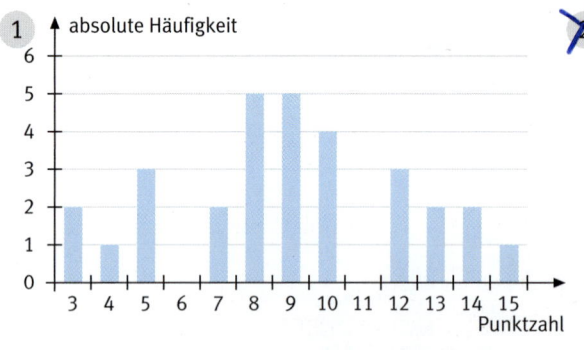

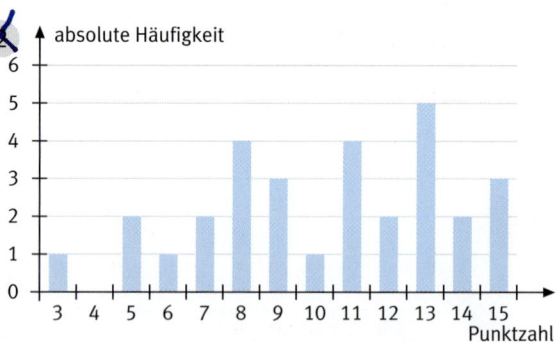

3 Jana untersucht, wie oft sie einen Würfel werfen muss, bis zum ersten Mal eine „6" fällt. Sie erhält folgende Ergebnisse:
4, 7, 1, 4, 2, 6, 4, 8, 6, 13, 5, 1, 9, 3, 11, 4, 8, 15, 3, 1, 7, 13, 2, 5, 6.

a) Handelt es sich bei dem Sachverhalt um einen Zufallsversuch? Begründe.
b) Was erwartest du, nach wie viel Würfen die „6" im Durchschnitt kommen soll?
c) Bestimme den Modalwert, den Median und das arithmetische Mittel. Welchen Mittelwert wählst du, um die „durchschnittliche" Anzahl an Würfen anzugeben? Begründe.
d) Stelle die Verteilung als Boxplot dar.
e) Probiere selbst aus. Würfle ebenfalls so lange, bis zum ersten Mal die „6" fällt, und notiere die Ergebnisse. Wiederhole das Experiment 25-mal und vergleiche deine Verteilung in einem Boxplot mit denen von Jana.

4 Johanna will wissen, wie viele Fahrgäste in der S-Bahn Zeitung lesen. Dazu zählt sie jedes Mal, wenn sie fährt: 17; 52; 61; 34; 22; 19; 56; 49; 23; 51.

a) Welche Schlüsse kannst du aus Johannas Daten ziehen?
b) Welche zusätzlichen Informationen bräuchtest du, um die Daten zu beurteilen?
c) Zeichne einen Boxplot für Johannas Daten.

KAPITEL 4

5 Würfle mit Bausteinen. Beschrifte einen Baustein so, dass auf der Begrenzungsfläche mit den Noppen die 6 steht und sich auf den beiden Begrenzungsflächen mit dem kleinsten Flächeninhalt die Augenzahlen 3 und 4 befinden. Die anderen Augenzahlen ergeben sich entsprechend.
   a) Welche Wahrscheinlichkeiten vermutest du für die einzelnen Augenzahlen beim Würfeln? Begründe deine Antwort.
   b) Würfle wiederholt 200-mal mit dem Baustein und bestimme für jeden Durchgang die relativen Häufigkeiten h in einer Tabelle.

Die Summe gegenüberliegender Seiten ergibt stets 7.

Augenzahl	1	2	3	4	5	6
1. Durchgang: h	☐	☐	☐	☐	☐	☐
2. Durchgang: h	☐	☐	☐	☐	☐	☐
3. Durchgang: h	☐	☐	☐	☐	☐	☐
4. Durchgang: h	☐	☐	☐	☐	☐	☐
5. Durchgang: h	☐	☐	☐	☐	☐	☐

   c) Bestimme mit den Ergebnissen aus b) einen Schätzwert für die Wahrscheinlichkeit der einzelnen Augenzahlen des Bausteins auf verschiedene Arten.

6 Beim Mensch-ärgere-Dich-nicht-Spiel hat Jenny die Vermutung, dass der Würfel gezinkt ist. Sie macht folgende Versuchsreihe:

Augenzahl	1	2	3	4	5	6
50 Würfe	7	8	11	9	6	9
150 Würfe	27	27	28	23	18	27
500 Würfe	98	79	85	82	75	81
1000 Würfe	202	168	164	170	164	132

   a) Welche Wahrscheinlichkeiten wird Jenny für die einzelnen Augenzahlen bestimmen? Hat Sie mit ihrer Vermutung Recht?
   b) Stelle die Entwicklung der relativen Häufigkeiten für die Augenzahl 3 (für alle Augenzahlen) grafisch dar. Du kannst ein Tabellenprogramm verwenden.

7 Micha und Eva haben ein Glücksrad gebaut. Zum Testen haben sie das Rad wiederholt gedreht und die Ergebnisse in einer Strichliste festgehalten.
   a) Welche Wahrscheinlichkeiten erwartest du für die einzelnen Ziffern?
   b) Micha behauptet: „Ganz klar, unser Glücksrad ist ein Laplace-Glücksrad." Was meint Micha damit? Ist seine Meinung gerechtfertigt?

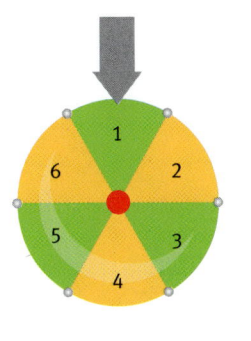

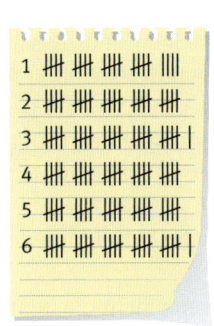

8 Gib die Wahrscheinlichkeit für den Geburtstag einer Person an.
   a) am 01. Januar   b) im März
   c) im Herbst   d) an einem Sonntag
   Welche Annahmen hast du getroffen?

9 Jakob wirft einen Spielwürfel. Wie groß ist die Wahrscheinlichkeit, dass die geworfene Augenzahl ...
   a) kleiner als 4 ist?   b) mindestens 5 ist?   c) eine Primzahl ist?

4.7 Themenseite: Daten und Zufall mit dem Computer

Daten beschreiben

Du kannst Daten auch mit einem Tabellenprogramm sortieren. Übertrage die Daten in ein Tabellenblatt.

a) Bestimme mit dem Befehl „= MAX(B3:D3)" den größten Wert (**Maximum**) aus den Zellen B3 bis D3 und kopiere den Befehl in der Spalte nach unten. Markiere dazu die Zelle (hier: E3), klicke bei gedrückter Maustaste auf das kleine schwarze Quadrat rechts unten in der Ecke und ziehe dieses dann nach unten: Die Inhalte bzw. Formeln werden kopiert.

b) Sortiere die Daten wie folgt: Markiere die Tabelle und gehe auf den Menüpunkt „Daten" in das Feld „Sortieren". Im Untermenü kannst du wählen, nach welcher Spalte die Daten sortiert werden sollen. Sortiere nach dem besten Wurf (1. Wurf, 2. Wurf, 3. Wurf, Name). Kommentiere das Ergebnis.

	A	B	C	D	E
1	Schlagballwurf 7c am 16.05. (Weiten in Meter)				
2	Name	1. Wurf	2. Wurf	3. Wurf	Bester Wurf
3	Laura	22,4	31,7	29,9	=MAX(B3:D3)
4	Sebastian	45,1	38,7	41,0	45,1
5	Nico	36,9	38,7	37,4	38,7
6	Sarah	31,9	33,5	39,0	39,0
7	Linda	34,7	16,7	35,6	35,6
8	Mert	9,6	27,2	25,8	27,2
9	Pascal	41,8	43,0	38,1	43,0
10	Stefan	53,9	60,3	57,2	60,3
11	Paul	37,0	31,8	37,9	37,9
12	Sophia	18,3	22,9	20,7	22,9
13	Jakob	45,8	48,9	42,3	48,9
14	Marie	38,8	58,3	49,7	58,3
15	Alina	26,6	30,0	19,0	30,0

Weitere Kennwerte bestimmt man folgendermaßen:

Minimum: „=MIN(B3:D3)" oder „=MIN(B3;C3;D3)"
Das Minimum der Werte aus den Zellen B3, C3 und D3 wird berechnet und in der gewünschten Zelle angezeigt.

Arithmetisches Mittel: „=MITTELWERT(B4:D4)" oder „=MITTELWERT(B4;C4;D4)"

3	Laura	22,4	31,7	29,9	28,0
4	Sebastian	45,1	38,7	41,0	=MITTELWERT(B4:D4)
5	Nico	36,9	38,7	37,4	37,7

Das arithmetische Mittel der Werte aus den Zellen B4, C4 und D4 wird berechnet und in der gewünschten Zelle angezeigt.

Modalwert: „=MODALWERT(B3:D15)" bzw.

Median: „=MEDIAN(B3:D15)"
Der Modalwert bzw. der Median der Werte wird bestimmt, die in dem rechteckigen Feld zwischen der Zelle B3 im linken oberen Eck und D15 in der rechten unteren Ecke liegen.

c) Erstelle aus den Daten mithilfe eines Tabellenkalkulationsprogramms eine Rangliste der besten Weiten.

d) Bestimme das arithmetische Mittel für jeden Schüler.

e) Erstelle eine Rangliste, wenn nicht die beste Wurfweite, sondern der Mittelwert der drei Wurfweiten gewertet wird. Vergleiche diese mit der ersten Rangliste.

f) Bestimme den Mittelwert aller durchgeführten Würfe.

g) Bestimme den Modalwert und den Median aller Wurfweiten und vergleiche diese beiden Werte mit dem Mittelwert aus f). Welche Aussagen kann man mithilfe der drei Mittelwerte machen?

THEMENSEITE

KAPITEL 4

Münzwurf simulieren

Wir simulieren im Folgenden das Werfen einer Münze. Bei einer „normalen" Münze (Kopf, Zahl) ist die Wahrscheinlichkeit, dass Kopf auftritt, 50 % = 0,5. Die Abbildung zeigt den Aufbau eines Tabellenblattes. Wir schreiben für das Ergebnis Kopf eine 1, für Zahl eine 0.

Für die Simulation eines Münzwurfs werden folgende Befehle benötigt. Beachte, dass Befehle stets mit einem =-Zeichen beginnen.

Zufallszahl ausgeben: „=ZUFALLSZAHL()"
Eine Zufallszahl zwischen 0 und 1 wird erzeugt.

Bedingung: „=WENN(BEDINGUNG;DANN;SONST)"
Ein Bedingungsbefehl, bei der zunächst die Bedingung eingegeben wird (B9<0,5). Nach dem Strichpunkt steht die Angabe, was passieren soll, wenn die Bedingung erfüllt ist („1"), nach dem nächsten Strichpunkt steht das, was ansonsten in der Zelle stehen soll („0").

a) Erstelle das Tabellenblatt.
b) Erweitere die Tabelle bis 100 (1000, 5000) Würfe.
c) Ändere das Tabellenblatt so ab, dass der Münzwurf auch für andere Wahrscheinlichkeiten für Kopf in Zelle B3 berechnet wird.

Hinweis: Mit der Taste F9 auf deiner Tastatur kannst du neue Zufallszahlen erzeugen.

Wir wollen in einem 2. Tabellenblatt beobachten, wie sich die relative Häufigkeit für Kopf bei vielen Münzwürfen verändert. Simuliere dazu den Münzwurf mit den bisherigen Befehlen, sodass du ein Tabellenblatt wie in der Abbildung nebenan erhältst.

d) Erstelle das Tabellenblatt und setze die Tabelle bis 1000 (2000) Würfe fort.
e) Zeichne ein Diagramm, das die relative Häufigkeit in Abhängigkeit von der Anzahl der Würfe darstellt. Was fällt dir auf? Beschreibe.

Mögliches Ergebnis:

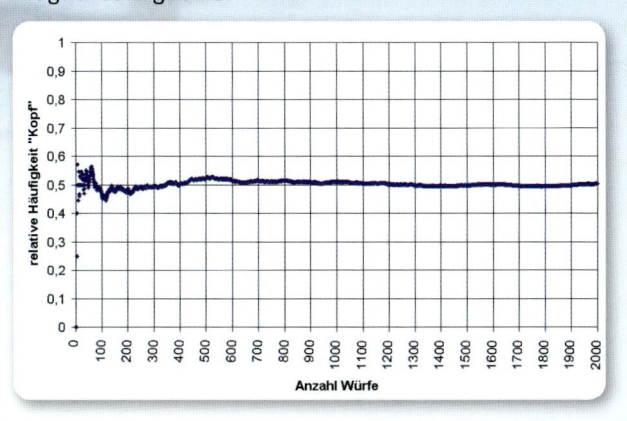

	A	B	C	D
1	Münzwurf			
2				
3	Wahrscheinlichkeit Kopf	0,5		
4				
5			H ("Kopf")	H ("Zahl")
6			3	2
7				
8	Wurf Nr.	Zufallszahl	Kopf	Zahl
9	1	0,6299059	=WENN(B9<0,5;1;0)	1
10	2	0,5168466	0	1
11	3	0,1617881	1	0
12	4	0,1317735	1	0
13	5	0,3588534	1	0

	A	B	C	D	E
1	Münzwurf - relative Häufigkeit für Kopf				
2					
3	Wurf Nr.	Zufallszahl	Kopf	H ("Kopf")	h ("Kopf")
4	1	0,81417284	0	0	0
5	2	0,20686313	1	1	0,5
6	3	0,52805168	0	1	=D6/A6
7	4	0,3355378	1	2	0,5
8	5	0,202836	1	3	0,6
9	6	0,26372382	1	4	0,666666667
10	7	0,24299591	1	5	0,714285714
11	8	0,67420491	0	5	0,625
12	9	0,57770917	0	5	0,555555556
13	10	0,89305231	0	5	0,5
14	11	0,87810695	0	5	0,454545455
15	12	0,09968275	1	6	0,5
16	13	0,19564548	1	7	0,538461538

4.8 Das kann ich!

Überprüfe deine Fähigkeiten und Kenntnisse. Bearbeite dazu die folgenden Aufgaben und bewerte anschließend deine Lösungen mit einem Smiley.

☺	😐	☹
Das kann ich!	Das kann ich fast!	Das kann ich noch nicht!

Hinweise zum Nacharbeiten findest du auf der folgenden Seite. Die Lösungen stehen im Anhang.

Aufgaben zur Einzelarbeit

1. Frau May fragt die 26 Schüler der Klasse 7c, wie viele Bücher sie haben. Erkläre jeweils die Angaben.
   a) Der Median aller Antworten liegt bei 11.
   b) Der Modalwert der Antworten liegt bei 9.
   c) Ist es nach Aufgabe a) und b) möglich, dass 13 Schüler der Klasse 10 Bücher haben?

2. Ergänze zu den Daten je eine Zahl so, dass …
   a) das arithmetische Mittel unverändert bleibt.
      0   1   2   3   4
   b) das arithmetische Mittel der Zahlen 30 wird.
     10   40   30   10
   c) der Modalwert 0 ist.
     0   0   1   2   3   4
   d) der Median 2 ist.
     3   13   1   1   7
   e) die Spannweite 11 ist.
     5   2   5   9   16

3. Das Diagramm zeigt, welche Instrumente die 16 Schüler des Wahlkurses Theater spielen:

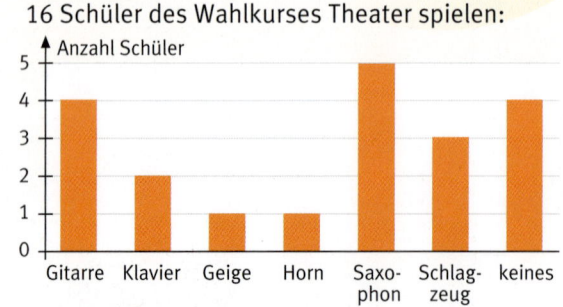

   (Balkendiagramm: Gitarre 4, Klavier 2, Geige 1, Horn 1, Saxophon 5, Schlagzeug 3, keines 4)

   a) Erstelle eine Rangliste der Instrumente.
   b) Einige Schüler spielen mehr als ein Instrument. Wie viele sind es mindestens (höchstens)?
   c) Wie viele Instrumente spielen die Schüler des Wahlkurses durchschnittlich?

4. Einer Umfrage zum Bücherkonsum zufolge lesen sogenannte „Leseratten" bis zu 23 Bücher im Jahr. „Lesemuffel" lesen gar nicht. Immerhin geben ca. 50 % der Befragten an, mindestens fünf Bücher im Jahr zu lesen. 50 % der Befragten geben an, jedes Jahr drei bis zehn Bücher zu lesen. Nur ein Viertel der Befragten liest mehr als zehn Bücher jährlich. Zeichne einen Boxplot, der zu diesen Aussagen passt.

5. In einer Untersuchung von 20 Katzen wurde erfasst, wie viele Katzenbabys sie innerhalb eines Jahres geboren haben. Die Ergebnisse wurden in einem Boxplot dargestellt. Beschreibe die Ergebnisse in Worten.

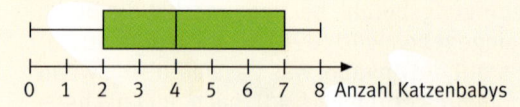

   (Boxplot: 0 1 2 3 4 5 6 7 8 Anzahl Katzenbabys)

6. Wenn man eine Münze wirft, kann entweder das Ergebnis Wappen (W) oder Zahl (Z) kommen.
   a) Handelt es sich bei dem Münzwurf um ein Zufallsexperiment? Begründe.
   b) Eine Münze wird 20-mal geworfen: W, W, Z, W, Z, Z, Z, Z, W, W, Z, Z, W, W, Z, W, Z, Z, W, W, W.
      1. Bestimme die relative Häufigkeit für W.
      2. Bestimme den Modalwert der Reihe.
      3. Bestimme die anderen Mittelwerte. Welche Probleme hast du?

7. Wirft man den Schraubverschluss einer PET-Flasche in die Luft, so bleibt er nach der Landung auf einem harten Boden entweder auf der Seite oder mit der Fläche nach unten oder oben liegen. Beschreibe, wie man vorgehen kann, wenn man für jede der drei Positionen einen Schätzwert für die Wahrscheinlichkeit ermitteln will.

8. Benny hält fünf Spielkarten verdeckt in der Hand, eine davon ist der „Schwarze Peter". Till muss eine Karte von Benny ziehen. Mit welcher Wahrscheinlichkeit zieht Till den „Schwarzen Peter"?

9. Michelle ist mit Würfeln an der Reihe. Sie hat die roten Spielfiguren. Gib die Wahrscheinlichkeit dafür an, dass Michelle das Spiel mit diesem Wurf beendet.

10 Lucy und Hank informieren sich im Internet, welche Lottozahlen bisher wie oft gezogen wurden: Am häufigsten war die Zahl 12 mit 358-mal dran, am seltensten die Zahl 16 mit 249-mal. Was meinst du?

Bei der nächsten Ausspielung wird die Zahl 12 gezogen.

Bei der nächsten Ausspielung wird die Zahl 16 gezogen.

Was meinst du?

11 Ella hat den abgebildeten Glückskreisel gebastelt. Sie geht davon aus, dass die Wahrscheinlichkeit für alle Farben gleich groß ist.
a) Gib die betreffende Wahrscheinlichkeit in Prozent an.
b) Beschreibe, wie Ella überprüfen könnte, ob ihre Einschätzung zutreffend ist.

Aufgaben für Lernpartner

Arbeitsschritte
1. Bearbeite die folgenden Aufgaben alleine.
2. Suche dir einen Partner und erkläre ihm deine Lösungen. Höre aufmerksam und gewissenhaft zu, wenn dein Partner dir seine Lösungen erklärt.
3. Korrigiere gegebenenfalls deine Antworten und benutze dazu eine andere Farbe.

Sind folgende Behauptungen **richtig** oder **falsch**? Begründe schriftlich.

12 Bei einem Boxplot umschließt die Box immer genau die Hälfte aller Werte.

13 Der Modalwert ist immer ein tatsächlich vorkommender Wert.

14 Der Median ist immer ein tatsächlich vorkommender Wert.

15 Das arithmetische Mittel ist immer ein tatsächlich vorkommender Wert.

16 Wenn das arithmetische Mittel von zwei Zahlen den gleichen Wert hat wie eine der beiden Zahlen, so hat die zweite Zahl ebenfalls denselben Wert.

17 Die Spannweite ist höchstens so groß wie das Maximum.

18 Die Spannweite ist mindestens so groß wie das Minimum.

19 Zwischen dem oberen Quartil und dem Maximum beim Boxplot liegen 25 % aller Werte.

20 Bei wiederholter Durchführung eines Zufallsexperiments stabilisiert sich die absolute Häufigkeit eines Ergebnisses mit wachsender Versuchszahl.

21 Relative Häufigkeiten bei sehr oft durchgeführten Zufallsexperimenten sind Schätzwerte für die betreffenden Wahrscheinlichkeiten.

22 Beim Werfen eines Spielwürfels ist eher zu erwarten, bei den ersten sechs Würfen keine Eins zu bekommen als bei den ersten sechzig Würfen.

23 Laplace-Wahrscheinlichkeiten lassen sich bei allen Zufallsexperimenten angeben.

24 Sind bei einem Zufallsexperiment 20 verschiedene Ergebnisse möglich und alle 20 Ergebnisse gleich wahrscheinlich, dann ist die Wahrscheinlichkeit für jedes einzelne Ergebnis 5 %.

Aufgabe	Ich kann ...	Hilfe
2, 3, 6	statistische Kennwerte bestimmen.	S. 92
1, 13, 14, 15, 16, 17, 18	mit statistischen Kennwerten Sachverhalte erklären.	S. 92
4	Daten in einem Boxplot darstellen.	S. 94
5, 12, 19	Sachverhalte, die durch einen Boxplot dargestellt sind, beschreiben.	S. 94
6	Zufallsversuche beschieben.	S. 98
7, 11, 20, 21	relative Häufigkeiten bei wiederholter Versuchsdurchführung als Schätzwert für Wahrscheinlichkeiten bestimmen.	S. 100
8, 9, 11, 24	Laplace-Wahrscheinlichkeiten bestimmen.	S. 102
10, 22, 23	beurteilen, ob Laplace-Wahrscheinlichkeiten vorliegen.	S. 102

4.9 Auf einen Blick

S. 92

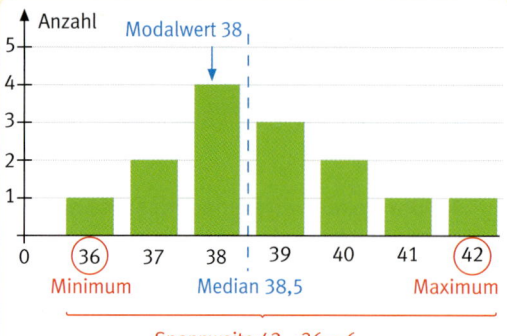

Kennwerte, die die Streuung von Daten beschreiben:
Minimum: kleinster Datenwert
Maximum: größter Datenwert
Spannweite: Unterschied zwischen Minimum und Maximum

Kennwerte, die Daten durch einen zentralen Wert beschreiben:
Modalwert: häufigster Wert
Median: Wert in der Mitte einer geordneten Datenreihe
arithmetisches Mittel: $\bar{x} = \dfrac{\text{Summe aller Einzelwerte}}{\text{Anzahl der Einzelwerte}}$

$\bar{x} = \dfrac{36 + 37 + 37 + \ldots + 41 + 42}{14} \approx 38{,}7$

S. 94

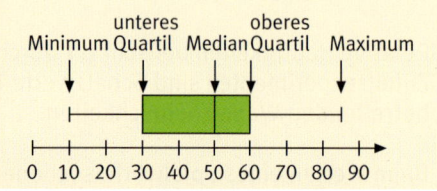

Ein **Boxplot** gibt Auskunft darüber, wie die Werte verteilt sind.
Der Median unterteilt die Daten in zwei Hälften.
unteres Quartil: Median der unteren Hälfte
oberes Quartil: Median der oberen Hälfte
Die **Box** umfasst die mittlere Hälfte aller Werte.

S. 98

Mögliche Ergebnisse beim Würfeln:
1, 2, 3, 4, 5, 6
- Man interessiert sich für das Ereignis „Augenzahl gerade".
- Man betrachtet das Ereignis „Augenzahl 6".
- Man betrachtet das Ereignis „Augenzahl größer als 1".

Ein Versuch heißt **Zufallsversuch**, wenn gilt:
1. Die Durchführung erfolgt nach genau festgelegten Regeln und ist beliebig oft wiederholbar.
2. Mindestens zwei Ergebnisse sind möglich.
3. Das Ergebnis ist nicht vorhersagbar.

Als **Ereignis** wird der **Teil aller möglichen Ergebnisse** genannt, für die man sich genauer interessiert. Ein Ereignis kann unmöglich, möglich oder sicher sein.

S. 100

Eine 1-€-Münze wird mehrmals geworfen.

Anzahl Würfe	H (W)	H (Z)	h (W)	h (Z)
10	7	3	70 %	30 %
100	42	58	42 %	58 %
1000	514	486	51 %	49 %
10 000	4955	5045	50 %	50 %

Die Wahrscheinlichkeit für Wappen (W) und Zahl (Z) beläuft sich jeweils auf 50 %.

Führt man ein Zufallsexperiment sehr oft durch, dann beobachtet man, dass sich die **relativen Häufigkeiten** bei wachsender Versuchszahl **stabilisieren**. Diese Tatsache wird auch als das **Empirische Gesetz der großen Zahlen** bezeichnet.

Die stabilisierten relativen Häufigkeiten sind ein guter **Schätzwert für die Wahrscheinlichkeit**, mit der man die Ergebnisse eines Zufallsexperiments erwartet.

S. 102

Bei einem Farbwürfel mit den Farben Rot, Gelb, Grün, Blau, Weiß und Schwarz beträgt die Wahrscheinlichkeit für das Ergebnis Grün $\dfrac{1}{6}$.

Bei manchen Zufallsexperimenten kann aufgrund theoretischer Überlegungen davon ausgegangen werden, dass alle möglichen Ergebnisse gleich wahrscheinlich sind.

Gibt es n mögliche Ergebnisse (n = 2, 3, 4, …), dann ist die Wahrscheinlichkeit für jedes einzelne Ergebnis $\dfrac{1}{n}$. Man spricht von einer **Laplace-Wahrscheinlichkeit**.

Kreuz und quer

Winkel

1 Übertrage die Winkel in dein Heft und bestimme ihre Größe.
a)   b)   c)

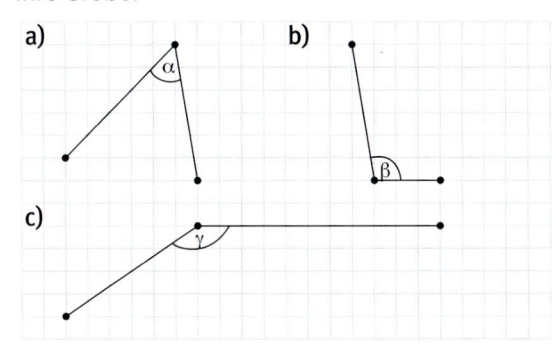

2 a) Welche Winkelarten werden in der Mathematik unterschieden? Zeichne jeweils ein Beispiel.
b) Gib jeweils die Winkelart an.

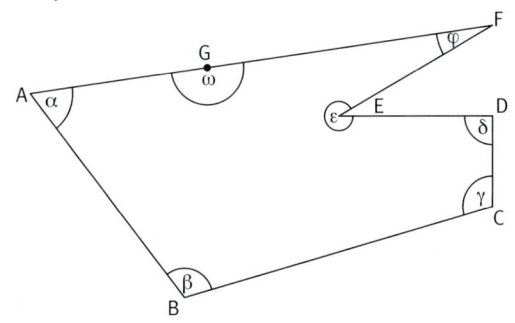

3 Zeichne je einen Winkel der gegebenen Größe.
a) 10°; 45°; 58°; 87°; 90°; 120°; 175°; 180°
b) 195°; 210°; 250°; 270°; 286°; 345°; 360°

4 Berechne die Größe der fehlenden Winkel.
a) 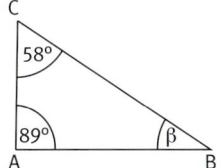   b)

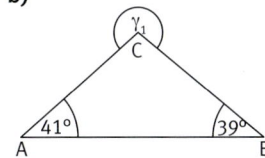

5 Bestimme jeweils die Größe der fehlenden Winkel.
a) g ∥ h 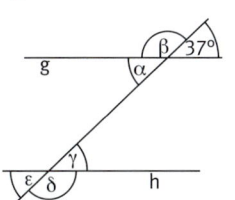
b) g ∥ h und s ∥ t

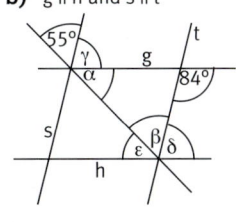

Dezimalbrüche

6 Berechne im Kopf.
a) 1,44 : 100   b) 10,6 : 10
c) 2,5 : 1000   d) 6160,2 : 1000
e) 0,415 · 100   f) 0,006 · 10

7 Setze das richtige Zeichen (<, >, =) ein.
a) 2,5 ☐ $2\frac{1}{4}$ b) 1,2 ☐ $1\frac{1}{4}$
c) $4\frac{1}{3}$ ☐ 4,33   d) $5\frac{1}{9}$ ☐ 5,1

8 Übertrage in dein Heft und vervollständige.
a) 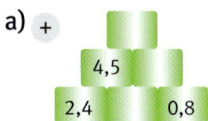 + (4,5; 2,4; 0,8)
b) 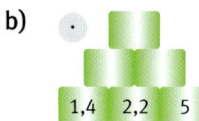 · (1,4; 2,2; 5)

9 Berechne die fehlenden Werte.
103,05 − ☐ ; ☐ : 2,7 ; 17,9 + ☐ ; 50,058 : ☐ ; ☐ − 29,8 ; ☐ + 9,73 ; 8,1 · ☐ ; $\frac{3}{2}$ · ☐ ; 340,2 : ☐ ; ☐ · 10 ; → 48,6

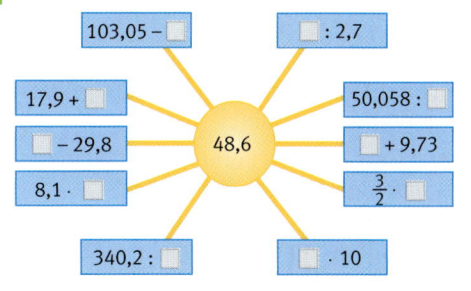

10 Übertrage in dein Heft und ergänze die fehlenden Werte. Setze fehlende Kommas richtig.
a) 7☐,6☐5 − ☐9,927 = 49,☐7☐
b) 50☐,9☐ + ☐29,☐2 = ☐2☐689
c) ☐9,4☐ · 2,0☐ ; 5894 ; 8☐4☐ ; 59☐2☐1
d) ☐,15 · 4,☐ ; 60 ; ☐☐5 ; 0,70☐

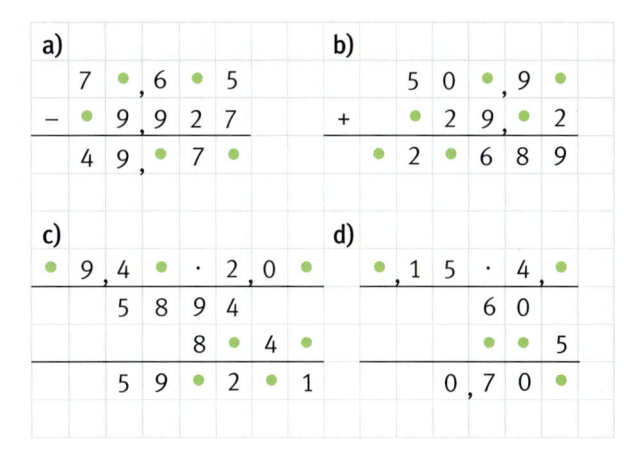

Sachrechnen

11 Das Diagramm zeigt die monatlichen Einnahmen (blau) und Ausgaben (rot) einer Computerfirma. Die Angaben wurden auf Millionen € gerundet.

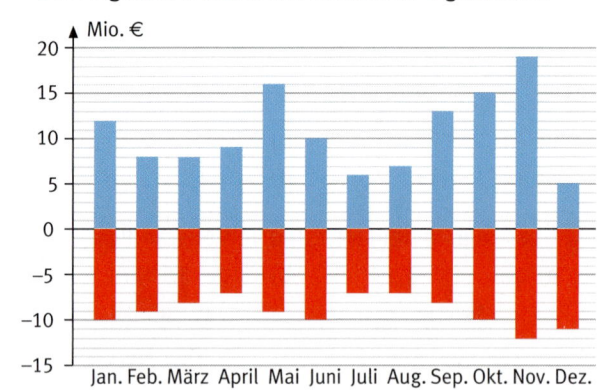

a) Erstelle eine Wertetabelle mit den monatlichen Einnahmen und Ausgaben.
b) Berechne den monatlichen Gewinn bzw. Verlust. In welchem Monat hat die Firma den größten Gewinn (Verlust) gehabt?
c) Welchen Gewinn bzw. Verlust hat die Firma in dem Jahr insgesamt gemacht?

12 Ordne die Lösungswege den einzelnen Aufgaben zu und ergänze die Rechnungen. Welche Größe wird jeweils berechnet?

① 16,80 · 12
  ☐ · 24
  ☐

② 24 · 24
  ☐

  16,80 · 12
  ☐ − ☐ = ☐

a) Die Klasse 7a fährt mit 24 Schülern für zwölf Tage in die Jugendherberge. Die Kosten pro Schüler betragen am Tag 16,80 €.
b) Frau Marquart baut auf ihrem quadratischen Grundstück mit 24 m Seitenlänge ein Haus von 16,80 m Länge und 12 m Breite.

13 Herr Schnell holt drei Angebote für einen Neuwagen ein. Welches Angebot ist das günstigste?
① Neupreis: 14 500 €; Nachlass: 500 €
② Neupreis: 15 000 €; 3,5 % Rabatt
③ Neupreis: 14 800 €; 2,5 % Rabatt. Auf den ermäßigten Preis bei Sofortzahlung noch einmal 1 % Skonto.

Koordinatensystem

14 Übertrage in dein Heft und ergänze jeweils zu einem Parallelogramm. Bestimme die Koordinaten der Eckpunkte.

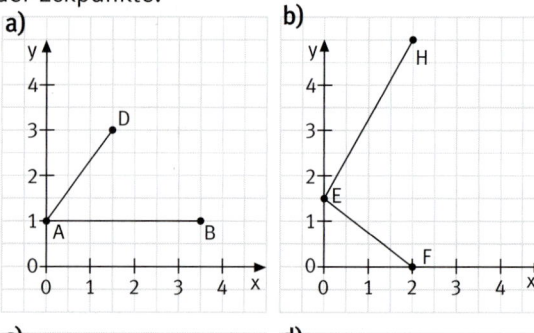

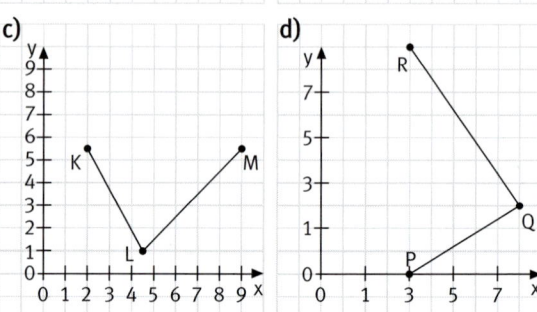

a) b) c) d)

15
① Rechteck: A (1|1); B (6|1); C (6|5)
② Quadrat: A (−2|−3); C (4|6)
③ Parallelogramm: A (−6|−1); B (0|−1); D (−4|3)

a) Zeichne die Figur in ein Koordinatensystem und bestimme die fehlenden Eckpunkte.
b) Zeichne die Symmetrieachsen der Figur ein.
c) Bestimme Umfang und Flächeninhalt des Rechtecks.

16 a) Übertrage in dein Heft und spiegle das Dreieck ABC an der Geraden g.
b) Gib die Koordinaten des Dreiecks und des gespiegelten Dreiecks an.

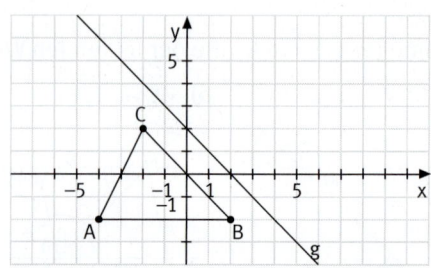

5 Flächeninhalt von Drei- und Vierecken

EINSTIEG

- Welche geometrischen Formen sind auf dem Bild zu sehen?
- Wie viel Metallblech braucht man, um die Blätter des Windrades herzustellen?
- Wie groß ist wohl ein Blatt des Windrads?
- Wie könnte man vorgehen, um die Größe dieser Blätter zu bestimmen?

AUSBLICK

Am Ende dieses Kapitels hast du gelernt, ...
- wie man Flächen geschickt zerlegt.
- wie man den Flächeninhalt von Dreiecken und Vierecken bestimmt.
- wie man den Flächeninhalt von Grundstücken ausmessen kann.

5.1 Vierecke

Du siehst hier einen Teil von Paris aus der Vogelperspektive. Man erkennt gut, wie die Straßen die Stadt in verschiedene Vielecke unterteilen.

- Welche Vielecksformen kennst du schon? Kannst du sie benennen?
- Welche Eigenschaften kannst du den Vierecken zuordnen?

Du kennst schon:

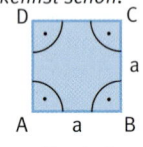

Quadrat

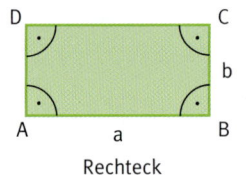

Rechteck

MERKWISSEN

Ein **Parallelogramm** ist ein Viereck, bei dem die gegenüberliegenden Seiten parallel sind. Ein Parallelogramm ist punktsymmetrisch.

Eine **Raute** ist ein Viereck, bei dem alle Seiten gleich lang sind. Eine Raute besitzt zwei Symmetrieachsen, die durch die Ecken verlaufen.

Ein **Drachenviereck** ist ein Viereck, bei dem die Nachbarseiten paarweise gleich lang sind. Ein Drachenviereck hat eine Symmetrieachse, die durch die Eckpunkte verläuft.

Ein **Trapez** ist ein Viereck, bei dem zwei Seiten parallel sind. Ein **gleichschenkliges Trapez** besitzt zusätzlich eine Symmetrieachse, die durch die Mitten der parallelen Seiten verläuft.

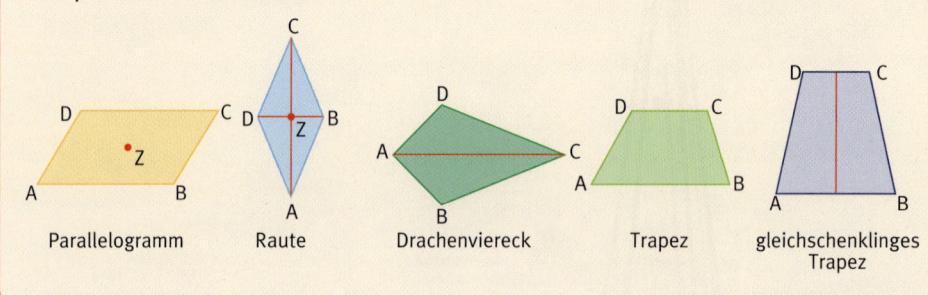

Parallelogramm — Raute — Drachenviereck — Trapez — gleichschenkliges Trapez

Statt Drachenviereck sagt man auch kurz Drachen.

BEISPIELE

Beachte, dass ein Viereck mehrere Namen haben kann, wenn es die Voraussetzungen erfüllt.

I Um welche Vierecke handelt es sich? Prüfe die Eigenschaften mit dem Geodreieck nach und benenne die Vierecke.

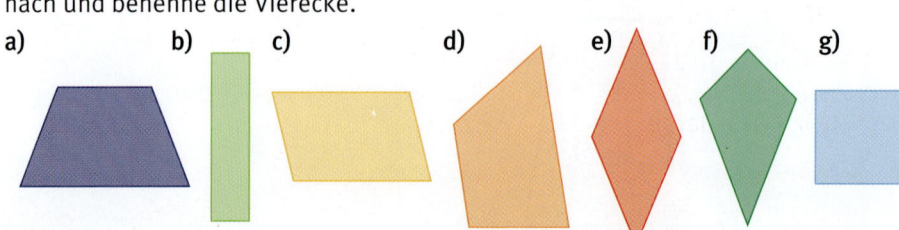

a) b) c) d) e) f) g)

Lösung:
a) gleichschenkliges Trapez
b) Rechteck, Parallelogramm, Trapez
c) Parallelogramm, Trapez
d) Trapez
e) Raute, Parallelogramm, Drachen
f) Drachenviereck
g) Quadrat, Raute, Drachen, Rechteck, Parallelogramm, Trapez

Mögliche Begründung für b):
Beim Rechteck sind gegenüberliegende Seiten gleich lang, also ist es auch ein Parallelogramm; ebenso sind zwei Seiten parallel, also ist es auch ein Trapez.

Kapitel 5

Verständnis

- Jens behauptet, dass jedes Viereck, in dem die Diagonalen senkrecht zueinander sind, ein Drachen ist. Stimmt seine Behauptung? Begründe beispielsweise durch ein Gegenbeispiel.
- Steffi behauptet: „Ein Quadrat ist eine Raute und somit auch ein Parallelogramm oder ein Drachen mit vier gleich langen Seiten." Stimmt das? Begründe.

Aufgaben

1 Übertrage die Vierecke ins Heft und benenne sie, in dem du die Eigenschaften überprüfst. Zeichne die fehlenden Diagonalen und Symmetrieachsen ein. In welchen Fällen stimmen Diagonalen und Symmetrieachsen überein?

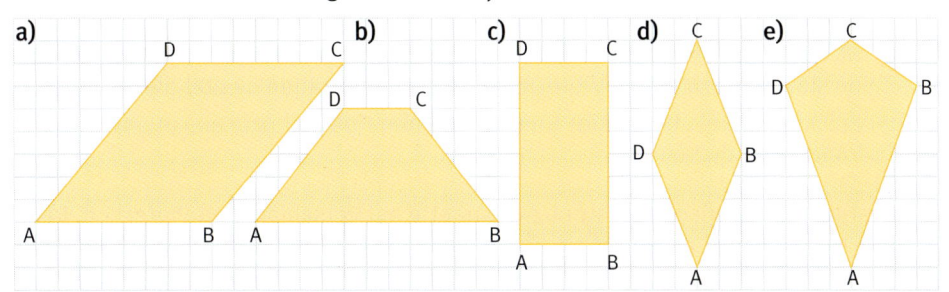

a) b) c) d) e)

Wissen

Penroseparkette

Der Mathematiker und Physiker Roger Penrose (geb. 1931 in Colchester/England) hat sich unter anderem mit Mustern befasst. Er entdeckte dabei 1974, dass man mit zwei speziellen Rauten besondere unregelmäßige Muster legen kann. Solche Muster heißen Penroseparkette. Die beiden Rauten haben die gleiche Seitenlänge, aber sie besitzen unterschiedliche Innenwinkel: Die „dicke" Raute hat die Eckwinkel 108° und 72°, die „dünne" 144° und 36°.

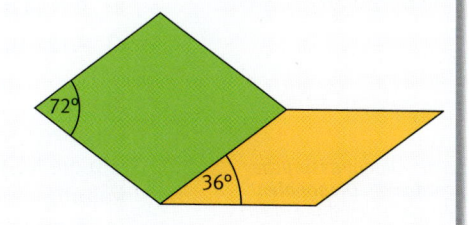

Man kann mit diesen Rauten besonders schöne und interessante Muster erzeugen. Dazu könnt ihr folgendermaßen vorgehen:

- Jeder Schüler aus eurer Klasse sollte mehrere „dicke" und „dünne" Rauten aus Karton herstellen. Überlegt euch dazu ein geschicktes Verfahren. Verwendet beispielsweise eine Schablone.
- Zeichnet die Rauten jeweils mit 4 cm Kantenlänge.
- Die dicke Raute sollte eine andere Farbe haben als die dünne.
- Ihr könnt die Rautenmuster zunächst auf dem Boden legen und später als Wandschmuck auf große Kartons kleben. Folgende Muster könnten dabei entstehen:

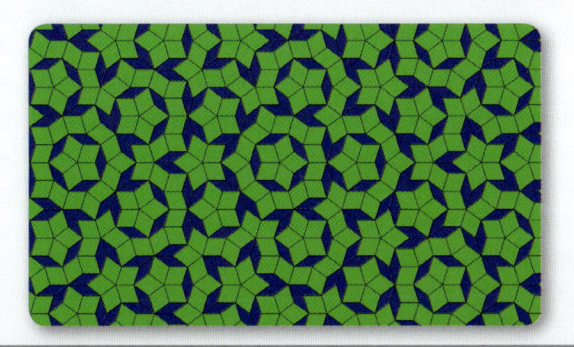

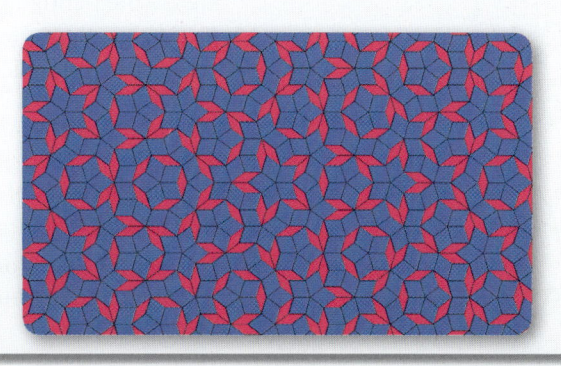

5.1 Vierecke

Findest du mehrere Möglichkeiten?

2 Für welches Viereck trifft die Aussage zu? Das Viereck hat …
a) genau zwei parallele Seiten.
b) vier gleich lange Seiten.
c) genau ein Paar gleich langer Seiten.
d) zwei Paar gleich langer Seiten.
e) vier rechte Winkel.
f) genau zwei gleich große Winkel.

3 Welche Viereckformen kommen häufig in der Umwelt vor? Notiere Beispiele und den Ort, wo du deine Vierecke gesehen hast.

4 Zeichne ein Rechteck mit den Seitenlängen a = 7 cm und b = 5 cm in dein Heft.
a) Markiere den Mittelpunkt jeder Seite und verbinde diese Seitenmittelpunkte der Reihe nach zu einem Viereck. Welches Viereck ist entstanden? Notiere und begründe die Eigenschaften.
b) Markiere auf dem neuen Viereck wiederum die Seitenmittelpunkte und verbinde sie erneut zu einem Viereck. Welche Eigenschaften besitzt dieses Viereck?
c) Zeichne nun ein beliebiges Viereck und führe die Schritte aus a) und b) durch. Was stellst du fest?

5 Gestalte geometrische Muster bzw. Parkette mit verschiedenen Vierecken. In der Randspalte siehst du ein Beispiel. Ein dynamisches Geometriesystem kann helfen.

6 Zeichne das Viereck ABCD in ein Koordinatensystem (Einheit 1 cm) und benenne es. Zeichne, falls vorhanden, die Symmetrieachsen ein.
a) A (1|1); B (3|0); C (5|1); D (3|5)
b) A (−1|0); B (0|2); C (−2|4); D (−4|3)
c) A (2|3); B (6|3); C (7|6); D (1|6)
d) A (−2|5); B (2|7); C (3|10); D (−1|8)

7 Zeichne die Punkte A, B und C in ein Koordinatensystem (Einheit 1 cm) und ergänze jeweils zu einem Parallelogramm, zu einem Trapez und zu einem Drachen. Gib die Koordinaten des fehlenden Eckpunktes an. Findest du mehrere Möglichkeiten?
a) A (8|1); B (10|1); C (12|5)
b) A (1|1,5); B (3|−1); C (7|1,5)

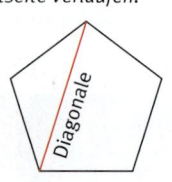

8

	Die Diagonalen …		
	sind gleich lang.	halbieren sich.	sind rechtwinklig zueinander.
Quadrat	☐	☐	☐
Rechteck	☐	☐	☐
…	☐	☐	☐

a) Wie verhalten sich die Diagonalen zueinander in den unterschiedlichen Vierecken? Übertrage die Tabelle ins Heft, ergänze die Spalte der Vierecke und kreuze die richtigen Eigenschaften an.
b) Erstelle eine zweite Tabelle, in der du die Vierecke auf Achsen- bzw. Punktsymmetrie untersuchst.

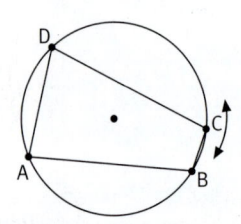

*In der Umgangssprache werden als **Diagonalen** meistens schräge Linien bezeichnet (z. B. die Bildschirmdiagonale). Mathematisch gesehen sind Diagonalen aber immer Strecken in Vielecken, die zwei nicht nebeneinanderliegende Ecken miteinander verbinden. Diagonalen können also auch parallel zu einer Vielecksseite oder deiner Heftseite verlaufen.*

9 Zeichne mit einem dynamischen Geometriesystem einen Kreis und setze vier Punkte A, B, C, und D auf die Kreislinie. Verbinde die Punkte zum Viereck ABCD. Durch Verschieben der Eckpunkte sollen verschiedene Viereckformen werden.
a) Welche Viereckformen lassen sich leicht erzeugen?
b) Ein „echte" Raute oder ein „echtes" Parallelogramm lassen sich auf diese Weise nicht überzeugen. Versuche, dieses zu begründen. Denke dabei an die Diagonalen.

10 Zeichne ein Viereck mit vier unterschiedlich langen Seiten auf Karton, schneide es aus und benenne die Winkel wie üblich mit α, β, γ und δ. Fertige von diesem Viereck zusammen mit deinem Nachbarn insgesamt acht Kopien an und markiere die Winkel entsprechend. Versuche nun, diese kongruenten Vierecke lückenlos aneinanderzulegen. Was stellst du fest? Begründe das Phänomen.

WISSEN

Das Haus der Vierecke

Ordnet man Viereckarten nach ihren Symmetrieeigenschaften, so entsteht das sogenannte Haus der Vierecke. Jedes Viereck symbolisiert ein Zimmer in diesem Haus. Vierecke mit vergleichbaren Eigenschaften, z. B. vergleichbaren Symmetrien, befinden sich auf dem gleichen Stockwerk.
Im Dachgeschoss befindet sich das Viereck mit den meisten Symmetrieeigenschaften: das Quadrat. Es besitzt vier Symmetrieachsen, von denen jeweils zwei senkrecht zueinander sind. Zudem ist das Quadrat punktsymmetrisch.

Übertrage für die folgenden Aufgaben das Haus der Vierecke ins Heft.

- Welche Symmetrien findest du im 3. Stock? Zeichne Symmetrieachsen bzw. das Symmetriezentrum ein. Vergleiche die Symmetrien. Was stellst du fest?
- Im 2. Stock „wohnen" drei Vierecke. Welche Symmetrien findest du hier?
- Das Viereck im ersten Stock ist nicht symmetrisch, trotzdem unterscheidet es sich vom allgemeinen Viereck im Erdgeschoss. Beschreibe.

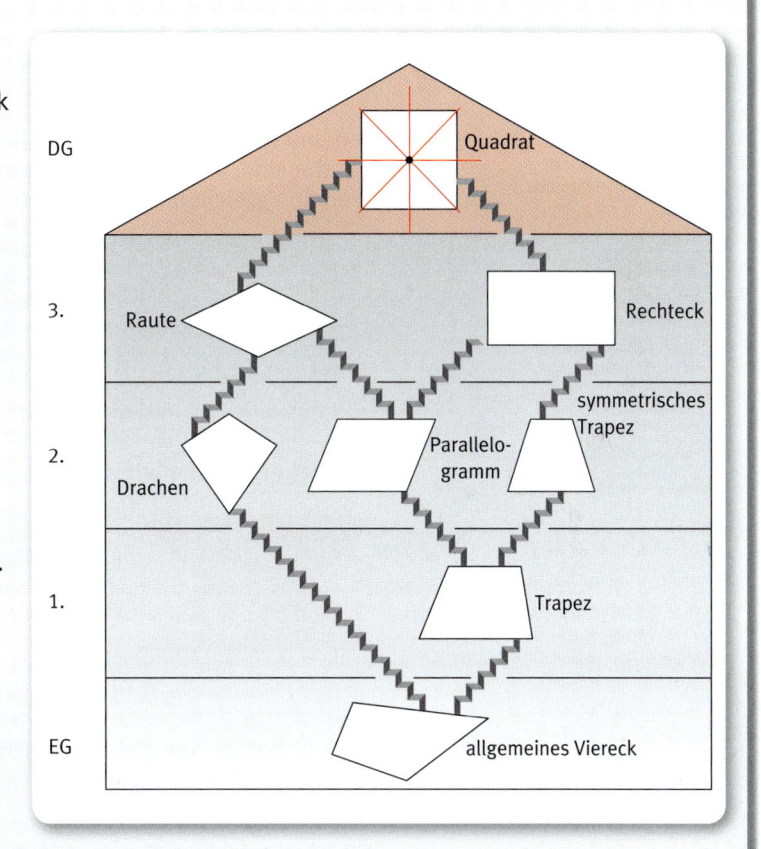

Die Vierecke sind durch Treppen verbunden. Man kann in diesem Haus nur auf diesen Treppen von einem Viereck zum nächsten gelangen. Wenn man eine Treppe nach unten geht, verliert das Viereck eine Eigenschaft. Geht man eine Treppe nach oben, so kommt eine Eigenschaft hinzu.

- Katrin behauptet, dass jede Raute auch ein Trapez ist. Sie begründet es dadurch, dass man von der Raute direkt über zwei Treppen abwärts zum Trapez gelangt. Was sagst du zu dieser Begründung?
- Warum ist ein Rechteck kein Drachenviereck? Kannst du das mit der Treppenmethode begründen?
- Wie ändern sich die Eigenschaften der Seiten und Winkel der Vierecke auf dem Weg ...
    a) vom allgemeinen Viereck zum Rechteck?
    b) vom allgemeinen Viereck zum Drachenviereck?
    c) vom Trapez zum Quadrat?
- Beschreibe weitere Wege. Man kann dabei auch von oben nach unten gehen.

5.2 Flächenvergleich

Für den Bau einer Straße soll Bauer Friedrich eine Ackerfläche abgeben. Der Staat bietet ihm als Ersatz für sein altes Ackerland (A) eine freie neue Fläche (N) an.

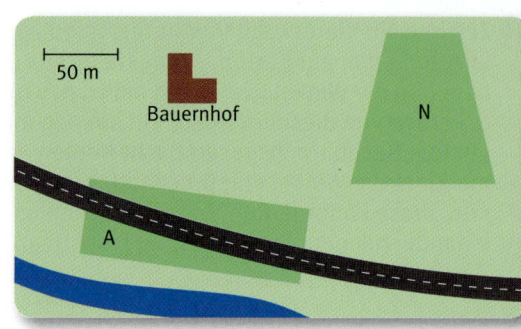

- Sollte Bauer Friedrich auf diesen Tausch eingehen? Welche Überlegungen können bei seiner Entscheidung eine Rolle spielen?
- Vergleiche die Größe der beiden Grundstücke miteinander. Wie kannst du hier vorgehen?
- Welche Eigenschaften kannst du den Vierecken zuordnen?

Merkwissen

Figuren und Flächen, die sich in **Teilfiguren** zerlegen lassen, die kongruent zueinander sind, nennt man **zerlegungsgleich**. Zerlegungsgleiche Flächen besitzen den **gleichen Flächeninhalt**, sie sind **flächengleich**.

Figuren, die in ihrer Form und in ihrer Größe übereinstimmen, nennt man deckungsgleich oder kongruent.

Beispiele

I Welche Figur ist flächengleich zur roten? Überprüfe durch Zerlegen.

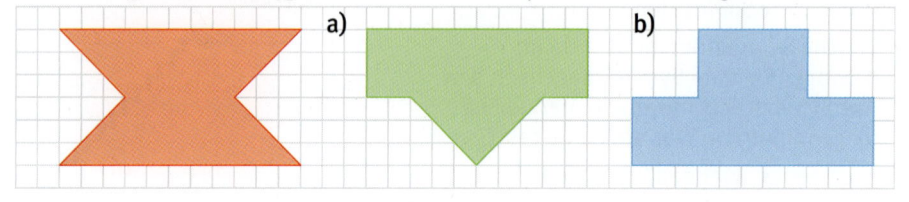

Lösung:
Die Figur b) besitzt den gleichen Flächeninhalt. Durch Zerlegen in kongruente Teilflächen erkennt man, dass die beiden Figuren zerlegungsgleich sind.

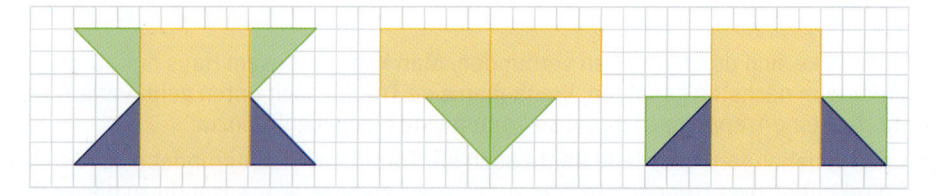

Verständnis

- Hakan ist der Meinung, dass zwei Figuren mit gleichem Flächeninhalt auch denselben Umfang besitzen. Stimmt das? Erläutere deine Aussage.
- Moritz behauptet: „Zwei Figuren haben den gleichen Flächeninhalt, wenn sie zerlegungsgleich sind." Hat er Recht? Begründe.

KAPITEL 5

1 Zeichne die Figuren a) bis d) ab und schneide sie aus. Zerschneide sie dann mit möglichst wenigen Schnitten so, dass sie sich zu dem blauen Rechteck zusammensetzen lassen. Vergleiche deine Ergebnisse mit denen deines Nachbarn.

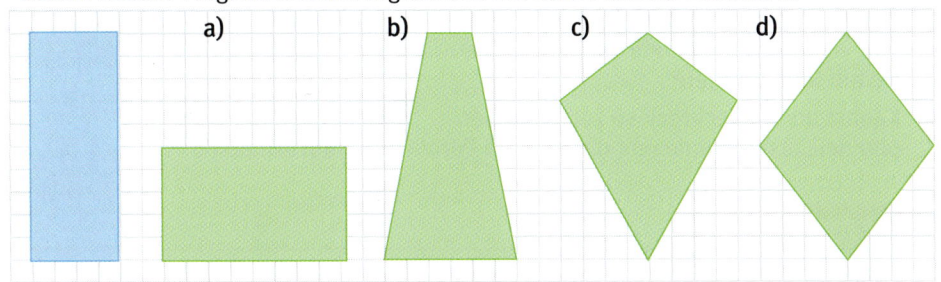

Du kannst auch die doppelte Größe verwenden.

2 Übertrage die Vielecke ins Heft und zeige, dass sie flächengleich sind. Du kannst dabei die Flächen in kongruente Teilstücke zerlegen und diese gleich färben.

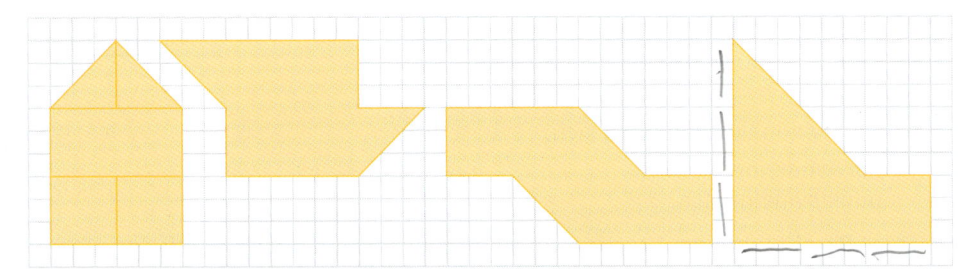

Kannst du auch diese Figuren nachlegen?

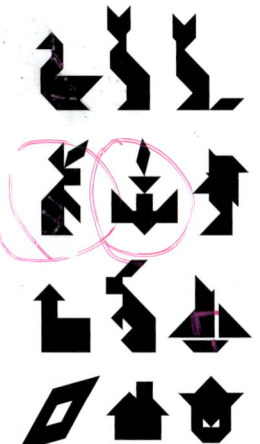

3 Zeichne ein Quadrat mit 12 cm Seitenlänge und die zusätzlichen Linien auf Karopapier. Alle Linien sind dabei parallel zu den Diagonalen oder den Seitenkanten. Klebe das Papier auf einen Karton und zerschneide diesen. Du erhältst das chinesische Legespiel Tangram („Siebenschlau"). Lege die abgebildeten Figuren nach und benutze dabei alle sieben Teile des Tangram.

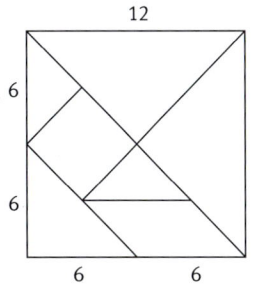

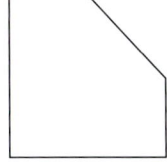

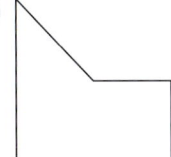

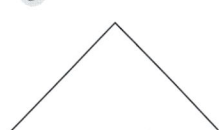

Das „Y" als Tangrampuzzle

4 Zeichne die Dreiecke auf Karopapier ab und schneide sie aus. Zeige durch geschicktes Zerschneiden und neues Zusammenlegen, dass alle Dreiecke den gleichen Flächeninhalt haben. Was gilt also für alle Dreiecke mit gleicher Höhe und Grundseite?
Tipp: Versuche zuerst ein Parallelogramm und dann ein Rechteck zu legen.

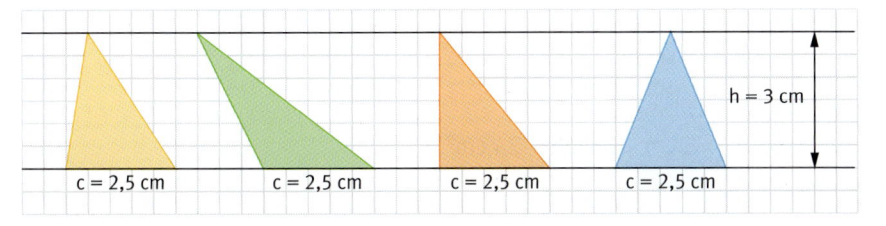

$h = 3$ cm
$c = 2,5$ cm

5.3 Flächeninhalt von Parallelogrammen

- Zeichne das Parallelogramm auf Karopapier und schneide es aus. Zerlege es anschließend in Teilfiguren und setze diese zu einem Rechteck zusammen. Es gibt verschiedene Möglichkeiten. Zeige sie auf und erläutere. 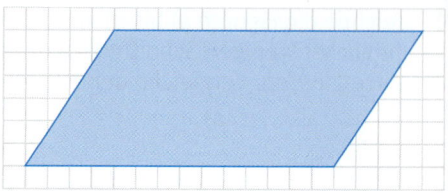
- Kannst du ein Rechteck so zerschneiden und neu zusammenlegen, dass du ein Parallelogramm erhältst?

Merkwissen

Ein **Parallelogramm** ist ein Viereck, bei dem **gegenüberliegende Seiten parallel** sind. Weiterhin gilt:

- Gegenüberliegende Seiten sind gleich lang.
- Gegenüberliegende Winkel sind gleich groß.
- Je zwei benachbarte Winkel ergeben 180°.
- Die Diagonalen halbieren sich.
- Ein Parallelogramm ist punktsymmetrisch.

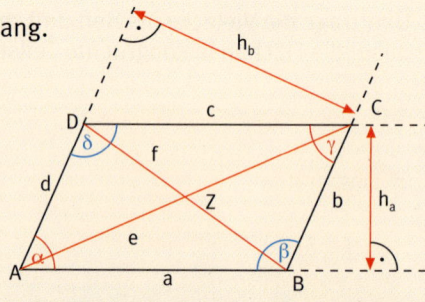

Jedes **Parallelogramm** kann man in ein flächengleiches Rechteck mit derselben Grundseite und Höhe umwandeln. Für seinen **Flächeninhalt** gilt:

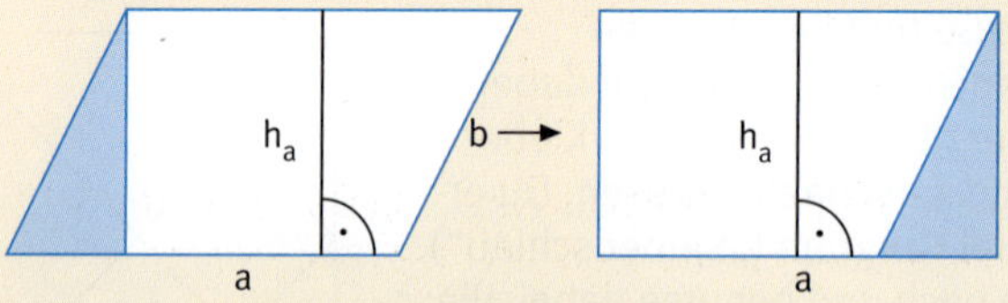

$A_P =$ Grundseite · zugehörige Höhe
$A_P = g \cdot h \qquad (A_P = a \cdot h_a$ oder $A_P = b \cdot h_b)$

Für den Umfang eines Parallelogramms mit den Seitenlängen a und b gilt:
$u_P = 2 \cdot a + 2 \cdot b = 2 \cdot (a + b)$

Achtung: Manchmal kann die Höhe eines Parallelogramms auch außerhalb der Figur liegen.

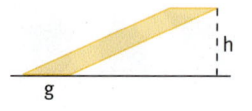

Beispiele

I Gegeben ist das Parallelogramm ABCD mit A (3|1), B (9|1), C (6|5) und D (0|5).

a) Berechne seinen Flächeninhalt auf zwei verschiedene Arten.
b) Bestimme den Umfang, miss dazu die notwendigen Längen.

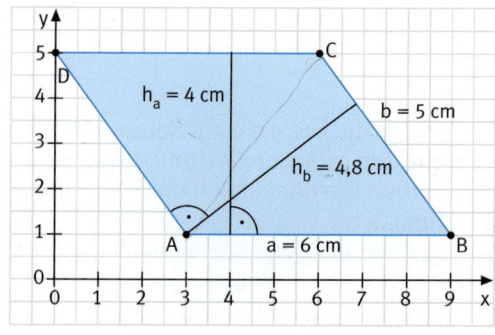

Lösung:

a) ① $a = 6$ cm; $h_a = 4$ cm
$A_P = a \cdot h_a = 6$ cm $\cdot 4$ cm $= 24$ cm²
② $b = 5$ cm; $h_b = 4{,}8$ cm
$A_P = b \cdot h_b = 5$ cm $\cdot 4{,}8$ cm $= 24$ cm²

b) $u_P = 2 \cdot a + 2 \cdot b = 2 \cdot 6$ cm $+ 2 \cdot 5$ cm $= 22$ cm

KAPITEL 5

VERSTÄNDNIS

- Beim Parallelogramm sind alle Seiten und Winkel gleich groß. Stimmt das?
- Jakob ist der Meinung, dass der Flächeninhalt eines Parallelogramms das Produkt aus den beiden Seitenlängen ist. Stimmt das?

AUFGABEN

1. Zeichne das Parallelogramm in ein Koordinatensystem und berechne seinen Flächeninhalt. Miss dazu eine geeignete Grundseite und die zugehörige Höhe.
   a) A (3|7); B (4|2); C (9|4); D (8|9) b) E (3|6); F (9|1); G (12|6); H (6|11)
   c) I (2|11); J (13|7); K (13|10); L (2|14) d) M (2|1); N (6|0); O (5|1); P (1|2)
   e) Q (2,5|7); R (4|9); S (–2|11); T (–3,5|9) f) U (–2|1); V (2|4); W (0|5,5); X (–4|2,5)

2. Übertrage die Tabelle für Parallelogramme ins Heft und vervollständige sie.

	a)	b)	c)	d)	e)	f)
Grundseite g	5,5 cm	8,7 cm	2,4 cm	1,8 m		13 mm
Höhe h	3,3 cm	3,9 cm	34 mm	85 cm	17 cm	
Flächeninhalt					221 cm²	169 mm²

3. Welcher Anteil des Streifens ist grün?

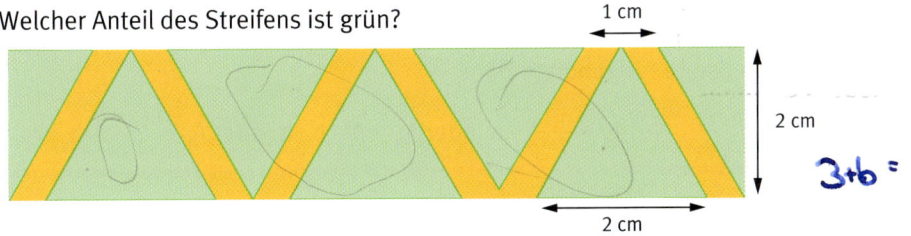

4. Ein Gartenbauer muss einen Weg von der Straße zum Haus mit Betonplatten auslegen. Die Platten haben eine quadratische Form und eine Kantenlänge von 30 cm.
   a) Wie viele Platten benötigt der Arbeiter mindestens, um den Weg zu pflastern?
   b) Wie können die Platten in den Weg gelegt werden? Fertige eine maßstäbliche Skizze.
   c) Damit der Weg vollständig gepflastert werden kann, müssen einige Platten zerschnitten werden. Wie viele und wie müssen die Platten zerschnitten werden? Begründe dein Vorgehen.

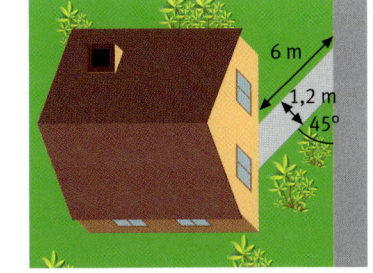

5. Ein Parallelogramm ist 5 cm hoch, die zugehörige Grundseite ist 8 cm lang. Zeichne verschiedene Parallelogramme, die diese Bedingung erfüllen. Gib auch jeweils den Flächeninhalt an. Was stellst du fest?

6. Im Hamburger Fischereihafen steht das Dockland. Dieses Gebäude sieht aus wie eine große Yacht, die Fassade erinnert aber stark an ein Parallelogramm. Wie viele Quadratmeter Glas sind wohl für die Fassade verwendet worden? Lege deiner Schätzung zugrunde, dass jedes der fünf Stockwerke ca. 5 m hoch ist.

5.4 Flächeninhalt von Dreiecken

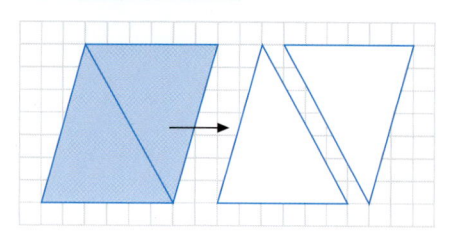

- Zeichne ein Parallelogramm auf Karopapier und bestimme seinen Flächeninhalt.
- Zerschneide nun das Parallelogramm entlang einer Diagonalen: Du erhältst zwei kongruente Dreiecke. Wie groß ist die Fläche eines Dreiecks?
- Versuche, eine Formel für die Dreiecksfläche anzugeben.

MERKWISSEN

Um den **Flächeninhalt** eines Dreiecks zu bestimmen, kann man ein **Dreieck** zu einem Rechteck oder Parallelogramm mit doppeltem Flächeninhalt ergänzen:

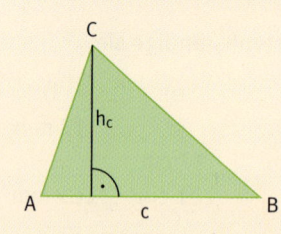

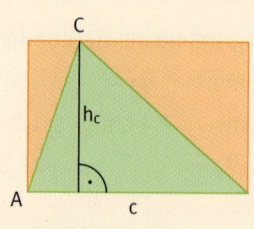

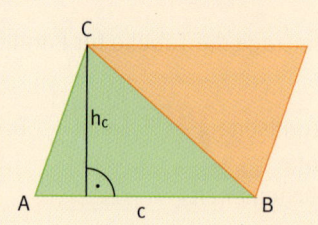

Für den Flächeninhalt eines Dreiecks gilt:

$A_D = \frac{1}{2} \cdot$ Grundseite $\cdot$ zugehörige Höhe

$A_D = \frac{1}{2} \cdot g \cdot h$ $\left(A_D = \frac{1}{2} \cdot c \cdot h_c \text{ oder } A_D = \frac{1}{2} \cdot b \cdot h_b \text{ oder } A_D = \frac{1}{2} \cdot a \cdot h_a\right)$

Da beim Dreieck im Allgemeinen alle Seiten verschieden lang sind, gibt es keine besondere Formel für den Umfang, es gilt nur:
$u_D = a + b + c$

BEISPIELE

I Berechne den Flächeninhalt eines Dreiecks mit folgenden Angaben.
  a) g = 9 cm; h = 6 cm
  b) g = 7,6 cm; h = 3,4 cm

Lösung:
a) $A_D = \frac{1}{2} \cdot g \cdot h = \frac{1}{2} \cdot 9 \text{ cm} \cdot 6 \text{ cm} = \frac{1}{2} \cdot 54 \text{ cm}^2$ $A_D = 27 \text{ cm}^2$

b) $A_D = \frac{1}{2} \cdot g \cdot h = \frac{1}{2} \cdot 7,6 \text{ cm} \cdot 3,4 \text{ cm} = \frac{1}{2} \cdot 25,84 \text{ cm}^2$ $A_D = 12,92 \text{ cm}^2$

II Konstruiere ein Dreieck ABC mit den Seiten a = 6 cm, b = 8 cm und c = 7 cm. Bestimme durch Messen zu jeder der drei Seiten des Dreiecks die zugehörige Höhe und berechne dann mit allen Grundseiten den Flächeninhalt sowie den Umfang.

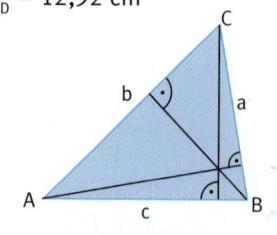

Die zur Seite a gehörende Höhe bezeichnet man mit h_a.

Lösung:
Messergebnisse: a = 6 cm   b = 8 cm   c = 7 cm
                 h_a = 6,8 cm h_b = 5,1 cm h_c = 5,8 cm

① Grundseite a: $A_D = \frac{1}{2} \cdot 6 \text{ cm} \cdot 6,8 \text{ cm} = 20,4 \text{ cm}^2$

② Grundseite b: $A_D = \frac{1}{2} \cdot 8 \text{ cm} \cdot 5,1 \text{ cm} = 20,4 \text{ cm}^2$

Da Messwerte nur Näherungswerte sind, schwanken die für den Flächeninhalt berechneten Werte.

③ Grundseite c: $A_D = \frac{1}{2} \cdot 7 \text{ cm} \cdot 5,8 \text{ cm} = 20,3 \text{ cm}^2$

$u_D = a + b + c = 6 \text{ cm} + 8 \text{ cm} + 7 \text{ cm} = 21 \text{ cm}$

Kapitel 5

Verständnis

- Sina behauptet: „Parallelogramme, die die gleiche Grundseite und Höhe haben wie Dreiecke, haben einen viermal so großen Flächeninhalt." Überprüfe.
- Teilt man ein Parallelogramm in zwei gleiche Dreiecke, so ist der Umfang eines Dreiecks halb so groß wir der des Parallelogramms. Stimmt das? Argumentiere.

Aufgaben

1 Berechne den Flächeninhalt der abgebildeten Dreiecke ABC.

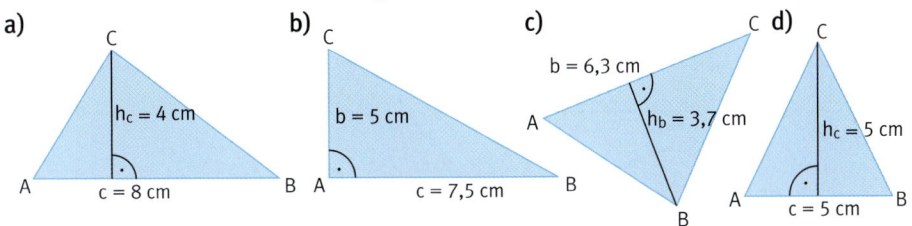

a) $h_c = 4$ cm; $c = 8$ cm
b) $b = 5$ cm; $c = 7,5$ cm
c) $b = 6,3$ cm; $h_b = 3,7$ cm
d) $h_c = 5$ cm; $c = 5$ cm

2 Der in der Randspalte abgebildete Kirchturm wird renoviert. Dazu muss auch das Dach neu gedeckt werden. Wie hoch sind die gesamten Kosten, wenn 1 m² der neuen Dachfläche 210 € kostet? Die Höhe im Dreieck muss zeichnerisch ermittelt werden.

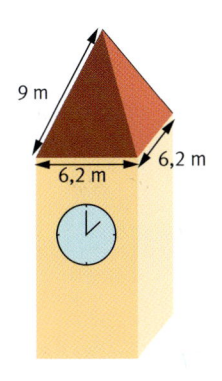

3 Zeichne die Dreiecke in ein Koordinatensystem. Wähle geschickt eine Grundseite und die passende Höhe, miss deren Länge und färbe sie ein. Berechne Flächeninhalt und Umfang der Dreiecke.

a) A (–1|1); B (1|6); C (–4|6)
b) A (0|5); B (5|1); C (5|7)
c) A (4|2); B (11|1); C (9|7)
d) A (–2|2); B (3|1); C (3|6)
e) A (–3|–1); B (2|1); C (–3|–1,5)
f) A (–3|2); B (8|–0,5); C (–3|9)
g) A (–4|–1); B (9|2); C (3|2)
h) A (–5|3); B (–2|–1); C (–3|4,5)

4 Berechne die fehlende Größe.

	a)	b)	c)	d)	e)	f)
Grundseite g	5,5 cm	6 m		23 m	1,4 m	
Höhe h	4 cm		18 dm			42 dm
Flächeninhalt		24 m²	135 dm²	138 m²	1,96 m²	17,64 m²

5 Ein Waldstück, das von drei Wegen eingegrenzt wird, soll aufgeforstet werden.

a) Wie groß ist die Waldfläche?
b) Wie viel kostet dies die Forstverwaltung, wenn mit 8000 € für die Aufforstung von 1 ha gerechnet werden muss?

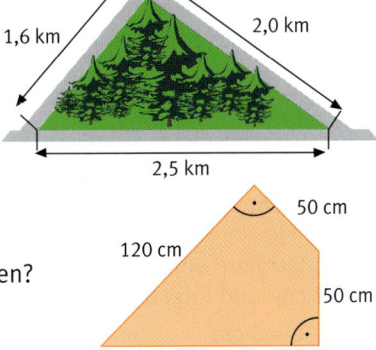

*Fertige eine maßstabsgetreue Zeichnung an und miss die benötigten Längen.
Den Zusammenhang von Flächeneinheiten findest du im Grundwissen.*

6 Peter und Kathrin sollen den Flächeninhalt dieses Vierecks bestimmen.

a) Welche Vorgehensweise würdest du ihnen raten?
b) Berechne selbst die Fläche des Vierecks.

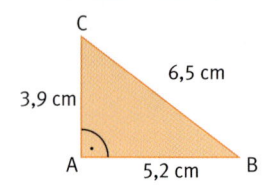

5.4 Flächeninhalt von Dreiecken

7 Was haben Steffi, Yasemin und Leon beim Berechnen des Flächeninhalts des Dreiecks falsch gemacht? Gib die richtige Lösung an und beschreibe die Fehler.

Steffi
$$A = 6{,}5 \text{ cm} \cdot \frac{5{,}2 \text{ cm}}{2}$$
$$= \frac{33{,}8 \text{ cm}^2}{2} = 16{,}9 \text{ cm}^2$$

Yasemin
$$A = \frac{5{,}2 \text{ cm} \cdot 3{,}9 \text{ cm}}{2}$$
$$= \frac{20{,}28 \text{ cm}^2}{2} = 40{,}56 \text{ cm}^2$$

Leon
$$A = 5{,}2 \text{ cm} \cdot 3{,}9 \text{ cm}$$
$$A = 20{,}28 \text{ cm}^2$$

8 Kathrin sagt: „Der Flächeninhalt dieser vier Dreiecke ist gleich." Was meinst du?

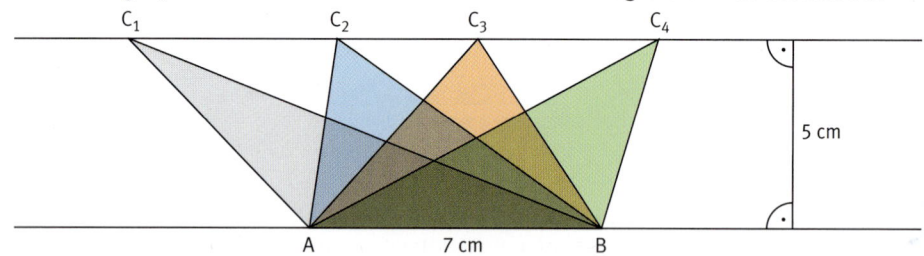

9 Konstruiere die Dreiecke ABC, fertige die dazugehörige Konstruktionsbeschreibung an und bestimme Flächeninhalt und Umfang der Dreiecke, indem du die entsprechenden Längen misst.

a) a = 3 cm; b = 3,5 cm; c = 4 cm (SSS)   b) α = 45°; b = 3 cm; c = 4 cm (SWS)
c) c = 4 cm; α = 60°; β = 70° (WSW)   d) b = 4,5 cm; c = 4 cm; β = 60° (SsW)
e) a = 12 cm; c = 13 cm; b = 5 cm (SSS)   f) a = 4 cm; c = 4 cm; β = 60° (SWS)

10 Zeichne Dreiecke mit folgenden Eigenschaften.

a) Der Flächeninhalt beträgt 56 cm², eine Seite ist 9 cm lang.
b) Der Flächeninhalt des Dreiecks beträgt 96 cm², die Höhe h_c ist 12 cm lang.

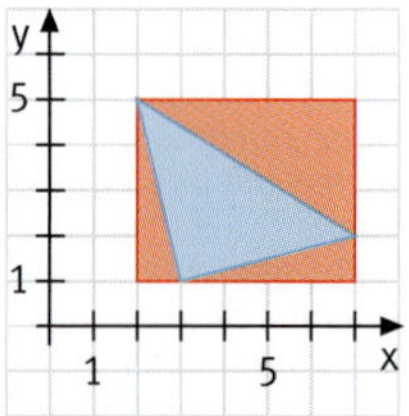

11 Zeichne die Dreiecke ABC in ein Koordinatensystem (Einheit 1 cm) und bestimme deren Flächeninhalt …

a) ohne Längen zu messen.
  ① A (–1 | 4); B (4 | 8); C (–1 | 10)   ② A (–3 | –2); B (4 | –2); C (–0,5 | 5)
c) durch Ergänzung zu einem Rechteck.
  ① A (3 | 1); B (7 | 2); C (2 | 5)   ② A (–3 | –2); B (4 | –1); C (–1 | 6)

12 Gegeben ist ein gleichschenkliges Dreieck ABC mit $\overline{AB} = \overline{BC}$. Konstruiere das Dreieck, erstelle vorher eine Planfigur und berechne dann Flächeninhalt und Umfang.

a) c = 5,8 cm; α = 59°   b) b = 6,5 cm; γ = 44°   c) a = 7,3 cm; β = 75°

13 Zeichne jeweils ein Dreieck mit einem Flächeninhalt von 18 cm² und der Eigenschaft …

a) rechtwinklig.   b) spitzwinklig.   c) gleichschenklig.   d) stumpfwinklig.

14 Konstruiere ein bei C rechtwinkliges Dreieck ABC mit einem Flächeninhalt von 12 cm² und folgenden Seitenlängen. Wie viele Möglichkeiten findest du jeweils?

a) c = 6 cm   b) b = 8 cm   c) h = 1 cm

Ergänze das Dreieck zu einem Rechteck, berechne seinen Flächeninhalt und subtrahiere den Flächeninhalt der ergänzten Dreiecke.

Denke an den Satz des Thales.

15 Ein Dachgiebelfenster muss ersetzt werden.

a) Welche Fläche hat die Glasscheibe?

b) Für eine dreieckige Glasform verlangt der Glaser einen Flächenaufschlag von 105 %. Ist dies gerechtfertigt? Begründe.

c) 1 m² Dreifachisolierglas kostet 120 € zuzüglich 19 % MwSt. Wie viel kostet die Scheibe, wenn noch 56 € (inkl. MwSt.) für den Einbau dazu kommen?

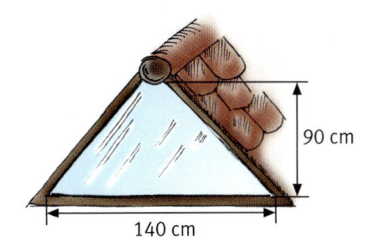

16 Schüler haben einen Modellheißluftballon gebaut. Der Ballon wird durch den Einfüllstutzen mit warmer Luft aus einem Haartrockner gefüllt und steigt dann einige Meter nach oben. Die Ballonhülle besteht aus zwanzig gleichseitigen Dreiecken aus sogenannter Blumenseide, die 20 g pro Quadratmeter wiegt. Die einzelnen Dreiecke wurden mit Papierklebstoff zusammengefügt.

a) Welchen Flächeninhalt hat ein Dreieckselement, wenn eine Dreiecksseite 1,10 m lang ist? Zeichne ein maßstäbliches Dreieck.

b) Welche Masse hat die Ballonhülle, wenn sich aufgrund der Klebelaschen und des Klebstoffs die Masse pro Quadratmeter um 10 % erhöht?

c) Die Blumenseide gibt es in rechteckigen Bögen von 50 cm × 70 cm.

  ① Wie viele Bögen benötigt man mindestens für die Herstellung dieses Ballons?

  ② Wie würdest du die einzelnen Bögen zusammenfügen, damit du geschickt gleichseitige Dreiecke von 1,10 m Seitenlänge herausschneiden kannst?

Einen Körper, der durch 20 Dreiecke begrenzt wird, nennt man Ikosaeder.

17 Zum Pariser Kunstmuseum Louvre gelangt man über die berühmte Glaspyramide. Sie besteht aus vier gleichschenkligen, kongruenten Dreiecken. Die Grundkante der Pyramide beträgt 35 m, die Höhe der Seitenfläche 27,8 m.

a) Wie groß ist die gesamte Glasfläche?

b) Auf dem Bild sieht man recht gut die Rauten, aus denen die Seitenflächen zusammengesetzt sind. Schätze die Zahl der Rauten. Wie groß ist die Fläche einer Glasraute?

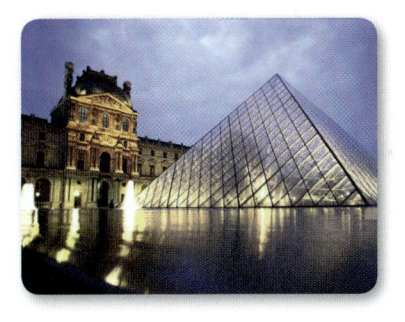

c) Die Glasflächen bestehen aus Sicherheitsglas, das pro Quadratmeter ungefähr 92 kg wiegt. Wie schwer ist eine Glasraute (das Glas der gesamten Pyramide)?

18 a) Konstruiere mit einem dynamischen Geometrieprogramm ein gleichschenkliges Dreieck ABC sowie die Höhe auf die Basis $\overline{AB}$. Verwende die Messfunktion des Programms und stelle hiermit Grundseite und Höhe auf die in der Randspalte angegebenen Werte ein. Berechne ebenso mit dem Programm den Flächeninhalt und den Umfang des Dreiecks.

b) Untersuche, wie sich Flächeninhalt und Umfang des Dreiecks ändern, wenn bei gleicher Grundseite c die zugehörige Höhe h_c verdoppelt (halbiert) wird.

c) Wie verändert sich der Flächeninhalt des Dreiecks bei gleich bleibender Höhe, wenn die Länge der Grundseite verdoppelt (verdreifacht, halbiert) wird?

d) Wie verändert sich der Flächeninhalt des Dreiecks, wenn sowohl die Grundseite als auch die zugehörige Höhe verdoppelt (verdreifacht, halbiert) werden?

e) Gelten deine Ergebnisse auch für ein beliebiges Dreieck? Begründe.

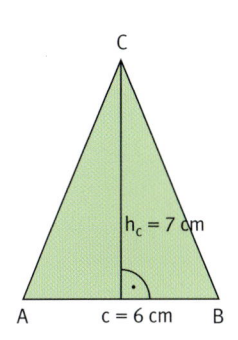

$h_c = 7$ cm
$c = 6$ cm

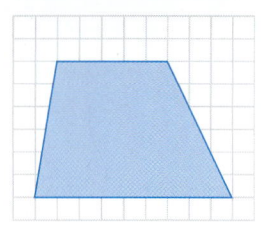

5.5 Flächeninhalt von Trapezen

- Zeichnet in Partnerarbeit zwei kongruente Trapeze auf Karopapier. Die Maße des Trapezes könnt ihr selbst festlegen.
- Bestimmt den Flächeninhalt des Trapezes. Von welchen Figuren könnt ihr den Flächeninhalt schon bestimmen? Erinnert euch an die bisherigen Zerlegungs- und Ergänzungsstrategien.
- Könnt ihr eine Formel für den Flächeninhalt des Trapezes angeben?

Merkwissen

Ein **Trapez** ist ein Viereck mit **zwei parallelen Seiten**.

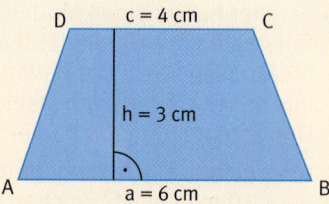

Um den Flächeninhalt eines Trapezes zu bestimmen, ergänzt man es zu einem Parallelogramm mit doppeltem Flächeninhalt, indem man ein zweites kongruentes Trapez anlegt:

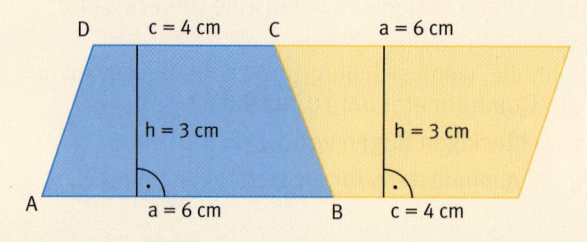

Da beim Trapez im Allgemeinen alle Seiten verschieden lang sind, gibt es keine besondere Formel für den Umfang, es gilt nur:
$u_{Tr} = a + b + c + d$

Für den Flächeninhalt eines Trapezes gilt:

A_{Tr} = arithmetisches Mittel aus langer und kurzer Seite · Höhe

$$A_{Tr} = \frac{a+c}{2} \cdot h = \frac{1}{2} \cdot (a+c) \cdot h$$

Mit a und c werden die parallelen Seiten des Trapezes bezeichnet.

Beispiele

I Berechne Flächeninhalt und Umfang des Trapezes.

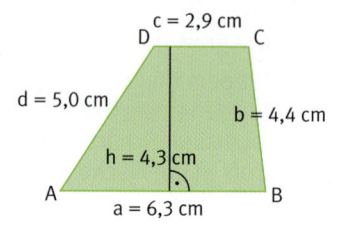

Lösung:

$A_{Tr} = \frac{a+c}{2} \cdot h$

$A_{Tr} = \frac{6{,}3\text{ cm} + 2{,}9\text{ cm}}{2} \cdot 4{,}3\text{ cm} = \frac{9{,}2\text{ cm}}{2} \cdot 4{,}3\text{ cm}$

$A_{Tr} = 4{,}6\text{ cm} \cdot 4{,}3\text{ cm} = 19{,}78\text{ cm}^2$

$u_{Tr} = 6{,}3\text{ cm} + 4{,}4\text{ cm} + 2{,}9\text{ cm} + 5{,}0\text{ cm} = 18{,}6\text{ cm}$

Verständnis

- Timo behauptet: „Wenn man ein Trapez zu einem Parallelogramm verdoppelt, dann verdoppelt sich sein Umfang." Was meinst du dazu?
- Lara ruft: „Wenn ich ein Trapez in der Mitte parallel zur Grundseite durchschneide und wieder geschickt zusammenlege, erhalte ich ein Parallelogramm mit halber Trapezhöhe und einer Grundseite, die genauso lang ist wie die beiden parallelen Seiten des Trapezes zusammen!"
Was sagst du dazu? Kannst du das bestätigen? Probiere es aus.

Kapitel 5

Aufgaben

1 Übertrage die Trapeze ins Heft. Markiere diejenige Seite blau, die du als Grundseite a wählst, die Seite c rot und zeichne die Höhe h grün ein.

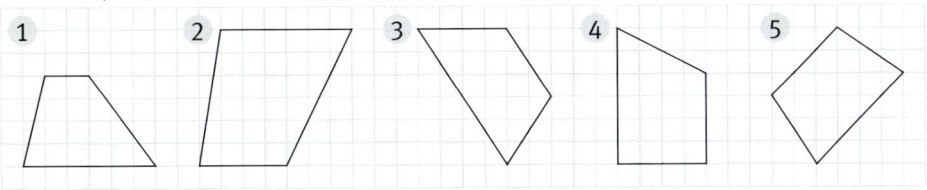

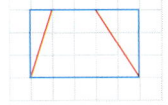

Ergänze zu einem Rechteck.

a) Miss die nötigen Längen und bestimme dann Flächeninhalt und Umfang.
b) Kannst du den Flächeninhalt auch anders bestimmen? Mache Vorschläge.

2 Zeichne die Trapeze in ein Koordinatensystem (Einheit 1 cm) und bestimme sowohl Flächeninhalt als auch Umfang.
  a) A (–4|–1); B (2|–1); C (4|3); D (0|3)
  b) A (2|–2); B (10|0); C (4|2); D (0|1)
  c) A (–3|–1,5); B (1|–3); C (1|4,5); D (–3|2)
  d) A (3|0); B (7|–2); C (5|6); D (2|4)

3 Berechne die fehlende Größe des Trapezes.

	a)	b)	c)	d)	e)	f)
Seitenlänge a	6 cm	4,5 cm	12 dm	19 m		42 dm
Seitenlänge c	4 cm	5,4 cm	18 dm		0,9 m	4 dm
Höhe h	2 cm	5cm		3 m	0,9 m	
Flächeninhalt			135 dm²	138 m²	3,24 m²	20,7 dm²

4 Das Dach eines Hauses wird neu gedeckt.
  a) Bestimme die gesamte Dachfläche.
  b) Wie viel kostet das Neudecken des Daches, wenn die Firma für den Quadratmeter 75 € zuzüglich 19 % MwSt. berechnet?
  c) Pro Quadratmeter werden 35 Dachziegel benötigt. Ein Ziegel wiegt 1,8 kg. Kann ein Lkw mit 15 t Zuladung alle Dachziegel transportieren?

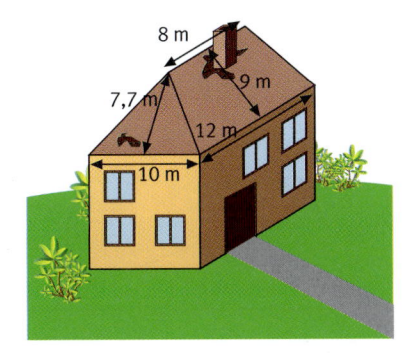

5 Preiswerte Maurerkellen werden aus Edelstahlblech hergestellt. Die trapezförmige Grundform wird aus einen großen Blech ausgestanzt.
  a) Wie viele cm² Blech benötigt man für eine Kelle?
  b) Wie wird man die Trapeze auf dem Blech am besten anordnen, damit beim Ausstanzen möglichst wenig Abfall entsteht?
  c) Wie viele Kellenformen lassen sich aus einem rechteckigen Blech mit den Maßen 1,10 m × 2,0 m höchstens ausstanzen? 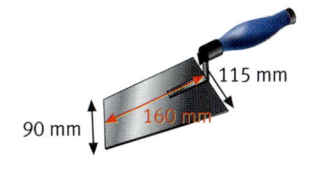

6 Zeichne drei kongruente Trapeze auf einen Karton. Verwandle jeweils eines davon durch Zerschneiden und Zusammenlegen in ein ...
  a) Parallelogramm.
  b) Rechteck.
  c) Dreieck (verwandle zuerst in ein Parallelogramm oder Rechteck).

5.6 Flächeninhalt von Vielecken

Familie Glatz möchte dieses Wochenendgrundstück erwerben. Der Preis für 1 m² liegt bei 20 €.
- Wie könntest du die Fläche des Grundstücks ermitteln?
- Wie würdest du diese Figur geschickt zerlegen?
- Welchen Wert hat das Grundstück?
- Kann man jedes Vieleck in Vier- oder Dreiecke zerlegen, deren Flächeninhaltsformel man kennt?

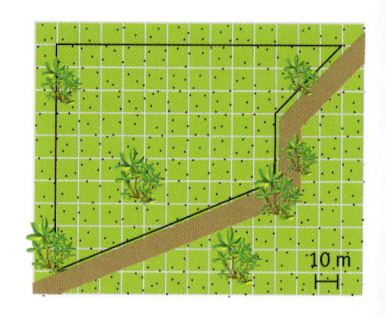

Merkwissen

Jedes **Vieleck** lässt sich durch Diagonalen in Dreiecke oder spezielle Vierecke (z. B. Quadrat, Rechteck, Parallelogramm, Trapez oder Drachenviereck) **zerlegen**. Die Summe der Flächeninhalte der neuen Figuren entspricht dem Flächeninhalt des Vielecks. In unserem Beispiel:

$A_{Vieleck} = A_{Dreieck1} + A_{Dreieck2} + A_{Trapez}$

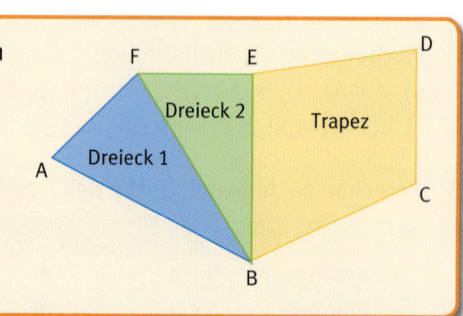

Beispiele

I Übertrage das Viereck ins Heft und zerlege es entlang der Diagonale $\overline{BD}$ in zwei Teildreiecke. Berechne den Flächeninhalt des Vierecks.

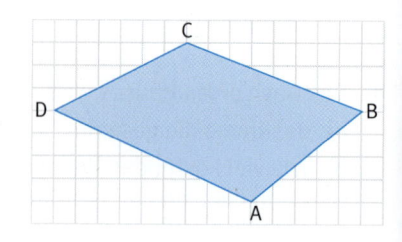

Lösung:

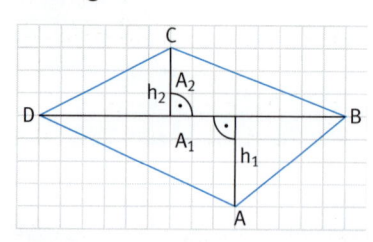

$A_1 = \frac{1}{2} \cdot 7 \text{ cm} \cdot 2 \text{ cm} = \frac{1}{2} \cdot 14 \text{ cm}^2 = 7 \text{ cm}^2$

$A_2 = \frac{1}{2} \cdot 7 \text{ cm} \cdot 1{,}5 \text{ cm} = \frac{1}{2} \cdot 10{,}5 \text{ cm}^2 = 5{,}25 \text{ cm}^2$

$A = A_1 + A_2 = 7 \text{ cm}^2 + 5{,}25 \text{ cm}^2 = 12{,}25 \text{ cm}^2$

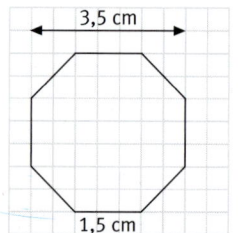

II Wie groß ist der Flächeninhalt des Achtecks in der Randspalte?

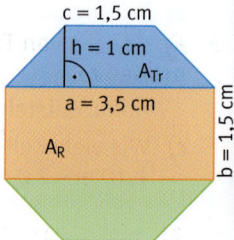

Lösung:
Man zieht geschickt zwei Diagonalen. Dadurch teilt man das Achteck in zwei kongruente Trapeze und ein Rechteck: Die Grundseite a des Trapezes beträgt 3,5 cm, die obere Seite c = 1,5 cm seine Höhe h = 1 cm. Das Rechteck ist ebenfalls 3,5 cm lang bei einer Breite von 1,5 cm.

$A_{Achteck} = 2 \cdot A_{Tr} + A_R$

$A_{Tr} = \frac{1}{2} \cdot (a + c) \cdot h = \frac{1}{2} \cdot (3{,}5 \text{ cm} + 1{,}5 \text{ cm}) \cdot 1 \text{ cm} = \frac{1}{2} \cdot 5 \text{ cm} \cdot 1 \text{ cm} = 2{,}5 \text{ cm}^2$

$A_R = a \cdot b = 3{,}5 \text{ cm} \cdot 1{,}5 \text{ cm} = 5{,}25 \text{ cm}^2$

$A_{Achteck} = 2 \cdot 2{,}5 \text{ cm}^2 + 5{,}25 \text{ cm}^2 = 5 \text{ cm}^2 + 5{,}25 \text{ cm}^2 = 10{,}25 \text{ cm}^2$

Kapitel 5

Verständnis

- Felix ist der Meinung, dass man jedes Vieleck in Dreiecke zerlegen kann, um damit den Flächeninhalt zu bestimmen. Hat er Recht?
- Pascal erklärt, dass der Umfang eines Vielecks genauso groß ist wie der gesamte Umfang aller Teilfiguren, in die man es zerlegt hat. Stimmt seine Erklärung? Begründe deine Ausführungen.

Aufgaben

1

a) Übertrage die Vielecke ins Heft und zerlege sie in Dreiecke. Miss die nötigen Längen aus und berechne die Gesamtfläche aus den Flächeninhalten der Teildreiecke.
b) Findest du auch andere Zerlegungen? Vergleiche die Ergebnisse.

2 Berechne den Flächeninhalt der roten Fläche. Übertrage dazu die Figur ins Heft.

Findest du mehrere Möglichkeiten?

a)   b)   c)

3 Zeichne das Viereck in ein Koordinatensystem (Einheit 1 cm) und bestimme seinen Flächeninhalt.
a) A (4|1); B (10|0); C (11|5); D (5|4)   b) E (1|1); F (9|3); G (7|6); H (3|5)
c) I (2|–2); J (1|–1); K (–1|4); L (–4|3)   d) M (–4|8); N (2|5); O (1|7); P (6|9)

4 Zeichne das Fünfeck LINUS mit L (–2|1), I (4|2), N (6|8), U (1|10) und S (–2|7) in ein Koordinatensystem (Einheit 1 cm). Berechne den Flächeninhalt des Fünfecks …
a) durch Zerlegen in Teilflächen.   b) durch Ergänzen von Teilflächen.

5 Der Boden von Tankstellen ist oft mit großen regelmäßigen Sechsecken, sogenannten Schwerlastplatten, ausgelegt. Diese Platten verschieben sich selbst dann nicht, wenn schwere Tanklastzüge darüber fahren.

a) Berechne den Flächeninhalt einer Platte. Skizziere zuvor ein regelmäßiges Sechseck und trage die Maße aus dem Foto dort ein.

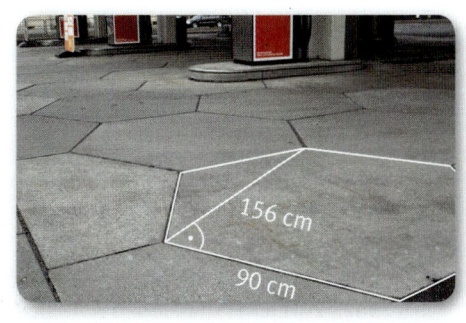

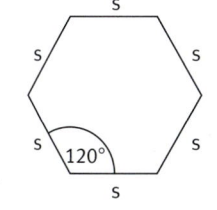

b) Wie viele Platten benötigt man ungefähr, um den rechteckigen Hof einer Tankstelle mit den Maßen 23,5 m × 18 m zu pflastern? Schätze geeignet ab.

Regelmäßiges Sechseck

5.6 Flächeninhalt von Vielecken

6 Bestimme den Flächeninhalt der Figuren. Zerlege oder ergänze geschickt.

a) (Achteck: 2 cm, 2,4 cm, 4 cm)

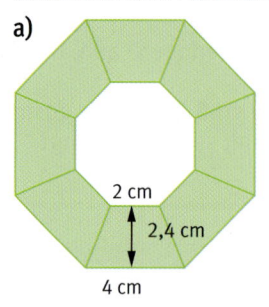

b) (Stern: 3 cm, 6 cm)

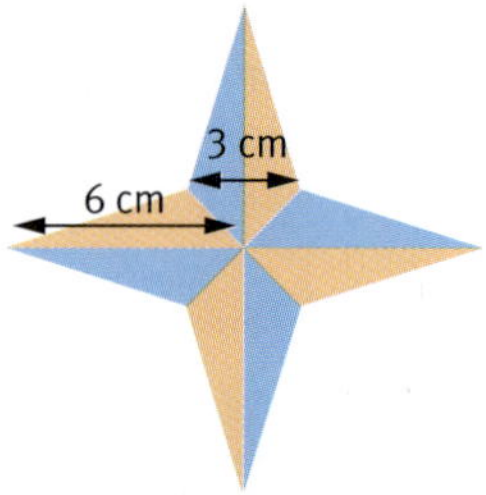

c) (Dreieck: 7,6 cm, 3 cm, 2 cm, 2,3 cm)

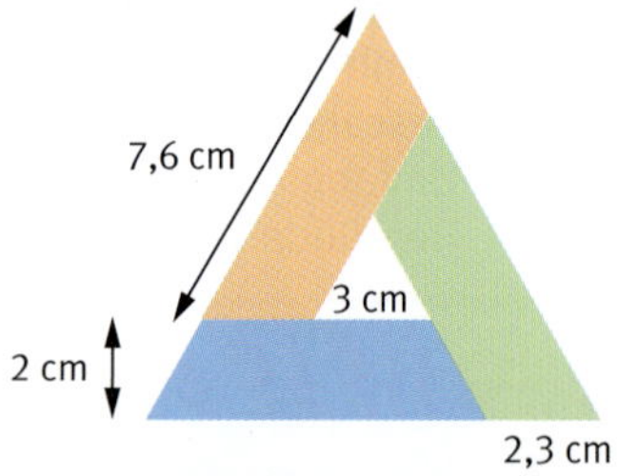

7 Dieser Acker liegt westlich von Weimar.
   a) Bestimme mithilfe des Maßstabs die Größe des Ackers näherungsweise und gib sie in ha an.
   b) Wie viel Weizen kann man jährlich auf diesem Feld ernten, wenn man mit 600 kg pro Hektar rechnet?
   c) Wie viele Brötchen kann man mit der Ernte des Feldes backen, wenn 100 kg Weizen 2000 Brötchen ergeben?

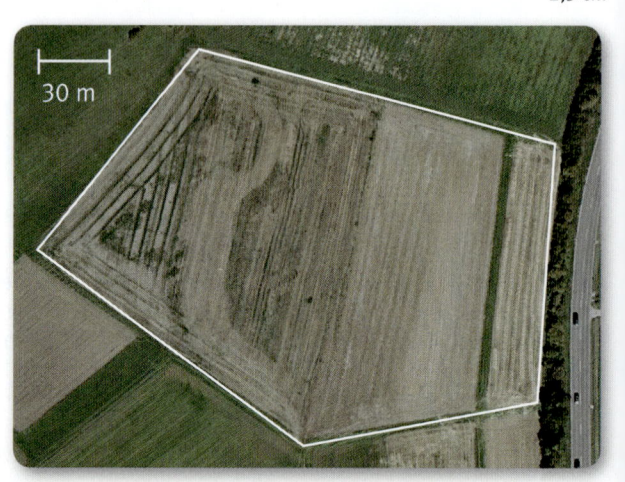

8 Die abgebildete Flurkarte hat den Maßstab 1 : 2500.
   a) Berechne die Größe der Grundstücke 106, 107/1, 260, 261 und 262/2. Erkläre, wie du vorgegangen bist.
   b) Beschreibe ein Verfahren, wie man den Flächeninhalt des Grundstücks 262/1 bestimmen kann.

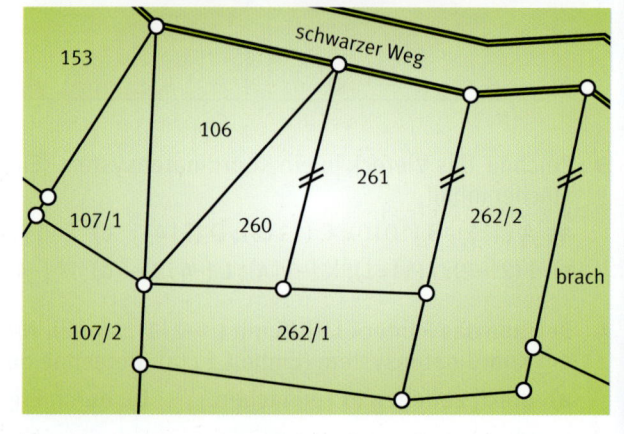

9 Manche Bundesligatore sind mit Netzen ausgestattet, die aus Sechsecken bestehen. Das aufgehängte Netz hat die Form einer offenen quaderförmigen Schachtel. Die Netze sind 7,50 m breit und 2,50 m hoch. Die Netztiefe beträgt 2,00 m. Die Maschenweite (Länge einer Diagonalen d) eines Sechsecks beträgt 120 mm. Schätze ab, wie viele Meter Nylonschnur zur Herstellung eines Netzes verwendet werden. Beachte Folgendes: 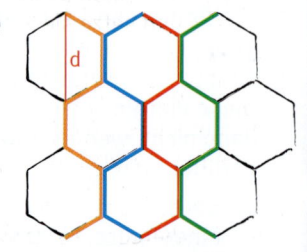
   - Überlege, aus wie vielen Sechsecken das Tornetz ungefähr besteht. Bestimme dazu zunächst die Fläche eines einzelnen Sechsecks.
   - Bestimme dann den Umfang eines Sechsecks. Nun ist es leichter, oder?

Kapitel 5

10 Die grüne Fläche stellt ein Grundstück dar. Um dessen Fläche zu vermessen, wurde zwischen den Eckpunkten A und D eine Diagonale als Standlinie gezogen. Zusätzlich wurden von den restlichen Eckpunkten Lote auf diese Standlinie gefällt. Alle entstehenden Streckenabschnitte wurden vermessen.

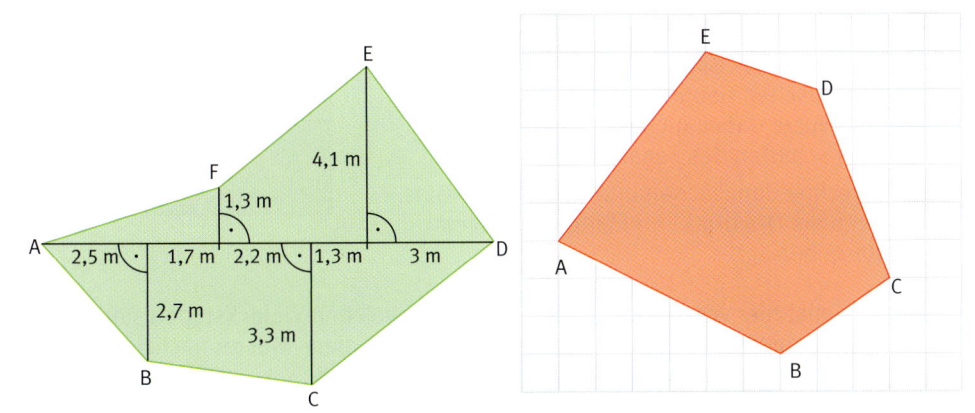

a) Erkläre, warum man mit dieser Flächenzerlegung die Grundstücksfläche bestimmen kann. Berechne anschließend den Flächeninhalt der grünen Fläche.

b) Führe das Verfahren an der roten Fläche durch (Maßstab 1 : 1000). Übertrage die Figur zunächst in dein Heft. Du kannst deine Standlinie frei wählen, am besten ist aber eine lange Diagonale. Vergleiche deine Lösung mit der deines Nachbarn. Wie erklärst du dir mögliche Abweichungen?

WISSEN

Drachenviereck

Mathematiker wählen ihre Begriffe oft nahe an der Natur, sodass man sie sich gut merken kann. Im sogenannten Drachenviereck (kurz: Drachen) stehen die Diagonalen senkrecht aufeinander, eine Diagonale wird dabei halbiert. Durch diese Eigenschaft lässt sich der Flächeninhalt eines Drachenvierecks gut bestimmen.

Die Diagonalen e und f zerlegen das Drachenviereck in vier rechtwinklige Dreiecke, von denen je zwei kongruent sind. Durch geschicktes neues Zusammensetzen dieser Dreiecke erhält man ein Rechteck. Das Rechteck hat als eine Seitenlänge die Diagonale e des Drachenvierecks und als zweite Seitenlänge die Hälfte der zweiten Diagonale f.

Es ergibt sich so für den Flächeninhalt des Drachenvierecks:

$$A_{Drachen} = e \cdot \tfrac{1}{2} f = \tfrac{1}{2} \cdot e \cdot f$$

- Zeichne einen Drachen auf ein Blatt Papier, schneide die vier Dreiecke aus und setze sie zum oben beschriebenen Rechteck zusammen.
- Man kann das Rechteck auch anders zusammensetzen. Probiere es aus. Ergibt sich dabei die gleiche Formel?
- Berechne die Flächeninhalte folgender Drachen. Zeichne mindestens einen davon auch in dein Heft.

  1 e = 6 cm; f = 4 cm   2 e = $\tfrac{1}{10}$ m; f = 6 cm   3 e = 0,3 dm; f = 70 mm

- Die Vierecke ABCD sollen Drachen sein. Zeichne die drei Punkte in ein Koordinatensystem, gib die Koordinaten des fehlenden Eckpunktes an und berechne dann den Flächeninhalt des Drachenvierecks.

  1 A (4|1); B (6|5); D (2|5)   2 A (2|−2); B (3|0); C (2|3)   3 A (−1|−1); B (1|−1); C (3|3)

- Ein Drachenviereck hat den Flächeninhalt A = 48 cm². Eine Diagonale ist 6 cm lang. Wie lang ist die andere?

5.7 Vermischte Aufgaben

1 Betrachte das Glasfenstermuster.
   a) Welche Vielecke erkennst du?
   b) Zeichne das Glasfenstermuster nach. Wähle als Quadratseitenlänge 8 cm. Entnimm die anderen Maße der Abbildung.
   c) Du kannst das Bild auch mit einem dynamischen Geometriesystem nachzeichnen. Nutze dabei auch die Symmetrieeigenschaften des Fenstermusters.
   d) Berechne den Flächenanteil an grauem Glas, wenn die Quadratkantenlänge im Original 80 cm beträgt.

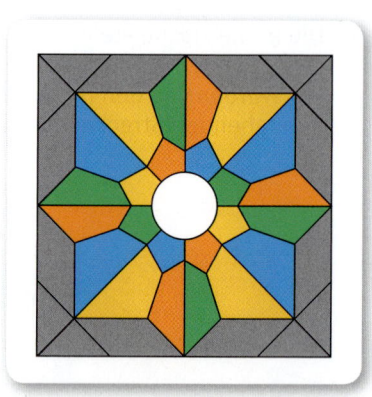

Das Nachzeichnen geht leichter, wenn du Schablonen herstellst.

2 a) Du siehst hier verschiedene Fußböden. Aus welchen Vieleckstypen sind diese Fußbodenmuster zusammengesetzt? Versuche, diese Muster nachzuzeichnen.

   b) Entwirf eigene Fußbodenmuster.

3 Berechne den Flächeninhalt und den Umfang der Figur.
   a) $c = 3{,}4$ m; $b = 1{,}6$ m; $h_a = 1{,}5$ m; $a = 4{,}2$ m
   b) $h_a = 5{,}9$ cm; $b = 7{,}6$ cm; $a = 12{,}4$ cm
   c) $a = 7$ cm; $b = 3{,}5$ cm; $h_a = 3{,}3$ cm; $c = 6{,}8$ cm

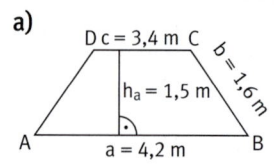

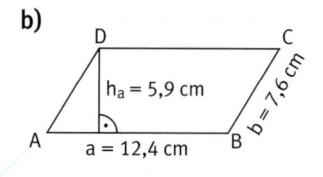

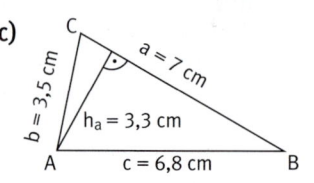

4 Berechne die fehlenden Angaben.
   a) Dreieck ABC
      ① $h_c = 3$ cm; $c = 6{,}2$ cm; $A = \square$
      ② $h_a = 25$ cm; $A = 125$ cm²; $a = \square$
      ③ $c = 1{,}2$ cm; $A = 144$ cm²; $h_c = \square$
   b) Parallelogramm ABCD
      ① $a = 5{,}3$ cm; $h_a = 4{,}5$ cm; $A = \square$
      ② $b = 6{,}2$ cm; $A = 0{,}95$ dm²; $h_b = \square$
   c) Trapez ABCD
      ① $a = 3{,}6$ cm; $c = 5{,}2$ cm; $h = 4{,}5$ cm; $A = \square$
      ② $a = 4{,}6$ cm; $h = 5{,}5$ cm; $A = 33$ cm²; $c = \square$

5 a) Berechne die Fläche der Außenwand (ohne Dach). Fenster und Türen müssen nicht berücksichtigt werden.
   b) Wie viel Liter Farbe benötigt man für die Außenwand, wenn ein 15-l-Eimer für 25 m² reicht?
   c) Wie teuer kommt das Neudecken des Daches, wenn 1 m² 55 € kostet?

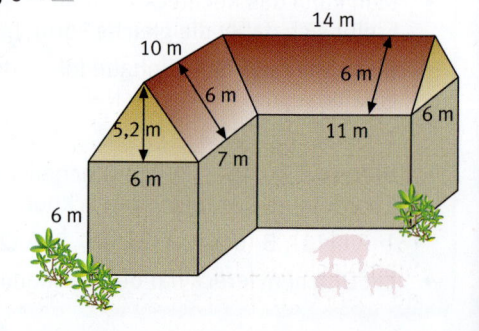

6 Um den Flächeninhalt von Thüringen zu bestimmen, kann man die Fläche geschickt in Vielecke unterteilen, deren Flächeninhalt man leicht berechnen kann, z. B. rechtwinklige Dreiecke und Trapeze.

Du kannst das Vorgehen auch mit einem anderen Bundesland oder Deutschland probieren.

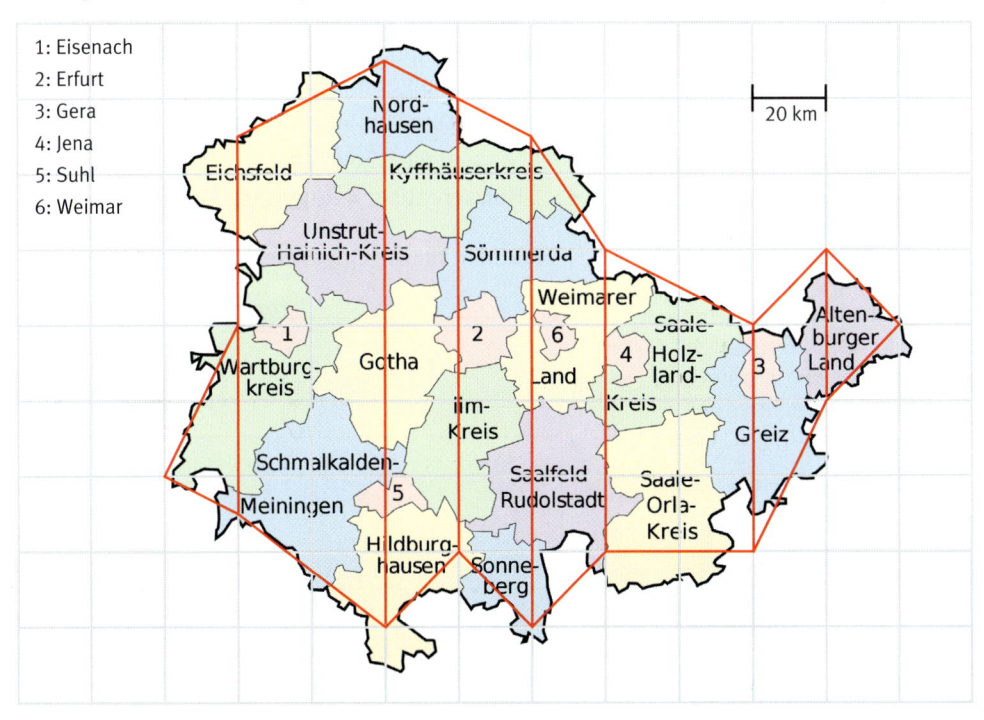

1: Eisenach
2: Erfurt
3: Gera
4: Jena
5: Suhl
6: Weimar

a) Miss die Längen der Strecken und bestimme die wahren Längen.
b) Berechne nun die Flächeninhalte der einzelnen Vielecke und ermittle so die Fläche Thüringens.
c) Recherchiere im Internet nach der Fläche Thüringens und vergleiche.

7 Der Tower der deutschen Flugsicherung auf dem Dresdner Flughafen hat einen achteckigen Grundriss. Seine Höhe beträgt 25 m.
a) Schätze die Länge des Geländers rund um die Plattform ab.
b) Die Fenster der Kanzel sind trapezförmig. Bestimme die gesamte Glasfläche. Schätze die entsprechenden Längen aus dem Bild ab.

8 In Skateparks findet man sogenannte „Pyramiden", auf denen die Skater ihre Tricks durchführen. Allerdings fehlt diesen Pyramiden die Spitze. Wie viel Stahlblech wird für diese „Pyramide" benötigt, wenn sie keine Bodenplatte hat?

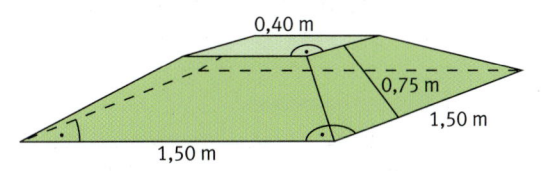

5.8 Themenseite: Vermessen

Vermessung seit alters her

Die Form und Größe von Grundstücken war für die Menschen schon immer sehr wichtig. Der Legende nach wurde im alten Ägypten aufgrund der jährlichen Nilüberschwemmungen die Vermessungskunst bzw. Geometrie erfunden. Die Geometrie hat sich, wie es der Name schon andeutet, aus der Erdvermessung entwickelt (altgriech. geo: „Erde", metria: „messen"). Auch in der heutigen Zeit wird ständig neu vermessen, wenn man beispielsweise einen Tunnel graben, eine Brücke bauen oder auch nur ein Grundstück teilen möchte. Allerdings haben es die Vermessungstechniker heute einfacher als früher. Mithilfe von Satellitentechnik und GPS-gestützten Geräten werden nur noch die Koordinaten der Grundstückseckpunkte aufgenommen. Ein Computerprogramm zeichnet dann aus diesen Werten das Grundstück und berechnet dessen Flächeninhalt. Die Geräte sind also richtig gut, aber ziemlich teuer.

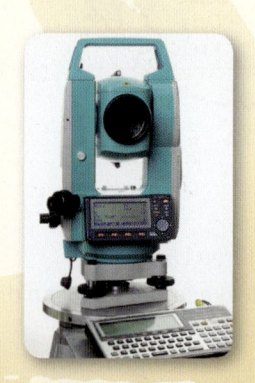

a) Was bedeutet eigentlich GPS?
b) Wie arbeiten Vermessungstechniker heute? Informiere dich im Internet oder frage in deiner Umgebung nach.
c) Suche in deiner Umgebung Vermessungspunkte wie in der Abbildung.

Einfache Messgeräte selbst gemacht

Wir können aber auch ohne teuere Geräte Vermessungen durchführen. Ein wichtiges Hilfsmittel zur Vermessung ist das Winkelkreuz. Damit lassen sich rechte Winkel in der Umgebung ermitteln und der passende Scheitelpunkt bestimmen. Für ein Winkelkreuz brauchst du folgendes Baumaterial:

- 2 Holzlatten von 50 cm Länge
- 1 Stab, etwa 1,30 m hoch
- 1 Holzschraube, 4 Ringschrauben

Bauplan für die Querlatten des Winkelkreuzes:

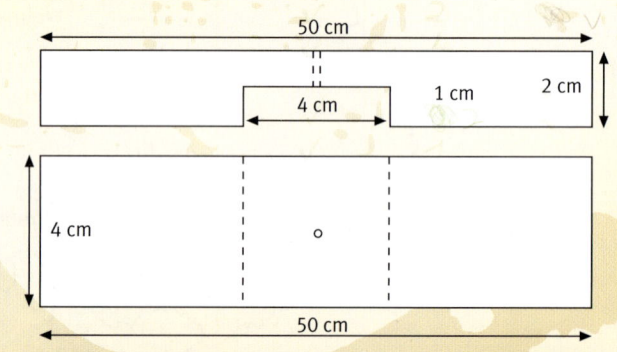

Das Winkelkreuz besteht aus zwei zueinander senkrechten Holzlatten, die auf einem Stab montiert sind. An den Holzlatten sind Ringschrauben als Visiereinrichtungen so angebracht, dass die Blickrichtungen senkrecht zueinander sind. Peilen nun zwei Schüler jeweils eine Fluchtstange an, so bildet das Winkelkreuz den Scheitel eines rechten Winkels.
Überprüft die Genauigkeit eures Winkelkreuzes an einer Stelle, von der ihr ganz genau wisst, dass hier ein rechter Winkel vorliegt.

THEMENSEITE

KAPITEL 5

Wir vermessen ein Grundstück

Zum Vermessen braucht ihr Folgendes:

- Fluchtstangen (gut sichtbare Holzpfosten)
- 50-m-Maßband (z. B. aus dem Sportunterricht)
- rot-weißes Absperrband aus dem Baumarkt
- Winkelkreuz (siehe Bauanleitung)
- Schreibmaterial

Sucht euch ein passendes Grundstück in der Nähe eurer Schule, das ihr vermessen wollt (z. B. in einem Park). Alternativ könnt ihr auch auf einem Rasen eine beliebige Fläche mit den Fluchtstangen abstecken. Dann geht ihr folgendermaßen vor:

1 Markiert mit den Fluchtstangen die Eckpunkte des Grundstücks. Legt eine Diagonale fest und markiert diese durch ein Absperrband.

2 Findet mit dem Winkelkreuz die Lotfußpunkte der Eckpunkte auf der Diagonalen. In der Abbildung sind die Lote mit Absperrband markiert.

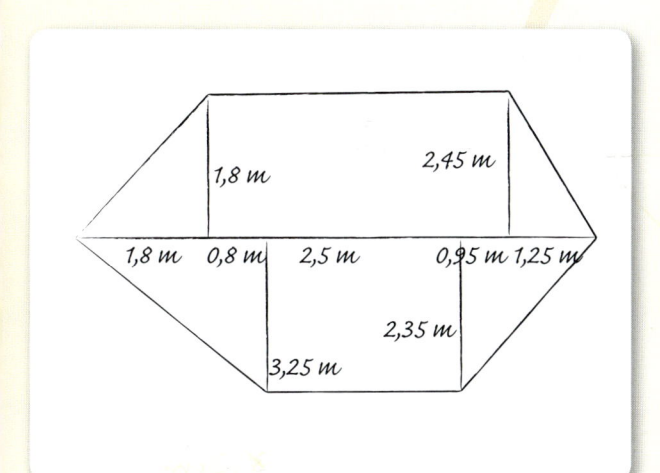

3 Die Fläche wird durch dieses Verfahren in rechtwinklige Dreiecke und Trapeze unterteilt. Skizziert das Grundstück mit der Diagonalen und den Loten auf ein Blatt. Bestimmt nun die Länge der einzelnen Lote und die Abstände zwischen den Lotfußpunkten. Tragt die Messwerte in die Skizze ein.

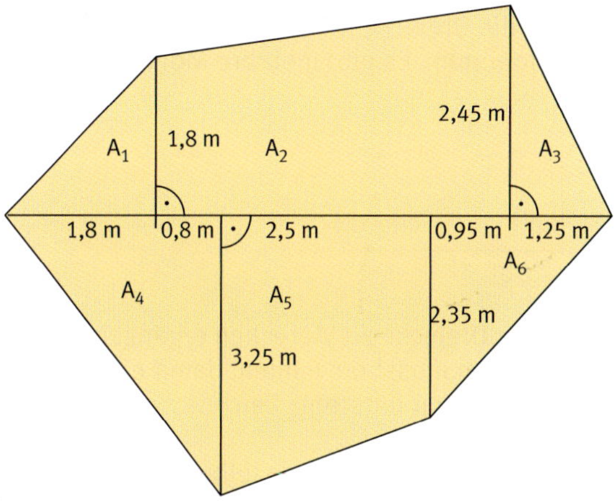

4 Fertigt nun eine maßstäbliche Zeichnung an. Das kann man auch mit einem dynamischen Geometriesystem machen. Berechnet nun die gesamte Grundstücksfläche aus den verschiedenen Trapez- und Dreiecksflächen (vgl. Nr. 10 von Seite 127). In unserem Beispiel hier:

$A_G = A_1 + A_2 + A_3 + A_4 + A_5 + A_6$
$= 1{,}62 \text{ m}^2 + 9{,}03 \text{ m}^2 + 1{,}53 \text{ m}^2 + 4{,}23 \text{ m}^2 + 7{,}00 \text{ m}^2 + 2{,}59 \text{ m}^2 = 26 \text{ m}^2$

5.9 Das kann ich!

Überprüfe deine Fähigkeiten und Kenntnisse. Bearbeite dazu die folgenden Aufgaben und bewerte anschließend deine Lösungen mit einem Smiley.

☺	😐	☹
Das kann ich!	Das kann ich fast!	Das kann ich noch nicht!

Hinweise zum Nacharbeiten findest du auf der folgenden Seite. Die Lösungen stehen im Anhang.

Aufgaben zur Einzelarbeit

1 Um welche Vierecke handelt es sich?
a) PG   b) Trapez   c) Raute
d) Rechteck   e) JR   f) Trapez

2 Ergänze die Dreiecke im Heft jeweils zu einem Parallelogramm. Es gibt mehrere Möglichkeiten.
a)   b)

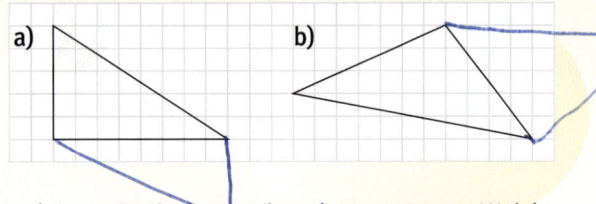

3 Du kannst Dreiecke zu Vierecken ergänzen. Welche Dreiecksform musst du wählen, damit ein Rechteck oder ein Quadrat entsteht? Zeichne zwei Beispiele.

4 Welche Figuren besitzen denselben Flächeninhalt?

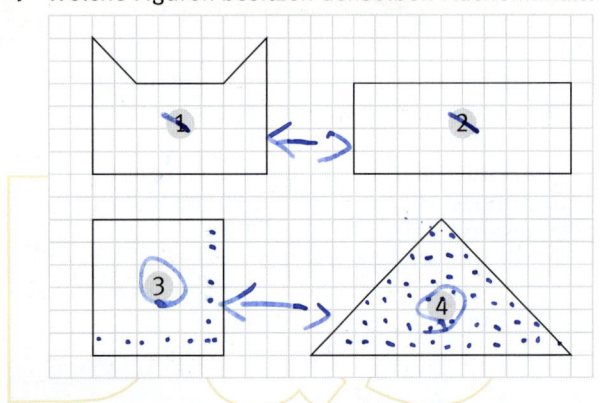

5 Überprüfe, ob eine Raute vorliegt. Was ist die besondere Eigenschaft der Raute?
a) ✓   b) ✓   c) ✗   d) ✓

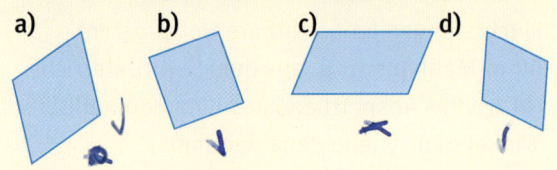

6 Übertrage und ergänze die Tabelle.

	Achsensymmetrie	Zahl der Achsen	Punktsymmetrie
Rechteck	✓	2	✓
Quadrat	✓	4	ja
Parallelogramm	nein	0	✓
Raute	✓	2	✓
Symm. Trapez	✓	1	nein

7 Von einem Parallelogramm sind die Punkte A (1|9), B (3|1) und D (4|11) gegeben. Zeichne den fehlenden Punkt ein und vervollständige.

8 Zeichne das Parallelogramm mit A (−5|−3), B (1|−3), C (3|1) und D (−3|1) in ein Koordinatensystem. Miss die benötigten Längen und berechne den Flächeninhalt und den Umfang.

9 Berechne den Flächeninhalt der Dreiecke.
a) 12,6 cm²; 4,5 cm; A 5,6 cm B
b) 3 cm; 7,9 cm; 11,85 cm²

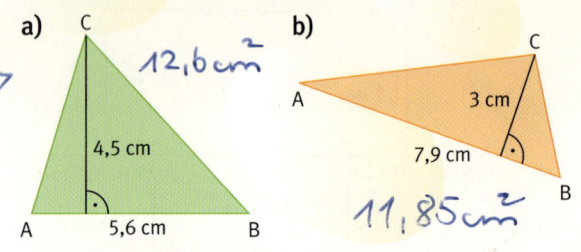

10 Berechne die fehlenden Größen des Dreiecks.

	a)	b)	c)
Grundseite g	40 mm	3,8 cm	1,3 cm
Höhe h	12 cm	4,1 cm	17 mm
Flächeninhalt A	24 cm²	7,79 cm²	110,5 mm²

11 Übertrage die Trapeze ins Heft und berechne deren Flächeninhalt.
a) 1,5 cm; 2,5 cm; 4,5 cm; 7,5 cm²
b) 9 cm²; 4,5 cm; 3 cm

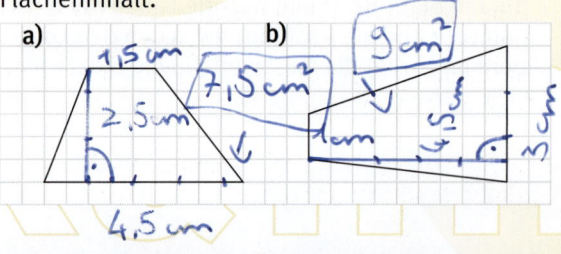

12

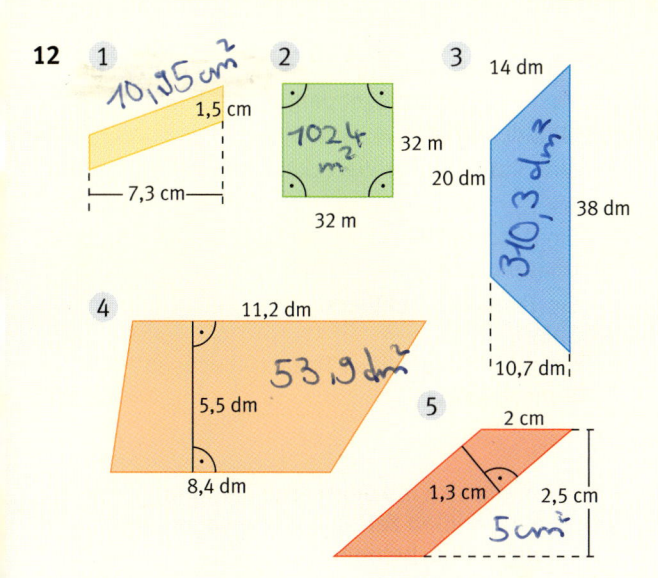

1) Parallelogramm: 7,3 cm; 1,5 cm — 10,95 cm²
2) Quadrat: 32 m — 1024 m²
3) Parallelogramm: 14 dm; 20 dm; 38 dm — 310,3 dm²
4) Parallelogramm: 11,2 dm; 5,5 dm; 8,4 dm — 53,9 dm²
5) Parallelogramm: 2 cm; 1,3 cm; 2,5 cm — 5 cm²

a) Berechne den Flächeninhalt der Figuren.
b) Berechne, falls möglich, den Umfang.

13 Berechne den Flächeninhalt der Figuren. Übertrage sie dazu ins Heft und zerlege geschickt.

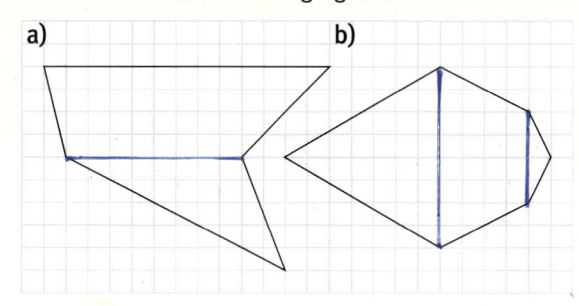

a) b)

14 Gegeben ist ein Sechseck TORBEN.
T (–6|–2) O (–2|–4) R (2|–3)
B (2|2)   E (–1|4)   N (–6|1)
Zeichne es in ein Koordinatensystem (Einheit 1 cm) und berechne den Flächeninhalt durch geschicktes Zerlegen.

Aufgaben für Lernpartner

Arbeitsschritte
1. Bearbeite die folgenden Aufgaben alleine.
2. Suche dir einen Partner und erkläre ihm deine Lösungen. Höre aufmerksam und gewissenhaft zu, wenn dein Partner dir seine Lösungen erklärt.
3. Korrigiere gegebenenfalls deine Antworten und benutze dazu eine andere Farbe.

Sind folgende Behauptungen **richtig** oder **falsch**? Begründe schriftlich.

15 Das Quadrat ist ein besonderes Rechteck. ✓

16 Jedes Rechteck ist ein Quadrat. ✗

17 Jedes Parallelogramm ist ein Trapez. ✓

18 Vierecke, die genau eine Symmetrieachse besitzen, sind Drachenvierecke. ✗

19 Im Rechteck schneiden die Diagonalen einander nicht senkrecht. Also ist ein Rechteck keine Raute. ✓

20 Ein Parallelogramm lässt sich immer in zwei deckungsgleiche Dreiecke zerlegen. ✓

21 Das Trapez ist punktsymmetrisch. ✗✓ nicht alle

22 Der Flächeninhalt eines Parallelogramms verdoppelt sich, wenn die Höhe und die Grundseite verdoppelt werden. ✗

23 Halbiert man die Höhe in einem Dreieck und verdoppelt gleichzeitig die Länge der Grundseite, dann bleibt der Flächeninhalt gleich groß. ✓

24 Den Flächeninhalt eines Trapezes erhält man durch das Produkt aus Grundseite und Höhe. ✗

25 Die Formel zur Berechnung des Flächeninhalts eines Trapezes kann man auch zur Berechnung des Flächeninhalts eines Dreiecks und eines Parallelogramms verwenden. ✗

26 Jedes Vieleck lässt sich in Dreiecke zerlegen. ✓

Aufgabe	Ich kann …	Hilfe
1	Viereckarten benennen.	S. 116
2, 3	ein Dreieck zu einem Parallelogramm, Rechteck und Quadrat ergänzen.	S. 124
4	Flächeninhalte durch Zerlegen vergleichen.	S. 120
5, 6, 7, 15, 16, 17, 18, 19, 20, 21	Drachenviereck, Parallelogramm, Raute und Trapez aufgrund ihrer Eigenschaften erkennen, benennen und zeichnen.	S. 116
8, 12, 22, 25	den Flächeninhalt von Parallelogrammen bestimmen.	S. 122
9, 10, 23, 25	den Flächeninhalt von Dreiecken bestimmen.	S. 124
11, 12, 24, 25	den Flächeninhalt von Trapezen bestimmen.	S. 128
13, 14, 26	den Flächeninhalt von Vielecken bestimmen.	S. 130

5.10 Auf einen Blick

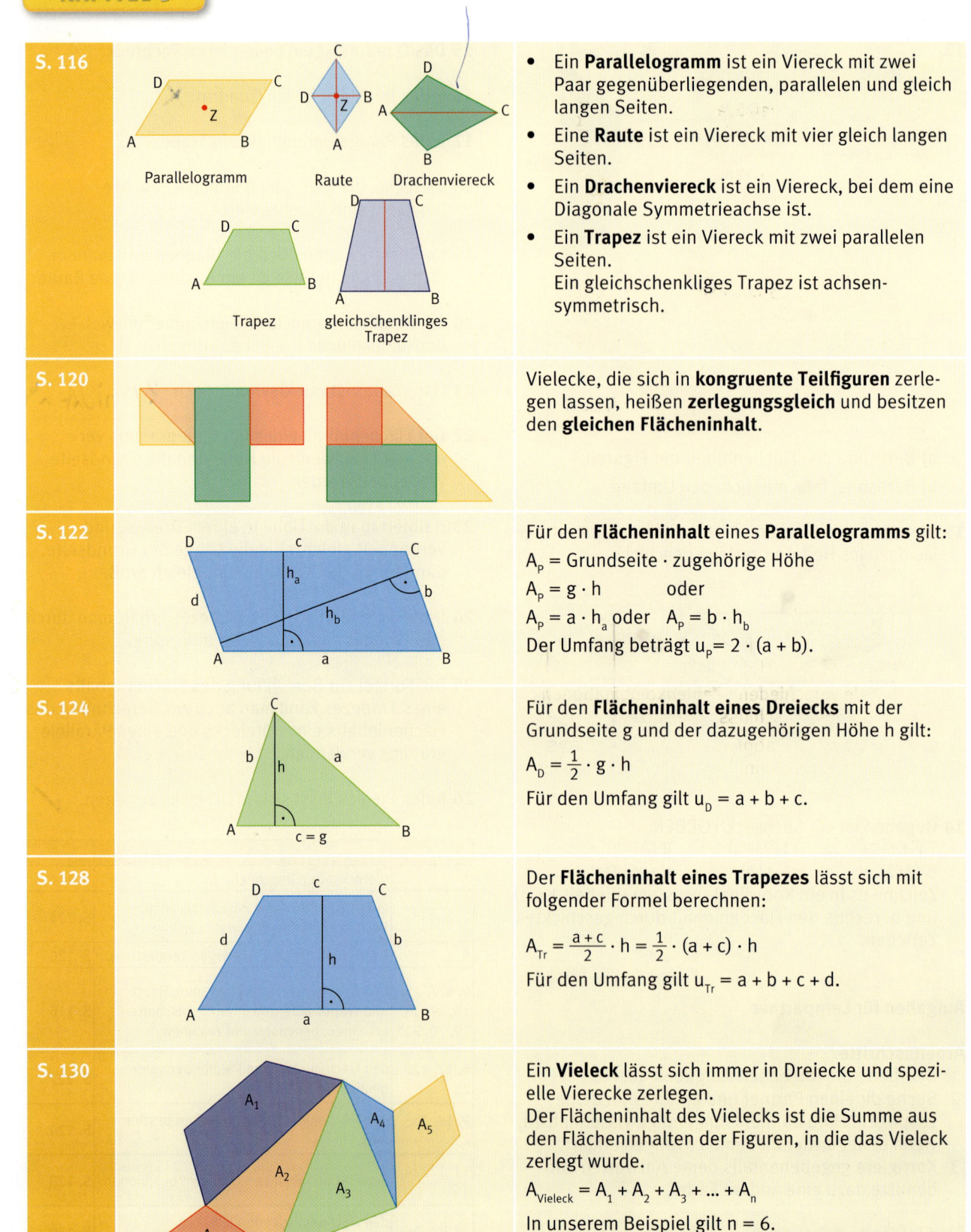

S. 116

- Ein **Parallelogramm** ist ein Viereck mit zwei Paar gegenüberliegenden, parallelen und gleich langen Seiten.
- Eine **Raute** ist ein Viereck mit vier gleich langen Seiten.
- Ein **Drachenviereck** ist ein Viereck, bei dem eine Diagonale Symmetrieachse ist.
- Ein **Trapez** ist ein Viereck mit zwei parallelen Seiten.
  Ein gleichschenkliges Trapez ist achsensymmetrisch.

S. 120

Vielecke, die sich in **kongruente Teilfiguren** zerlegen lassen, heißen **zerlegungsgleich** und besitzen den **gleichen Flächeninhalt**.

S. 122

Für den **Flächeninhalt** eines **Parallelogramms** gilt:
A_P = Grundseite · zugehörige Höhe
$A_P = g \cdot h$ oder
$A_P = a \cdot h_a$ oder $A_P = b \cdot h_b$
Der Umfang beträgt $u_P = 2 \cdot (a + b)$.

S. 124

Für den **Flächeninhalt eines Dreiecks** mit der Grundseite g und der dazugehörigen Höhe h gilt:
$A_D = \frac{1}{2} \cdot g \cdot h$
Für den Umfang gilt $u_D = a + b + c$.

S. 128

Der **Flächeninhalt eines Trapezes** lässt sich mit folgender Formel berechnen:
$A_{Tr} = \frac{a+c}{2} \cdot h = \frac{1}{2} \cdot (a+c) \cdot h$
Für den Umfang gilt $u_{Tr} = a + b + c + d$.

S. 130

Ein **Vieleck** lässt sich immer in Dreiecke und spezielle Vierecke zerlegen.
Der Flächeninhalt des Vielecks ist die Summe aus den Flächeninhalten der Figuren, in die das Vieleck zerlegt wurde.
$A_{Vieleck} = A_1 + A_2 + A_3 + \ldots + A_n$
In unserem Beispiel gilt n = 6.

Kreuz und quer 141

Knobeln

1 Ein Wurm kriecht einen Stab hinauf. Am Tag schafft er jeweils 1 m. Nachts, wenn er schläft, rutscht er wieder 0,4 m hinunter. Wann erreicht er die Spitze des 6 m langen Stabes? Fertige eine Skizze an.

2 Sandra und Martha sind zusammen 34 Jahre alt. Sandra ist acht Jahre älter als Martha. Wie alt sind beide?

3 Hans hat ein Vorhängeschloss ① mit vier Zahlrädern, auf denen jeweils die Ziffern von 1 bis 7 enthalten sind.

a) Wie viele verschiedene Zahlenkombinationen kann das Zahlenschloss ① besitzen?

b) Wie viele Kombinationen gibt es, wenn Hans noch weiß, dass keine Ziffer doppelt in seiner Nummer vorgekommen ist?

c) Anna-Sophia hat ein Zahlenschloss ② mit drei Rädern. Diese sind aber mit den Ziffern von 1 bis 9 besetzt. Welches Zahlenschloss ist leichter zu „knacken"?

4 Wie viele Quadrate bzw. Rechtecke findest du?

a)   b)

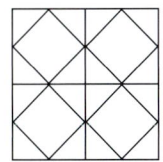

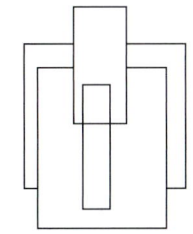

Bruchrechnung

5 Welcher Anteil ist farbig dargestellt? Kürze so weit wie möglich.

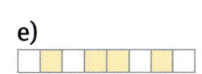

a) b) 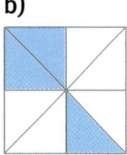 c) 
d) 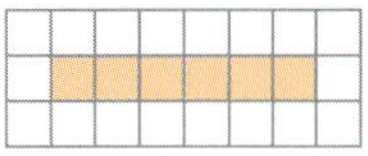
e) f)

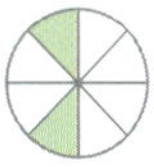

6 Übertrage und berechne.

a) + $\frac{2}{3}$; $1\frac{5}{6}$; $\frac{7}{4}$; $3\frac{1}{2}$

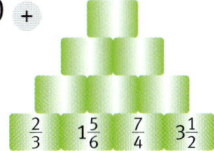

b) · $\frac{5}{6}$; $2\frac{2}{5}$; $\frac{1}{3}$; $\frac{3}{4}$

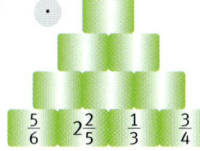

7 Bestimme die fehlenden Werte so, dass alle Rechnungen das Ergebnis in der Mitte haben.

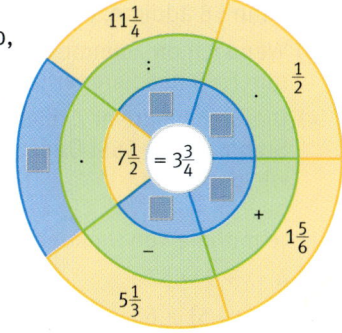

$11\frac{1}{4}$: ▢ = $3\frac{3}{4}$
▢ · $\frac{1}{2}$ = $3\frac{3}{4}$
$7\frac{1}{2}$ = $3\frac{3}{4}$
▢ + $1\frac{5}{6}$ = $3\frac{3}{4}$
$5\frac{1}{3}$ − ▢ = $3\frac{3}{4}$

8 Übertrage den Rechenbaum in dein Heft und bestimme die fehlenden Werte.

▢ : $\frac{5}{8}$ = $\frac{2}{5}$ $\frac{3}{5}$ − ▢ = $\frac{1}{10}$
$\frac{2}{5}$ − $\frac{1}{10}$ = ▢

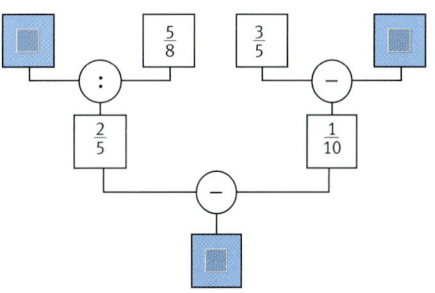

9 Ordne die Brüche der Größe nach. Beginne mit dem kleinsten.

a) $\frac{3}{4}$; $\frac{6}{9}$; $\frac{30}{40}$; $\frac{2}{4}$; $\frac{10}{15}$; $\frac{16}{12}$

b) $\frac{5}{4}$; $\frac{2}{5}$; $\frac{12}{8}$; $\frac{14}{16}$; $\frac{7}{10}$; $\frac{6}{5}$; $1\frac{3}{5}$

Kreuz und quer

Gleichungen

10 Ordne den Textaufgaben die richtige Gleichung zu. Wie lautet das Lösungswort?
1. Addiert man zum Doppelten einer Zahl 8, so erhält man 14.
2. Das Doppelte einer Zahl multipliziert mit 8 ergibt 14.
3. Subtrahiert man vom Doppelten von 8 eine Zahl, so erhält man 14.
4. Die Summe aus 2 und einer Zahl vermindert um 8 ergibt 14.
5. Das Produkt aus 2 und einer Zahl vermindert um 8 ergibt 14.

E	$2 \cdot x - 8 = 14$	W	$2 \cdot x + 8 = 14$
I	$2 \cdot x \cdot 8 = 14$	L	$2 - x + 8 = 14$
S	$2 + x - 8 = 14$	E	$2 \cdot 8 - x = 14$

11 Stelle eine Gleichung auf und löse.
a) Wenn ich eine Zahl mit 24 multipliziere und dann 58 addiere, erhalte ich 274.
b) Wenn ich die Summe aus einer Zahl und 1796 durch 69 dividiere, erhalte ich 84.
c) Die Summe dreier Zahlen ist 10 000. Der erste Summand ist 555. Der zweite ist viermal so groß wie der dritte.

12 Löse mithilfe von Umkehraufgaben.
a) $4 \cdot x + 9 = 57$
b) $52 - 2 \cdot y = 26$
c) $7 \cdot (z - 5) = 63$
d) $(u + 8) \cdot 3 = 39$
e) $(v - 8) : 6 = 7,5$
f) $\frac{1}{2} w - 6,6 = 13,4$

13 Wie lautet die Summe aller Variablen?

- $d + 9,9 = 18$
- $5e - 7 = 15$
- $2,5 \cdot 1,5 = c$
- $(9 + f) \cdot 3 = 57$
- $3,75 - b = 1,5$
- $a + \frac{1}{2} = \frac{7}{4}$

START → ZIEL

14 Formuliere zu der Gleichung eine Aufgabe und löse sie.
a) $x + 12 = 42$
b) $3 \cdot 30 - 50 = 2 \cdot x$
c) $29 - x = 2,2 + 3$
d) $\frac{1}{2} \cdot x + 21 + 3 \cdot x = 6$

15 Eine rechteckige Tischplatte ist doppelt so lang wie breit. Ihr Umfang beträgt 420 cm. Bestimme die Seitenlängen.

16 Eine Badewanne fasst 400 l. Aus dem Wasserhahn fließen pro Minute 20 l. Nach welcher Zeit ist die Wanne zu 70 % gefüllt?

Senkrecht und parallel

17 Welche Geraden stehen senkrecht aufeinander, welche sind zueinander parallel?

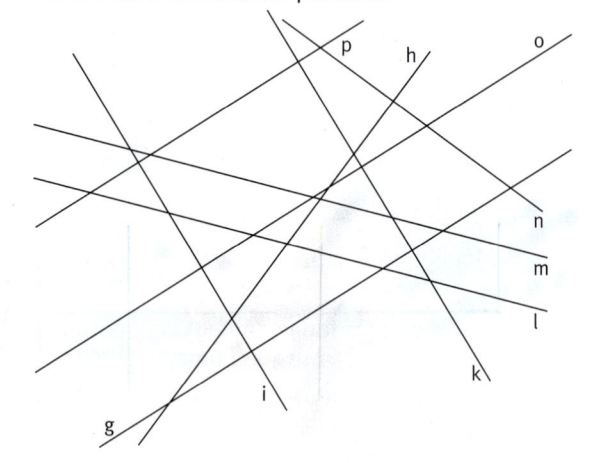

(Geraden: g, h, i, k, l, m, n, o, p)

18 Übertrage in dein Heft und zeichne jeweils die Geraden durch P ein, die zu den Geraden g und h senkrecht (parallel) verlaufen.
a) b)

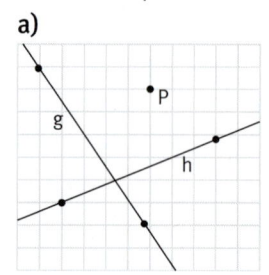

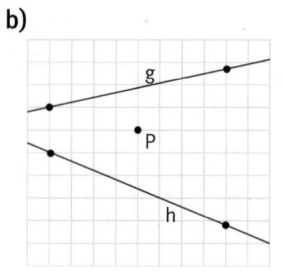

19 Richtig oder falsch? Begründe.
Eine Gerade a, die senkrecht auf einer anderen Geraden b steht, ist auch senkrecht zu jeder Geraden, die parallel zu b ist.

6 Rechnen mit rationalen Zahlen

Einstieg

- Beim Start eines Raumschiffs gibt es einen Countdown. Was bedeutet er?
- Wie viel Zeit ist zwischen den Zeitangaben jeweils vergangen?
- Welche Bedeutung hat das „Minuszeichen" vor der Zeitangabe?
- Finde weitere Beispiele aus dem Alltag, in denen ein Minuszeichen vorkommt, und erkläre dessen Bedeutung.

-03:35:17

-02:58:06

-00:28:56

Ausblick

Am Ende dieses Kapitels hast du gelernt, ...
- was rationale Zahlen sind.
- wie man rationale Zahlen vergleichen kann.
- wie man mit rationalen Zahlen rechnen kann.
- dass die bisherigen Rechengesetze auch bei den rationalen Zahlen gelten.

6.1 Rationale Zahlen

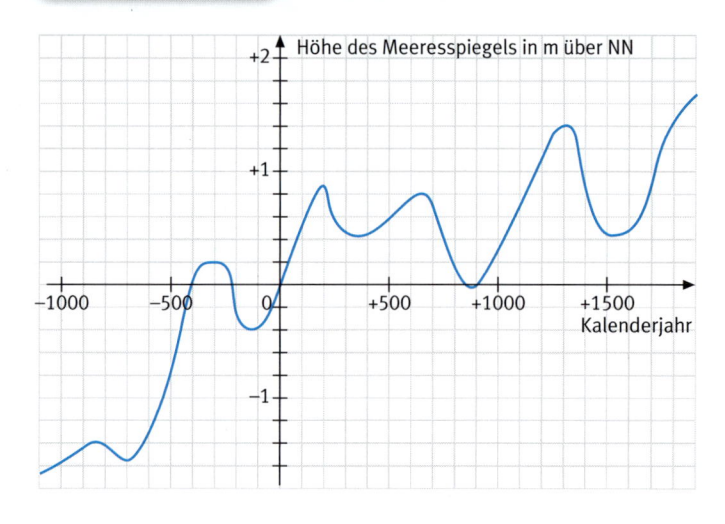

Das Schaubild stellt ein Modell dar, wie die Höhe des Meeresspiegels im Laufe der letzten 3000 Jahre auf der Erde geschwankt hat. Die Meereshöhe wird dabei in „Normalnull" (NN) angegeben und stellt die mittlere Höhe in diesem Zeitraum dar. Das Jahr „0" markiert in unserer Zeitrechnung die Geburt Christi.

- Zu welchen Zeitpunkten lag die Meereshöhe bei 0 m NN (−0,5 m NN)?
- Welche Bedeutung haben die negativen Zahlen bei Angabe der Meereshöhe?
- Wie stark schwankte die Meereshöhe in den letzten 3000 Jahren?
- Beschreibe eine Möglichkeit, wie man den Wert „0" (NN) bei der Meereshöhe bestimmen könnte.
- Stelle weitere Fragen zu dem Sachverhalt.

MERKWISSEN

Im Alltag begegnen uns an vielen Stellen **negative Zahlen**. Diese können **ganze Zahlen** sein, aber auch **Brüche** oder **Dezimalzahlen**.
Negative Zahlen haben ein **negatives Vorzeichen**, das man nie weglassen darf.
Positive Zahlen haben ein **positives Vorzeichen**, das entbehrlich ist. Die Zahl **Null** ist weder positiv noch negativ, hat also **kein Vorzeichen**.
Die **Zahlengerade** ist somit mit ganzen Zahlen, positiven und negativen Brüchen und Dezimalzahlen besetzt.

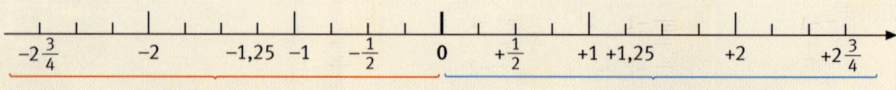

Jede Zahl außer null hat eine **Gegenzahl**, die ein anderes Vorzeichen hat.

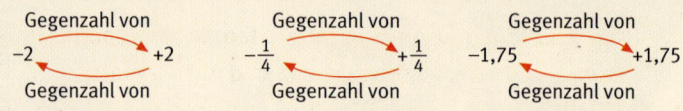

Gegenzahl von −2 ↔ +2
Gegenzahl von $-\frac{1}{4}$ ↔ $+\frac{1}{4}$
Gegenzahl von −1,75 ↔ +1,75

Nimmt man alle positiven und negativen Zahlen sowie die Null zusammen, dann erhält man die Menge der **rationalen Zahlen** Q. Die ganzen Zahlen sind ebenso wie Bruchzahlen und natürliche Zahlen Teil der rationalen Zahlen.

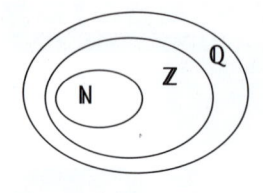

Erinnere dich:
Natürliche Zahlen:
N = {0; 1; 2; 3; 4; ...}
Ganze Zahlen:
Z = {...; −2; −1; 0; 1; 2; ...}

BEISPIELE

I Gegeben sind die Zahlen −2,8; +1,2; $\frac{3}{5}$ und $-2\frac{1}{5}$.
   a) Bestimme zu jeder Zahl die Gegenzahl (GZ).
   b) Zeichne eine Zahlengerade und markiere daran die Zahlen und ihre Gegenzahl.

Lösung:
a) −2,8; GZ: +2,8   +1,2; GZ: −1,2 $\frac{3}{5}$; GZ: $-\frac{3}{5}$ $-2\frac{1}{5}$; GZ: $2\frac{1}{5}$
b)

KAPITEL 6

VERSTÄNDNIS

- Nenne Beispiele aus deiner Umwelt, in denen negative Zahlen auftauchen.
- Finde mindestens vier negative Brüche, die zwischen –3 und –2 liegen.
- Gibt es mehr positive oder negative Zahlen? Begründe deine Antwort.

AUFGABEN

1 Welche Zahlen wurden auf der Zahlengeraden markiert? Gib jeweils als gekürzten Bruch und als Dezimalzahl an.

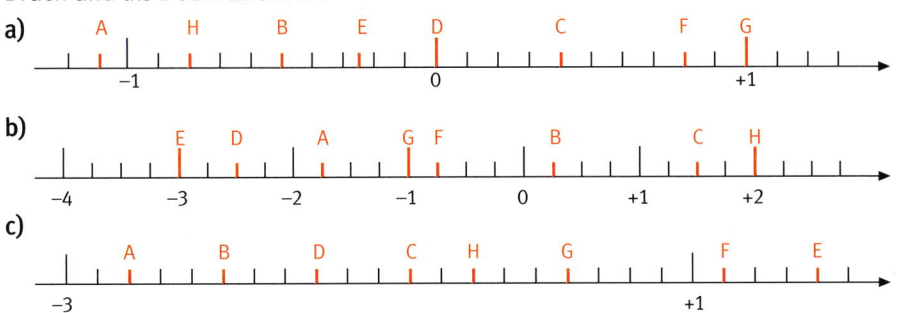

a) Punkte A, H, B, E, D, C, F, G auf Zahlengerade von –1 bis +1

b) Punkte E, D, A, G, F, B, C, H auf Zahlengerade von –4 bis +2

c) Punkte A, B, D, C, H, G, F, E auf Zahlengerade von –3 bis +1

Lösungen zu 1:
–3; –2,6; –2,5; –2; –1,75;
–1,4; –1,1; –1; –0,8; –0,8;
–0,75; –0,5; –0,4; –0,25; 0;
0,2; 0,25; 0,4; 0,8; 1; 1,2;
1,5; 1,8; 2

$-\frac{3}{1}; -2\frac{3}{5}; -\frac{5}{2}; -\frac{2}{1}; -\frac{7}{4}; -\frac{7}{5};$
$-1\frac{1}{10}; -\frac{1}{1}; -\frac{4}{5}; -\frac{4}{5}; -\frac{3}{4};$
$-\frac{1}{2}; -\frac{2}{5}; -\frac{1}{4}; \frac{0}{1}; \frac{1}{5}; \frac{1}{4}; \frac{2}{5};$
$\frac{4}{5}; \frac{1}{1}; \frac{6}{5}; \frac{3}{2}; \frac{9}{5}; \frac{2}{1}$

2 Die Thermometer zeigen die Temperaturen im November 2010 in sechs Städten.

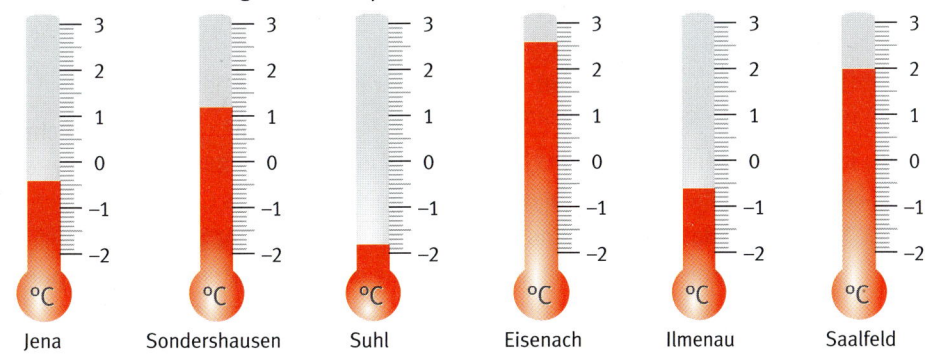

Jena, Sondershausen, Suhl, Eisenach, Ilmenau, Saalfeld

a) Lies ab, welche Temperatur in den einzelnen Städten herrschte.
b) Zeichne eine Zahlengerade und markiere daran die Temperaturen der Städte.
c) Bestimme das Maximum, das Minimum, die Spannweite und den Median der Temperaturen in den Städten.

3 Gegeben sind die folgenden Zahlen:

① –7,5; 1,5; +8; –2,0; +4,5; –6,5; +0,5; –3; +6,5; –4,5
② –5,4; +0,5; 2,1; –4,2; 3,6; +0,9; –1,8; +3,7; 0,0; –1,4
③ $\frac{1}{2}; -1\frac{1}{3}; +\frac{5}{6}; \frac{4}{3}; \frac{0}{6}; -1; +2\frac{2}{3}; -1\frac{5}{6}; \frac{7}{6}$

a) Bestimme die Gegenzahl zu jeder Zahl.
b) Zeichne jeweils eine Zahlengerade und markiere die Zahlen daran.

Überlege dir zunächst eine geeignete Einteilung der Zahlengeraden.

4 Welche Zahl liegt genau in der Mitte zwischen den angegebenen Zahlen? Überprüfe deine Lösung, indem du die Zahlen an einer Zahlengeraden einträgst.

a) –1,5 und –1,1
b) –3,4 und +3,4
c) –6,6 und 0
d) 10,4 und 8
e) $8\frac{1}{2}$ und $-6\frac{1}{2}$
f) $-5\frac{3}{4}$ und $1\frac{1}{4}$
g) –3,3 und +2,1
h) –5,9 und 7,3

6.1 Rationale Zahlen

5 Auch im Koordinatensystem können rationale Zahlen vorkommen.

Zur Bezeichnung von Punkten in einem Koordinatensystem gibt die **erste Koordinate (x-Koordinate)** an, wie weit du dich vom Ursprung entlang der x-Achse bewegen musst: positive Zahlen nach rechts, negative Zahlen nach links. Die **zweite Koordinate (y-Koordinate)** bestimmt die Bewegung entlang der y-Achse: positive Zahlen nach oben, negative nach unten. Das Koordinatensystem wird durch die Achsen in vier Bereiche (**Quadranten**) unterteilt, die **entgegen des Uhrzeigersinns durchnummeriert** werden.

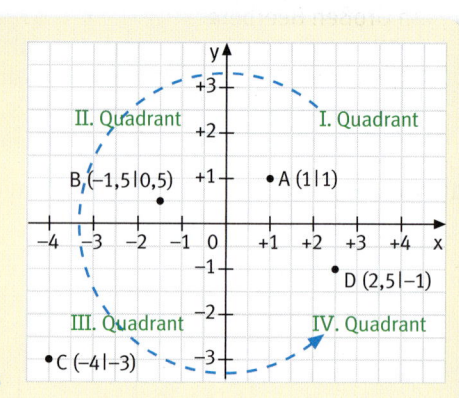

Die Punkte auf den Koordinatenachsen ordnet man keinem Quadranten zu.

a) In welchem Quadranten liegen die folgenden Punkte?
A (−3,5 | +4)   B (1,2 | −5)   C (−0,2 | $\frac{1}{2}$)   D (1,4 | 2,5)   E (−6,6 | −$\frac{16}{5}$)
F (7,1 | −0,3)   G (12,8 | 9,4)   H (−17,1 | −7)   I (+15,6 | −8,8)   J (−8,3 | 5,6)

b)

	I. Quadrant	II. Quadrant	III. Quadrant	IV. Quadrant
x-Koordinate	positiv	☐	☐	☐
y-Koordinate	☐	☐	☐	☐

Übertrage die Tabelle ins Heft und ergänze, ob die Vorzeichen der Koordinaten jeweils positiv oder negativ sind.

c) Im Koordinatensystem ist das halbe Gesicht eines Clowns gezeichnet.
  ① Bestimme die Koordinaten der angegebenen Punkte des Clowns.
  ② Übertrage das Koordinatensystem und das halbe Gesicht ins Heft.
  ③ Führe die Spiegelung durch und bestimme die Koordinaten der Spiegelpunkte.

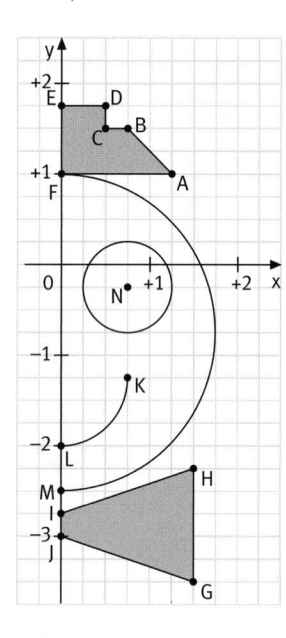

Du kannst das Koordinatensystem oben als Hilfe nutzen.

6 Übertrage die Punkte in ein Koordinatensystem und verbinde sie der Reihe nach. Welche Figur erhältst du?

a) Einheit ≙ 2 Kästchen:
A (2,5 | 0,5); B (2 | 1); C (1 | 1,5); D (0,5 | 2); E (−1 | 2); F (−0,5 | 1,5); G (−2 | 0,5); H (−2 | 0); I (−3,5 | 1); J (−2,5 | −1,5); K (−2 | −0,5); L (−1 | −0,5); M (1,5 | −0,5); A

b) 1 Einheit ≙ 5 Kästchen:
A (0 | −0,8); B (0,6 | −0,2); C (−0,2 | −0,8); D (0,2 | 0,4); E (0,6 | 0,6); F (0,2 | 0,6); G (0,4 | 1); H (0 | 0,6); I (−0,2 | 1); J (−0,2 | 0,4); K (−0,6 | 0,8); L (−0,2 | 0,4); M (−0,4 | −0,8); N (−0,6 | −0,4); O (−0,6 | −0,8); A

c) 1 Einheit ≙ 3 Kästchen:
A ($1\frac{2}{3}$ | −$1\frac{2}{3}$); B ($1\frac{2}{3}$ | $1\frac{1}{3}$); C (1 | $1\frac{1}{3}$); D (1 | $1\frac{1}{3}$); E ($\frac{2}{3}$ | 1); F ($\frac{1}{3}$ | $1\frac{1}{3}$); G ($\frac{1}{3}$ | −$\frac{1}{3}$); H (−1 | −$\frac{1}{3}$); I (−1 | $1\frac{1}{3}$); J (−$1\frac{1}{3}$ | 1); K (−$1\frac{2}{3}$ | $1\frac{1}{3}$); L (−2 | 1); M (−$2\frac{1}{3}$ | $1\frac{2}{3}$); N (−$2\frac{1}{3}$ | −$1\frac{2}{3}$); O (−2 | −$1\frac{2}{3}$); P (−2 | −$\frac{2}{3}$); Q (−$1\frac{1}{3}$ | −$\frac{2}{3}$); R (−$1\frac{1}{3}$ | −$1\frac{2}{3}$); A

7 a) Nenne zehn rationale Zahlen, die auch gleichzeitig natürliche Zahlen sind.
b) Nenne zehn rationale Zahlen, die keine natürlichen Zahlen sind.
c) Nenne zehn natürliche Zahlen, die auch ganze Zahlen sind.
d) Nenne zehn ganze Zahlen, die keine natürlichen Zahlen sind.
e) Nenne zehn rationale Zahlen, die keine ganzen Zahlen sind.

Kapitel 6

8 Die Abbildung zeigt die Temperaturen während einer Woche an der Wetterstation am Großen Beerberg im Thüringer Wald.

Wochentag	Mo	Di	Mi	Do	Fr	Sa	So
Wetterlage	☁	☁	☀	🌨	🌨	⛅	☀
Tageshöchstwerte	1,3	0,4	−0,3	−2,1	−3,5	−5,6	−6,1
Tagestiefstwerte	−2,9	−3,2	−3,3	−4,3	−5,3	−8,2	−8,7

a) Bestimme für jeden Tag einen durchschnittlichen Tageswert.
b) Zeichne ein geeignetes Diagramm, in dem man die Tageshöchst- und Tagestiefstwerte für jeden Tag ablesen kann. Zeichne auch die Mittelwerte aus a) ein.
c) An welchem Tag herrschten die größten (kleinsten) Temperaturunterschiede?

Ein durchschnittlicher Tageswert kann das arithmetische Mittel aus Höchst- und Tiefstwert sein.

9 Das Schaubild zeigt Aufzeichnungen über die Tauchgänge eines Pottwals während eines Zeitraums. Bestimme so genau wie möglich:

a) Welches ist die tiefste Tiefe, die der Pottwal erreicht hat?
b) Wie lange tauchte der Pottwal während der Aufzeichnungen tiefer als 500 m?
c) Die Tauchgänge eines Pottwals lassen sich als Tieftauchen (über 500 m Tauchtiefe) und Flachtauchen (unter 500 m Tauchtiefe) unterscheiden. Wie groß war im Durchschnitt die maximale Tiefe des Wals beim Flachtauchen (Tieftauchen)? Beschreibe dein Vorgehen.
d) Stelle weitere Fragen zu dem Sachverhalt und beantworte sie.

Spiel

Reise durch Thüringen (2–4 Spieler)

Material
- Karte von Thüringen mit Koordinatensystem
- 2 Würfel
- Geodreieck, Stift

Spielregeln
- Ein Würfel ist der „Vorzeichenwürfel" (z. B. gerade Zahl: +, ungerade Zahl: −).
  Jeder Spieler würfelt reihum mit beiden Würfeln jeweils zweimal. Der erste Wurf gibt die x-Koordinate, der zweite Wurf die y-Koordinate des Ortspunktes an, der dann in der Karte eingezeichnet wird.
- Liegt ein Punkt außerhalb von Thüringen, kann der Spieler keinen Ortspunkt notieren.
- Nach 10 Runden werden die Ortspunkte jedes Spielers der Reihe nach verbunden. Wer den längsten Reiseweg hat, hat gewonnen.

6.2 Rationale Zahlen ordnen und runden

Beispiele: −0,8; −14,6; +6,2; $\frac{7}{5}$

Spielt in einer Gruppe mit 3–4 Spielern „Zahlenbingo": Pro Spieler werden 8 Spielkarten vorbereitet, auf denen jeweils eine rationale Zahl zwischen −20 und +20 steht.
- Die Karten werden gemischt und an alle Spieler gleichmäßig verteilt. Der jüngste Spieler beginnt und legt eine Karte in die Mitte.
- Der jeweils linke Nachbar muss einen höheren Zahlenwert in die Mitte legen, als dort bereits liegt. Wenn er das nicht kann, dann muss er aussetzen.
- Kann eine Runde lang kein Spieler eine Karte ablegen, dann wird von dem Spieler, der dran ist, eine neue Karte in die Mitte gelegt. Der Spieler, der als erster alle Karten losgeworden ist, hat gewonnen.

Merkwissen

Auch rationale Zahlen lassen sich der Reihe nach **ordnen**: Dabei ist von zwei Zahlen immer diejenige **kleiner**, die auf der **Zahlengeraden weiter links** liegt.

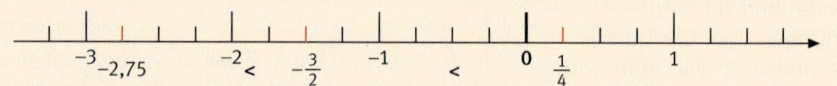

$-2{,}75 < -\frac{3}{2} < \frac{1}{4}$

Zahl und Gegenzahl haben denselben Abstand zur Null, den man als **Betrag** bezeichnet: $|-2{,}4| = +2{,}4$ und $|+2{,}4| = +2{,}4$.

Abstand: 3 Einheiten   Abstand: 3 Einheiten
$|-3| = 3$ $|+3| = 3$

Rationale Zahlen lassen sich wie üblich **runden**. Beim Runden auf einen bestimmten Stellenwert zählt der benachbarte kleinere Stellenwert.
Bei 0, 1, 2, 3, 4 **bleibt** die **Ziffer** des Stellenwerts **gleich** („abrunden").
Bei 5, 6, 7, 8, 9 **wird** die **Ziffer** des Stellenwerts **um 1 erhöht** („aufrunden").

Der Betrag einer Zahl kann niemals negativ werden.

Beachte beim Runden mit negativen Zahlen:
$-3{,}4\underline{2} \approx -3{,}4$ (auf Zehntel) nennt man abrunden, auch wenn gilt: $-3{,}42 < -3{,}40$.
$-3{,}4\underline{7} \approx -3{,}5$ (auf Zehntel) heißt aufrunden, auch wenn gilt: $-3{,}47 > -3{,}50$.

Beispiele

I Welche Punkte sind auf der Zahlengerade markiert? Ordne sie der Größe nach.

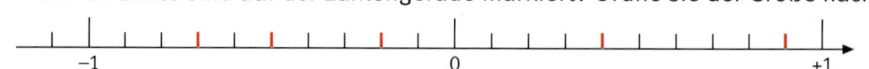

Lösung:
$-\frac{7}{10} < -\frac{1}{2} < -\frac{1}{5} < \frac{2}{5} < \frac{9}{10}$

II Runde die Zahlen −17,4692; 27,8355 und −16,9902 auf Zehntel (Tausendstel).

Lösung:

$-17{,}4692 \approx -17{,}5$ $27{,}8355 \approx 27{,}8$ $-16{,}9902 \approx -17{,}0$
$(-17{,}4692 \approx -17{,}469)$ $(27{,}8355 \approx 27{,}836)$ $(-16{,}9902 \approx -16{,}990)$

Verständnis

- Begründe, warum positive Zahlen stets größer sind als negative Zahlen.
- Wenn man eine positive Zahl aufrundet, dann ist das Ergebnis stets größer als die ursprüngliche Zahl. Stimmt das auch für negative Zahlen? Begründe.

Kapitel 6

Aufgaben

1 Markiere die Zahlen auf einer Zahlengeraden. Ordne sie dann der Größe nach.
a) −4,5; 2,3; −5,3; 3,2; −1,8; 1,0; 3,4; −0,2   b) $-\frac{1}{2}; \frac{3}{4}; -\frac{5}{8}; 1,5; 0; -\frac{3}{8}; \frac{7}{8}; -1\frac{1}{4}$
c) −10,5; 17,5; 8,0; −4,5; −2,5; 4; −1,5; −8   d) $-\frac{5}{6}; \frac{1}{3}; -\frac{9}{9}; -\frac{2}{6}; +3\frac{3}{9}; \frac{2}{6}; -\frac{1}{2}$

Wähle einen geeigneten Ausschnitt der Zahlengeraden.

2 Runde die Zahlen auf Hundertstel (Tausendstel).
a) −12,5387   b) 87,32813   c) −99,0001   d) 67,35241
  −0,0039   −27,59452   −99,90909   −56,19520

3 Ordne die Zahlen aufsteigend der Größe nach. Wie lautet das Lösungswort?

a)

I	Z	E	A	E	N	G
0,2	−1,7	4,9	−4,2	0	−2,5	0,4

b)

S	N	U	E	A	S	N
−0,01	0,1	$-\frac{1}{10}$	1,0	$-\frac{1}{1000}$	$-\frac{1}{1}$	$\frac{1}{100}$

c)

S	C	L	E	F	H	A
$-\frac{1}{6}$	$-\frac{1}{9}$	$-\frac{5}{8}$	$\frac{1}{3}$	$-\frac{2}{3}$	$\frac{1}{4}$	$-\frac{2}{5}$

d)

F	O	O	B	E	H	R
|−99,99|	−99,99	|−99,9|	−99,909	−99,9	|−99,0|	−99,0

4 Übertrage die Tabelle in dein Heft. Bestimme jeweils die kleinstmögliche und größtmögliche Zahl, die gerundet die gegebene Zahl ergibt.

gerundet auf	Tausendstel	Hundertstel	Tausendstel	Zehntel
gerundete Zahl	34,475	−16,83	−96,459	7,5
kleinstmögliche Zahl	☐	☐	☐	☐
größtmögliche Zahl	☐	☐	☐	☐

Überlege, ob die ursprüngliche Zahl größer oder kleiner als die gerundete Zahl ist.

5 Übertrage ins Heft und setze für ☐ das richtige Vorzeichen ein.
a) $-\frac{2}{3} < \square \frac{2}{3}$ b) $-1\frac{3}{5} > \square 4,5$ c) $\square 2,46 > \square 2,50$ d) $|0| = \square 0$
  $|\square 1,35| = 1,35$ $\square 9,4 < −7,2$ $|\square 3\frac{2}{5}| < +3,4$ $|\square \frac{5}{6}| < |\square \frac{7}{8}|$

Manchmal ist die Aussage für beide oder kein Vorzeichen wahr.

6 Setze eine Ziffer so ein, dass die Ordnung stimmt.
a) 7,35☐ < 7,354   b) −0,1☐9 < −0,129   c) −123,☐22 < −123,222
d) 0,1☐ < |−0,10| e) −☐5,34 < −35,34   f) |−14,☐64| < 14,264

Findest du mehrere Möglichkeiten?

7 Bereits seit der Antike gibt es Überlieferungen von schweren Erdbeben. Ordne die folgenden historischen Erdbeben in einer Zeitleiste an. Wähle eine geeignete Unterteilung.

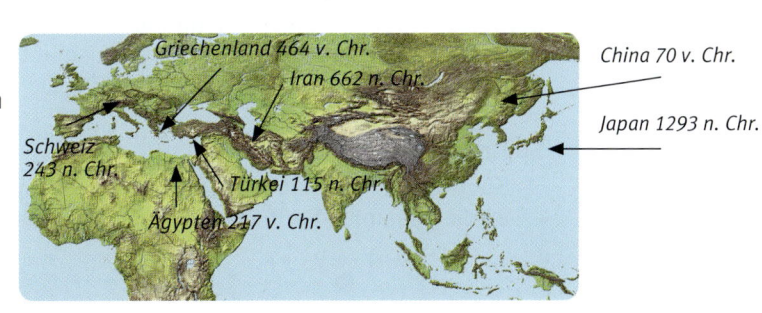

Griechenland 464 v. Chr.
Iran 662 n. Chr.
China 70 v. Chr.
Japan 1293 n. Chr.
Schweiz 243 n. Chr.
Türkei 115 n. Chr.
Ägypten 217 v. Chr.

8 Bestimme jeweils vier Zahlen, die …
a) zwischen −2 und 0 liegen, und deren Betrag größer als $\frac{3}{4}$ ist.
b) kleiner als −3 sind, und deren Betrag größer als 4 ist.
c) größer als −7 sind, und deren Betrag kleiner (größer) als 10 ist.

9 Bestimme zwei Zahlen so, dass die erste Zahl kleiner als die zweite Zahl ist, ihr Betrag aber größer. Findest du mehrere Möglichkeiten?

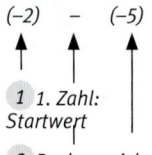

6.3 Rationale Zahlen addieren und subtrahieren

(–2) – (–5)

1 **1. Zahl:** Startwert
2 **Rechenzeichen:** Blickrichtung
3 **2. Zahl:** Anzahl Schritte & Bewegungsrichtung

Aufgaben ablaufen: Lege auf dem Boden je ein Blatt Papier mit den Zahlen zwischen –7 bis +7 der Reihe nach hin. Laufe eine Rechnung wie folgt ab:

1 Die erste Zahl ist der Startwert.
2 Das Rechenzeichen gibt an, in welche Richtung du schauen musst:
   +: Blick in positive Richtung   –: Blick in negative Richtung
3 Bei der zweiten Zahl gibt das Vorzeichen an, wie du dich bewegst: positives Vorzeichen vorwärts, negatives Vorzeichen rückwärts. Die Ziffer legt die Anzahl der Schritte fest, die du gehen musst. Am Endpunkt erhältst du das Ergebnis.

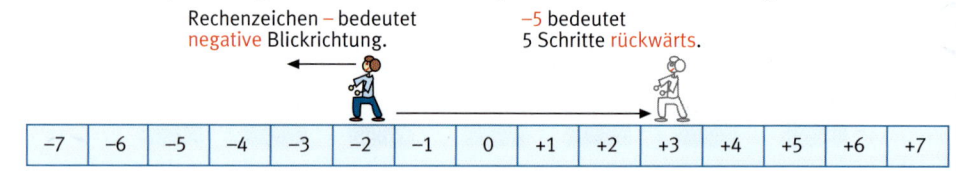

Rechenzeichen – bedeutet negative Blickrichtung.
–5 bedeutet 5 Schritte rückwärts.

Welche Rechnungen führen zum selben Ergebnis?

- Gehe die folgenden Aufgaben an der Zahlengerade ab und löse sie.
  a) (–3) + (–4)   (–3) – (+4)   (–3) + (+4)   (–3) – (–4)
  b) (+4) – (–2)   (+4) + (–2)   (+4) – (+2)   (+4) + (+2)
- Ersetze in den Aufgaben die Rechenzeichen und Vorzeichen aus den Schritten 2 und 3 durch ein einziges Zeichen. Wie lautet die Bewegungsvorschrift?

MERKWISSEN

Addition rationaler Zahlen

Addition bei **gleichen Vorzeichen**:

(–1) + (–3)
1 Beträge addieren
   $1 + 3 = 4$
2 gemeinsames Vorzeichen im Ergebnis
   $(-1) + (-3) = -4$

Addition bei **verschiedenen Vorzeichen**:

(–1) + (+3)
1 großer minus kleiner Betrag
   $3 - 1 = 2$
2 Vorzeichen der Zahl mit größerem Betrag im Ergebnis
   $(-1) + (+3) = +2$

1 **Addiert** man eine **positive Zahl**, ist die Gesamtänderung **positiv**.
   $(-1) + (+3) = +2$ 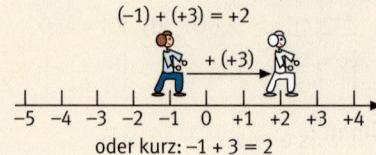
   oder kurz: $-1 + 3 = 2$

2 **Addiert** man eine **negative Zahl**, ist die Gesamtänderung **negativ**.
   $(-1) + (-3) = -4$ 
   oder kurz: $-1 - 3 = -4$

Bei gleichen Vorzeichen der Summanden werden die Beträge addiert; das gemeinsame Vorzeichen der Summanden bleibt im Ergebnis erhalten.
Bei verschiedenen Vorzeichen der Summanden wird der kleinere Betrag vom größeren Betrag subtrahiert; das Ergebnis hat das Vorzeichen des Summanden mit dem größeren Betrag.

Subtraktion rationaler Zahlen

1 **Subtrahiert** man eine **negative Zahl**, ist die Gesamtänderung **positiv**.
   $(-1) - (-3) = +2$ 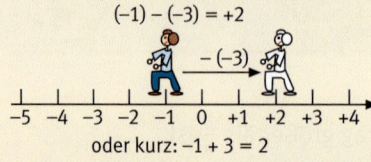
   oder kurz: $-1 + 3 = 2$

2 **Subtrahiert** man eine **positive Zahl**, ist die Gesamtänderung **negativ**.
   $(-1) - (+3) = -4$ 
   oder kurz: $-1 - 3 = -4$

Die Subtraktion einer rationalen Zahl lässt sich stets durch die **Addition ihrer Gegenzahl** ersetzen.

Vor- und Rechenzeichen lassen sich stets durch ein Zeichen ersetzen. Dabei gilt: Zwei **unterschiedliche Zeichen** ergeben „–", zwei **gleiche Zeichen** „+".

kurz:
+(+ → +
–(– → +
+(– → –
–(+ → –

Kapitel 6

Beispiel

I Schreibe in Kurzform und berechne.

a) $4{,}5 + (-2{,}3)$ b) $-6{,}7 - (-3{,}8)$

Lösung:

a) $4{,}5 + (-2{,}3) = 4{,}5 - 2{,}3 = 2{,}2$ b) $-6{,}7 - (-3{,}8) = -6{,}7 + 3{,}8 = -2{,}9$

Treffen Vorzeichen und Rechenzeichen aufeinander, dann muss eine Klammer gesetzt werden.

Verständnis

- Wie lautet das Ergebnis, wenn du zu einer Zahl ihre Gegenzahl addierst (subtrahierst)? Probiere mit positiven und negativen Zahlen aus.
- Finde Sachverhalte aus dem Alltag, in denen das Rechenzeichen (Vorzeichen) „+" bzw. „–" verwendet wird.

Aufgaben

1 Stelle folgende Aufgaben jeweils an einer Zahlengerade dar. Bestimme das Ergebnis.

Zeichne die Bewegungen wie im Merkkasten.

a) $-7 + (-3)$
$+9 - (-6)$
$-12 - (+11)$
$-6 - (-23)$

b) $-2{,}5 - (-4{,}5)$
$-8 - (-5{,}5)$
$-12{,}5 + (+11)$
$+9\frac{1}{2} + (-7{,}5)$

c) $-\frac{2}{3} + \left(-\frac{1}{9}\right)$
$\frac{5}{6} - \left(-1\frac{2}{3}\right)$
$-\frac{1}{2} - (+1{,}25)$
$-\frac{5}{8} + (-2{,}375)$

d) $2{,}3 - \left(-\frac{8}{10}\right)$ 0,8
$-3{,}6 + (+1{,}8) - (+2{,}4)$
$+4{,}6 + (-2{,}1) - \left(-\frac{4}{5}\right)$ 0,8
$-2{,}9 - (+1{,}4) + (-1{,}4)$

2 Übertrage die Tabellen in dein Heft und vervollständige sie.

a)

+	–2,5	$\frac{3}{5}$	$-\frac{7}{8}$
0,8	☐	☐	☐
$-\frac{1}{4}$	☐	☐	☐
$-\frac{3}{8}$	☐	☐	☐

b)

–	–4	1,75	$-\frac{2}{3}$
–1,5	☐	–3,25	☐
$-\frac{3}{4}$	☐	☐	☐
$1\frac{1}{3}$	☐	☐	☐

3 Stelle die Zahlen auf dem Stein jeweils als Ergebnis eines Terms dar mit den angegebenen Bedingungen. Das Ergebnis ist die ...

a) Summe zweier Zahlen mit gleichem Vorzeichen.
b) Summe zweier Zahlen mit verschiedenen Vorzeichen.
c) Differenz zweier Zahlen mit gleichem Vorzeichen.
d) Differenz zweier Zahlen mit verschiedenen Vorzeichen.

Beispiel: –8:   a) $-6{,}5 + (-1{,}5) = -6{,}5 - 1{,}5 = -8$

Findest du mehrere Möglichkeiten?

Zahlen auf dem Stein: $-12{,}7$; -3; $+2{,}5$; $+16{,}25$; $1\frac{3}{4}$; $\frac{1}{9}$; -7

4 Bestimme jeweils die fehlenden Angaben auf dem Kontoauszug.

[Logo]
Konto Nr. 31321   alter Kontostand: –453,45 €
Rechnung Küchenbau   –1233,12 €
Aktueller Kontostand: ☐

[Logo]
Konto Nr. 89221   alter Kontostand: –1543,76 €
Lohn/Gehalt   ☐ €
Aktueller Kontostand: 801,56 €

[Logo]
Konto Nr. 16057   alter Kontostand: ☐ €
Kreditkartenabrechnung   –435,76 €
Aktueller Kontostand: –2350,31 €

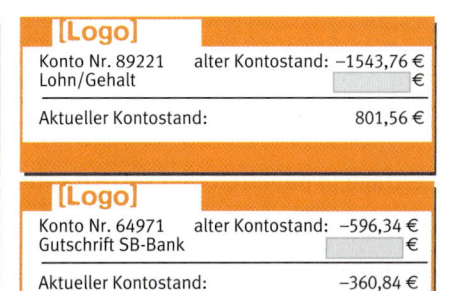

[Logo]
Konto Nr. 64971   alter Kontostand: –596,34 €
Gutschrift SB-Bank   ☐ €
Aktueller Kontostand: –360,84 €

6.3 Rationale Zahlen addieren und subtrahieren

Lösungen zu 5:
$-435; -148; -41; -15;$
$-6{,}7; -5\frac{5}{6}; -2{,}8; -1{,}9; -1\frac{2}{3};$
$-1{,}5; -1\frac{1}{4}; -1{,}2; -\frac{9}{10}; -\frac{7}{9};$
$-0{,}6; \frac{4}{25}; 1\frac{1}{10}; 3; 16; 49;$
130

5 Berechne im Kopf.

a) $(-14) + (-27)$
$(+15) - (-34)$
$(-18) + (+21)$
$(-27{,}4) - (-12{,}4)$

b) $(+86) - (-44)$
$(-112) - (+36)$
$(-250) + (-185)$
$(+15{,}4) + (-17{,}3)$

c) $(+2{,}4) - (+3{,}6)$
$(-4{,}8) + (-1{,}9)$
$(+3{,}9) + (+12{,}1)$
$(-13{,}7) + (+10{,}9)$

d) $\left(+2\frac{5}{8}\right) - \left(+3\frac{7}{8}\right)$
$\left(-2\frac{1}{5}\right) + \left(+1\frac{3}{10}\right)$
$\left(+\frac{5}{9}\right) + \left(-2\frac{2}{9}\right)$

e) $\left(+\frac{4}{5}\right) + \left(-1\frac{2}{5}\right)$
$\left(-2\frac{3}{4}\right) - \left(-1\frac{1}{4}\right)$
$\left(-3\frac{5}{6}\right) + (-2)$

f) $\left(-\frac{2}{3}\right) + \left(-\frac{1}{9}\right)$
$\left(+\frac{3}{10}\right) - \left(+\frac{7}{50}\right)$
$\left(-1\frac{1}{6}\right) - \left(-2\frac{4}{15}\right)$

Der Wert einer Traube ergibt sich aus der Summe bzw. Differenz (von links nach rechts) der beiden Trauben, die darüber liegen.

6 a) Übertrage in dein Heft und berechne die Summe.

① -12, $+7{,}5$, $+1{,}6$, $-8{,}2$; $7{,}1$

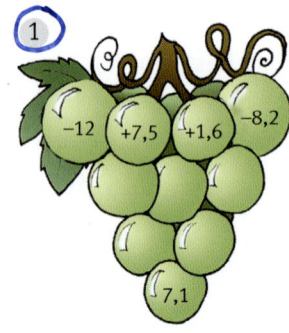

② $-14{,}2$, $+6{,}6$, $-21{,}4$, $+12{,}1$; $-46{,}5$

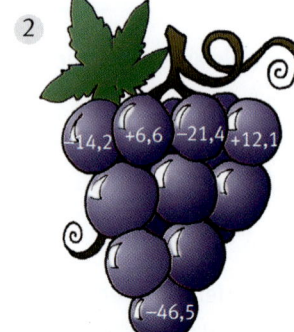

③ $1\frac{1}{3}$, $-\frac{5}{6}$, $\frac{11}{9}$, $+\frac{1}{18}$; $-4\frac{7}{9}$

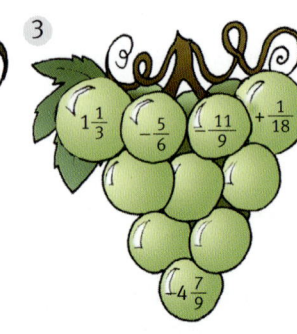

b) Übertrage in dein Heft und bilde die Differenz.

① $-6{,}5$, $+8$, -12, $+4{,}5$; -71

② $2{,}8$, $-7{,}9$, $-1{,}6$, $+37{,}5$; 17

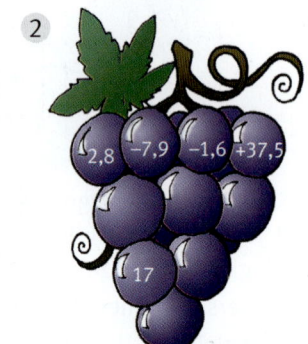

③ $-\frac{5}{8}$, $-\frac{3}{10}$, $+1\frac{2}{5}$, $-\frac{13}{4}$; $1\frac{3}{8}$

Addition (Subtraktion) von Brüchen
- *Nenner gleichnamig machen*
- *Zähler addieren (subtrahieren), gleichnamigen Nenner beibehalten*

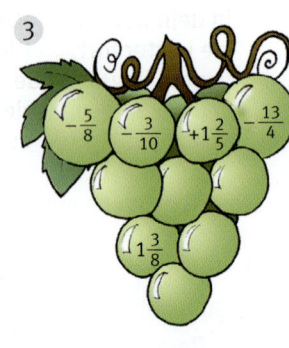

7 Übertrage in dein Heft und vervollständige.

x	y	a) x + y	b) –x + y	c) x – y	d) –x –y	e) |x| – |y|
0,5	–1,25	☐	☐	☐	☐	☐
$-\frac{4}{5}$	1,2	☐	☐	☐	☐	☐
$-\frac{5}{8}$	$-\frac{3}{4}$	☐	☐	☐	☐	☐

Oftmals reicht es aus, das Ergebnis zu überschlagen, um die Lücke zu füllen.

8 Übertrage in dein Heft und setze das richtige Vorzeichen ein.

a) ☐12 + (☐8) = +20
☐123 – (–56) = ☐67
79 + (☐1342) = ☐1421

b) ☐14,3 – (☐12,9) = –1,4
–27,5 + (☐34,2) = ☐6,7
–76,8 – (☐54,7) = ☐131,5

c) ☐$\frac{2}{3}$ + (☐$\frac{5}{6}$) = $1\frac{1}{2}$
$1\frac{7}{8}$ – (☐$1\frac{3}{4}$) = ☐$3\frac{5}{8}$
☐$\frac{5}{12}$ – (☐$\frac{13}{3}$) = –$\frac{19}{4}$

Kapitel 6

9 Mit dem Taschenrechner lassen sich die Vorzeichen für eine negative Zahl oft durch eine der abgebildeten Tasten angeben, die man drücken muss, bevor man die Zahl eingibt.

+/− oder (−)

a) Finde die Vorzeichentaste auf deinem Rechner und berechne dann.

1. $+3{,}5 - (-1{,}2)$ $-3{,}5 - (-1{,}2)$ $-3{,}5 + (-1{,}2)$
2. $0{,}75 + (-0{,}75)$ $-12{,}6 - (+1{,}95)$ $+12{,}5 - (-0{,}8)$
3. $-\frac{7}{15} + \left(\frac{5}{18}\right)$ $\frac{7}{12} + \left(-\frac{1}{9}\right)$ $-\frac{11}{36} - \left(-\frac{6}{19}\right)$
4. $-14\frac{2}{3} + \left(-7\frac{5}{9}\right)$ $-112{,}53 - (-27{,}914)$ $214{,}371 + (-483{,}04)$

b) Schreibe eine kurze Anleitung, wie man mit dem Taschenrechner rationale Zahlen addieren und subtrahieren kann. Unterscheide dabei verschiedene Fälle wie im Merkwissen auf Seite 150.

10 Übertrage in dein Heft und setze jeweils <, > oder = ein.

a) $\frac{1}{2} - \left(-\frac{1}{3}\right) \square \frac{1}{2} + \left(-\frac{1}{3}\right)$ b) $0{,}5 + (-0{,}7) \square 0{,}2$

c) $-2{,}5 \square 2{,}1 + (-4{,}8)$ d) $0 \square -\frac{1}{4} - \left(-\frac{1}{8}\right)$

e) $-4{,}5 + (+2{,}3) \square 4{,}5 + (-2{,}3)$ f) $12{,}3 + (-112{,}7) \square 12{,}3 - (+112{,}7)$

g) $-\frac{1}{3} + \left(-\frac{1}{9}\right) \square -\frac{1}{9} + \left(-\frac{1}{3}\right)$ h) $0{,}4 + (+1{,}32) - (-0{,}8) \square 2$

11 Die Abbildung zeigt den Pegelstand der Ilm bei Thalmannsdorf.

a) Übertrage die Tabelle in dein Heft und setze sie weiter fort. Bestimme die Pegelstände jeweils so genau wie möglich durch Ablesen.

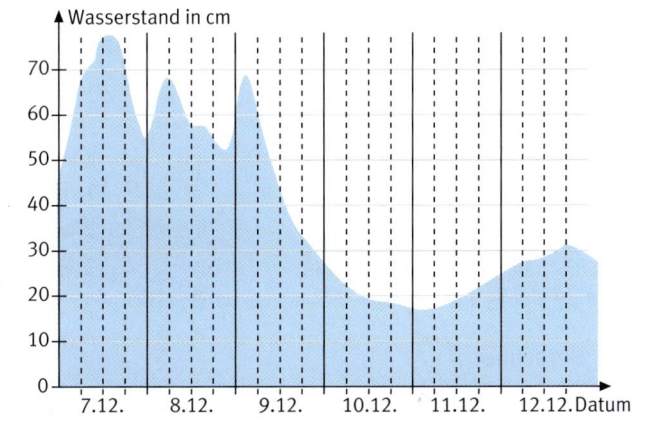

Tag	7.12.				8.12.				9.12.	
Uhrzeit	0 h	6 h	12 h	18 h	0 h	6 h	12 h	18 h	0 h	6 h
Pegel in cm										

b) Bestimme an jedem Tag die Veränderung zwischen 0.00 Uhr und 24.00 Uhr. Markiere durch das Vorzeichen „+" einen insgesamt gestiegenen Pegel und durch „−" einen insgesamt gefallenen Pegel.

Beachte, dass 24.00 Uhr des Tages mit 0.00 Uhr des folgenden Tages zusammenfällt.

c) Bestimme mit den Ergebnissen von a) den durchschnittlichen Pegel an jedem Tag. Beschreibe auch, wie du den Durchschnittswert „verbessern" kannst.

12 Wir rechnen mit Koordinaten und bestimmen jeweils die Differenz der Koordinaten. Dazu wird jeweils die y-Koordinate von der x-Koordinate eines Punktes abgezogen. Wir betrachten nur ganze Zahlen als Koordinaten. Zeichne ein Koordinatensystem ins Heft (1 Einheit ≙ 1 Kästchen) im Bereich von −10 bis +10 für die x- und y-Achse.

P (6 | 2)
Differenz: 6 − 2 = 4
Q (−1 | −5)
Differenz: −1 − (−5) = 4

a) Trage alle Koordinaten ein, deren Differenz 3 (0, −1, −3) beträgt.
b) Beschreibe für jede Differenz aus a) die Lage der Punkte.
c) Wie muss ein Muster aussehen für die Differenz 4 (−2, −5)? Begründe mit b).

6.4 Rationale Zahlen multiplizieren

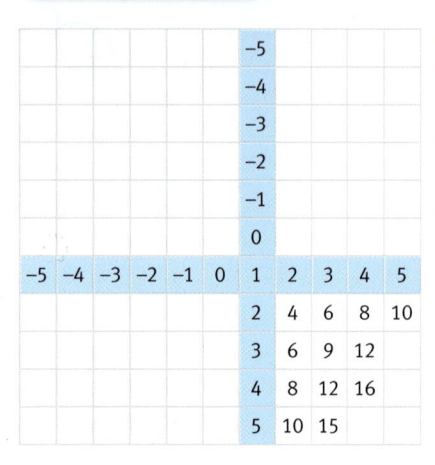

Die Abbildung zeigt den Ausschnitt aus einer Multiplikationstafel. Die hinterlegten Zahlen stellen die Faktoren für die Multiplikation dar. Das Ergebnis in jeder Zelle erhältst du, indem du Faktoren in x-Richtung mit denen in y-Richtung multiplizierst.

- Übertrage den Ausschnitt in dein Heft und vervollständige.
- Betrachte die Ergebnisse einer Zahlenreihe jeweils in beide Richtungen. Beschreibe die Änderungen von Zelle zu Zelle.
- Betrachte die Vorzeichen der einzelnen Faktoren und des Produkts in den einzelnen Bereichen („Quadranten") der Tafel. Welche Regel lässt sich bezüglich der Vorzeichen erkennen?

Merkwissen

Zwei rationale Zahlen werden miteinander **multipliziert**, indem man zunächst ihre **Beträge** (also ohne Rücksicht auf das Vorzeichen) **multipliziert**.
Das Ergebnis hat dann ein positives Vorzeichen, wenn die **beiden Faktoren** das gleiche Vorzeichen haben.
Das Ergebnis hat ein negatives Vorzeichen, wenn die **beiden Faktoren** verschiedene Vorzeichen haben.

Beispiele:

$-2{,}3 \cdot (-1{,}5) =$
① Beträge: $2{,}3 \cdot 1{,}5 = 3{,}45$
② gleiche Vorzeichen → +
③ Ergebnis: $-2{,}3 \cdot (-1{,}5) = +3{,}45$

$2{,}3 \cdot (-1{,}5) =$
① Beträge: $2{,}3 \cdot 1{,}5 = 3{,}45$
② verschiedene Vorzeichen → −
③ Ergebnis: $2{,}3 \cdot (-1{,}5) = -3{,}45$

kurz:
+ mal + → +
+ mal − → −
− mal + → −
− mal − → +

Treffen Rechenzeichen und Vorzeichen aufeinander, dann muss eine Klammer gesetzt werden.

Beispiele

Multiplikation von Brüchen:
$$\frac{\text{Zähler} \cdot \text{Zähler}}{\text{Nenner} \cdot \text{Nenner}}$$

I Berechne.
a) $-4{,}5 \cdot (-1{,}3)$
b) $-\frac{4}{11} \cdot \left(+\frac{2}{3}\right)$

Lösung:
a) $-4{,}5 \cdot (-1{,}3) = +5{,}85$
b) $-\frac{4}{11} \cdot \left(+\frac{2}{3}\right) = -\frac{8}{33}$

II Welches Vorzeichen hat das Ergebnis? Bestimme, ohne zu rechnen.
a) $125{,}6 \cdot (-12{,}4)$
b) $-\frac{5}{12} \cdot \frac{17}{13}$
c) $0{,}2 \cdot (-3{,}5) \cdot (-1{,}9)$

Lösung:
Die Ergebnisse von a) und b) sind negativ, weil die beiden Faktoren jeweils unterschiedliche Vorzeichen haben.
Bei c) ist das Produkt der ersten beiden Faktoren negativ. Somit ist das Produkt aus diesem Ergebnis mit dem dritten Faktor positiv.

Hat ein Produkt mehr als zwei Faktoren, dann wird das Vorzeichen für das Ergebnis immer nacheinander paarweise aus zwei Faktoren bestimmt.

Verständnis

- Ein Produkt besteht aus drei Faktoren mit jeweils positivem (negativem) Vorzeichen. Welches Vorzeichen hat das Ergebnis?
- Welches Vorzeichen hat das Produkt, wenn einer der Faktoren 0 (1) ist?

Kapitel 6

Aufgaben

1 Bestimme das fehlende Vorzeichen.
a) $(-3,4) \cdot (-27,6) = \square\,93,84$
$(+17,2) \cdot (-21,6) = \square\,371,52$
$(+12,3) \cdot (+8,9) = \square\,109,47$
$\left(-\frac{1}{7}\right) \cdot \frac{8}{9} = \square\,\frac{8}{63}$

b) $(\square 11,7) \cdot (-7,3) = 85,41$
$(-1,22) \cdot (\square 7,61) = -9,2842$
$(-1,7) \cdot (-0,2) \cdot (+2) = \square\,0,68$
$(-4,5) \cdot \left(\square \frac{2}{5}\right) \cdot \left(-\frac{3}{4}\right) = 1\frac{7}{20}$

2 Schreibe kurz als Multiplikationsaufgabe und berechne.
a) $(-4,5) + (-4,5) + (-4,5) + (-4,5) + (-4,5) + (-4,5) + (-4,5)$
b) $\left(-\frac{3}{8}\right) + \left(-\frac{3}{8}\right) + \left(-\frac{3}{8}\right) + \left(-\frac{3}{8}\right) + \left(-\frac{3}{8}\right) + \left(-\frac{3}{8}\right) + \left(-\frac{3}{8}\right) + \left(-\frac{3}{8}\right) + \left(-\frac{3}{8}\right)$
c) $(-3,65) + (-3,65) + (-3,65) + (-3,65) + (-3,65) + (-3,65) + (-3,65) + (-3,65)$
d) $100 - (-1,25) - (-1,25) - (-1,25) - (-1,25) - (-1,25) - (-1,25)$

Eine wiederholte Addition lässt sich auch als Multiplikation schreiben.

3 Berechne im Kopf.
a) $-5 \cdot (+6)$
$+8 \cdot (+4)$
$(-9) \cdot (-9)$
$6 \cdot (-10)$

b) $+7 \cdot (-9)$
$(-7) \cdot (+8)$
$11 \cdot (-11)$
$(-12) \cdot (-12)$

c) $20 \cdot (-6)$
$-50 \cdot (+0,5)$
$-1,5 \cdot (-22)$
$-30 \cdot 2,6$

d) $-\frac{1}{2} \cdot \left(-\frac{1}{3}\right)$
$\frac{5}{8} \cdot \left(-\frac{8}{5}\right)$
$-\frac{3}{4} \cdot 8$
$\left(-\frac{1}{2}\right)^3$

4 Übertrage die Multiplikationstabelle in dein Heft und vervollständige.

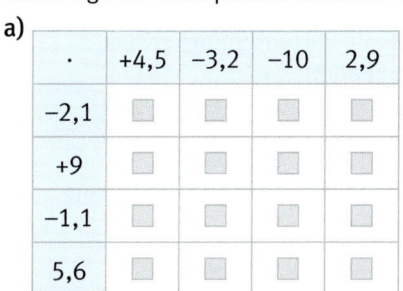

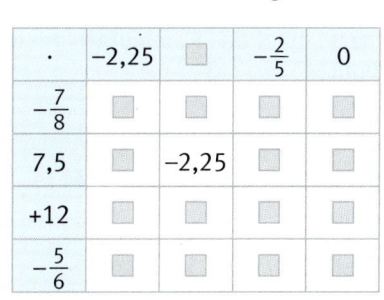

a)
·	+4,5	−3,2	−10	2,9
−2,1	□	□	□	□
+9	□	□	□	□
−1,1	□	□	□	□
5,6	□	□	□	□

b)
·	−2,25	□	$-\frac{2}{5}$	0
$-\frac{7}{8}$	□	□	□	□
7,5	□	−2,25	□	□
+12	□	□	□	□
$-\frac{5}{6}$	□	□	□	□

Lösungen zu 4:
−90; −56; −28,8; −27;
−17,92; −16$\frac{7}{8}$; −9,45;
−6,09; −4,95; −4$\frac{4}{5}$; −3$\frac{3}{5}$;
−3,19; −3; −$\frac{3}{10}$; 0; 0; 0;
0; $\frac{1}{4}$; $\frac{21}{80}$; $\frac{1}{3}$; $\frac{7}{20}$; 1$\frac{7}{8}$;
1$\frac{31}{32}$; 3,52; 6,72; 11; 16,24;
21; 25,2; 26,1; 40,5

5 Ergänze die fehlende Zahl. Beachte das Vorzeichen.
a) $4 \cdot (-6) = -24$
$-8 \cdot -7 = 56$
$+17 \cdot 5 = 85$

b) $\square \cdot (-2,5) = -10$
$\square \cdot 1,2 = -18$
$-25 \cdot \square = 5$

c) $\left(-\frac{2}{3}\right) \cdot \square = 4$
$\square \cdot \frac{4}{5} = -1$
$-0,6 \cdot \square = -9$

d) $-1,65 \cdot \square = 4,95$
$\square \cdot \left(-\frac{5}{4}\right) = \frac{5}{8}$
$\left(-\frac{14}{17}\right) \cdot \square = 0$

6 Setze Karten mit den Ziffern und Vorzeichen jeweils so ein, dass das Produkt …
a) möglichst groß wird.
b) möglichst klein
c) nahe an null

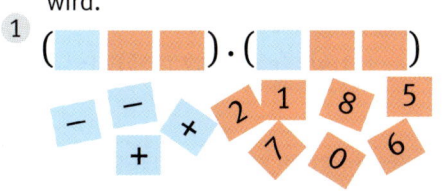

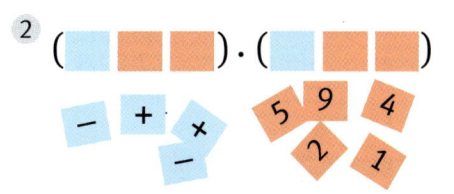

1 (□ □) · (□ □)
Karten: −, −, +, ×, 2, 1, 8, 5, 7, 0, 6

2 (□ □) · (□ □)
Karten: −, +, −, ×, 5, 9, 4, 2, 1

7 Berechne das Ergebnis.
a) $7 \cdot (-12) \cdot 8$
$-5 \cdot (-3) \cdot (-10) \cdot 8$

b) $(-1,4) \cdot 5,6 \cdot (-2,1)$
$-0,5 \cdot (-3,4) \cdot (-13) \cdot (-1)$

c) $\frac{2}{5} \cdot \left(-\frac{3}{8}\right) \cdot \left(-\frac{5}{12}\right)$
$-\frac{4}{3} \cdot \frac{1}{9} \cdot \left(-\frac{4}{15}\right)$

6.5 Rechengesetze

Muss ich bei $5{,}2 - 1{,}2^2$ erst potenzieren oder subtrahieren? Vielleicht ist es auch egal?

Wie sieht es hier aus? Ist $(-4{,}3) + (+2{,}5) + (-2{,}7)$ dasselbe wie $(-4{,}3) + (-2{,}7) + (+2{,}5)$? Oder $(-4{,}5) \cdot 3{,}96 \cdot (-2)$ das gleiche wie $(-4{,}5) \cdot (-2) \cdot 3{,}96$? Wie sieht es bei den anderen Rechenarten aus?

Sven versucht, die Rechengesetze, die er kennt, bei den rationalen Zahlen zu überprüfen. Kannst du ihm helfen?
- Welche Rechengesetze kennst du?
- Überprüfe an Zahlenbeispielen, ob du bei den einzelnen Grundrechenarten die Reihenfolge beliebig vertauschen und Klammern beliebig setzen kannst.

MERKWISSEN

Beachte: Da wir eine Subtraktion auch als Addition der Gegenzahl und eine Division stets als Multiplikation mit ihrem Kehrwert verstehen können, lassen sich diese Grundrechenarten auch in den Rechengesetzen wiederfinden.

Die bisher bekannten Rechengesetze gelten auch für rationale Zahlen. Es können also bei der alleinigen **Addition** bzw. **Multiplikation** rationale Zahlen **beliebig vertauscht** oder durch **Klammern zusammengefasst** werden. Dieses gilt nicht für die alleinige Subtraktion und Division.

Man bezeichnet das **Kommutativgesetz** auch als Vertauschungsgesetz.

Addition:
$(+4{,}2) + (-2{,}3) + (+3{,}8) = +5{,}7$
$(+4{,}2) + (+3{,}8) + (-2{,}3) = +5{,}7$

Multiplikation:
$(+2{,}5) \cdot (-1{,}8) \cdot (-6) = +27$
$(+2{,}5) \cdot (-6) \cdot (-1{,}8) = +27$

Das Verbindungsgesetz zum Setzen von Klammern heißt **Assoziativgesetz**.

Addition:
$(-0{,}8) + [(+2{,}8) + (-1{,}5)] = 0{,}5$
$[(-0{,}8) + (+2{,}8)] + (-1{,}5) = 0{,}5$

Multiplikation:
$\left(-\frac{3}{4}\right) \cdot \left[\left(-\frac{1}{2}\right) \cdot \left(+\frac{5}{7}\right)\right] = +\frac{15}{56}$
$\left[\left(-\frac{3}{4}\right) \cdot \left(-\frac{1}{2}\right)\right] \cdot \left(+\frac{5}{7}\right) = +\frac{15}{56}$

Für die Berechnung von Termen gelten folgende Regeln:
1. Was in **Klammern** steht, wird immer **zuerst** ausgerechnet. Bei mehreren Klammern beginnt man mit der innersten.
2. **Potenzen** werden **vor** den vier **Grundrechenarten** berechnet.
3. **Punktrechnung** (Multiplikation, Division) geht **vor Strichrechnung** (Addition, Subtraktion).

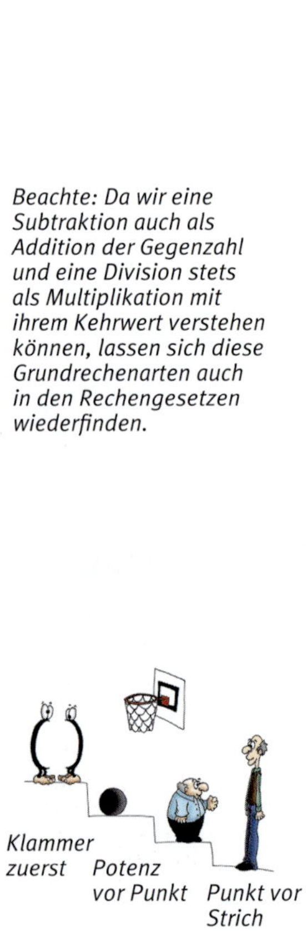

Klammer zuerst   Potenz vor Punkt   Punkt vor Strich

BEISPIELE

Division durch einen Bruch
$\dfrac{\;:\;\dfrac{Zahl\ a}{Zahl\ b}\;}{\downarrow}$

$\cdot \dfrac{Zahl\ b}{Zahl\ a}$

Multiplikation mit dem Kehrbruch

I Erkläre, warum die folgenden Aufgaben richtig umgestellt wurden.
a) $6{,}2 - 5{,}6 + 2{,}8 = 6{,}2 + 2{,}8 - 5{,}6$
b) $0{,}2 \cdot (-1{,}4) : (-5) = 0{,}2 : (-5) \cdot (-1{,}4)$

Lösung:
a) Die Subtraktion kann auch als Addition geschrieben werden. Hier darf man die Summanden vertauschen.
$6{,}2 - 5{,}6 + 2{,}8 = 6{,}2 + (-5{,}6) + 2{,}8 = 6{,}2 + 2{,}8 + (-5{,}6) = 6{,}2 + 2{,}8 - 5{,}6$
b) Die Division kann man in eine Multiplikation umwandeln.
$0{,}2 \cdot (-1{,}4) : (-5) = 0{,}2 \cdot (-1{,}4) \cdot \left(-\frac{1}{5}\right) = 0{,}2 \cdot \left(-\frac{1}{5}\right) \cdot (-1{,}4) = 0{,}2 : (-5) \cdot (-1{,}4)$

KAPITEL 6

VERSTÄNDNIS

- Wandle $-2,4 - (-4,7)$ in eine Addition um.
- Mit welchem Rechengesetz hast du hier einen Vorteil: $(-2,4) + (-1,8) + (-4,6)$?

AUFGABEN

1 Erkläre die Rechnungen. Welches Rechengesetz wurde verwendet?

a) $15 + [(-25) + 132]$
$= [15 + (-25)] + 132$
$= (-10) + 132$
$= 122$

b) $-12,6 + (-6,9) + 4,6$
$= -12,6 + 4,6 + (-6,9)$
$= -8 + (-6,9)$
$= -14,9$

c) $1,2 \cdot (-13,6) \cdot (-5)$
$= (-13,6) \cdot 1,2 \cdot (-5)$
$= (-13,6) \cdot (-6)$
$= 81,6$

2 Vertausche und berechne geschickt.

a) $24 + (-27) + 16 + (-13)$
b) $139 + 25 + (-15) + (-19)$
c) $-166 + 34 + (-16) + (-14) + 116$
d) $-16,7 + 16,6 + (-11,9) + 4,1 + 1,9$
e) $2 \cdot (-6) \cdot (5 \cdot 17)$
f) $(-4) \cdot 2,5 \cdot (-25) \cdot (-5)$
g) $125 \cdot (-40) \cdot (-8) \cdot 2$
h) $-4 \cdot (-6) \cdot (-250) \cdot 5 \cdot (-5)$

Lösungen zu 2:
−1250; −1020; −46; −6; 0; 130; 80 000; 150 000

3 Nutze die Rechengesetze und bestimme das Ergebnis.

a) $-45 + (-69 + 55) - 37$
b) $28 + (-17 + 42) + (-87 + 66)$
c) $(-9,3 + 3,7) - 6,5 + (-12,3 + 6,1) + 3,3$
d) $-5,2 + (-2,7 + 4,4 - 5,3) + (-1,8 + 3,4)$

4 Rechne vorteilhaft. Nenne das Rechengesetz, das du anwendest.

a) $-12,4 + 17,9 + (-4,6)$
$78,6 + [34,4 + (-129,7)]$
$-3,4 + 1,8 + 3,7 - 5,4$

b) $[(-7) \cdot 2,25] \cdot (-8)$
$(-5) \cdot 12 \cdot (-1,2)$
$6 \cdot (-12,6) \cdot \frac{1}{6}$

c) $15 \cdot 4,5 - 2,5$
$2^2 - 4 \cdot (-1,25)$
$((34 + (-16)) \cdot 2,3)$

5 Stelle die Karten zu möglichst vielen unterschiedlichen Aufgaben zusammen und berechne sie. Welcher Term liefert das größte (kleinste) Ergebnis?

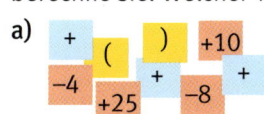

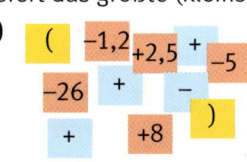

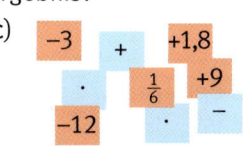

a) Karten: +, (,), +10, −4, +, +, +25, −8

b) Karten: (, −1,2, +2,5, +, −5, −26, +, −,), +8

c) Karten: −3, +, +1,8, ·, $\frac{1}{6}$, +9, −12, ·, −

6 a) Vergleiche die Rechnungen miteinander, bei denen ein Klammerausdruck subtrahiert wird, und bestimme jeweils das Ergebnis. Welche Ergebnisse sind gleich?

① $-13 - (-16 + 24) = ?$
$-13 + 16 + 24$
$-13 + 16 - 24$
$-13 - 16 + 24$
$-13 - 16 - 24$

② $29 - (17 - 34) = ?$
$29 - 17 + 34$
$29 - 17 - 34$
$29 + 17 + 34$
$29 + 17 - 34$

Wird ein Klammerausdruck subtrahiert, dann spricht man oftmals von einer **Minusklammer**.

b) Beschreibe eine Regel, wie man eine Minusklammer auflösen kann. Überlege dir eigene Aufgaben wie in a) und überprüfe die Regeln daran.

7 Vergleiche die Rechenschlangen miteinander. Was fällt dir auf? Berechne.

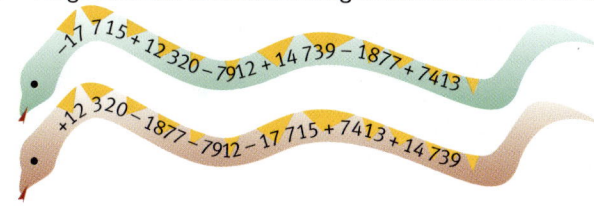

- $-17\,715 + 12\,320 - 7912 + 14\,739 - 1877 + 7413$
- $+12\,320 - 1877 - 7912 - 17\,715 + 7413 + 14\,739$
- $+1877 + 7912 + 17\,715 - (12\,320 + 7413 + 14\,739)$
- $+17\,715 - 12\,320 + 7912 - 14\,739 + 1877 - 7413$

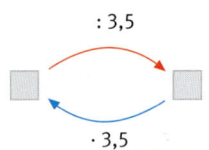

6.6 Rationale Zahlen dividieren

Die Division ist die Umkehrung der Multiplikation.

- Übertrage die Darstellungen in dein Heft und ergänze die fehlenden Angaben.
- Betrachte die Vorzeichen bei den Rechnungen zur Division. Welche Zusammenhänge erkennst du? Stelle eine Regel auf und erkläre sie.

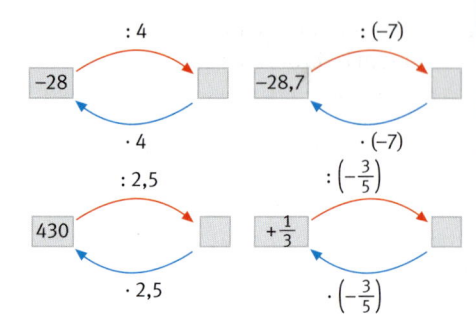

72 : 8
Dividend   Divisor
  Quotient

Genau wie bei der Multiplikation gilt kurz:
+ geteilt durch + → +
+ geteilt durch − → −
− geteilt durch + → −
− geteilt durch − → +

MERKWISSEN

Zwei rationale Zahlen, die ungleich null sind, werden **dividiert**, indem man zunächst ihre **Beträge** (also ohne Rücksicht auf das Vorzeichen) **dividiert**.
Das Ergebnis hat ein positives Vorzeichen, wenn Dividend und Divisor das gleiche Vorzeichen haben.
Das Ergebnis hat ein negatives Vorzeichen, wenn Dividend und Divisor verschiedene Vorzeichen haben.

Beispiele:

−12,5 : (−2,5) =
① Beträge: 12,5 : 2,5 = 5
② gleiche Vorzeichen → +
③ Ergebnis: −12,5 : (−2,5) = +5

12,5 : (−2,5) =
① Beträge: 12,5 : 2,5 = 5
② verschiedene Vorzeichen → −
③ Ergebnis: 12,5 : (−2,5) = −5

BEISPIELE

Beachte:

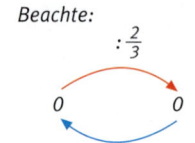

aber:

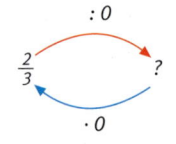

Durch 0 kann man nicht dividieren. Man findet keine Zahl, die mit 0 multipliziert $\frac{2}{3}$ ergibt.

I Berechne ausführlich.

a) −0,72 : 1,2

b) $-\frac{4}{11} : \left(-\frac{3}{5}\right)$

Lösung:

a) −0,72 : 1,2 =
① Beträge: 0,72 : 1,2 = 0,6
② Vorzeichen: −
③ Ergebnis: −0,72 : 1,2 = −0,6

b) $-\frac{4}{11} : \left(-\frac{3}{5}\right) =$
① Beträge: $\frac{4}{11} : \left(\frac{3}{5}\right) = \frac{4}{11} \cdot \frac{5}{3} = \frac{20}{33}$
② Vorzeichen: +
③ Ergebnis: $-\frac{4}{11} : \left(-\frac{3}{5}\right) = \frac{20}{33}$

VERSTÄNDNIS

- Wie groß ist der Quotient, wenn der Divisor 1 bzw. −1 ist?
- Wie groß ist der Quotient, wenn Dividend und Divisor gleich sind (Gegenzahlen sind)?
- Für welche Divisoren ist das Ergebnis der Division kleiner (größer) als der Dividend? Finde Beispiele.

AUFGABEN

1 Übertrage die Pfeilbilder in dein Heft und ergänze die fehlenden Angaben.

a) −90, : 12

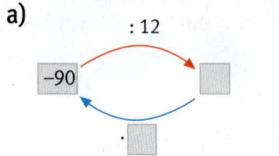

b) −18, : ☐, · (−15)

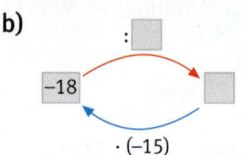

c) 4,9, : (−3,5)

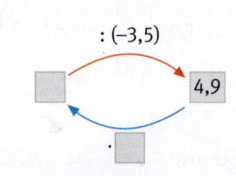

KAPITEL 6

2 Du weißt bereits, dass man durch einen Bruch dividieren kann, indem man mit seinem Kehrbruch multipliziert.

a) Erkläre, warum man die Regel für die Division rationaler Zahlen bereits mit dieser Kenntnis bekommen kann.

b) Übertrage die Pfeilbilder in dein Heft und ergänze die fehlenden Angaben.

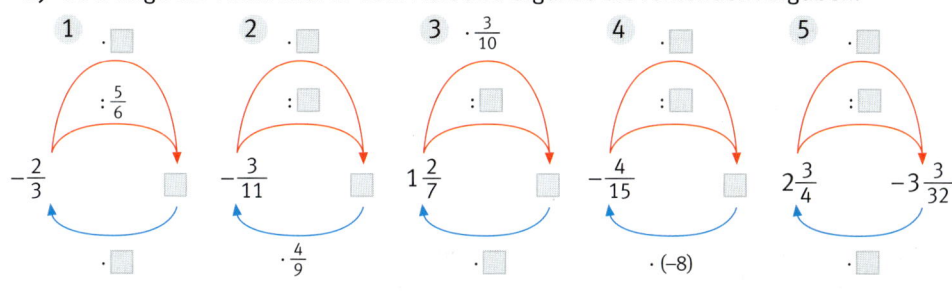

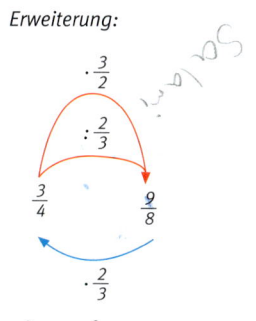

Erweiterung:

$-\frac{2}{3}$ $\xrightarrow{:\frac{5}{6}}$ □ $\quad$ $-\frac{3}{11}$ $\xrightarrow{:□}$ □ $\quad$ $1\frac{2}{7}$ $\xrightarrow{\cdot \frac{3}{10}}$ □ $\quad$ $-\frac{4}{15}$ $\xrightarrow{:□}$ □ $\quad$ $2\frac{3}{4}$ $\xrightarrow{:□}$ $-3\frac{3}{32}$

$\frac{3}{4}$ $\xrightarrow{\cdot \frac{3}{2}}$ $\xrightarrow{:\frac{2}{3}}$ $\frac{9}{8}$ $\xrightarrow{\cdot \frac{2}{3}}$

$:\frac{2}{3}$ und $\cdot \frac{3}{2}$ führt zum selben Ergebnis.

3 Berechne im Kopf.

a) −42 : (−6)
−81 : 9
(+56) : (−8)
(−63) : (−7)

b) 76 : (−4)
−85 : (−5)
+96 : 8
−84 : (+6)

c) −144 : (−12)
143 : (+13)
(−195) : (+15)
198 : (−11)

d) 15 : (−2,5)
−9,6 : (+1,2)
−8,75 : (−1,25)
(+3,5) : (−0,05)

4 Übertrage in dein Heft und bestimme die fehlenden Vorzeichen und Zahlen.

a) +182 : (−13) = −□
b) −□ : 17 = −12,5
c) −32,5 : (+□) = −26
d) (−□) : (+2,6) = −14,3
e) −29,04 : (−□) = 1,1
f) 0 : □□ = □□

5 Übertrage die Divisionstabelle in dein Heft und vervollständige.

a)

:	+2	−5	−7	8
−560				
840				
−700			100	
1064				

b)

:	+1,5	−$\frac{3}{5}$	−1$\frac{2}{3}$	4,5
−1,5				−$\frac{1}{3}$
78,6				
−$\frac{3}{8}$				
0				

Lösungen zu 5:
−350; −280; −212,8; −168; −152; −131; −120; −87,5; −70; −47,16; −1; −$\frac{1}{3}$; −$\frac{1}{4}$; −$\frac{1}{12}$; 0; 0; 0; 0; $\frac{9}{40}$; $\frac{5}{8}$; 0,9; 2,5; 17$\frac{7}{15}$; 52,4; 80; 100; 105; 112; 133; 140; 420; 532

6 Beginne mit dem Startstein. Die Lösung der Aufgabe führt dich zum neuen Stein.

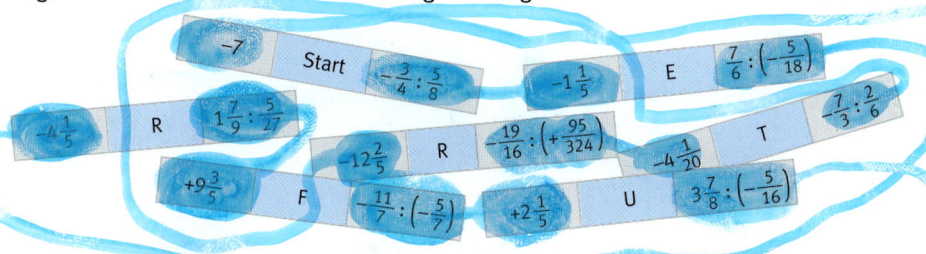

−7 Start $-\frac{3}{4}:\frac{5}{8}$ −1$\frac{1}{5}$ E $\frac{7}{6}:\left(-\frac{5}{18}\right)$

−4$\frac{1}{5}$ R 1$\frac{7}{9}:\frac{5}{27}$ −12$\frac{2}{5}$ R −$\frac{19}{16}:\left(+\frac{95}{324}\right)$ −4$\frac{1}{20}$ T $\frac{7}{3}:\frac{2}{6}$

+9$\frac{3}{5}$ F −$\frac{11}{7}:\left(-\frac{5}{7}\right)$ +2$\frac{1}{5}$ U 3$\frac{7}{8}:\left(-\frac{5}{16}\right)$

Antwort: Erfurt

7 Die Tabelle zeigt die Abendtemperaturen während einer Woche im Thüringer Wald.

Datum	Mo	Di	Mi	Do	Fr	Sa	So
Temperatur	−1,3 °C	−2,4 °C	−2,1 °C	−2,3 °C	−1,4 °C	0,1 °C	0,8 °C

Wie hoch war die Abendtemperatur im Durchschnitt? Finde verschiedene Möglichkeiten zur Bestimmung der durchschnittlichen Abendtemperatur.

6.7 Verbindung der Grundrechenarten

A ❀ · ☾ + ❀ · ♥	B ♥ · ☾ + ♥ · ❀	C ♥ · (☾ · ❀)
D ❀ · ☾ + ♥ · ☾	E ❀ · (☾ + ♥)	F (❀ + ♥) · ☾

① ♥ = –6   ❀ = +8   ☾ = –17   ② ♥ = 2,5   ❀ = –$\frac{1}{2}$ ☾ = –4$\frac{3}{4}$

- Welche Terme gehören zusammen? Setze die Zahlenwerte passend ein und probiere aus.
- Welche Regel erkennst du für die Verbindung von Addition und Multiplikation? Beschreibe in eigenen Worten.

MERKWISSEN

Wird eine Summe (Differenz) mit einer rationalen Zahl multipliziert, dann lässt sich diese Zahl wie bisher auf die einzelnen Teile der Summe (Differenz) „verteilen". Diesen Vorgang nennt man **ausmultiplizieren**.
Umgekehrt lassen sich gemeinsame Faktoren in den Teilen einer Summe (Differenz) auch aus der Summe (Differenz) „herausziehen", was man als **ausklammern** bezeichnet. Dieses Rechengesetz kennen wir bereits als **Distributivgesetz**.

ausmultiplizieren
$$(-17 + 6) \cdot (-5) = (-17) \cdot (-5) + 6 \cdot (-5)$$
ausklammern

oder

ausmultiplizieren
$$(-5) \cdot (-17 + 6) = (-5) \cdot (-17) + (-5) \cdot 6$$
ausklammern

*Treffen Vorzeichen und Rechenzeichen aufeinander, so **muss** eine **Klammer** gesetzt werden. In allen anderen Fällen kann man die Klammer auch weglassen.*

BEISPIELE

I Berechne den Term. Wende das Distributivgesetz an.

a) $-6 \cdot (70 + 11)$ b) $(-8) \cdot (-99)$ c) $27 \cdot (-17) + 13 \cdot (-17)$

Lösung:

a) $-6 \cdot (70 + 11) = -6 \cdot 70 + (-6) \cdot 11 = -420 + (-66) = -486$
b) $(-8) \cdot (-99) = (-8) \cdot (-100 + 1) = (-8) \cdot (-100) + (-8) \cdot 1 = 800 - 8 = 792$
c) $27 \cdot (-17) + 13 \cdot (-17) = (27 + 13) \cdot (-17) = 40 \cdot (-17) = -680$

Das Distributivgesetz kann auch in diesem Fall helfen:
$98 \cdot (-23)$
$= (100 - 2) \cdot (-23)$
$= 100 \cdot (-23) - 2 \cdot (-23)$

II Gib einige geschickte Möglichkeiten an, um $-56 \cdot 24$ zu berechnen.

Lösungsmöglichkeiten:

① $-56 \cdot 24$
$= (-60 + 4) \cdot 24$
$= -60 \cdot 24 + 4 \cdot 24$
$= -1440 + 96$
$= -1344$

② $-56 \cdot 24$
$= (-50 + (-6)) \cdot 24$
$= -50 \cdot 24 + (-6) \cdot 24$
$= -1200 - 144$
$= -1344$

③ $-56 \cdot 24$
$= -56 \cdot (20 + 4)$
$= -56 \cdot 20 + (-56) \cdot 4$
$= -1120 - 224$
$= -1344$

Wähle die Möglichkeit, die dir am geschicktesten erscheint.

Bei Summen in den Klammern gibt es meist weniger Fehler mit dem Vorzeichen.

VERSTÄNDNIS

- Beschreibe verschiedene Situationen, bei denen man sich durch das Distributivgesetz Rechenvorteile verschaffen kann.
- Das Distributivgesetz lässt sich auch auf Differenzen anwenden. Begründe.

Kapitel 6
Aufgaben

1 Beschreibe, wie man mithilfe des Distributivgesetzes die Anzahl der Flaschen jeder Sorte auf verschiedene Arten bestimmen kann.

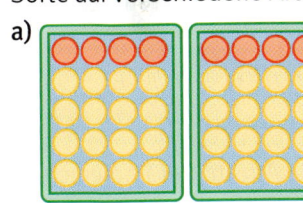

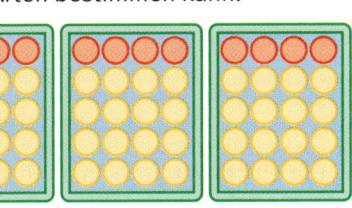

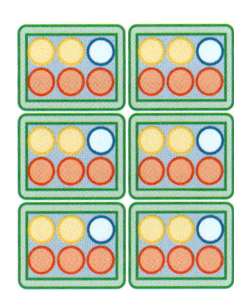

a) b)

2 Wende das Distributivgesetz an und bestimme das Ergebnis.
a) $-2 \cdot 19 + (-2) \cdot (-39)$
b) $0{,}4 \cdot (-1{,}8) + 0{,}4 \cdot (-0{,}2)$
c) $-25 \cdot (50 - 17)$
d) $19{,}2 \cdot (0{,}5 - 10{,}1)$
e) $-28 \cdot \left(\left(\frac{7}{4}\right) + \left(-\frac{4}{7}\right)\right)$
f) $\left((-0{,}4) + \frac{3}{4}\right) \cdot 100$
g) $(-36) \cdot \left(\left(-\frac{7}{12}\right) + \frac{7}{18}\right)$
h) $\frac{4}{5} \cdot 2{,}6 - \frac{4}{5} \cdot (-4{,}6)$
i) $7{,}5 \cdot (-16{,}3) + 4{,}3 \cdot 7{,}5$

Lösungen zu 2:
−825; −184,32; −90; −33;
−0,8; 5,76; 7; 35; 40

3 Berechne.
a) $50{,}66 \cdot \left(-\frac{1}{2}\right) - 0{,}76 \cdot \left(-\frac{1}{2}\right)$
b) $(-0{,}57) \cdot 86{,}5 + (-0{,}57) \cdot 3{,}1$
c) $(-21{,}9) \cdot \frac{1}{3} + (-21{,}9) \cdot \frac{1}{3}$
d) $6{,}75 : (-0{,}25) - 1{,}8 : (0{,}25)$
e) $14{,}4 : (-0{,}9) + (-16{,}2) : 0{,}9$
f) $(-14{,}7) : 3\frac{1}{2} + 14{,}7 : \left(-3\frac{1}{2}\right)$
g) $(35{,}2 - 17{,}3) \cdot (77{,}3 - 86{,}3)$
h) $(34{,}7 - 43{,}8) \cdot (43{,}8 - 34{,}7)$
i) $(48{,}3 - 49{,}3) : (7{,}2 + 2{,}8)$
j) $(-4{,}802 + 23{,}902) : (2{,}1 - 0{,}4)$

4 Nutze das Distributivgesetz geschickt, um die Terme zu berechnen.
a) $-45 \cdot 17 \qquad (-32) \cdot 98 \qquad 1{,}6 \cdot (-102) \qquad 1{,}27 \cdot (-55)$
b) $-27 \cdot (-9{,}9) \qquad 5{,}5 \cdot (-6{,}7) \qquad -12{,}9 \cdot (-10{,}5) \qquad -9{,}5 \cdot 34{,}25$

5 Lässt sich das Distributivgesetz auch immer auf Divisionen anwenden?

① $121 : (-11) + 66 : (-11) \stackrel{?}{=} (121 + 66) : (-11)$
② $-144 : 12 + (-144) : 8 \stackrel{?}{=} -144 : (12 + 8)$
③ $756 : (-7) - 756 : 9 \stackrel{?}{=} 756 : ((-7) - 9)$
④ $-117 : 26 + (-117) : (-9) \stackrel{?}{=} -117 : (26 + (-9))$

a) Überprüfe die Gültigkeit der Gleichungen.
b) Stelle eine Regel für das Distributivgesetz für die Division auf und überprüfe an weiteren selbst gewählten Beispielen.

6 a) Gib wie in Beispiel II verschiedene Möglichkeiten an, um vorteilhaft zu rechnen.
① $-76 \cdot 21$ ② $-126 \cdot (-25)$ ③ $-24{,}8 \cdot (-3{,}6)$ ④ $5{,}6 \cdot (-8{,}9)$
b) Tamara erinnert sich: „In der Grundschule haben wir beim Multiplizieren doch auch die Faktoren immer zerlegt. Wie war das möglich?" Begründe das damalige Vorgehen mit dem Distributivgesetz.

Multiplikation Klasse 3:

$126 \cdot 12 =$	
$100 \cdot 12 =$	1200
$20 \cdot 12 =$	240
$6 \cdot 12 =$	72
$126 \cdot 12 =$	1512

7 Welcher Term ergibt das größte (kleinste) Ergebnis? Begründe, ohne zu rechnen.
a) $-54 + (-0{,}6) \qquad -54 - (-0{,}6) \qquad -54 \cdot (-0{,}6) \qquad -54 : (-0{,}6)$
b) $-28 + (-1{,}5) \qquad -28 - (-1{,}5) \qquad -28 \cdot (-1{,}5) \qquad -28 : (-1{,}5)$

6.8 Potenzen mit rationaler Basis

Ein DIN-A4-Blatt wird fortlaufend zusammengefaltet, sodass sich die Fläche halbiert.
- Schätze zunächst: Kann man auf diese Weise ein Blatt zehnmal falten?
- Übertrage die Tabelle in dein Heft.

Anzahl Faltungen	0	1	2	3	4	5	6	7	8	9	10
Anzahl Papierschichten	1	2									

- Beschreibe in Worten und mit einem Term, wie man die Anzahl der Papierschichten bestimmen kann, wenn man die Anzahl der Faltungen kennt.
- Wie ändert sich die sichtbare Fläche abhängig von den Faltungen? Beschreibe.

MERKWISSEN

Produkte aus lauter gleichen Faktoren kann man als **Potenz** schreiben:

5 gleiche Faktoren		Potenz		Wert
$2 \cdot 2 \cdot 2 \cdot 2 \cdot 2$	=	2^5	=	32

$$2^5 \quad \text{Exponent, Basis}$$

Diese Schreibweise gilt auch für **rationale Zahlen** a als Basis: $a^n = \underbrace{a \cdot a \cdot \ldots \cdot a}_{n \text{ Faktoren}}$

Es gilt weiterhin: $a^1 = a$ und $a^0 = 1$ für alle rationalen Zahlen a.
Bei einer negativen Zahl als Basis können folgende Fälle auftreten:

1 Gerader Exponent:	**2** Ungerader Exponent:
$(-4)^2 = (-4) \cdot (-4) = +16$	$(-4)^1 = (-4) = -4$
$(-4)^4 = (-4) \cdot (-4) \cdot (-4) \cdot (-4) = +256$	$(-4)^3 = (-4) \cdot (-4) \cdot (-4) = -64$
...	...
Ist der Exponent eine gerade Zahl, dann kommt die Basis in einer geraden Anzahl vor. Also ist der Wert der Potenz stets positiv.	Ist der Exponent eine ungerade Zahl, dann kommt die Basis in einer ungeraden Anzahl vor. Also ist der Wert der Potenz stets negativ.

Unterscheide:
- *Das Vorzeichen gehört zur Basis:*
  $(-3)^2 = (-3) \cdot (-3) = 9$
- *Das Vorzeichen gehört zur Potenz:*
  $-3^2 = -3 \cdot 3 = -9$

BEISPIELE

I Schreibe als Potenz und berechne.
a) $(-7) \cdot (-7) \cdot (-7)$
b) $\left(-\frac{1}{4}\right) \cdot \left(-\frac{1}{4}\right) \cdot \left(-\frac{1}{4}\right) \cdot \left(-\frac{1}{4}\right)$

Lösung:
a) $(-7) \cdot (-7) \cdot (-7) = (-7)^3 = -343$
b) $\left(-\frac{1}{4}\right) \cdot \left(-\frac{1}{4}\right) \cdot \left(-\frac{1}{4}\right) \cdot \left(-\frac{1}{4}\right) = \left(-\frac{1}{4}\right)^4 = \frac{1}{256}$

II Schreibe mithilfe einer Zehnerpotenz.
a) 16 000 000
b) 3600

Lösung:
a) $16\,000\,000 = 16 \cdot 10^6 = 1{,}6 \cdot 10^7$
b) $3600 = 36 \cdot 10^2 = 3{,}6 \cdot 10^3$

*Potenzen mit der Basis 10 nennt man Zehnerpotenz. Oftmals wählt man die **Zehnerpotenz** so, dass für eine rationale Zahl a vor der Zehnerpotenz gilt: $1 \leq a < 10$*

VERSTÄNDNIS

- Warum ist $-5^3 = (-5)^3$, aber $-5^4 \neq (-5)^4$? Erkläre mit eigenen Worten.
- Martin behauptet: „Wenn meine Basis eine rationale Zahl ist, die kleiner ist als -1, dann ist der Wert der Potenz stets kleiner als die Basis." In welchen Fällen hat Martin Recht, in welchen nicht? Unterscheide.

Kapitel 6

Aufgaben

1 Schreibe als Potenz und berechne den Wert.
a) $8 \cdot 8 \cdot 8 \cdot 8$
b) $(-2) \cdot (-2) \cdot (-2) \cdot (-2) \cdot (-2)$
c) $\frac{1}{10} \cdot \frac{1}{10} \cdot \frac{1}{10} \cdot \frac{1}{10} \cdot \frac{1}{10} \cdot \frac{1}{10}$
d) $(-0{,}3) \cdot (-0{,}3) \cdot (-0{,}3)$
e) $\left(-\frac{2}{5}\right) \cdot \left(-\frac{2}{5}\right) \cdot \left(-\frac{2}{5}\right) \cdot \left(-\frac{2}{5}\right)$
f) $-1 \cdot (-1) \cdot (-1) \cdot (-1) \cdot (-1) \cdot (-1)$
g) $1\frac{2}{3} \cdot 1\frac{2}{3} \cdot 1\frac{2}{3} \cdot 1\frac{2}{3} \cdot 1\frac{2}{3}$
h) $(-2{,}5) \cdot (-2{,}5) \cdot (-2{,}5) \cdot (-2{,}5)$

2 Scheibe als Produkt und berechne.
a) 5^3; $(-4)^1$; 8^3; $(-5)^4$; $(+7)^3$
b) 6^3; $(-10)^4$; $(-9)^2$; $0{,}2^4$; $(-1)^9$
c) $0{,}1^4$; $(-7{,}2)^2$; $\left(\frac{1}{5}\right)^3$; $\left(-\frac{1}{6}\right)^2$; $(-1{,}5)^3$
d) $\left(-\frac{1}{2}\right)^6$; $1{,}3^3$; $(-0{,}4)^2$; $\frac{1}{4^4}$; 0^9

3 Bestimme das fehlende Vorzeichen.

a) $(\boxed{}3)^3 = -9$
$(\boxed{}3)^3 = +9$
$(-3)^3 = \boxed{}9$
$-3^3 = \boxed{}9$

b) $(+5)^4 = \boxed{}625$
$(-5)^4 = \boxed{}625$
$(\boxed{}5)^4 = 625$
$-5^4 = \boxed{}625$

c) $(-1)^2 \cdot (-4)^3 = \boxed{}64$
$(-1)^3 \cdot (-4)^2 = \boxed{}64$
$(-1)^2 \cdot (-4)^2 = \boxed{}64$
$(-1)^3 \cdot (-4)^3 = \boxed{}64$

Gibt es mehrere Möglichkeiten? Finde sie.

4 Vergleiche und ersetze ☐ durch <, > oder =.
a) $2^3 \;\square\; 3^2$
b) $(-1{,}2)^4 \;\square\; (+1{,}2)^4$
c) $0{,}7^3 \;\square\; (-0{,}7)^3$
d) $(-4)^2 \;\square\; 2^4$
e) $\left(-\frac{1}{7}\right)^3 \;\square\; \left(-\frac{1}{7}\right)^3$
f) $(-0{,}4)^4 \;\square\; -0{,}44^0$
g) $1{,}9^3 \;\square\; (+1{,}9)^3$
h) $-(-2{,}5)^3 \;\square\; -2{,}5^3$

5 a) Übertrage die Tabelle in dein Heft und vervollständige sie.
b) Untersuche die Veränderungen in den Zeilen der Tabelle. Welche Regelmäßigkeiten und Zusammenhänge findest du? Beschreibe.
c) Überprüfe deine Zusammenhänge aus b), indem du die Tabelle mit der Basis 3 sowie deren Variationen durchführst.

Exponent Basis	0	1	2	3	4	5	6	7	8	9
2	☐	☐	☐	☐	☐	☐	☐	☐	☐	☐
–2	☐	☐	☐	☐	☐	☐	☐	☐	☐	☐
$\frac{1}{2}$	☐	☐	☐	☐	☐	☐	☐	☐	☐	☐
$-\frac{1}{2}$	☐	☐	☐	☐	☐	☐	☐	☐	☐	☐

Wenn die Basis ein Bruch ist, dann schreibe den Wert der Potenz auch als Bruch, um Zusammenhänge zu finden.

6

1 Entfernung Erde – Mond etwa 360 000 km	3 Etwa 11 300 000 Menschen zwischen 0 und 15 Jahren	5 Einwohnerzahl ca. 2 200 000
2 Durchmesser Erde ca. 12 500 km	4 Verschuldung ca. 2 130 000 000 000 €	6 Fläche ungefähr 16 200 km²

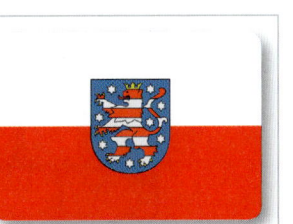

Schreibe mithilfe von Zehnerpotenzen der Form $a \cdot 10^n$ ($n \in \mathbb{N}$) so, dass der Faktor vor der Zehnerpotenz eine ...
a) möglichst kleine natürliche Zahl ist.
b) rationale Zahl zwischen 1 und 10 ist.

6.9 Vermischte Aufgaben

1 a) Übertrage die Tabelle in dein Heft und ordne jede Zahl jeweils dem Zahlbereich zu, zu dem sie gehört. Manche Zahlen kannst du mehrfach einordnen.

natürliche Zahl	77; ...
ganze Zahl	
Bruchzahl	
rationale Zahl	

Zahlen: $-\frac{9}{13}$; $1\frac{2}{7}$; $+125$; $-\frac{3}{20}$; 0; $12{,}36$; $0{,}45$; -34; $\frac{5}{8}$; 1054; -366; -22; $-0{,}5$; 77; 21; $-1{,}26$; $4\frac{3}{4}$

Beachte, dass man als Bruchzahlen nur die positiven Brüche und positiven Dezimalbrüche bezeichnet.

b) Welche Zusammenhänge zwischen den Zahlbereichen in a) stellst du fest?

2 a) Welche Zahlen wurden auf der Zahlengeraden markiert?

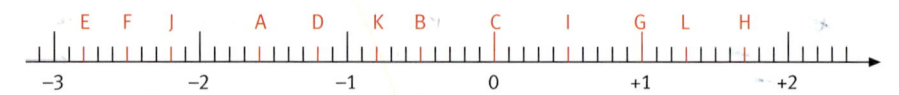

(Zahlengerade von -3 bis $+2$ mit markierten Punkten E, F, J, A, D, K, B, C, I, G, L, H)

b) Bestimme zu jeder Zahl aus a) die Gegenzahl und den Betrag.

c) Zeichne einen geeigneten Zahlenstrahl und markiere die Zahlen.
① -20; 35; $+15$; -5; -55; $+70$; -40; 0; 25; -80; -65; 5
② $1{,}4$; $-2{,}6$; $-4{,}2$; $+2{,}8$; $0{,}6$; $-3{,}0$; $+5{,}2$; $-1{,}8$; $-0{,}4$

3 Runde zuerst auf Zehntel (Einer) und ordne dann der Größe nach.
a) $-17{,}45$; $56{,}332$; $9{,}034$; $-34{,}001$; $27{,}49$; $-0{,}051$; $-4{,}11$; $+3{,}88$; $-12{,}541$
b) $-1{,}0122$; $-0{,}921$; $+1{,}21$; $+1{,}09$; $-0{,}56$; $+0{,}23$; $-0{,}443$; $+1{,}549$; $-1{,}049$

4 Übertrage die Zahlenmauern in dein Heft und vervollständige sie.

Der Wert eines Steins ergibt sich aus den beiden darunter liegenden Steinen (von links nach rechts).

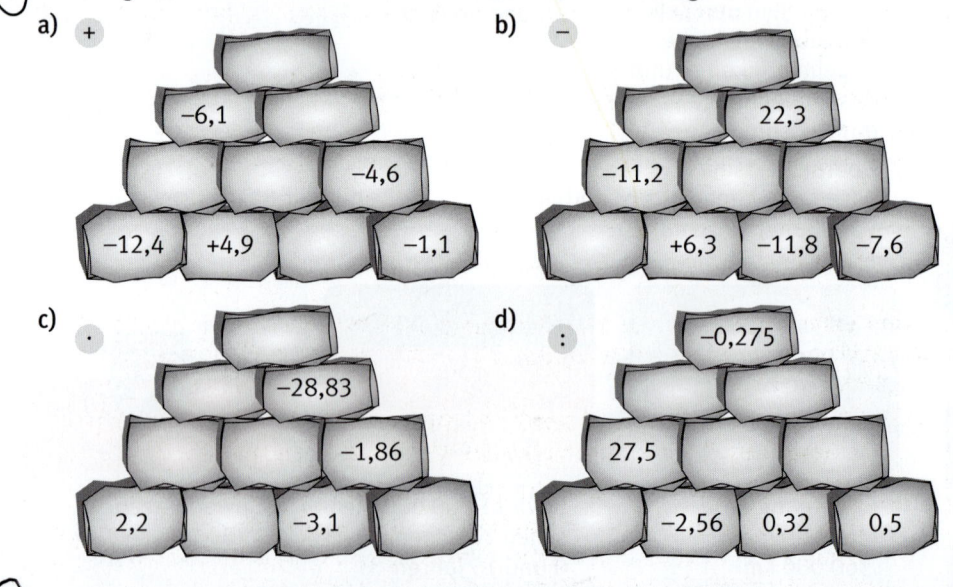

a) (+)
- Reihe 3: $-6{,}1$
- Reihe 2: $\_\_$, $-4{,}6$
- Reihe 1: $-12{,}4$, $+4{,}9$, $-1{,}1$

b) (−)
- Reihe 3: $22{,}3$
- Reihe 2: $-11{,}2$, $\_\_$
- Reihe 1: $\_\_$, $+6{,}3$, $-11{,}8$, $-7{,}6$

c) (·)
- Reihe 3: $-28{,}83$
- Reihe 2: $\_\_$, $-1{,}86$
- Reihe 1: $2{,}2$, $\_\_$, $-3{,}1$

d) (:)
- Reihe 4: $-0{,}275$
- Reihe 3: $\_\_$, $27{,}5$
- Reihe 2: $\_\_$, $\_\_$, $\_\_$
- Reihe 1: $-2{,}56$, $0{,}32$, $0{,}5$

5 a) Wie ändert sich das Ergebnis eines Produkts, wenn du als Faktor -1 hinzufügst?

b) Acht rationale Zahlen (alle ungleich null) werden miteinander multipliziert. Welches Vorzeichen hat das Ergebnis, wenn von ihnen 8 (7, 6, 5, ..., 1, 0) Zahlen negativ sind?

Kapitel 6

6 Im Koordinatensystem ist das halbe Gesicht eines Fuchses dargestellt.
  a) Bestimme die Koordinaten der gegebenen Punkte des Fuchses.
  b) Zeichne das Koordinatensystem mit der Gesichtshälfte in dein Heft und vervollständige die Hälfte durch Spiegelung an der y-Achse.
  c) Bestimme die Koordinaten der Spiegelpunkte von b).
  d) Übertrage die Tabelle in dein Heft und trage für jeden Punkt und Spiegelpunkt ein, wo er liegt.
  e) Welchen Zusammenhang erkennst du zwischen den Koordinaten der gegebenen Punkte und ihrer Spiegelpunkte? Beschreibe.

I. Quadrant	
II. Quadrant	
III. Quadrant	
IV. Quadrant	A,
Koordinatenachsen	

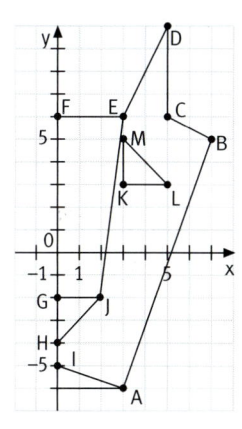

7 Hier stimmt doch etwas nicht. Finde die Fehler, beschreibe sie und korrigiere.

a) $12,5 - 9,5 \cdot 7,1$
   $= 3 \cdot 7,1$
   $= 21,3$

b) $-5,4 \cdot 2,5 + (-5,4)$
   $= -5,4 \cdot (2,5 + 0)$
   $= -5,4 \cdot 2,5$
   $= -13,5$

c) $(-24) : (6 + 4)$
   $= -24 : 6 + (-24) : 4$
   $= -4 + (-6)$
   $= -2$

d) $-1,7 - 0,5 \cdot \left(\frac{7}{8} - \frac{1}{4}\right)$
   $= -1,2 \cdot \left(\frac{7}{8} - \frac{1}{4}\right)$
   $= -1,2 \cdot \frac{5}{8}$
   $= -\frac{3}{4}$

e) $-2 \cdot 4,6 - 2 \cdot 12,7$
   $= -2 \cdot (4,6 - 12,7)$
   $= -2 \cdot (-8,1)$
   $= 16,2$

f) $(-2,4 + 7,9) \cdot (-4^2)$
   $= 5,5 \cdot 16$
   $= 88$

8 Übertrage die Tabelle in dein Heft und ergänze die fehlenden Kontostände bzw. Buchungen.

alter Kontostand	−546,22 €	−267,13 €	+875,22 €	☐	☐
Buchung	−127,65 €	☐	☐	+345,89 €	−726,78 €
neuer Kontostand	☐	−56,78 €	−156,29 €	−425,12 €	−381,43 €

Wissen

Multiplikation negativer Zahlen an zwei Zahlengeraden

Man kann mit zwei Zahlengeraden multiplizieren. Dazu kannst du dir für die Multiplikation mit einer negativen Zahl (hier: −2,5) ein Multiplikationsblatt wie folgt erstellen:

1. Zeichne auf einem Blatt zwei parallele Zahlengeraden von unten nach oben. Eine Gerade stellt den ersten Faktor dar, die andere das Ergebnis.
2. Verbinde die Null auf gleicher Höhe und unterteile beide Geraden gleich.
3. Verbinde die Punkte für den ersten Faktor und dem Ergebnis einer Multiplikation mit (−2,5). Die Verbindungslinie schneidet die Nulllinie in P. Jede weitere Verbindungslinie einer Multiplikation mit (−2,5) läuft durch P.

- Erstelle das Multiplikationsblatt. Überprüfe an eigenen Beispielen.
- Stelle dir ein Blatt für die Multiplikation mit einer anderen negativen Zahl her und teste wiederum.

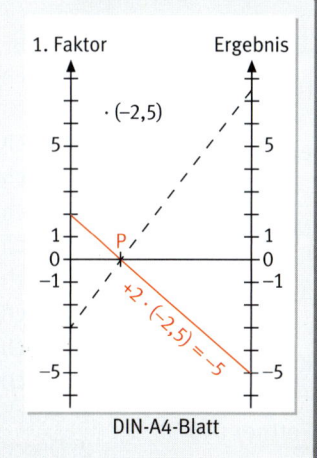

6.10 Themenseite: Luftige Höhen

Luftige Sprünge

Skispringen ist eine olympische Sportart, bei der die Sportler auf Sprungschanzen, die an steilen Berghängen liegen, Sprünge von über 100 m schaffen.

a) Wie steil ist der Aufsprunghügel? Die Steigung misst man zwischen K-Punkt und dem unteren Ende des Schanzentisches. Miss die notwendigen Angaben in der Zeichnung so genau wie möglich. Auf Seite 77 findest du ein mögliches Vorgehen.

b) Der wichtigste Skisprungwettbewerb ist die Vierschanzentournee. Beim Auftaktspringen in Oberstdorf von der Schattenbergschanze liegt der K-Punkt bei der Sprungschanze 120 m vom Schanzentisch entfernt (eine K 120-Schanze). Die Tabelle unten zeigt die Flugweiten einiger Springer bei der Vierschanzentournee 2011. Bestimmt die Abweichungen vom K-Punkt.

c) Jeder Springer erhält eine Punktzahl für seine Sprungweite und eine für seine Haltung. Beide Punktwerte werden für einen Sprung addiert. Zwei Durchgänge zusammen ergeben die Gesamtpunktzahl.
Die Punktzahl für die Sprungweite berechnet sich wie folgt: Ein Sprung auf den K-Punkt ergibt genau 60,0 Punkte. Bei Abweichungen werden 1,8 Punkte pro Meter abgezogen, wenn der Sprung kürzer ist, bzw. dazugezählt, wenn der Sprung weiter ist.

① Erkläre folgende Berechnung der Punktzahl für die Sprungweite 132 m:
$60{,}0 + (132 - 120) \cdot 1{,}8$

② Bestimme die Weitenpunktzahlen für die angegebenen Springer in deinem Heft.

③ Ordne die Springer der Reihe nach und ermittle die ersten Plätze für dieses Auftaktspringen.

Aufbau einer Sprungschanze

Der **Anlauf** erfolgt meistens von einem Sprungturm. Am Ende des Schanzentischs erfolgt der Absprung. Am Aufsprunghügel setzt der Springer nach seiner Flugphase auf. An dessen Ende, also dort, wo der Aufsprungbereich in den Auslaufbereich übergeht, befindet sich der sogenannte K-Punkt (kritischer Punkt oder Konstruktionspunkt). Hinter diesem Punkt wird der Hügel immer flacher und Landungen damit riskanter.
Im **Auslauf** werden die hohen Geschwindigkeiten der Springer abgebremst.

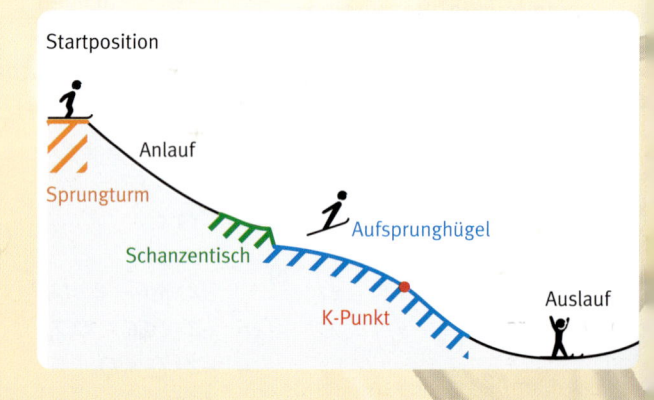

Name (LAND)		Sprungweite	Haltungspunkte
Hautamäki (FIN)	1. Durchgang	125,0	53,0
	2. Durchgang	137,5	56,5
Freund (GER)	1. Durchgang	127,0	54,0
	2. Durchgang	130,5	54,5
Morgenstern (AUT)	1. Durchgang	131,5	55,5
	2. Durchgang	138,0	57,0
Ammann (SUI)	1. Durchgang	123,0	53,0
	2. Durchgang	134,5	55,0
Kofler (AUT)	1. Durchgang	128,5	55,0
	2. Durchgang	126,0	54,0
Fettner (AUT)	1. Durchgang	130,0	54,0
	2. Durchgang	131,5	55,0

THEMENSEITE

KAPITEL 6

Eisige Höhen

In der untersten Luftschicht unserer Erde verändert sich die Temperatur in Abhängigkeit von der Höhe. Messdaten mit Wetterballons haben gezeigt, dass die Temperatur von etwa 10 °C in Bodenhöhe auf 0 °C in zwei Kilometern Höhe absinkt. Bei fünf Kilometern sind es etwa −20 °C und in zehn Kilometern Höhe (Flughöhe von Langstreckenflugzeugen) ist es fast −55 °C kalt.

a) Stelle die Daten in einem Graphen dar.
b) Bestimme anhand der Daten, um wie viel Grad etwa die Temperatur pro Kilometer abnimmt. Beschreibe dein Vorgehen.

Bergiges Rätsel

In den Bergen erzählt man sich die Geschichte von einem Vogel, der alle 100 Jahre in die Alpen fliegt und seinen Schnabel an einem Berg wetzt. Wenn die ganzen Alpen dadurch abgetragen werden, dann ist eine Sekunde der Ewigkeit vergangen.

a) Nimm einmal an, dass der Vogel bei jedem Mal ein Zehntel Milligramm von dem Gestein abträgt. Wie lange dauert es, bis 10 g (ein Stein von deinem Körpergewicht) weg ist?
b) Angenommen, der Vogel wetzt seinen Schnabel jeden Tag an deiner Schule. Nach welcher Zeit ist die Schule verschwunden? Beschreibe deinen Rechenweg und präsentiere das Ergebnis in deiner Klasse.

Höhenrekord

Bereits im Jahr 1901 stellten zwei deutsche Ballonfahrer einen Höhenrekord mit ihrem Ballon auf, der einige Jahrzehnte Bestand hatte. Eine Zeitung berichtete damals. Hintergrundinformation: Berlin und Cottbus liegen beide etwa 70 m über NN.

> **Weltrekord: Berson und Süring sind unglaublich**
>
> Berlin – Die beiden Luftfahrtpioniere Arthur Berson und Reinhard Süring haben es geschafft. In Ihrem Ballon „Preußen" haben beide eine Höhe über 10 500 m über NN erreicht. So hoch war niemals ein Mensch zuvor.
> Über 8000 Berliner sind beim Abflug in Tempelhof mit dabei. Pünktlich um 10.50 Uhr hebt der Ballon mit den beiden an Bord ab.
> In 6000 m Höhe legen die beiden ihre Sauerstoffflaschen an.
> Jetzt beginnt der gefährliche Teil des Unternehmens: Die Temperaturen sinken und der Sauerstoff wird immer weniger. Über 10 000 m werden die beiden bewusstlos. Berson registriert noch eine Höhe von 10 500 m über NN und zieht die Leine für den Sinkflug. Nachdem beide wieder zu sich kommen, landen sie um 18.25 Uhr sicher in Briesen nördlich von Cottbus.

a) In der Regel dauert bei einem Ballonflug der Aufstieg doppelt so lange wie der Sinkflug. Mit welcher Geschwindigkeit erfolgt der Aufstieg (Sinkflug)?
b) Auf Meereshöhe sind etwa 21 % Sauerstoff in der Luft. Eine Faustregel besagt: Steigt man von einer Ausgangshöhe um 1000 m nach oben, so beträgt der Sauerstoffgehalt nur noch 90 % des vorherigen Werts.
Welchen Sauerstoffgehalt hatten die Ballonfahrer, als sie ihre Sauerstoffflaschen anlegten (bei ihrer maximalen Flughöhe)? Zeichne einen Graphen und lies so genau wie möglich ab.

6.11 Das kann ich!

Überprüfe deine Fähigkeiten und Kenntnisse. Bearbeite dazu die folgenden Aufgaben und bewerte anschließend deine Lösungen mit einem Smiley.

☺	😐	☹
Das kann ich!	Das kann ich fast!	Das kann ich noch nicht!

Hinweise zum Nacharbeiten findest du auf der folgenden Seite. Die Lösungen stehen im Anhang.

Aufgaben zur Einzelarbeit

1 Beschreibe die dargestellten Situationen durch negative und positive Zahlen.

   a) Tauchtiefe: 14,5 m 
   b) Höchstwert: 3,2 °C über Null
   Tiefstwert: 4,8 °C unter Null 
   c) 8 € pro Monat 
   d) Kaiser Augustus 64 v. Chr. – 14 n. Chr.

2 Lies die markierten Zahlen ab.

   a) A, B, C, D, E auf Zahlengerade mit −100, 0, +100
   b) A, B, C, D, E, F auf Zahlengerade mit −1, 0, +1

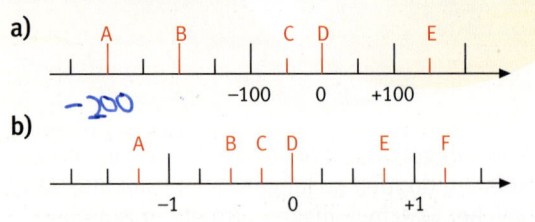

3 Zeichne eine Zahlengerade und markiere die Zahl und ihre Gegenzahl.

   a) −5,5; 4,0; −1,5; 0; −3,0; +3,5
   b) 2,4; −1,9; $\frac{2}{10}$; −$\frac{8}{5}$; −0,8; +1,4; −1,2

4 Welche Zahl liegt genau in der Mitte zwischen …

   a) −8 und −3?
   b) −27 und +67?
   c) −11,3 und −6,5?
   d) −25,3 und +11,8?
   e) −$\frac{6}{7}$ und $\frac{4}{7}$?
   f) −$\frac{7}{9}$ und $\frac{2}{9}$?

5 Runde auf Hundertstel (Einer).

   a) −11,487   **b)** 12,001   **c)** −254,9451
   −87,210   −45,987   −153,909
   34,999   −18,888   −9999,919

6 Übertrage ins Heft und setze <, > oder = ein.

   a) 0,235 > −0,235   **b)** |−17,14| = −17,14
   |−12,35| = 12,35   −35,78 > −35,79
   c) +123,21 > |−123,20| **d)** −$\frac{15}{3}$ < −$\frac{15}{4}$
   |−15,993| < |−15,992| |−16$\frac{1}{2}$| > |16$\frac{1}{3}$|

7 Ordne die Zahlen der Größe nach. Beginne mit der kleinsten.

   a) −4; +3,5; −17; +22$\frac{1}{7}$; −4,5; 0; 2,1
   b) −33,2; |−33,2|; −33,1; |−33,1|; −33,3; −33$\frac{1}{3}$

8 Übertrage in dein Heft und fülle die Tabellen aus.

   a)

+	−2,75	+4,3	−$\frac{7}{10}$	−2$\frac{1}{5}$
−3,4	☐	☐	☐	☐
9,2	☐	☐	☐	☐
−$\frac{2}{3}$	☐	☐	☐	☐
+0,9	☐	☐	☐	☐

   b)

−	7,2	−14,8	−$\frac{5}{8}$	+12,34
−15,7	☐	−0,9	☐	☐
+4,6	☐	☐	☐	☐
−$\frac{9}{10}$	☐	☐	☐	☐
2,78	☐	☐	☐	☐

   c) Begründe, warum in b) eine Zelle der Tabelle schon ausgefüllt ist.

9 Markus denkt sich eine Zahl. Er addiert zunächst die Zahl −56 hinzu und subtrahiert vom Ergebnis anschließend die Zahl −44. Sein Ergebnis ist 100. Welche Zahl hat sich Markus ausgedacht?

10 Übertrage ins Heft und berechne.

·	−3,5	+9,8	−$\frac{3}{5}$	−17,1
−6,7	☐	☐	☐	☐
+2$\frac{3}{4}$	☐	☐	☐	☐
−7,5	☐	☐	☐	☐
+0,25	☐	☐	☐	☐

Kapitel 6

11 Welches Vorzeichen hat das Ergebnis? Überlege ohne Rechnung.
  a) $(-23{,}1) \cdot 12{,}7 \cdot (-4{,}3) \cdot (-2{,}9) \cdot (+3{,}7) \cdot (-9{,}1)$
  b) $(-8{,}7) \cdot \left(-\tfrac{1}{2}\right) \cdot \left(-\tfrac{4}{5}\right) \cdot 0{,}12 \cdot \left(-\tfrac{2}{11}\right) \cdot (-1{,}4)$

12 Übertrage ins Heft und berechne.

:	−2,1	+5	−¾	−3,5
220,5			−294	
−15,75				
−94,5				
−12 ⅗				

13 Berechne. Nutze Rechenvorteile, wenn möglich.
  a) $(-5) \cdot 3{,}5 + (-5) \cdot 4{,}5$
  b) $36{,}7 + (-12{,}9) + (-6{,}7) - 5{,}1$
  c) $\left(\tfrac{1}{4}\right) - \tfrac{1}{6} + \left(-\tfrac{7}{8}\right) + \left(-\tfrac{5}{12}\right)$
  d) $-22{,}1 \cdot 98 + 5{,}6 \cdot (-98)$
  e) $\left(-\tfrac{3}{4}\right) \cdot (-14{,}7) - \left(-\tfrac{4}{3}\right) \cdot (-14{,}7)$
  f) $0{,}01 \cdot (-27{,}1) + (-15{,}9) \cdot (0{,}01)$

14 Schreibe als Potenz und berechne.
  a) $(-4) \cdot (-4) \cdot (-4) \cdot (-4) \cdot (-4)$
  b) $2{,}5 \cdot 2{,}5 \cdot 2{,}5 \cdot 2{,}5 \cdot 2{,}5 \cdot 2{,}5 \cdot 2{,}5$

Aufgaben für Lernpartner

Arbeitsschritte
1. Bearbeite die folgenden Aufgaben alleine.
2. Suche dir einen Partner und erkläre ihm deine Lösungen. Höre aufmerksam und gewissenhaft zu, wenn dein Partner dir seine Lösungen erklärt.
3. Korrigiere gegebenenfalls deine Antworten und benutze dazu eine andere Farbe.

Sind folgende Behauptungen **richtig** oder **falsch**? Begründe schriftlich.

15 Jede rationale Zahl ist eine ganze Zahl.

16 Es gibt keine rationale Zahl, die auch eine natürliche Zahl ist.

17 An der Zahlengerade ist diejenige Zahl größer, die weiter rechts liegt.

18 $-37{,}2 < -38{,}2$, denn $|-37{,}2| < |-38{,}2|$.

19 Zwischen zwei rationalen Zahlen liegt stets eine weitere Zahl.

20 Wenn man eine rationale Zahl addiert, dann wird jeweils die Gegenzahl subtrahiert.

21 Man kann jede Subtraktion einer rationalen Zahl in eine Addition mit ihrer Gegenzahl umwandeln.

22 Treffen bei der Subtraktion einer rationalen Zahl zwei Minuszeichen aufeinander, dann kann man einfach eines dieser Zeichen weglassen.

23 Zehn rationale Zahlen werden multipliziert, von denen sieben negativ sind. Dann ist auch das gesamte Produkt negativ.

24 Wird eine Zahl durch einen negativen Bruch dividiert, dann wird diese Zahl mit dem positiven Kehrbruch multipliziert.

25 Das Assoziativgesetz und das Kommutativgesetz gelten nur für die Multiplikation und Division rationaler Zahlen.

26 Jeden Term, in dem man ausklammern kann, kann man anschließend wieder ausmultiplizieren.

27 Die Division durch eine rationale Zahl kann man durch die Multiplikation mit ihrer Gegenzahl ersetzen.

28 Das Kommutativgesetz besagt, dass man rechnen darf, wie man möchte.

29 Potenziert man eine negative Zahl mit einem geraden Exponenten, dann ist das Ergebnis stets positiv.

Aufgabe	Ich kann …	Hilfe
1, 15, 16	rationale Zahlen erkennen und einordnen.	S. 144
2, 3, 4	rationale Zahlen am Zahlenstrahl darstellen und ablesen.	S. 144, 148
5	rationale Zahlen runden.	S. 148
6, 7, 17, 18, 19, 29	rationale Zahlen ordnen.	S. 148
8, 9, 20, 21, 22	rationale Zahlen addieren und subtrahieren.	S. 150
10, 11, 23, 24, 25	rationale Zahlen multiplizieren.	S. 154
12, 25, 27	rationale Zahlen dividieren.	S. 158
13, 25, 26, 28	beim Rechnen mit rationalen Zahlen die Rechengesetze anwenden.	S. 156, 160
14, 29	Potenzen mit rationaler Basis berechnen.	S. 162

6.12 Auf einen Blick

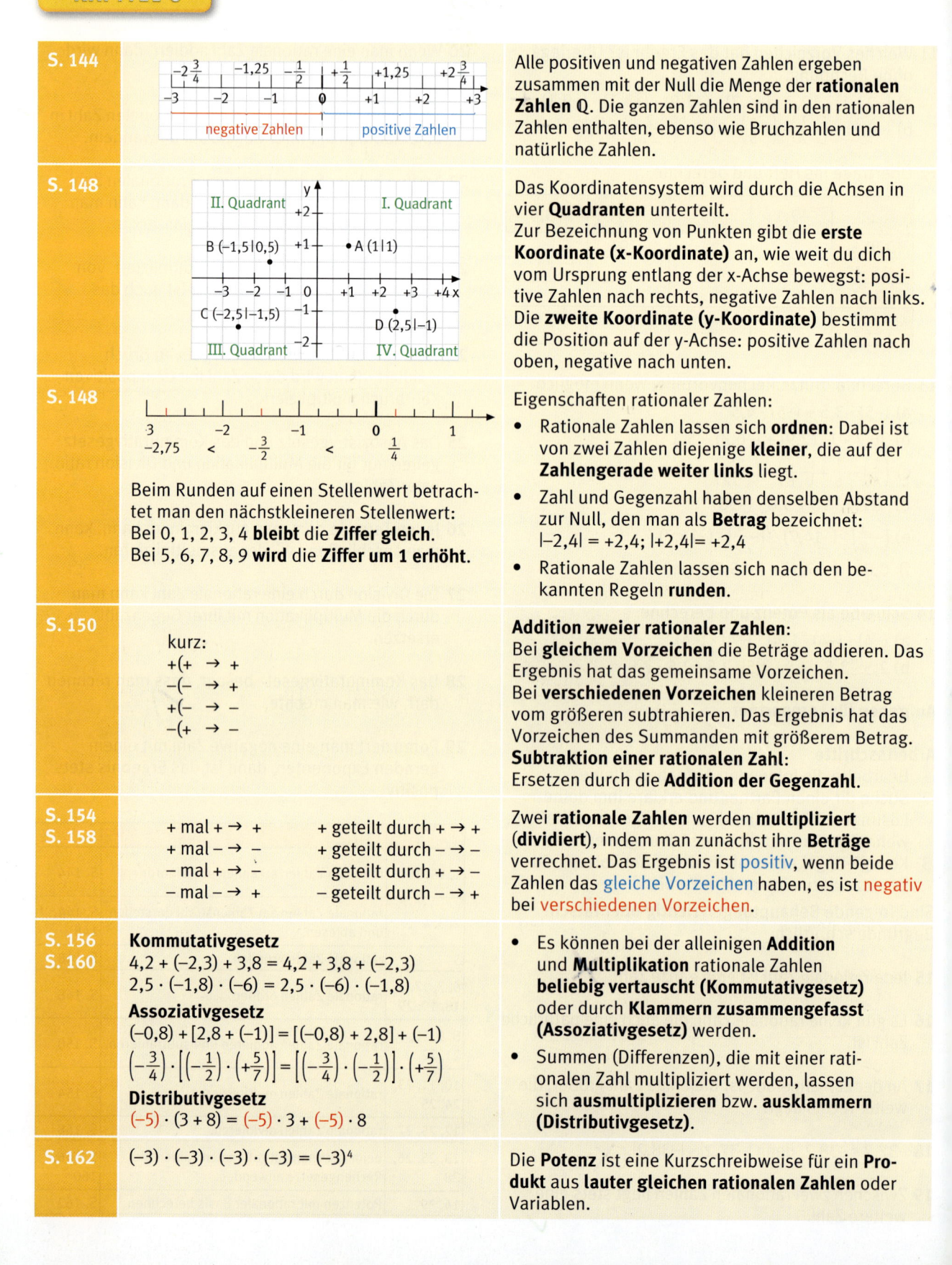

S. 144	Zahlengerade mit: $-2\frac{3}{4}$, $-1{,}25$, $-\frac{1}{2}$, $+\frac{1}{2}$, $+1{,}25$, $+2\frac{3}{4}$ auf Bereich -3 bis $+3$; negative Zahlen links, positive Zahlen rechts von 0.	Alle positiven und negativen Zahlen ergeben zusammen mit der Null die Menge der **rationalen Zahlen** $\mathbb{Q}$. Die ganzen Zahlen sind in den rationalen Zahlen enthalten, ebenso wie Bruchzahlen und natürliche Zahlen.
S. 148	Koordinatensystem mit vier Quadranten (I., II., III., IV. Quadrant); Punkte: A(1|1), B(−1,5|0,5), C(−2,5|−1,5), D(2,5|−1).	Das Koordinatensystem wird durch die Achsen in vier **Quadranten** unterteilt. Zur Bezeichnung von Punkten gibt die **erste Koordinate (x-Koordinate)** an, wie weit du dich vom Ursprung entlang der x-Achse bewegst: positive Zahlen nach rechts, negative Zahlen nach links. Die **zweite Koordinate (y-Koordinate)** bestimmt die Position auf der y-Achse: positive Zahlen nach oben, negative nach unten.
S. 148	Zahlengerade mit $-2{,}75 < -\frac{3}{2} < \frac{1}{4}$. Beim Runden auf einen Stellenwert betrachtet man den nächstkleineren Stellenwert: Bei 0, 1, 2, 3, 4 **bleibt** die **Ziffer gleich**. Bei 5, 6, 7, 8, 9 **wird** die **Ziffer um 1 erhöht**.	Eigenschaften rationaler Zahlen: • Rationale Zahlen lassen sich **ordnen**: Dabei ist von zwei Zahlen diejenige **kleiner**, die auf der **Zahlengerade weiter links** liegt. • Zahl und Gegenzahl haben denselben Abstand zur Null, den man als **Betrag** bezeichnet: $\lvert -2{,}4 \rvert = +2{,}4$; $\lvert +2{,}4 \rvert = +2{,}4$ • Rationale Zahlen lassen sich nach den bekannten Regeln **runden**.
S. 150	kurz: $+(+ \rightarrow +$ $-(- \rightarrow +$ $+(- \rightarrow -$ $-(+ \rightarrow -$	**Addition zweier rationaler Zahlen:** Bei **gleichem Vorzeichen** die Beträge addieren. Das Ergebnis hat das gemeinsame Vorzeichen. Bei **verschiedenen Vorzeichen** kleineren Betrag vom größeren subtrahieren. Das Ergebnis hat das Vorzeichen des Summanden mit größerem Betrag. **Subtraktion einer rationalen Zahl:** Ersetzen durch die **Addition der Gegenzahl**.
S. 154 S. 158	$+$ mal $+ \rightarrow +$ $\quad$ $+$ geteilt durch $+ \rightarrow +$ $+$ mal $- \rightarrow -$ $\quad$ $+$ geteilt durch $- \rightarrow -$ $-$ mal $+ \rightarrow -$ $\quad$ $-$ geteilt durch $+ \rightarrow -$ $-$ mal $- \rightarrow +$ $\quad$ $-$ geteilt durch $- \rightarrow +$	Zwei **rationale Zahlen** werden **multipliziert** (**dividiert**), indem man zunächst ihre **Beträge** verrechnet. Das Ergebnis ist positiv, wenn beide Zahlen das gleiche Vorzeichen haben, es ist negativ bei verschiedenen Vorzeichen.
S. 156 S. 160	**Kommutativgesetz** $4{,}2 + (-2{,}3) + 3{,}8 = 4{,}2 + 3{,}8 + (-2{,}3)$ $2{,}5 \cdot (-1{,}8) \cdot (-6) = 2{,}5 \cdot (-6) \cdot (-1{,}8)$ **Assoziativgesetz** $(-0{,}8) + [2{,}8 + (-1)] = [(-0{,}8) + 2{,}8] + (-1)$ $\left(-\frac{3}{4}\right) \cdot \left[\left(-\frac{1}{2}\right) \cdot \left(+\frac{5}{7}\right)\right] = \left[\left(-\frac{3}{4}\right) \cdot \left(-\frac{1}{2}\right)\right] \cdot \left(+\frac{5}{7}\right)$ **Distributivgesetz** $(-5) \cdot (3 + 8) = (-5) \cdot 3 + (-5) \cdot 8$	• Es können bei der alleinigen **Addition** und **Multiplikation** rationale Zahlen **beliebig vertauscht (Kommutativgesetz)** oder durch **Klammern zusammengefasst (Assoziativgesetz)** werden. • Summen (Differenzen), die mit einer rationalen Zahl multipliziert werden, lassen sich **ausmultiplizieren** bzw. **ausklammern (Distributivgesetz)**.
S. 162	$(-3) \cdot (-3) \cdot (-3) \cdot (-3) = (-3)^4$	Die **Potenz** ist eine Kurzschreibweise für ein **Produkt** aus **lauter gleichen rationalen Zahlen** oder Variablen.

Kreuz und quer — 171

Daten

1 Beim Werfen einer Reißzwecke gibt es zwei mögliche Positionen:

Kopf (K)	Spitze (S)

Bei einem Experiment ergaben sich folgende Ergebnisse:

S, S, K, S, S, S, K, K, S, S, K, S, S, S, S, K, S, S, K, S,
S, S, S, S, S, S, K, K, S, K, S, S, K, K, S, S, K, K, S,
S, S, S, S, K, S, S, S, S, K, S, S, S, S, K, S, S, S, S, S,
K, S, K, S, K, S, S, S, S, S, S, K, S, S, K, S, S, S, S

a) Bestimme für K und S die absoluten Häufigkeiten sowie den jeweiligen Anteil an den Würfen.
b) Stelle den Sachverhalt in einem Diagramm dar.
c) Mache einen Vorschlag für ein Gewinnspiel mit der Reißzwecke, das „gerecht" abläuft. Begründe deinen Vorschlag.

2 Die beiden Spielquader wurden mehrfach geworfen. Das Diagramm stellt die Ergebnisse dar.

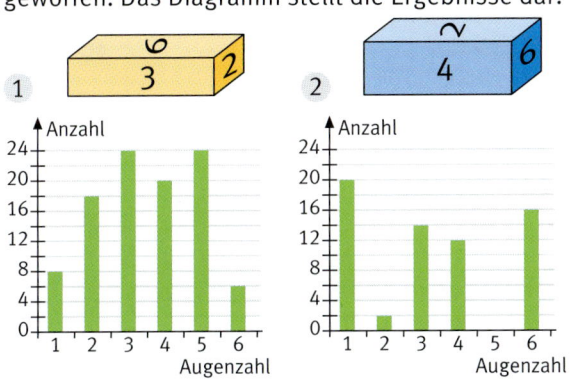

a) Bestimme bei jedem Diagramm die absoluten Häufigkeiten der Seiten des Spielquaders.
b) Welches Diagramm gehört wohl zu welchem Quader? Begründe deine Antwort.

3 Sophie hat sich zwei Wochen lang notiert, wie lange sie für die Hausaufgaben benötigt. Wie lange braucht sie im Durchschnitt dafür?

48 min	56 min	1 h 12 min	39 min
1 h 25 min	52 min	1 h 42 min	
36 min	54 min	1 h 6 min	

Prozentrechnung

4 Berechne die fehlenden Angaben.

	Grundwert	Prozentsatz	Prozentwert
a)	2380 €	16 %	
b)		25 %	3,5 m²
c)	205 kg		71,75 kg
d)	4500 l	56 %	
e)		3 %	111,09 €
f)	250 m		50 dm

5 a) Bei einer Grillfeier wurden für 290 € Steaks und für 196 € Würstchen verkauft. Wie groß war der Gewinn, wenn beim Einkauf der Grillsachen 360 € ausgegeben wurden? Gib auch in Prozent der Ausgaben an.
b) Ein Möbelhaus hat einen Schrank für 1820 € eingekauft. Es möchte ihn 32 % teurer weiterverkaufen. Wie hoch ist der Verkaufspreis?
c) Nach einem Unfall ist der Wert eines Neuwagens um 40 % gesunken. Wie viel ist das Auto jetzt noch wert, wenn es 14 500 € gekostet hat?

6 Eine Umfrage an einer Schule hat ergeben, dass 225 Schüler mit dem Bus zur Schule fahren.

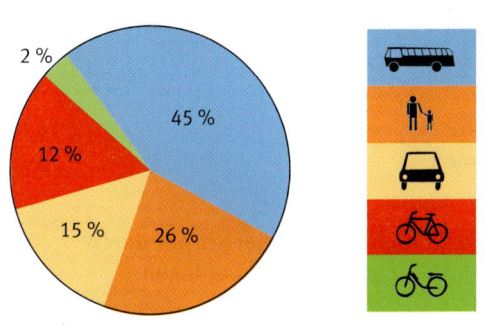

a) Wie viele Schüler wurden insgesamt befragt?
b) Bestimme die Anzahl der Schüler für die anderen Verkehrsmittel.

7 Berechne die fehlenden Werte.

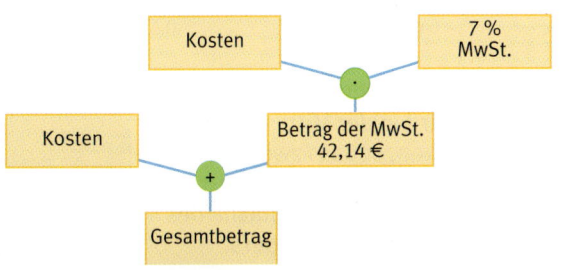

Kosten · 7 % MwSt. = Betrag der MwSt. 42,14 €
Kosten + Betrag der MwSt. = Gesamtbetrag

Körper

8 Wie heißen die Körper?

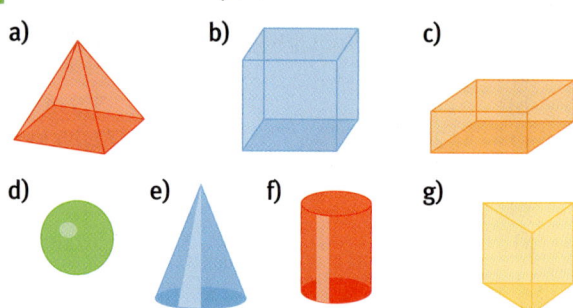

a) b) c) d) e) f) g)

9 Übertrage die Tabelle ins Heft und schreibe in den gegebenen Einheiten.

	m^3	dm^3	cm^3	mm^3
a) 2700 dm³ 20 cm³	☐	☐	☐	☐
b) 18 m³ 2150 cm³	☐	☐	☐	☐
c) 5 m³ 180 dm³	☐	☐	☐	☐
d) 40 dm³ 750 cm³	☐	☐	☐	☐

10 Bestimme die fehlenden Größen eines Quaders.

	a)	b)	c)
Länge	4 m	3,5 dm	☐
Breite	6 m	☐	50 cm
Höhe	1,5 m	60 cm	6,5 dm
Oberfläche	☐	☐	1,616 m²
Volumen	☐	98,7 dm³	☐

11 Bestimme das Volumen der Körper durch geschicktes Zerlegen oder Ergänzen.

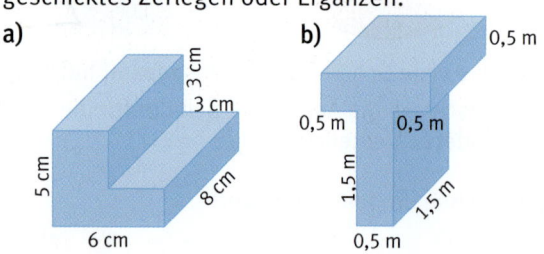

a) b)

12 Ein Würfel mit der Kantenlänge 15 cm wird in der Mitte durchgeschnitten, sodass zwei gleich große Quader entstehen. Vergleiche Volumen und Oberfläche des Würfels und eines Quaders.

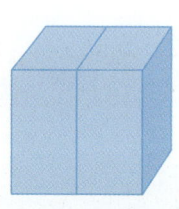

Dreiecke

13 Übertrage die Tabelle ins Heft und ordne zu.

	spitz-winklig	recht-winklig	stumpf-winklig
gleichseitig	☐	☐	☐
gleichschenklig, nicht gleichseitig	☐	☐	☐
alle Seiten verschieden lang	☐	☐	☐

14 Konstruiere die Dreiecke. Gib jeweils den Kongruenzsatz an.

a) a = 4,5 cm; b = 5,5 cm; c = 6,5 cm
b) c = 4,5 cm, b = 5 cm; α = 65°
c) b = 5 cm; α = 55°; γ = 60°

15 Wie hoch ist der Baum? Bestimme durch Konstruktion.

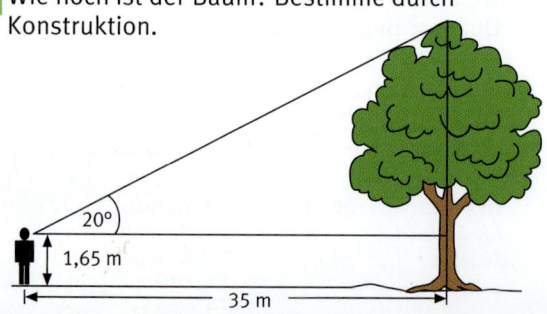

7 Terme und Gleichungen

Einstieg

- Zwei Pflastersteine lassen sich zu einem Quadrat legen. Ebenso ergeben acht Pflastersteine wieder ein Quadrat usw. Zeichne die ersten sechs Schritte einer Folge von Pflastersteinen, die man der Reihe nach zu einem Quadrat legen kann.
- Wie viele Pflastersteine werden für jeden Schritt benötigt?
- Stelle einen Term auf, der für jeden Schritt, den man als Quadrat legen möchte, die Anzahl der benötigten Pflastersteine angibt.

Ausblick

Am Ende dieses Kapitels hast du gelernt, …
- was Terme, Gleichungen und Variablen sind.
- wie man Terme aufstellen und vereinfachen kann.
- wie man Gleichungen auf unterschiedliche Weisen lösen kann.
- wie man Sachaufgaben mithilfe von Termen und Gleichungen löst.

7.1 Terme finden

Nimm gleichartige Holzwürfel und baue Würfeltürme. Untersuche dabei für jeden Turm die Anzahl der sichtbaren Seitenflächen.

Anzahl Würfel	1	2	3	4	5
Anzahl sichtbarer Seitenflächen	5				

- Vervollständige die Tabelle.
- Beschreibe in Worten, wie sich mit jedem weiteren Würfel die Anzahl der sichtbaren Seitenflächen ändert.
- Stelle einen Term auf, mit dem man die Anzahl der sichtbaren Flächen bestimmen kann.
- Überprüfe deinen Term für 10 (20, 25, ...) Würfel.

1 Würfel   2 Würfel   3 Würfel

Ein Term ist ein Rechenausdruck.

MERKWISSEN

In **Termen** können **Variablen** (Platzhalter) für beliebige Zahlen auftreten, die man in der Regel mit kleinen Buchstaben a, b, c, ..., x, y, z bezeichnet.
Ein Term verbindet Zahlen und/oder Variablen mithilfe von Rechenzeichen.
Terme, in denen keine Variablen vorkommen, nennt man **Zahlterme**.

BEISPIELE

I Setze in den folgenden Termen für die Variable den Wert −2,4 ein und berechne.

a) $12{,}3 \cdot a$ b) $8{,}7 - b$ c) $-5{,}3 + 2 \cdot c$

Lösung:

a) $12{,}3 \cdot (-2{,}4) = -29{,}52$ b) $8{,}7 - (-2{,}4) = 11{,}1$ c) $-5{,}3 + 2 \cdot (-2{,}4) = -10{,}1$

Verfahre so:
1. Unbekanntes mit einer Variablen belegen
2. Term aufstellen

II Bei einem gleichschenkligen Dreieck sind die beiden Schenkel jeweils doppelt so lang wie die Basis. Stelle einen Term auf für die Umfangslänge des Dreiecks.

Lösungsmöglichkeit:
Sei ABC ein gleichschenkliges Dreieck mit Basis c.
Variable: Basis c
Somit hat ein Schenkel die Länge $2 \cdot c$.
Term für den Umfang eines Dreiecks: $u = a + b + c$
$u = 2 \cdot c + 2 \cdot c + c = 5 \cdot c$

III Die dargestellte Folge aus Dreiecken wird fortgesetzt. Gib einen Term an, mit dem man den Flächeninhalt des Dreiecks in Rechenkästchen für jeden Schritt bestimmen kann.

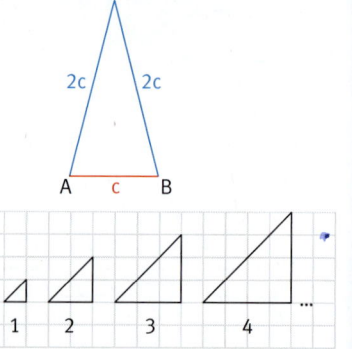

Lösungsmöglichkeiten:

① Flächeninhalt in Rechenkästchen:

1: $A_1 = \frac{1}{2} \cdot 1^2 = \frac{1}{2}$

2: $A_2 = \frac{1}{2} \cdot 2^2 = 2$

3: $A_3 = \frac{1}{2} \cdot 3^2 = 4\frac{1}{2}$

4: $A_4 = \frac{1}{2} \cdot 4^2 = 8$

...

10: $A_{10} = \frac{1}{2} \cdot 10^2 = 50$

allgemein: $A_n = \frac{1}{2} \cdot n^2$

② Es gibt folgenden Zusammenhang in Rechenkästchen:

1: $A_1 = \frac{1}{2}$

2: $A_2 = A_1 + 1{,}5$

3: $A_3 = A_2 + 2{,}5$

4: $A_4 = A_3 + 3{,}5$

...

10: $A_{10} = A_9 + 9{,}5$

allgemein: $A_n = A_{n-1} + (n - \frac{1}{2})$

Kapitel 7

Verständnis

- Handelt es sich bei folgenden Ausdrücken um einen Term? Begründe.
  $2 \cdot x + 7{,}3$ $3{,}5 - 7{,}6$ $8 \cdot c + 1$ $a + 0$ -35 $1{,}7 - 35$
- Ist der Term $4 \cdot x - 12$ ein Produkt oder eine Differenz? Begründe.

Aufgaben

1 Setze für die Variable den Wert 4 (−3; −12) ein und berechne.

a) $120 : a$
b) $9 + \frac{3}{4} \cdot e$
c) $j + j + j - 3$

$b + 8{,}5$
$2{,}5 \cdot f + 4$
$i + 1{,}3 - 2 \cdot i$

$c + 4 \cdot (-3)$
$22 \cdot \frac{g}{2}$
$(h + 4{,}2) : h$

Lösungen zu 1:
−132; −40; −39; −33; −26; −24; −15; −12; −10; −8; −3,5; −3,5; −2,7; −0,4; 0; 0,65; 2,05; 4,3; 5,5; 6,75; 9; 12; 12,5; 13,3; 14; 30; 44

2 Die dargestellte Folge aus Streichholzfiguren wird fortgesetzt.

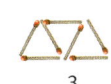

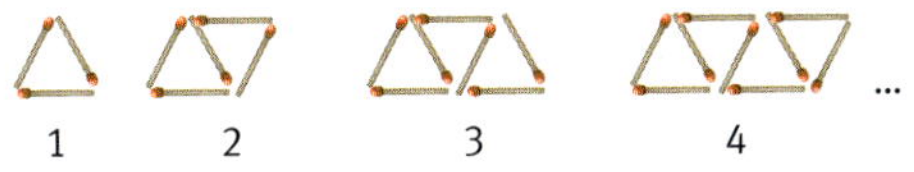

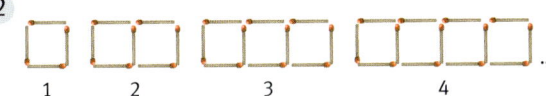

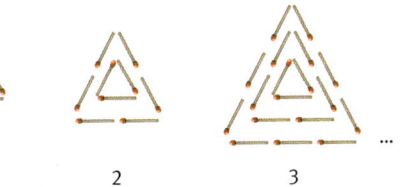

a) Erstelle für jede Folge eine Tabelle ins Heft und vervollständige sie.

Schritt	1	2	3	4	5	6	8	10	20	25	50
Anzahl Streichhölzer											

b) Beschreibe, wie sich die Anzahl der Streichhölzer bei jedem Schritt ändert.
c) Gib einen Term an, mit dem man die Anzahl der benötigten Streichhölzer bei jedem Schritt bestimmen kann.

3 Welcher Term passt zu welcher Beschreibung?

E $m - 7$ B $8 \cdot y + 5$ C $3 \cdot a$ I $23 + 4 - c$ A $s : 7$
F $(12 - q) : 2$ G $5 \cdot b + 8$ H $3 + x$ D $23 \cdot (z + 4)$

1. Das Produkt aus einer Zahl und 3
2. Die Summe aus dem 8-Fachen einer Zahl und 5
3. Das Produkt aus 23 und der Summe einer Zahl mit 4
4. Der Quotient aus einer Zahl und 7
5. Die Hälfte der Differenz aus 12 und einer Zahl

4 Beschreibe folgende Terme mit Worten.

a) $3 \cdot y + 7$
b) $a + 15$
c) $(r - 8) \cdot 4$
d) $13 - 2 \cdot z$
e) $-5 \cdot \frac{x}{3}$
f) $\frac{1}{4} \cdot k + 7{,}5$
g) $2{,}5 \cdot s - 3 \cdot t$
h) $\frac{m}{4} - \frac{2}{7} \cdot n + 4{,}5$

7.1 Terme finden

*Zwei Terme nennt man **äquivalent** (gleichwertig), wenn nach **jedem** Einsetzen von Variablen ihre Ergebnisse **übereinstimmen**.*

5 Übertrage die Tabelle ins Heft und berechne durch Einsetzen. Finde heraus, welche Terme äquivalent sind.

x	−5	−3	−1,5	0	1	4,5	7,2
① x + 5	☐	☐	☐	☐	☐	☐	☐
② 3 + 2x	☐	☐	☐	☐	☐	☐	☐
③ 2 + 2 · x + 1	☐	☐	☐	☐	☐	☐	☐
④ x + x + 1 · x	☐	☐	☐	☐	☐	☐	☐
⑤ 3 · x	☐	☐	☐	☐	☐	☐	☐
⑥ 2 + x + 3	☐	☐	☐	☐	☐	☐	☐

*Der **Um**fang ist **um** eine Figur herum.*

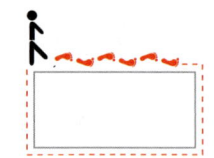

6 Stelle einen Term auf, mit dem man den Umfang der Figur bestimmen kann.
a) Bei einem Rechteck ist eine Seite doppelt so lang wie die andere.
b) Bei einem gleichschenkligen Dreieck ist die Basis 5 cm länger als jeder Schenkel.
c) Bei einem Parallelogramm ist eine Seite 2 cm kürzer als die andere.
d) Bei einem Drachenviereck ist eine Seite dreimal so lang wie die andere.
e) Bei einem symmetrischen Trapez sind die beiden parallelen Seiten zusammen doppelt so lang wie die Summe der beiden anderen Seiten.

7 Welche Terme führen stets zu denselben Ergebnissen?

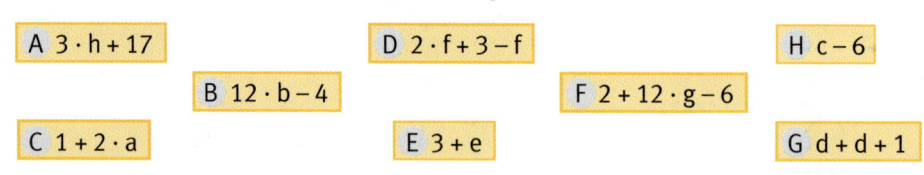

A 3 · h + 17   D 2 · f + 3 − f   H c − 6
  B 12 · b − 4   F 2 + 12 · g − 6
C 1 + 2 · a   E 3 + e   G d + d + 1

8

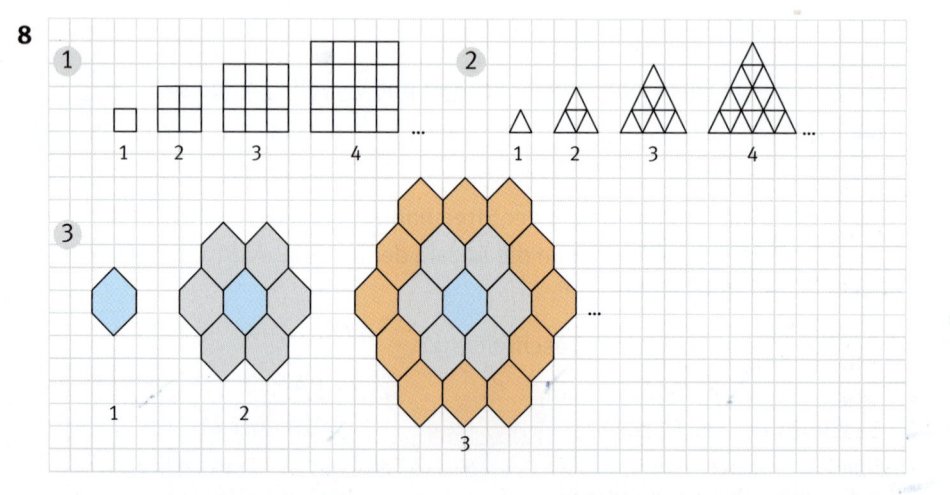

a) Übertrage die Figurenfolge in dein Heft und setze sie um mindestens zwei Schritte fort.
b) Bestimme einen Term, mit dem man für jeden Schritt die Anzahl der Grundfiguren bestimmen kann, aus denen jede Figur aufgebaut ist.
c) Bestimme einen Term, mit dessen Hilfe man beschreiben kann, wie viele Grundfiguren bei jedem Schritt hinzugekommen sind.
d) Bestimme mit den Termen aus b) und c) die Anzahlen für die 8. Figur (10. Figur, 15. Figur, 25. Figur).

Kapitel 7

9 In einem Fahrschulbuch steht folgende Faustformel, um die Länge des Anhaltewegs schnell zu ermitteln: Der Anhalteweg setzt sich aus Reaktionsweg und Bremsweg zusammen. Der Reaktionsweg (in Metern) ergibt sich aus der Multiplikation der Geschwindigkeit (Tachoanzeige) mit 3 dividiert durch 10. Der Bremsweg (in Metern) ergibt sich, wenn man die Geschwindigkeit (Tachoanzeige) durch 10 dividiert und das Ergebnis mit sich selbst multipliziert.

a) Stelle einen Term für den Anhalteweg auf.
b) Stelle den Anhalteweg mit einem Tabellenprogramm in einem Graph für Geschwindigkeiten zwischen 20 $\frac{km}{h}$ und 200 $\frac{km}{h}$ dar.
c) Lies aus dem Graph die Anhaltewege für 85 $\frac{km}{h}$ und 110 $\frac{km}{h}$ ab.

10 Vergleiche veschiedene Handyangebote.

Tarif 1 : Keine Grundgebühr. Jede SMS 9 ct.	Tarif 2 : 5 € Grundgebühr. 50 SMS kostenlos. Jede weitere SMS 4 ct.

a) Übertrage die Tabelle in dein Heft und vervollständige.

Anzahl SMS	0	10	25	50	60	70	85	110
Kosten Tarif 1	☐	☐	☐	☐	☐	☐	☐	☐
Kosten Tarif 2	☐	☐	☐	☐	☐	☐	☐	☐

b) Stelle den Sachverhalt in einem Graphen dar.
c) Wann lohnt sich welcher Tarif? Gib eine Empfehlung ab und begründe deine Antwort.
d) Erstelle jeweils einen Term, mit dessen Hilfe man die Kosten für verschickte SMS für jeden Tarif bestimmen kann.

Spiel

Terme suchen (Partnerspiel)

Material
Spielblatt mit einer dreispaltigen Tabelle (x, Ergebnis, Term?), Stift

Hier seht ihr ein Spielblatt, bei dem der Term nach drei Schritten geraten wurde.

Ablauf
- Spieler 1 überlegt sich einen Term. Spieler 2 schreibt auf sein Spielblatt eine Zahl für die Variable.
- Spieler 1 setzt die Zahl in seinen Term ein und schreibt das Ergebnis auf das Spielblatt von Spieler 2.
- Spieler 2 rät (wenn möglich) den gesuchten Term. Ist der Term noch nicht gefunden, schreibt er eine neue Zahl auf. Hat er den Term gefunden, weden die Rollen getauscht.
- Gewonnen hat, wer die wenigsten Rateversuche benötigt.

Tipp: Beginnt mit Termen wie 3 · x, −6 · x, ..., später könnt ihr dann auf Terme wie 2 · x − 4, −3 · x + 6, ... umsteigen. Beschränkt euch zunächst auf ganze Zahlen bis 20. Sprecht euch dann darüber ab, welche Terme und Zahlen zulässig sind.

- Sedrik meint: „Wenn man für x = 0 einsetzt, hat man es leichter." Probiere aus und erkläre.

x	Ergebnis	Term?
2	−6	−3 · x
4	−10	/
0	−2	−2x − 2

7.2 Terme vereinfachen

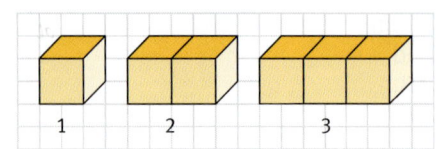

Du kannst nicht nur Würfeltürme, sondern auch Würfelschlangen bauen.
- Finde mindestens zwei verschiedene Terme, mit denen man die Anzahl der sichtbaren Seitenflächen für jeden Schritt bestimmen kann.
- Überprüfe, ob die Terme äquivalent (gleichwertig) zueinander sind.
- Findest du eine Möglichkeit, um einen Term in einen anderen umzuformen? Versuche es.

MERKWISSEN

Terme lassen sich oft **vereinfachen**. Es gelten die **Rechenregeln** wie beim Rechnen mit rationalen Zahlen. Dadurch entstehen zueinander **äquivalente Terme**.
- Eine Summe gleicher Summanden lässt sich als **Produkt** schreiben.
  Beispiel: $a + a + a + a + a = 5 \cdot a$
- Mithilfe des Kommutativgesetzes lassen sich **Summanden ordnen**.
  Beispiel: $a + b + a + a + b = a + a + a + b + b = 3 \cdot a + 2 \cdot b$
- Mit dem Distributivgesetz lassen sich **gleichartige Variablen zusammenfassen**.
  Beispiele:
  $6 \cdot a - 4 \cdot a = (6 - 4) \cdot a = 2 \cdot a \quad\quad -5 \cdot b - 8 \cdot b = (-5 - 8) \cdot b = -13 \cdot b$

Gleichartige Variablen unterscheiden sich lediglich in ihrer Vielfachheit. $3 \cdot a$ und $2 \cdot a$ sind gleichartig und lassen sich zusammenfassen. $3 \cdot a$ und $2 \cdot a^2$ sind nicht gleichartig, lassen sich also nicht zusammenfassen.

BEISPIELE

I Vereinfache die folgenden Terme.

a) $x + x + x + x$ b) $5 \cdot y - 3 \cdot y$ c) $5 \cdot x + 4 \cdot y - 4 \cdot z - 8 \cdot y + 2,4 \cdot z$

Lösung:

a) $4 \cdot x$ b) $(5 - 3) \cdot y = 2 \cdot y$ c) $5 \cdot x + 4 \cdot y - 8 \cdot y - 4 \cdot z + 2,4 \cdot z$
$\quad\quad\quad\quad\quad\quad\quad\quad\quad\quad\quad\quad\quad\quad\quad = 5 \cdot x + (4 - 8) \cdot y + (-4 + 2,4) \cdot z$
$\quad\quad\quad\quad\quad\quad\quad\quad\quad\quad\quad\quad\quad\quad\quad = 5 \cdot x - 4 \cdot y - 1,6 \cdot z$

II Was ist falsch? Finde den Fehler und berichtige ihn.
$5 \cdot x - 17 \cdot x^2 + 8 \cdot x = (5 - 17 + 8) \cdot x = -4 \cdot x$ *f*

Lösung:
Bei der Aufgabe wurden nicht gleichartige Variablen zusammengefasst. Gleichartig sind hier nur die Vielfachen von x, also $5 \cdot x$ und $8 \cdot x$. Richtig ist:
$5 \cdot x - 17 \cdot x^2 + 8 \cdot x = 5 \cdot x + 8 \cdot x - 17 \cdot x^2 = 13 \cdot x - 17 \cdot x^2$

VERSTÄNDNIS

- Sind folgende Vereinfachungen richtig? Begründe.
  ① $4 \cdot s + 4 \cdot t = 4 \cdot (s + t)$ ② $4 \cdot s + 4 \cdot t = 4 \cdot s \cdot t$ ③ $4 \cdot s + 4 \cdot s^2 = 4 \cdot s^3$
- Betrachte $x^2 - 2 \cdot x$ und $x^3 - 2 \cdot x^2$. Für $x = 0$ erhält man 0, für $x = 1$ ergibt sich -1. Also sind beide Terme äquivalent. Was meinst du?

AUFGABEN

1 Vereinfache die Terme, wenn es möglich ist.

a) $y + y + y + y$ b) $a + a + a$ c) $b + b + 2 \cdot b$ d) $2 \cdot x + 3 \cdot x + 4 \cdot x$
e) $r + 2 \cdot r - 13 \cdot r$ f) $180 \cdot y - 33 \cdot y$ g) $b + c + b + c$ h) $10 \cdot x - 4,5 \cdot x$
i) $-12,5 \cdot t + 7,3 \cdot t$ j) $-1,6 \cdot q - 4,5 \cdot q$ k) $3,2 \cdot x - 3,2 \cdot x$ l) $\frac{5}{6} \cdot p - \frac{7}{8} \cdot p^2 - p$

Kurzform: $1 \cdot x = x$

Kapitel 7

2 Ordne zunächst und fasse dann zusammen.
Beispiel: $-x + 2y - 3x + 2x - 5y + 8y = -x - 3x + 2x + 2y - 5y + 8y = -2x + 5y$
a) $x + x + y + y + x + y + x + x + y + y + y + y$
b) $a + b + b + a + a + a + a + b + b + b + b + b + a + b$
c) $-s + t + t - t - s - s + s + t - t + t - t + s - s - t$
d) $m - m - m - m + n - m + n + n + n - n + m - n$
e) $3x + 4y + 5x + 6x + 7y + 8x + 9y + 10y$
f) $2{,}5a + 7a + 2b + 5a + 0{,}5a + 8b$ g) $-4m + 3x + m - x - 5m - 4x + 8m - 6x$

Zwischen Zahl und Variable darfst du den Malpunkt weglassen:
$5 \cdot x = 5x$

3 Fasse, wenn möglich, zusammen. Berechne dann den Term für $x = -2$ und $y = 4$.
a) $17x + 8 + 13x$ b) $3x + 18 - x - 4$ c) $4{,}5x + 2{,}5x + 2$
d) $2{,}6x + 1{,}3 - 2{,}6x$ e) $36x + 12y - 18x$ f) $1{,}5y + 2x - 4{,}5y$
g) $-3x + 6y - 5$ h) $12x - 15y$ i) $8{,}2x - 3{,}5x + 5y$
j) $3\frac{1}{4}x + 8y - \frac{3}{4}x$ k) $7{,}5y - 3x - 0{,}5y$ l) $-3y + x - 7 + 5y$
m) $1{,}5y - 2{,}5 - 1{,}3y - \frac{2}{5}x$ n) $2{,}8x - 4y + 2{,}2x - 5{,}2$ o) $-3 + \frac{5}{8}y - 5 + \frac{1}{4}x$

Lösungen zu 3:
−84; −52; −31,2; −16; −12;
−6; −1; −0,9; 1,3; 10; 10,6;
12; 25; 27; 34

4 Ergänze so, dass die Rechnung stimmt.
a) $6a + \square = 10a$ b) $2x + 3x + \square = 9x$ c) $12z - \square + 3z = 8z$
d) $15q - \square = -7q$ e) $222s - \square + 3s = 134s$ f) $2{,}8x + \square = 5x$
g) $7r + \square - 3s + s = 5r - 2s$ h) $3y + \square - 8x - \square = 7y - 12x$

5 Finde mindestens drei Möglichkeiten, sodass die Rechnung stimmt.
a) $\square + \square - \square = 15a$ b) $-\square - \square + \square = 20b$ c) $\square - \square + 3\square = c$
d) $\square - \square = -9{,}5d$ e) $2\square - \square + \square = -1{,}3e$ f) $-\square + \square - \square + \square = 2{,}1f$

6

Mauer 1: oben $2x + 2y + 2z$; unten $2x$, y, $2z$
Mauer 2: oben $4s + 5t$; unten $3s$, $2t$, $s + t$
Mauer 3: oben $9a + 3b$; mitte rechts $4a + 2b$; unten $a + b$

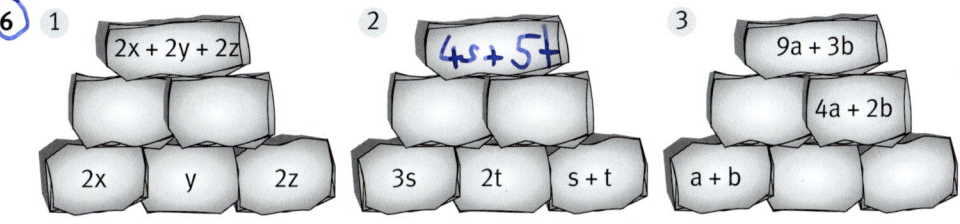

a) Übertrage die Zahlenmauern in dein Heft und berechne.
b) Finde eine Regel, wie sich der Term im obersten Stein aus den untersten Steinen zusammensetzt. Überprüfe die Regel an mindestens zwei eigenen Zahlenmauern.

Der Wert eines Steins ergibt sich aus der Summe der beiden darunter liegenden Steine.

7 Der Umfang eines Fußballfeldes soll berechnet werden.
Marco rechnet: $105\,m + 68\,m + 105\,m + 68\,m$
Moritz geht wie folgt vor: $2 \cdot 105\,m + 2 \cdot 68\,m$
Stelle für jedes Vorgehen einen Term zur Berechnung des Rechtecksumfangs auf (Länge a, Breite b) und beurteile die Lösungen.

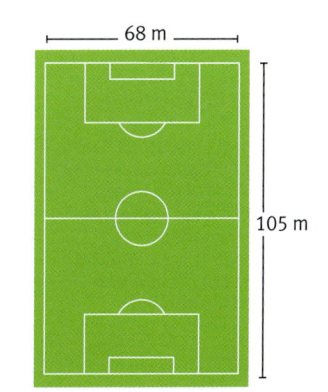

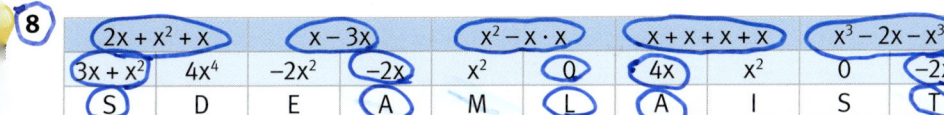

8

$2x + x^2 + x$		$x - 3x$		$x^2 - x \cdot x$		$x + x + x + x$		$x^3 - 2x - x^3$	
$3x + x^2$	$4x^4$	$-2x^2$	$-2x$	x^2	0	$4x$	x^2	0	$-2x$
S	D	E	A	M	L	A	I	S	T

a) Finde jeweils heraus, welcher der beiden Terme zum oberen Term äquivalent ist. Die Buchstaben in der Reihenfolge ergeben ein Lösungswort.
b) Wie viele mögliche Worte gibt es, wenn jemand das Lösungswort rät?

7.3 Terme multiplizieren und dividieren

Blaue Terme: $5x \cdot 2$; $-3x \cdot 4$; $2x \cdot 3y$; $x \cdot x^2$; $15x : 3$; $36x : (-6)$

Gelbe Terme: $10x$; $5x$; $5xy$; $-6x$; $-12x$; $12x$; $6xy$; x^3 ; $7x$; $2x^2$; $30x$; x

- Finde zu jedem blauen Term den zugehörigen äquivalenten gelben Term. Überprüfe, indem du verschiedene Werte für die Variablen einsetzt.
- Finde anhand äquivalenter Terme Gesetzmäßigkeiten heraus, wie man bei Termen multiplizieren und dividieren kann. Stelle deine Überlegungen in der Klasse vor.

Merkwissen

Ein **Produkt** aus Termen mit **Zahlen und Variablen** wird vereinfacht, indem man **Zahlen mit Zahlen** und **Variablen mit Variablen** multipliziert.
Begründung:

- Multiplikation verschiedener Variablen:

$$3x \cdot 4y = 3 \cdot x \cdot 4 \cdot y$$
$$\stackrel{KG}{=} 3 \cdot 4 \cdot x \cdot y$$
$$\stackrel{AG}{=} (3 \cdot 4) \cdot (x \cdot y)$$
$$= 12xy$$

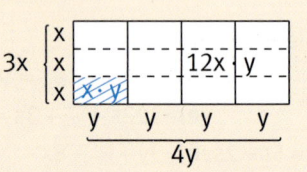

- Multiplikation gleicher Variablen:

$$3x \cdot x = 3 \cdot x \cdot x$$
$$\stackrel{AG}{=} 3 \cdot (x \cdot x)$$
$$= 3x^2$$

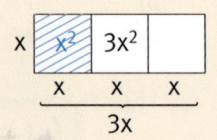

Dividiert man einen **Term durch eine Zahl**, dividiert man die **Zahlen**.
Begründung:
$$25x : 5 = 25 \cdot x \cdot \tfrac{1}{5} \stackrel{KG}{=} 25 \cdot \tfrac{1}{5} \cdot x \stackrel{AG}{=} \left(25 \cdot \tfrac{1}{5}\right) \cdot x = 5x$$

KG: Kommutativgesetz (Vertauschungsgesetz)
$6 \cdot 7 = 7 \cdot 6$
AG: Assoziativgesetz (Verbindungsgesetz)
$(6 \cdot 7) \cdot x = 6 \cdot (7 \cdot x)$

Beachte den Unterschied:
$x + x = 2 \cdot x$
$\underbrace{x \;\; x}_{2x}$

jedoch
$x \cdot x = x^2$
$\boxed{x^2}\; x$
$\;\;\;\;x$

Beispiele

Hilfen zur Übersichtlichkeit:
- „Punkt vor Strich", also erst Produkte berechnen.
- In Produkten werden **Zahlen vor Variablen** geschrieben.
- Bei mehreren Variablen werden diese **alphabetisch sortiert**.

I Vereinfache die Terme. Begründe die Umformungsschritte.

a) $3x \cdot 4$ b) $5a \cdot 13b$ c) $21x : 7$

Lösung:

a) $3x \cdot 4$
$\stackrel{KG}{=} 3 \cdot 4 \cdot x$
$\stackrel{AG}{=} 12 \cdot x = 12x$

b) $5a \cdot 13b$
$\stackrel{KG}{=} 5 \cdot 13 \cdot a \cdot b$
$\stackrel{AG}{=} 65 \cdot a \cdot b = 65ab$

c) $21x : 7$
$\stackrel{KG}{=} 21 : 7 \cdot x$
$\stackrel{AG}{=} 3 \cdot x = 3x$

II Vereinfache so weit wie möglich.

a) $4s \cdot 2{,}5t - 12s \cdot 0{,}5t$ b) $3x \cdot 4y \cdot 5z \cdot 2x$

Lösung:

a) $4s \cdot 2{,}5t - 12s \cdot 0{,}5t = 4 \cdot 2{,}5 \cdot s \cdot t - 12 \cdot 0{,}5 \cdot s \cdot t = 10st - 6st = 4st$

b) $3x \cdot 4y \cdot 5z \cdot 2x = 3 \cdot 4 \cdot 5 \cdot 2 \cdot x \cdot x \cdot y \cdot z = 120x^2yz$

Kapitel 7

Verständnis

- Erkläre den Unterschied zwischen 3a und a^3.
- Die Division durch eine rationale Zahl kann durch eine Multiplikation ersetzt werden. Erkläre.

Aufgaben

1 Vereinfache so weit wie möglich im Kopf.
- a) $6y \cdot 8$
- b) $12a : 3$
- c) $7 \cdot 12x$
- d) $15b \cdot a$
- e) $12x \cdot 12y$
- f) $2a \cdot 3b \cdot a$
- g) $4r \cdot 3s : 2$
- h) $8p \cdot 7p \cdot 3q$

2 Schreibe als Potenz.
- a) $q \cdot q \cdot q \cdot q$
- b) $g \cdot g \cdot g \cdot g \cdot g \cdot g$
- c) $x \cdot x \cdot x \cdot x \cdot x \cdot x \cdot x$
- d) $ax \cdot ax \cdot ax \cdot ax$
- e) $lo \cdot lo \cdot lo \cdot lo$
- f) $a \cdot b \cdot b \cdot a \cdot b$
- g) $m \cdot n \cdot m \cdot m \cdot n \cdot n \cdot m$
- h) $f^2 \cdot f \cdot f^3 \cdot f$
- i) $s^2 \cdot t \cdot t \cdot s \cdot t^3$

Zerlege erst und wandle dann um: $x^2 = x \cdot x$

Schaue im Grundwissen nach, wenn du nicht mehr weißt, was Potenzen sind.

3 Vereinfache so weit wie möglich.
- a) $48v : 6$
- b) $17d \cdot 5$
- c) $6 \cdot 18x \cdot 5s$
- d) $512f : 16$
- e) $81q : (-27)$
- f) $\frac{1}{2}c \cdot 3s \cdot 4b$
- g) $45a : 45$
- h) $6f \cdot 7k \cdot (-c) : 8$
- i) $q \cdot w \cdot 7q \cdot 3w \cdot 2w$
- j) $2a \cdot 5b \cdot c \cdot 4a \cdot b \cdot 3a$
- k) $7xy \cdot 3x \cdot 2y \cdot x$
- l) $3x \cdot 5 \cdot 12x$
- m) $15r : 9 \cdot 3r$
- n) $a^2 \cdot 2b \cdot 4a \cdot 4$
- o) $x^3 y \cdot 3y \cdot 2x : 12$
- p) $-2a \cdot 3b \cdot (-2c) \cdot 3a \cdot 2a \, b$
- q) $3x^2 \cdot \frac{1}{2}y^2 \cdot 4x^2$

4 Übertrage die Sterne ins Heft und ergänze die fehlenden Einträge.

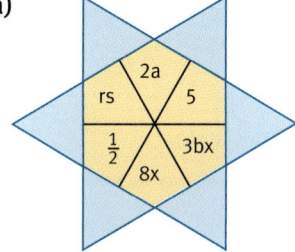

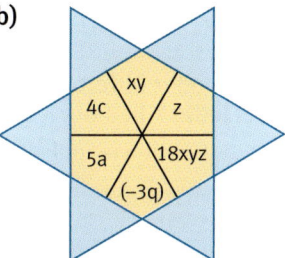

a) Felder: rs, 2a, 5, $\frac{1}{2}$, 3bx, 8x

b) Felder: 4c, xy, z, 5a, 18xyz, (−3q)

c) Felder: 0,5y, 0,25, 8cde, 124t, 3ab, $372t^3$

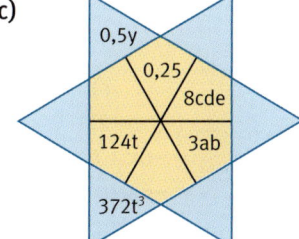

d) Felder: $21x^2y$, 3x, 17vr, 68brv, 54gd, $27g^2d$

Der Wert eines äußeren Sternzackens ergibt sich aus dem Produkt der beiden angrenzenden Felder.

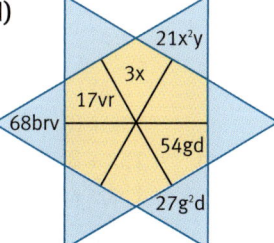

5 Kunst- und Bauwerke sind häufig nach dem goldenen Schnitt aufgebaut. Eine Strecke wird dabei so in zwei Abschnitte a und b geteilt, dass sich die ganze Strecke zu ihrem größeren Abschnitt a wie dieser zum kleineren Abschnitt b verhält.
- a) Weise bei der Säule den goldenen Schnitt nach.
- b) Stelle einen Term für den goldenen Schnitt auf, in dem nur a und b auftreten.

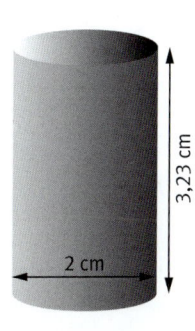

Durchmesser und Höhe der Säule stehen im Verhältnis des goldenen Schnitts.

(Säule: 2 cm Durchmesser, 3,23 cm Höhe)

7.4 Terme mit Klammern auflösen

Eine Sporthalle in Bad Berka soll abgerissen werden, damit eine neue entstehen kann. Die neue Halle soll 12 m breiter und 17 m länger werden als die alte.

- Stelle einen Term auf, mit dem du den neuen Flächeninhalt berechnen kannst.
- Verwende anschließend die Maße der alten Halle zur Berechnung: Länge: 27 m, Breite: 15 m.

Merkwissen

Für das Rechnen mit Klammern gelten bei Termen die üblichen Rechenregeln.

Addition einer Summe oder Differenz:
Lässt man die Klammern weg, dann bleiben die **Vorzeichen gleich**.
① $x + (y + z) = x + y + z$ ② $x + (y - z) = x + y - z$ ③ $x + (-y - z) = x - y - z$

Subtraktion einer Summe oder Differenz:
Lässt man die Klammern weg, dann **kehren sich die Vorzeichen um**.
① $x - (y + z) = x - y - z$ ② $x - (y - z) = x - y + z$ ③ $x - (-y - z) = x + y + z$

Multiplikation eines Faktors mit einer Summe oder Differenz:
Der **Faktor** wird auf **jedes Glied** der Klammer **verteilt** (Distributivgesetz). Das jeweilige Vorzeichen ergibt sich aus dem Vorzeichen beider Faktoren.
① $x \cdot (y + z) = x \cdot y + x \cdot z$ ② $(-x - y) \cdot z = -x \cdot z - y \cdot z$ ③ $-x \cdot (-y + z) = +x \cdot y - x \cdot z$

Division einer Summe oder Differenz **durch einen Divisor**:
Der **Divisor** wird auf jedes Glied der Klammer **verteilt**.
$(x - y) : z = (x - y) \cdot \frac{1}{z}$ (Somit wie im Fall der Multiplikation lösbar.)

Beim Auflösen einer „Plusklammer" bleiben die Vorzeichen erhalten, bei einer „Minusklammer" kehren sie sich um.

+ mal + → +
+ mal − → −
− mal + → −
− mal − → +

Beispiel

I Vereinfache die Terme, indem du die Klammern auflöst.

a) $15x + (8 - x)$ b) $8y - (-5 - 2y) - 3$ c) $2 \cdot (-3x + 2) - (-x + 3)$

Lösung:

Schrittfolge	a) $15x + (8 - x)$	b) $8y - (-5 - 2y) - 3$	c) $2 \cdot (-3x + 2) - (-x + 3)$
① Klammern auflösen	$= 15x + 8 - x$	$= 8y + 5 + 2y - 3$	$= -6x + 4 + x - 3$
② ordnen	$= 15x - x + 8$	$= 8y + 2y + 5 - 3$	$= -6x + x + 4 - 3$
③ zusammenfassen	$= 14x + 8$	$= 10y + 2$	$= -5x + 1$

Verständnis

- Warum kann man bei der Addition von Summen die Klammern „einfach weglassen"?
- Welcher Term ist für ein positives a größer: $2a - (6 + 3a)$ oder $2a - 6 + 3a$? Begründe deine Antwort.

KAPITEL 7

AUFGABEN

1 Löse die Klammern auf und vereinfache.
a) $12 \cdot (12x + 5y)$ b) $(-5c - 2d) \cdot 10$ c) $13 - (x - z)$ d) $(51c - 9) : 3$
e) $3a + (-4b + 5a)$ f) $(3x + 8) \cdot 16$ g) $\frac{1}{4} \cdot (12 - 4v)$ h) $x - (-8 + 3x)$
i) $b \cdot (-1{,}4r - 2{,}2y)$ j) $(y - z) - 3{,}3$ k) $(2g - h) \cdot (-1)$ l) $\frac{2}{5} - (-f - 0{,}8)$
m) $8x + (3y + (-2x))$ n) $(10{,}2x + 3{,}4) : 17$ o) $\frac{1}{8} \cdot \left(-16 - \frac{4}{5}t\right)$ p) $(-3{,}6 + 2x) : (-4)$

2 a) Übertrage die Streifen in dein Heft. Bestimme die unbekannte Streckenlänge auf verschiedene Arten und erkläre damit die Regel für „Minusklammern".

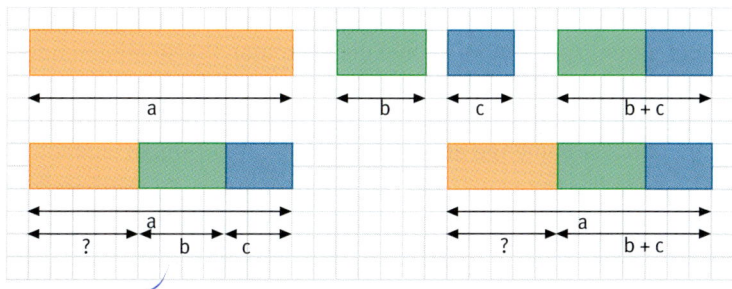

b) Erkläre ebenso die Regel für „Plusklammern".

3 Löse die Klammern auf und vereinfache so weit wie möglich.
a) $(4q + 9r) \cdot 7 - 5q$ b) $13x \cdot (3y - 5x + r)$ c) $158p \cdot (-71q + 1)$
d) $(3yx - 3xy) \cdot 134x$ e) $(-45tp - 36ms) : 18$ f) $27 \cdot (-2x - 3y) : 9$
g) $\frac{1}{2} \cdot (12{,}8xy - 5{,}6z)$ h) $(-8) \cdot (0{,}2x + 1{,}2g)$ i) $19x \cdot (1{,}3 - x)$
j) $(12x + 5y) + (9y - 11x)$ k) $(-15r - 2rs) - (12s + 9r)$
l) $x \cdot (-y - z) + (2xy - 3xz)$ m) $\frac{3}{11} \cdot (-4rz + 4zr) + \left(2x - \frac{3}{8}y\right)$

4 Mit dem Distributivgesetz kannst du auch gemeinsame Faktoren in Differenzen und Summen ausklammern. Bearbeite die folgenden Aufgaben ebenso.
Beispiele: ① $2xy + 3y = y \cdot (2x + 3)$ ② $3x^2 + 12xs = 3x \cdot (x + 4s)$
a) $13ax + 5x$ b) $10r - 5s$ c) $xyz + 2yz$ d) $6ab - 6ac$
e) $0{,}5x - 0{,}5xy$ f) $a^2x - ay$ g) $15r - 25rs$ h) $12ab + 3a - 15ac$
i) $49p^2q - 14p$ j) $-\frac{4}{3}g^2h + g$ k) $1{,}8r^2s - 2r + rs$ l) $\frac{2}{5}x^2y + \frac{4}{5}xy^2$

5 Von einem Quadrat mit dem Flächeninhalt 64 cm² wird ein Streifen von 3 cm Breite abgeschnitten.
a) Gib verschiedene Terme für den Flächeninhalt des Rechtecks an und überprüfe, ob die Terme äquivalent sind.
b) Welche Abmessungen hat das entstehende Rechteck?

6 Stelle einen Term auf und vereinfache so weit wie möglich.
a) Multipliziere die Summe aus 8x und y mit der Zahl –3.
b) Subtrahiere von der Summe aus 7a und 4b die Differenz aus –8b und 12a.
c) Multipliziere y mit der Differenz aus –4x und –8,2.

7 Hier stimmt doch was nicht. Finde den Fehler und verbessere ihn.
a) $2x - (3x + 4) = -x + 4$ b) $3 \cdot (4a + 7) = 12a + 7$
c) $b + (2y + 4z) = 2by + 4bz$ d) $(8g - 14r) : 2 = 8g - 7r$
e) $6y - 3yz = 3y \cdot (2 - yz)$ f) $10x \cdot (xz + 2yz) = 10xz + 20xz$

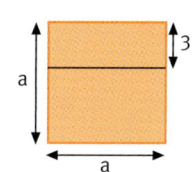

7.5 Gleichungen lösen

KAPITEL 7

	A	B	C
1	Tarifvergleich Smartphones		
2			
3	Datenmenge	Preise in €	
4	in MB	happy mobile	mobile 4ever
5	0	0,00	39,90
6	1	0,24	39,90
7	2	0,48	39,90
8	3	0,72	39,90
9	4	=A9*0,24	39,90

- „=" leitet eine Berechnung ein.
- „A9" ist ein relativer Zellbezug: Er verweist hier auf den Eintrag in der benachbarten Zelle.
- „A9*0,24" multipliziert den Eintrag aus A9 mit 0,24.

Ein Smartphone ist weit mehr als ein Handy. Es bietet wie ein kleiner Computer zahlreiche Anwendungen, die teils auf Internetverbindungen beruhen. Die Tarife, von denen zwei hier abgebildet sind, sind dementsprechend sehr vielfältig.

	Grundgebühr	Verbindungspreise	
		Gesprächsminute	Datenkosten pro MB
happy mobile	0,00 €	9 ct	24 ct
mobile 4ever	39,90 €	0 ct	0 ct

- Betrachte zunächst nur Grundgebühr und die Datenkosten. Vergleiche mit einem Tabellenprogramm die einzelnen Preise miteinander. Ab wann lohnt sich welcher Tarif?
- Stelle einen Term auf, der für jeden Tarif die Kosten in Abhängigkeit von der Datenmenge angibt. Beschreibe den Term in eigenen Worten.
- Ergänze die Tabelle um die Gesprächsminuten. Zu welchen Zeiten ist jetzt welcher Tarif am günstigsten? Welche Annahmen hast du dazu gemacht?

*Liegt das Ergebnis nicht im betrachteten Zahlenbereich, muss man die **Schrittweite verfeinern**.*

MERKWISSEN

Eine **Gleichung** besteht aus **zwei Termen**, die durch ein Gleichheitszeichen verbunden sind. Die Terme auf beiden Seiten haben **den gleichen Wert**.
Zur **Lösung** einer Gleichung kennst du bereits **verschiedene Möglichkeiten**.

Beispiel: $8x + 12 = -16$

- **Systematisches Probieren** (nacheinander oder einschachteln):

x	8x + 12	
−2	−4	zu groß
−3	−12	zu groß
−4	−20	zu klein

verfeinern

x	8x + 12	
−3,3	−14,4	zu groß
−3,4	−15,2	zu groß
−3,5	−16,0	richtig

- **Lösung durch die Umkehraufgabe**

$$x \xrightarrow{\cdot 8} 8x \xrightarrow{+12} 8x+12$$
$$\|\qquad\qquad\|\qquad\qquad\|$$
$$-3{,}5 \xleftarrow{:8} -28 \xleftarrow{-12} -16$$

Lösung: $x = -3,5$

BEISPIEL

*Beim Nacheinandereinsetzen kann man auch ein **Tabellenprogramm** nutzen.*

I Löse die Gleichung $-5x + 7 = 18,5$.

Lösungsmöglichkeit:

	A	B
1	x	-5x + 7
2	1	2
3	0	7
4	−1	12
5	−2	17
6	−3	22

Verfeinern: Mit relativen Zellbezügen kann man die Tabelle weiter nutzen.

	A	B
1	x	-5x + 7
2	−2,1	17,5
3	−2,2	18
4	−2,3	18,5
5	−2,4	19
6	−2,5	19,5

→ Lösung: $x = -2,3$

Kapitel 7

Verständnis

- Beschreibe mit eigenen Worten, was es bedeutet, eine Gleichung „zu lösen".
- Wie lässt sich die Lösung einer Gleichung schrittweise durch systematisches Probieren finden? Beschreibe.

Aufgaben

1 Löse die Gleichung auf verschiedene Arten.

a) $9a - 19 = 17$ b) $3b + 14 = -10$ c) $-2c + 22 = -8$ d) $-3d - 10 = 26$
e) $4e + 15 = 3$ f) $8f - 45 = 11$ g) $-2g + 6 = 6\frac{1}{2}$ h) $3{,}4h + 17{,}2 = 1{,}9$
i) $3i - 7 = -34$ j) $-3j + 1{,}5j = 10{,}8$ k) $-6 + 4{,}5k = -20{,}4$ l) $3{,}4l - 4{,}8 = -4{,}8$
m) $9{,}1w - \frac{2}{11} = -\frac{2}{11}$ n) $-3{,}5x + \frac{1}{20} = 6$ o) $-5{,}2z + 0{,}09 = 2{,}3$ p) $\frac{3}{9}y - \frac{1}{4} = 1$

Lösungen zu 1:
$-12; -9; -8; -7{,}2; -4{,}5; -3;$
$-3{,}2; -1{,}7; -0{,}425; -0{,}25;$
$0; 0; 3{,}75; 4; 7; 15$

2

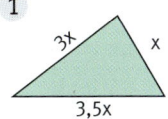

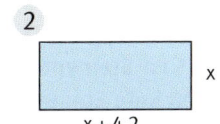

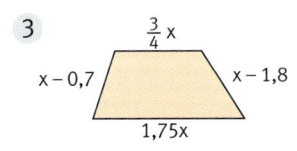

1. Dreieck mit Seiten $3x$, x, $3{,}5x$
2. Rechteck mit Seiten x, $x + 4{,}2$
3. Trapez mit Seiten $\frac{3}{4}x$, $x - 0{,}7$, $x - 1{,}8$, $1{,}75x$

a) Stelle einen Term für den Umfang der Figur auf. Vereinfache den Term so weit wie möglich.

b) Stelle eine Gleichung auf und ermittle alle Seitenlängen der Figuren aus a), wenn der Umfang der Figur jeweils 24 cm (39,3 cm) lang ist.

Du kannst auch ein Tabellenprogramm nutzen.

3 Übertrage die Zahlenmauer in dein Heft. Für welche Zahl steht x? Stelle dazu eine Gleichung auf und bestimme x.

Der Wert eines Steins ergibt sich aus der Summe der beiden darunter liegenden Steine.

a) Zahlenmauer: oben 55; unten $2x$, -15, 37

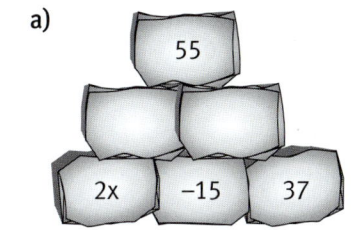

b) Zahlenmauer: oben -25; unten 19, $3x$, -44

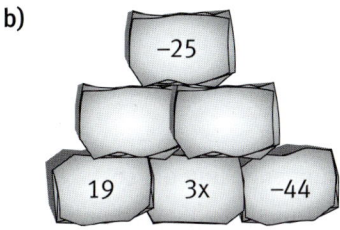

c) Zahlenmauer: oben $13{,}8$; unten x, $8{,}7$, $\frac{1}{2}x$

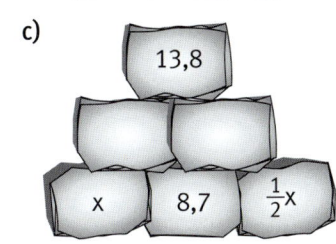

d) Zahlenmauer: oben $5\frac{4}{5}$; unten 9, $-4x$, $x + 1$

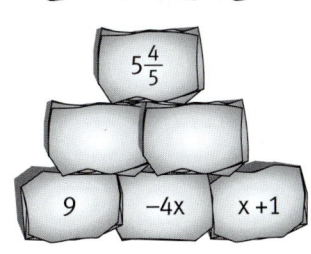

4 Entscheide jeweils ohne zu rechnen, ob die Lösung eine positive oder negative Zahl ist. Begründe deine Entscheidung.

a) $2x + 12 = 3$ b) $-2x + 3 = 19$ c) $4x - 8 = 6$ d) $-3x - 5 = 7$
e) $\frac{1}{2}x - 17 = -23$ f) $-5x + 9 = -17$ g) $-2{,}5x - 6 = -1$ h) $\frac{2}{5}x - \frac{6}{7} = -1\frac{3}{8}$
i) $-3x + 14 = -9{,}5$ j) $\frac{1}{2}x + 44 = -6$ k) $0{,}2x - 7 = 0$ l) $-\frac{1}{4}x - \frac{7}{8} = \frac{1}{2}$

5 Marie kauft Theaterkarten. Eine Karte für Erwachsene ist viermal so teuer wie die für ein Kind. Insgesamt bezahlt sie für zwei Erwachsenenkarten und eine Kinderkarte 27,90 €. Wie teuer ist jede Karte?

7.6 Grund- und Lösungsmenge

Thomas hat 180 Spielzeuge aus Schokoladeneiern gesammelt. Um sie zu ordnen, möchte er Sammelkästen kaufen. Es gibt Größen mit 12, 18, 24, 32, 36 und 48 Fächern.
- Welche Möglichkeiten hat Thomas, wenn er alle Spielzeuge in einer Kastengröße unterbringen möchte?
- Begründe, aus welchem Zahlenbereich die Lösungen stammen müssen.

$\mathbb{N} = \{0; 1; 2; 3; 4; ...\}$
$\mathbb{Z} = \{...; -2; -1; 0; 1; 2; ...\}$
$\mathbb{Q}$ = Menge der rationalen Zahlen

Um die Mengen $\mathbb{N}$, $\mathbb{Z}$, ... von den normalen Buchstaben N, Z, ... zu unterscheiden, verwendet man einen Doppelstrich.

Wenn nichts anderes angegeben ist, ist die Grundmenge $\mathbb{G}$ die Menge der rationalen Zahlen $\mathbb{Q}$.

MERKWISSEN

In der Mathematik fasst man einzelne Elemente oft zu einer **Menge** zusammen.
Um zu erfassen, ob eine Zahl in einer Menge liegt oder nicht, gibt es folgende Sprech- und Schreibweisen:

	Sprechweise	Schreibweise
–5 ist eine ganze Zahl.	„–5 **ist Element** von $\mathbb{Z}$."	$-5 \in \mathbb{Z}$
–5 ist keine natürliche Zahl.	„–5 **ist kein Element** von $\mathbb{N}$."	$-5 \notin \mathbb{N}$

Beim Lösen von Gleichungen sind manchmal nur bestimmte Zahlen zulässig: Man fasst sie in der **Grundmenge $\mathbb{G}$** zusammen. In ihr sind alle diejenigen Zahlen enthalten, aus der alle **Ergebnisse** einer Gleichung **stammen dürfen**.
Alle **Zahlen aus der Grundmenge**, die eine Gleichung lösen, bezeichnet man als **Lösungsmenge $\mathbb{L}$**. Man zählt alle Lösungen in der Lösungsmenge auf.
Es gibt drei Möglichkeiten:

- Es gibt keine Lösung in der Grundmenge $\mathbb{G}$. Die Lösungsmenge ist leer: $\mathbb{L} = \{\ \}$
- Man findet Lösungen in der Grundmenge $\mathbb{G}$, z. B. x = –2 und x = 2. $\mathbb{L} = \{-2; 2\}$
- Alle Zahlen der Grundmenge $\mathbb{G}$ lösen die Gleichung. $\mathbb{L} = \mathbb{Q}$, wenn $\mathbb{G} = \mathbb{Q}$

BEISPIEL

I Gib die Grundmenge und die Lösungsmenge der Gleichung an.
a) Welche rationale Zahl löst die Gleichung $4x - 2 = 0$?
b) Welche natürliche Zahl löst die Gleichung $5 + 3y = -1$?
c) Welche ganze Zahl löst die Gleichung $2 + 5z - 2 = 5z$?

Lösung:

Schrittfolge	a)	b)	c)
1 $\mathbb{G}$ festlegen	$\mathbb{G} = \mathbb{Q}$	$\mathbb{G} = \mathbb{N}$	$\mathbb{G} = \mathbb{Z}$
2 Gleichung lösen	$4x - 2 = 0$; $x = 0{,}5$	$5 + 3y = -1$; $y = -2$	$2 + 5z - 2 = 5z$; $5z = 5z$
3 Prüfen, ob Lösungen aus $\mathbb{G}$	$0{,}5 \in \mathbb{Q}$	$-2 \notin \mathbb{N}$	Jede ganze Zahl ist Lösung.
4 $\mathbb{L}$ bestimmen	$\mathbb{L} = \{0{,}5\}$	$\mathbb{L} = \{\ \}$	$\mathbb{L} = \mathbb{Z}$

VERSTÄNDNIS

- Welcher Unterschied besteht zwischen $\mathbb{L} = \{\ \}$ und $\mathbb{L} = \{0\}$?
- Kann die Grundmenge einer Gleichung aus mehr Zahlen bestehen als die Lösungsmenge? Begründe. Gilt auch die Umkehrung?

Kapitel 7

Aufgaben

1 Bestimme die Lösungen auf verschiedene Arten und gib die Lösungsmenge an.
a) $15 + 3x = -12$; $\mathbb{G} = \mathbb{Z}$
b) $3 + 5 = 4a - 2$; $\mathbb{G} = \mathbb{Z}$
c) $-3y = -21$; $\mathbb{G} = \mathbb{N}$
d) $4s + 17 = -8$; $\mathbb{G} = \mathbb{Q}$
e) $17x - 3 = 9x - 3 + 8x$; $\mathbb{G} = \mathbb{Q}$
f) $-8x + 5 = -25$; $\mathbb{G} = \mathbb{Z}$
g) $-12,5 + 4t = 7,5 - t$; $\mathbb{G} = \mathbb{N}$
h) $\frac{3}{4}q + 7 = 7$; $\mathbb{G} = \mathbb{N}$

Lösungen zu 1:
$\mathbb{L} = \{\ \}$; $\mathbb{L} = \{\ \}$; $\mathbb{L} = \{-9\}$;
$\mathbb{L} = \{-6\frac{1}{4}\}$; $\mathbb{L} = \{0\}$;
$\mathbb{L} = \{4\}$; $\mathbb{L} = \{7\}$; $\mathbb{L} = \mathbb{Q}$

2 Bestimme die Lösungsmenge für $\mathbb{G} = \mathbb{N}$.
a) $3x + 8 = -12$
b) $11c + 4 = c - 6 + 8c$
c) $-2 + 5 = 2a - 6$
d) $4s + 34 = -48 - s$
e) $3y = 11$
f) $-12a + 3 = 3a - 2 - 15a$

Du kannst auch ein Tabellenprogramm nutzen.

3 Für welche Grundmengen ist die Gleichung lösbar, für welche nicht?
a) $5r - 2 = -26 - r$
b) $4 - 3b = 2 + b - 4b + 2$
c) $1,5x + 6 = 0$

4

1 Die Klasse 7a macht einen Ausflug in die Kubacher Kristallhöhle. Der Ausflug kostet mit Eintritt und Busfahrt insgesamt 200 € für die Klasse. In der Klasse werden 6,25 € von jedem Schüler eingesammelt. Wie viele Schüler sind in der Klasse?	2 Die 26 Schüler der Klasse 7b machen ebenfalls einen Ausflug. Der Lehrer spendiert jedem Schüler in einer Eisdiele eine Kugel Eis. Außerdem trinken seine Kollegin und er je eine Tasse Kaffee für 2,70 €. Insgesamt müssen 28,80 € bezahlt werden. Wie viel kostet eine Kugel Eis?

a) Gib die Grundmenge an, in der die Aufgaben sinnvoll gelöst werden können.
b) Bestimme die Lösungsmenge der Gleichung.

5 Gib fünf Zahlenpaare an, die die Gleichung lösen. Es gilt $\mathbb{G} = \mathbb{Z}$.
a) $13 = 2x + y$
b) $4a - 3 = 25b + 7 - a$
c) $\frac{1}{3}r + 2s = -5$

6 Werden zwei Terme nicht mit einem Gleichheitszeichen, sondern mit einem der Ungleichheitszeichen $<$, $>$, $\leq$ oder $\geq$ verbunden, so spricht man von einer Ungleichung. Die Lösungsmenge kann in aufzählender Form angegeben werden.
Löse ebenso für $\mathbb{G} = \mathbb{Z}$.

Beispiel: $\mathbb{G} = \mathbb{Z}$
$3 + 2x < -10$
$2x < -13$
$x < -6,5$
$\mathbb{L} = \{\ldots; -10; -9; -8; -7\}$

Du kannst auch ein Tabellenprogramm nutzen.

a) $a + 3 \geq -12$
b) $-17 < -4c - + 3$
c) $-6,5 \leq -2t + 3,4$
d) $6 - 5s \leq 12 + s$
e) $5y > 128 + 5y$
f) $-7x + 34 \geq 3x$

7 Bei einem Schultheater entstehen Unkosten in Höhe von 340 €. Diese sollen durch Eintrittspreise in Höhe von 1,50 € gedeckt werden. Zusätzlich spendet der Förderverein der Schule 125 €.
a) Wie viele Besucher müssen mindestens kommen, damit kein Verlust entsteht? Stelle eine Ungleichung auf und löse sie. Bestimme eine sinnvolle Grundmenge.
b) Stelle einen Term auf, mit dem man für jede Besucherzahl die gesamten Einnahmen bestimmen kann.
c) Die Heizkosten für die Veranstaltung sind höher als erwartet. Es müssen 35 € mehr bezahlt werden. Wie hoch muss der Eintritt mindestens sein, wenn mit 150 Besuchern gerechnet wird und kein Verlust entstehen soll? Stelle eine Ungleichung auf und löse sie. Wie lautet eine sinnvolle Grundmenge?

7.7 Gleichungen umformen

Gleichungen einmal anders: In jedem Becher der Beispiele ① bis ④ sind jeweils gleich viele Würfel. Ebenso ist die Gesamtanzahl der Würfel auf jeder Seite gleich. Wie viele Würfel sind in einem Becher?

Achte darauf, dass die Gleichheit auf beiden Seiten stets erhalten bleibt.

- Bestimme die Anzahl der Würfel, indem du anschaulich beschreibst, wie du durch Wegnehmen, Hinzufügen und Teilen schrittweise die Anzahl der Würfel in einem Becher bestimmen kannst.
- Skizziere deine Denkschritte in deinem Heft.
- Stelle jeweils eine Gleichung auf, mit deren Hilfe man die Anzahl der Würfel in einem Becher bestimmen kann. Wie lautet die Grundmenge?
- Forme die Gleichungen mithilfe deiner Denkschritte zuvor um. Beschreibe dein Vorgehen.

MERKWISSEN

Wenn die Variable auf einer Seite der Gleichung alleine steht, sagt man auch: sie ist isoliert. Die Lösungen kann man dann direkt ablesen.

Oft ist es möglich, eine **Gleichung schrittweise** so zu **vereinfachen**, dass die Variable auf einer Seite der Gleichung alleine steht. Dabei darf sich die **Lösungsmenge** der Gleichung **nicht ändern**.
Die einzelnen Schritte, die man dabei durchführt, nennt man **Äquivalenzumformungen**, weil bei jedem Schritt die entstandenen Gleichungen gleichwertig zueinander sind.
Die Lösungsmenge ändert sich bei den folgenden Umformungen nicht.

	Äquivalenzumformung	Beispiel
①	Man **addiert** auf beiden Seiten der Gleichung die **gleiche Zahl** oder den **gleichen Term**.	$+4 \begin{pmatrix} x - 4 = 1 \\ x = 5 \end{pmatrix} +4$ $\mathbb{L} = \{5\}$ $\mathbb{L} = \{5\}$
②	Man **subtrahiert** auf beiden Seiten der Gleichung die **gleiche Zahl** oder den **gleichen Term**.	$-6 \begin{pmatrix} x + 6 = 2 \\ x = -4 \end{pmatrix} -6$ $\mathbb{L} = \{-4\}$ $\mathbb{L} = \{-4\}$
③	Man **multipliziert** auf beiden Seiten der Gleichung die **gleiche Zahl** (die nicht null sein darf).	$\cdot 5 \begin{pmatrix} \frac{1}{5}x = 2 \\ x = 10 \end{pmatrix} \cdot 5$ $\mathbb{L} = \{10\}$ $\mathbb{L} = \{10\}$
④	Man **dividiert** auf beiden Seiten der Gleichung durch die **gleiche Zahl** (die nicht null sein darf).	$:4 \begin{pmatrix} 4x = 22 \\ x = 5{,}5 \end{pmatrix} :4$ $\mathbb{L} = \{5{,}5\}$ $\mathbb{L} = \{5{,}5\}$

BEISPIEL

Führe jede Umformung immer auf beiden Seiten durch.

I Löse die Gleichungen mithilfe von Äquivalenzumformungen für $\mathbb{G} = \mathbb{Q}$.

a) $4x + 7 = 31$ \qquad b) $\frac{1}{4}y - 6 = 2$ \qquad c) $5x + 10 = 2x - 2$

Lösung:

a)
$-7 \begin{pmatrix} 4x + 7 = 31 \\ 4x = 24 \\ x = 6 \end{pmatrix} \begin{matrix} -7 \\ :4 \end{matrix}$
$\mathbb{L} = \{6\}$

b)
$+6 \begin{pmatrix} \frac{1}{4}y - 6 = 2 \\ \frac{1}{4}y = 8 \\ y = 32 \end{pmatrix} \begin{matrix} +6 \\ \cdot 4 \end{matrix}$
$\mathbb{L} = \{32\}$

c)
$-10 \begin{pmatrix} 5x + 10 = 2x - 2 \\ 5x = 2x - 12 \\ 3x = -12 \\ x = -4 \end{pmatrix} \begin{matrix} -10 \\ -2x \\ :3 \end{matrix}$
$\mathbb{L} = \{-4\}$

Kapitel 7

VERSTÄNDNIS

- Wieso müssen Äquivalenzumformungen auf beiden Seiten der Gleichung durchgeführt werden? Vergleiche die Umformung anschaulich an einer Waage.
- Division und Multiplikation mit null sind keine Äquivalenzumformungen. Warum nicht? Suche einfache Beispiele und begründe.

AUFGABEN

1 Bei der Abbildung ist die Waage jeweils im Gleichgewicht. Beschreibe jedes Bild durch eine Gleichung und beschreibe die durchgeführten Äquivalenzumformungen von ① nach ③.

a) [Waagen-Abbildung]

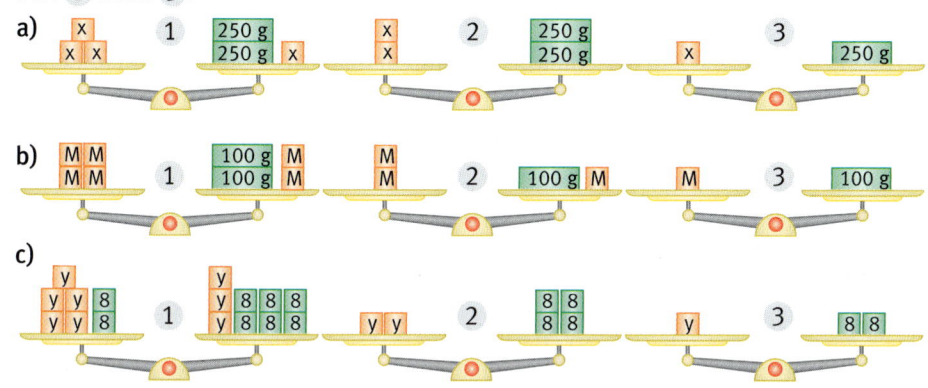

b) [Waagen-Abbildung]

c) [Waagen-Abbildung]

2 Stelle wie in der Einführung eine Gleichung auf und löse. Bestimme die Grundmenge.

a) [Abbildung] $x = 4$

b) [Abbildung] $x = 4$

c) [Abbildung] $x = 1$

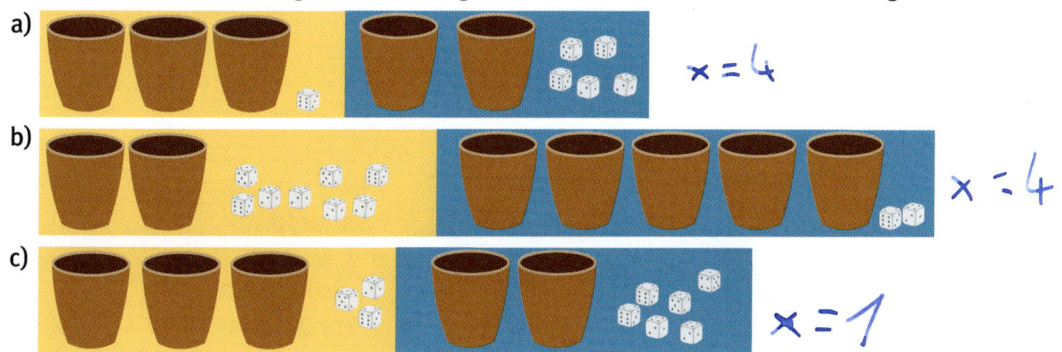

3 Löse die Gleichung wie in Beispiel I für $\mathbb{G} = \mathbb{Q}$.

a) $5x = 45$ b) $x - 2 = 8$ c) $8x + 4 = 20$ d) $7 - x = 5$
e) $7x = 7$ f) $123x = 0$ g) $13 - 2x = -1$ h) $3 + 4x + 5 = 7$
i) $17 - a = 8{,}5$ j) $8 + 2x = -52$ k) $\frac{1}{3}c + 3 = 0$ l) $4f + 2 = 2 + 4f$
m) $2m + 7 = m$ n) $18 - 2s = 3s$ o) $4t - 120 = 4t$ p) $4 - 8p = 2p - 8$

Lösungen zu 3:
$\mathbb{L} = \{-30\}$; $\mathbb{L} = \{-9\}$;
$\mathbb{L} = \{-7\}$; $\mathbb{L} = \{-\frac{1}{4}\}$;
$\mathbb{L} = \{0\}$; $\mathbb{L} = \{1\}$; $\mathbb{L} = \{1,2\}$;
$\mathbb{L} = \{2\}$; $\mathbb{L} = \{2\}$; $\mathbb{L} = \{3,6\}$;
$\mathbb{L} = \{7\}$; $\mathbb{L} = \{8,5\}$; $\mathbb{L} = \{9\}$;
$\mathbb{L} = \{10\}$; $\mathbb{L} = \{\}$; $\mathbb{L} = \mathbb{Q}$

4 Stelle eine passende Gleichung auf und löse sie. Bestimme die Grundmenge.
a) Die Summe aus einer rationalen Zahl und 3 ergibt 14.
b) Das Produkt einer natürlichen Zahl mit 6 ergibt 18.
c) Die Differenz aus dem Dreifachen einer ganzen Zahl und 12 ergibt 36.
d) Ein Viertel einer natürlichen Zahl addiert man zu 3 und erhält 5.
e) Man dividiert eine ganze Zahl durch 8 und erhält 8.

7.7 Gleichungen umformen

5 Formuliere die Gleichung in Worten. Bestimme die Lösungsmenge in $\mathbb{G} = \mathbb{Z}$.

a) $5x + 8 = 13$ b) $210 - y = 158$ c) $12 - z : 2 = 3$
d) $-a + 3 = 7$ e) $4b + 5 = 5$ f) $t - 7 = 128$

6 Welche Äquivalenzumformungen wurden gemacht? Übertrage in dein Heft und ergänze die Umformungsschritte ($\mathbb{G} = \mathbb{Q}$).

a) $8 + 3x = x + 7$
$3x = x - 1$
$2x = -1$
$x = -\frac{1}{2}$

b) $\frac{2}{3}a + 2 = 4$
$\frac{2}{3}a = 2$
$a = 3$

c) $2{,}6s - 9{,}2 = 0{,}4s + 18{,}3$
$2{,}6s = 0{,}4s + 27{,}5$
$2{,}2s = 27{,}5$
$s = 12{,}5$

7 Cedric möchte sich ein Modellflugzeug kaufen. Seine Wahl fällt auf ein Modell für 34 €. Er hat bereits 10 € gespart. Wie lange muss er sparen, wenn er für seinen Wunsch jede Woche weitere 3 € zurücklegt?
Stelle eine Gleichung auf und löse sie. Bestimme die Grundmenge.

8 Löse die Aufgaben, indem du jeweils eine Gleichung aufstellst. Bestimme $\mathbb{G}$.

a) Betül ist jetzt dreimal so alt wie ihr Bruder Kemal in zwei Jahren sein wird. Kemal ist jetzt drei Jahre alt. Bestimme das Alter von beiden.

b) In drei Jahren ist Martin doppelt so alt wie seine Schwester. Sie sind dann zusammen 24 Jahre alt. Bestimme Martins Alter und das seiner Schwester.

c) Opa Hermann hatte vor zwei Jahren seinen 85. Geburtstag. Heute ist er dreimal so alt wie sein jüngster Neffe. Wie alt ist der Neffe?

9 Beim Umformen von Gleichungen lassen sich die bisherigen Schritte in einen übersichtlichen Ablauf bringen.

1. **Terme** auf jeder Seite vereinfachen.
2. Durch Addition und Subtraktion alle **Variablen auf eine Seite** der Gleichung bringen, alle **Zahlen** ohne Variable **auf die andere**. Dabei die Terme auf jeder Seite jeweils vereinfachen.
3. Durch Multiplikation und Division den **Faktor vor der Variablen zur 1** machen.
4. **Lösungsmenge** bestimmen.
5. Zur **Probe** die Lösung in die Ausgangsgleichung einsetzen.

$8x + 2 \cdot (3 - x) = 7 - 3x - 19$ $\mathbb{G} = \mathbb{Z}$
1   $8x + 6 - 2x = -3x - 12$
1   $6x + 6 = -3x - 12$ $|-6$
2   $6x = -3x - 18$ $|+3x$
2   $9x = -18$ $|:9$
3   $x = -2$
4   $-2 \in \mathbb{Z}$, also $\mathbb{L} = \{-2\}$
5   Probe: $8 \cdot (-2) + 2 \cdot [3 - (-2)] = 7 - 3 \cdot (-2) - 19$
     $-16 + 2 \cdot 5 = 7 + 6 - 19$
     $-6 = -6$

Löse ebenso in der Grundmenge $\mathbb{G} = \mathbb{Z}$.

a) $2 \cdot (a + 1) = a + 3 \cdot (a - 5)$ b) $2 \cdot (b - 3) - (b + 1) = 8$
c) $c = 8 + (3 - c)$ d) $(3d - 6) : 3 = 13 - (d + 1)$
e) $\frac{1}{2} \cdot (6e - 7) = 12$ f) $-0{,}2(8f + 7) = 8 - (0{,}6f - 0{,}6)$
g) $3g - 7 = g - 1 + 2 \cdot (g + 4)$ h) $-8{,}5 + 3h + 2{,}4 = 3 \cdot (2 + h) - 5$

10 In die Hausaufgabe haben sich Fehler eingeschlichen. Finde und verbessere sie.

a)
$:5 \begin{pmatrix} 5x + 15 = 85 \\ x + 15 = 17 \\ x = 2 \end{pmatrix} :5$
$-15   -15$

b)
$-36 \begin{pmatrix} 36 - 2x = 8 \\ 2x = -28 \\ x = -14 \end{pmatrix} -36$
$:2   :2$

c)
$-15\tfrac{1}{2} \begin{pmatrix} 15\tfrac{3}{4} - \tfrac{1}{4}x = -38\tfrac{3}{4} \\ x = -54\tfrac{1}{4} \end{pmatrix} -15\tfrac{1}{2}$

11 Bestimme die Lösungsmenge ($\mathbb{G} = \mathbb{Q}$).

a) $2n + 4 + 3n = 14$
b) $5 - 2x + 10 = 7$
c) $3r = 12 - r + 8$
d) $23 + r - 23 = 17$
e) $5x + 3 = 12 + 6$
f) $\tfrac{1}{2}y + 2 + \tfrac{1}{2}y = 4$
g) $5 \cdot (x - 2) = 8$
h) $-(17 + x) = -(17 - x)$
i) $3 = \tfrac{1}{3} \cdot (6y - 3)$
j) $y - 2 \cdot (y - 1) = -y$
k) $y + 7 = (y + 3) : 2$
l) $2x + 3 - 4x = 7 - 3x + 8$
m) $8 + 2z + 0{,}5 = z + 18{,}5 - 5z$
n) $-3 \cdot \left(\tfrac{1}{2}k - 7\right) + 6 = 2\tfrac{3}{10}k - (5\tfrac{3}{10} - k)$

Lösungen zu 11:
$\mathbb{L} = \{-11\}$; $\mathbb{L} = \{0\}$; $\mathbb{L} = \{\tfrac{5}{3}\}$;
$\mathbb{L} = \{2\}$; $\mathbb{L} = \{2\}$; $\mathbb{L} = \{2\}$;
$\mathbb{L} = \{3\}$; $\mathbb{L} = \{3{,}6\}$; $\mathbb{L} = \{4\}$;
$\mathbb{L} = \{6\tfrac{35}{48}\}$; $\mathbb{L} = \{5\}$;
$\mathbb{L} = \{12\}$; $\mathbb{L} = \{17\}$; $\mathbb{L} = \{\}$

12 Nicole hat in der Hausaufgabe Gleichungen gelöst. Überprüfe Nicoles Arbeit und gib die Umformungen an, die Nicole gemacht hat. Notiere jeweils einen Tipp für Nicole, wie sie gemachte Fehler vermeiden kann.

a)
$13 + 0{,}8y = -\tfrac{2}{5}y - 4$
$0{,}8y = -\tfrac{2}{5}y - 9$
$0{,}8y + \tfrac{2}{5}y = -9$
$0{,}8y + 0{,}2y = -9$
$y = -9$

b)
$(x + 4) \cdot 2 = \tfrac{1}{3}x - 2$
$x + 8 = \tfrac{1}{3}x - 2$
$x = \tfrac{1}{3}x - 10$
$\tfrac{2}{3}x = -10$
$x = -\tfrac{20}{3}$

13 Bestimme die Lösungsmenge für $\mathbb{G} = \mathbb{Q}$.

a) $2x + (x + 9) \cdot 2 = 2 \cdot (x + 1)$
b) $19 - y = 4 \cdot (y - 1) - y$
c) $-(x + 1) + 4 = (x - 5) : 2$
d) $\tfrac{2}{5} \cdot (5z - 7) = 8 - \left(\tfrac{3}{5}z - \tfrac{2}{5}\right)$
e) $-4 + 5x = x - 1 + 4 \cdot (x + 1)$
f) $3 \cdot (2 - y) + 0{,}6 = 0{,}3y$

14 a) Das 8-Fache der Summe einer rationalen Zahl und 3 ist genauso groß wie die Differenz aus dem Doppelten der Zahl und 6 dividiert durch 3. Wie heißt die Zahl?

b) Verdreifache die Summe aus einer ganzen Zahl und 2. Subtrahiere anschließend 9 und dividiere das Ergebnis durch 3. Du erhältst eine Zahl, die um 1 kleiner ist als die ursprüngliche Zahl.

① Überprüfe die Richtigkeit des Sachverhalts an Zahlbeispielen.

② Stelle eine passende Gleichung auf und vereinfache sie so weit wie möglich.

15 Eine Uhr geht jeden Tag 0,5 s nach. Wie lange dauert es, bis die Uhr wieder die richtige Zeit anzeigt, wenn man sie nicht verstellt?

16 Der Flächeninhalt A eines Rechtecks und die Länge der Seite a sind bekannt. Stelle die Formel für den Flächeninhalt $A = a \cdot b$ so um, dass du die Länge der Seite b sofort berechnen kannst.

17 a) Erfinde durch Äquivalenzumformung eine „schwierige" Gleichung.
Beispiel: $x = -2 \longrightarrow 2x = -4 \longrightarrow 2x - 5x = -4 - 5x \longrightarrow -3x = -4 - 5x \longrightarrow \ldots$

① $a = 3$ ② $b = -6$ ③ $c = 0{,}8$ ④ $d = -\tfrac{3}{8}$ ⑤ $e = -4{,}7$

b) Erfinde auf ähnliche Weise wie in a) eigene Gleichungen und lasse sie von einem Partner lösen, während du seine Gleichungen löst.

7.8 Sachaufgaben lösen

Münze	h	d	m
50 ct	2,38 mm	24,25 mm	7,80 g
1 €	2,33 mm	23,25 mm	7,50 g
2 €	2,20 mm	25,75 mm	8,50 g

h: Höhe; d: Durchmesser; m: Masse

Die Tabelle zeigt die Maße einiger Euromünzen. Stelle jeweils heraus, welche Informationen du benötigst und formuliere die Frage in eigenen Worten, bevor du sie bearbeitest.

- Vergleiche die Maße der einzelnen Münzen miteinander als Anteil und in Prozent.
- Stelle für jede Münzart einen Term auf, der das Gewicht in Abhängigkeit von der Anzahl der Münzen angibt.
- Aus jeder Münzart kann man Türme bauen. Vergleiche immer zwei Münztürme miteinander. Wie viele Münzen musst du jeweils legen, damit die Türme gleich hoch sind?

Du kennst bereits das Frage-Rechnung-Antwort-Schema.

MERKWISSEN

Um **Sachaufgaben** mit vielen Informationen zu bearbeiten, liest man sich den **Text aufmerksam** durch und führt die bekannten **Schritte** durch:
1. Was ist **gegeben**? Stelle die notwendigen Informationen übersichtlich dar.
2. Was ist **gesucht**? Formuliere selbst eine sinnvolle **Frage (F)**.
3. Stelle die **Rechnung (R)** übersichtlich dar. Verwende eine Skizze zur Veranschaulichung und nutze Tabellen, Graphen, **Terme und Gleichungen**.
4. Prüfe, ob deine Frage beantwortet wurde und formuliere eine **Antwort (A)**.

BEISPIEL

Um bei Rechnungen den Überblick zu behalten, kann es sinnvoll sein, kurz zu notieren, was man berechnet.

I Die Einfahrt und die Parkflächen von Familie Astor werden mit Rasengittersteinen ausgelegt. Die rechteckige Einfahrt ist 3 m breit und 8 m lang. Die beiden Parkplätze sind zusammen 30 m² groß. Ein Rasengitterstein deckt eine Fläche von 0,24 m² ab. Wie viele Steine sind mindestens notwendig?

Lösung:
Gegeben: Einfahrtsbreite: 3 m; Einfahrtslänge: 8 m
$A_{Parkplätze} = 30$ m²; $A_{Stein} = 0,24$ m²

Gesucht: Anzahl der Steine   **F**: Wie viele Steine werden benötigt?
R: Fläche bestimmen: $A_{Gesamt} = 8$ m · 3 m + 30 m² = 54 m²
Anzahl der Steine: 54 m² : 0,24 m² = 225
A: Es werden mindestens 225 Rasengittersteine benötigt.

II Wenn Larissa noch vier Lieder mehr auf ihrem MP3-Player hätte, dann hätte Sanabell doppelt so viele Lieder wie Larissa. Beide zusammen jedoch hätten dann doppelt so viele Lieder wie Hasan, der 66 Lieder aufgespielt hat. Wie viele Lieder hat Larissa auf ihrem MP3-Player?

Lösung:
Gegeben: Hasans Lieder: 66; Sanabells Lieder: 2 · (Anzahl Larissa + 4)
Gesucht: Anzahl Larissas Lieder: x   oder   **F**: Wie viele Lieder hat Larissa?
R: Gleichung aufstellen:
Larissas Lieder + 4 + Sanabells Lieder = 2 · Hasans Lieder
   x   + 4 +   2 · (x + 4)   =   132
Gleichung lösen: x + 4 + 2x + 8 = 132
                              3x + 12 = 132 | −12
                              3x = 120 | :3
                              x = 40

A: Larissa hat 40 Lieder auf ihrem MP3-Player.

KAPITEL 7

VERSTÄNDNIS

■ Tobi sagt: „Eine Skizze anzufertigen ist Zeitverschwendung. Es stehen doch alle Werte, die ich brauche, in der Aufgabe." Was meinst du dazu?

AUFGABEN

1. Ein Kostümhändler verkauft insgesamt 147 Faschingskostüme für insgesamt 3647 €. Es sind 31 Piratenkostüme zu je 37 € und 76 Cowboy-Kostüme zu je 25 €. Die übrigen Kostüme sind Prinzessinnenkostüme. Bestimme deren Anzahl.

2. Hier siehst du eine Temperaturtabelle zur Umrechnung von Grad Celsius in Fahrenheit, einer Einheit, die beispielsweise in den USA gebräuchlich ist.

Temperatur in °C	−20	−10	−5	12	13	15	18	25	36
Temperatur in °F	−4	14	☐	53,6	55,4	☐	☐	77	☐

a) Stelle den Sachverhalt anhand der bekannten Wertepaare grafisch dar. Bestimme mithilfe des Graphen die fehlenden Worte.

b) Bei wie viel Grad Fahrenheit gefriert (kocht) Wasser? Bestimme möglichst genau.

c) In einem Reiseführer steht: „Bei der Umrechnung von Celsius in Fahrenheit multipliziert man den Celsius-Wert mit $\frac{9}{5}$ und addiert anschließend 32."
   1. Beschreibe die Umrechnung durch einen Term.
   2. Überprüfe den Term an der obigen Tabelle.

d) Eine weitere Temperatureinheit liefert die Kelvinskala. Für die Umrechnung von Celsius in Kelvin gilt: $T_K = T_C + 273{,}15$. Rechne die Celsiuswerte in Kelvin um. Du kannst auch ein Tabellenprogramm nutzen.

3. Ein rechteckiger Garten wird an drei Seiten eingezäunt. Die Seite, die zur Straße zeigt, ist 23 m lang und wird von einer 80 cm hohen Mauer begrenzt. Insgesamt kostet der Zaun 2468,40 €, dabei wird die Anlieferung pauschal mit 150 € berechnet sowie der Meterpreis des Zaunes mit 20,70 € in Rechnung gestellt. Bestimme die Breite des Grundstücks.

4. In wie vielen Jahren können fünf Geschwister (Anna ist 17, Thomas 16, Verena 15, Laurenz 14 und die kleine Marie 3 Jahre alt) insgesamt 200 Lebensjahre feiern?

5. Florian hat aus der Klassenkasse 35 € bekommen, um Getränke für eine Klassenfeier zu kaufen. Eine Flasche Cola kostet 29 ct, eine Flasche Limonade ist 7 ct billiger. Wie viel kostet eine Flasche Mineralwasser, wenn Florian ohne Pfand für das gesamte Geld 60 Flaschen Cola, 45 Flaschen Limonade und 35 Flaschen Mineralwasser bekommt?

6. Um einen Swimmingpool zu füllen, braucht Herrn Suglus Wasserpumpe 60 min. Die stärkere Pumpe von Nachbar Schmitz benötigt nur 48 min. Wie lange dauert es, bis der Pool voll ist, wenn beide Pumpen zusammen laufen?

KNOBELN

Zahlenknobeleien

Knobeleien sind seit Jahrtausenden ein wichtiger Bestandteil mathematischen Denkens. Bestimme jeweils die gesuchte rationale Zahl.

- Wenn ich zur Hälfte der gesuchten Zahl 3 hinzuzähle, erhalte ich dasselbe, wie wenn ich vom Dreifachen der Zahl 7 abziehe.
- Die Summe der gesuchten Zahl und 13 ergibt das Dreifache der Zahl −5.
- Die Quersumme einer zweistelligen Zahl ist 15. Vertauscht man ihre beiden Ziffern, so beträgt die Differenz beider Zahlen 27.
- Die Differenz zweier Zahlen ist 12. Subtrahierst du vom Achtfachen der kleineren Zahl die Hälfte der größeren, erhältst du 9.

Finde weitere solcher Knobelaufgaben und stelle sie deinen Mitschülern.

7.9 Vermischte Aufgaben

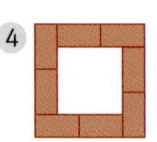

1 ① L ② O ③ G ④ O

a) Stelle einen Term für den Umfang der Buchstabenfiguren auf, wenn die Länge eines Rechtecks mit a und die Breite mit b bezeichnet wird.

b) Berechne mithilfe der Terme aus a) den Umfang der Figuren für a = 7,5 cm und b = 4,3 cm (a = 0,9 dm und b = 2,3 cm).

2 Für Streichholzfiguren stehen lange Hölzer (l) und kurze (k) zur Verfügung.

a) Stelle einen Term auf für die Gesamtlänge der verwendeten Streichhölzer.

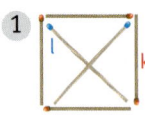

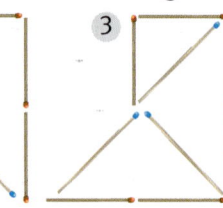

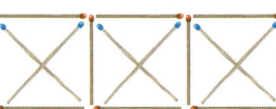

b) Zeichne mögliche Streichholzfiguren zu den angegebenen Termen.

① $5k + 2l$ ② $4l + 7k$ ③ $3k + 6l$ ④ $6k + 0l$ ⑤ $5k + \frac{3}{2}l$

Lösungen zu 3:
–851,2; –448; –46,55;
–30,1; –24,5; –16,76;
–15,7; –7,4; –1,85; –0,5;
1,6875; 2,8125; 3,28; 3,5;
5,625; 7,1; 8,54; 16; 20,3;
20,4; 24; 33; 37,24; 560

3 Berechne die folgenden Terme, indem du die Variable durch 5 (–4; –7,6) ersetzt.

a) $a + 7 \cdot 4$ b) $112 \cdot b$ c) $186,2 : c$ d) $(13 + d) : 3,2$

e) $4 \cdot e + \frac{3}{10}$ f) $5f + 3 - 2,4 \cdot f$ g) $(11,4 + g) : g$ h) $5,5 - \frac{2}{5}h$

4 Welche Terme führen stets zum selben Ergebnis?

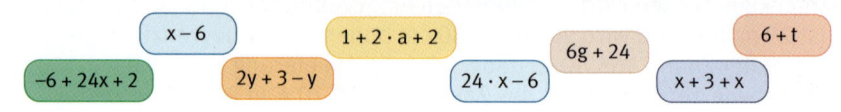

x – 6   1 + 2 · a + 2   6g + 24   6 + t
–6 + 24x + 2   2y + 3 – y   24 · x – 6   x + 3 + x

5 Vereinfache die Terme so weit wie möglich.

a) $51b + 2 + 44b$ b) $3y - 8y$ c) $97t - 12t + 4t$

d) $8x + 3 - 2x - 5$ e) $-y + 13x - 12 + 7y$ f) $1 + y - 9 + 2x$

g) $7,2x + 6y + 2,3x$ h) $54y - 156 - 25y - 2$ i) $8 \cdot 17q$

j) $169b : 13$ k) $7x \cdot 5 \cdot 8x$ l) $18r : 6 \cdot 1,5r$

m) $p \cdot r \cdot 12q \cdot 4w : 6 : w$ n) $18xy \cdot 2x \cdot y \cdot x : 3$ o) $24x^2 \cdot \frac{2}{5}x^2 \cdot 5x^2$

p) $12r - 5m + 7x - 4 + 7m - 14r - 6$ q) $\frac{1}{3}m + 4n - 7o + 2p + \frac{4}{3}m + 6o + 5n$

6 Löse die Klammern auf und vereinfache so weit wie möglich.

a) $(a + b) - 128$ b) $(3f - 12g) \cdot (-1)$ c) $x \cdot (76y + 1212z)$ d) $-14 - (y + 8)$

e) $0,25 \cdot (4 - 36t)$ f) $(128 + 2x) : 16$ g) $3x + (2y + (-3x))$ h) $\frac{4}{17} \cdot (153x + 85)$

7 Lege aus den Karten einen Term, der für x = 4 (–10; $\frac{1}{2}$; 0) einen möglichst großen Wert ergibt.

3   +   (·   x   4   )   –   ·
                      x   2

KAPITEL 7

8 Vervollständige die Lücke.
   a) $4l \cdot \square \cdot 3n = 12lmno$
   b) $4ab + 3a \square - 2ac + \square = 7ab + 8ac$
   c) $x \cdot 189y \cdot z \cdot \square = 17x^2yz^3$
   d) $15t \cdot 5r : 3 \cdot (-2s) : \square = -5rst$
   e) $s \cdot 0{,}7st \cdot \square \cdot 2{,}1s^2t^2u$
   f) $7k \cdot \frac{1}{2}lt \cdot (-4k) : \square = -70lt$

9 Stelle einen Term auf und vereinfache.
   a) Multipliziere die Differenz aus 72 und 21c mit 3x.
   b) Addiere zur Differenz aus 12x und 8y die Zahl 5.
   c) Subtrahiere die Summe aus 8r und 2s von 7t.
   d) Dividiere die Summe aus 176e und 64c durch 8.

10 Bestimme die Lösungsmenge in der angegebenen Grundmenge.
   a) $17 - 6 = 2x + 8$; $\mathbb{G} = \mathbb{Q}$
   b) $7s + 3 = 0$; $\mathbb{G} = \mathbb{Q}$
   c) $6y = y - 50$; $\mathbb{G} = \mathbb{Z}$
   d) $31 + 2x = 9$; $\mathbb{G} = \mathbb{Z}$
   e) $25 + 4t = -12 + 4t$; $\mathbb{G} = \mathbb{Q}$
   f) $5p + 6 = 6$; $\mathbb{G} = \mathbb{N}$
   g) $36 + 8x = -17$; $\mathbb{G} = \mathbb{Q}$
   h) $23y + 9 = y - 7 + 6y$; $\mathbb{G} = \mathbb{Q}$

Lösungen zu 10:
In der Reihenfolge der Aufgaben ergeben die Lösungen ein englisches Wort. Was bedeutet es auf deutsch?
c: $\mathbb{L} = \{-11\}$; a: $\mathbb{L} = \{-10\}$;
t: $\mathbb{L} = \{-6\frac{5}{8}\}$; s: $\mathbb{L} = \{-1\}$;
r: $\mathbb{L} = \{-\frac{3}{7}\}$; e: $\mathbb{L} = \{0\}$;
b: $\mathbb{L} = \{1{,}5\}$; k: $\mathbb{L} = \{\;\}$

11 Stelle eine Gleichung auf und löse ($\mathbb{G} = \mathbb{Q}$).
   a) (Schnecke: $+a$, $\cdot 2$, -7, $+4$, $= -12$)
   b) (Schnecke: $+3$, $\cdot(-2{,}5)$, $\cdot 4$, -8, $= -94$)
   c) (Schnecke: $+2{,}5c$, $\cdot\frac{1}{4}$, $\cdot 10$, $-\frac{4}{5}$, $= -6$)

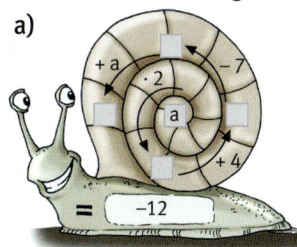

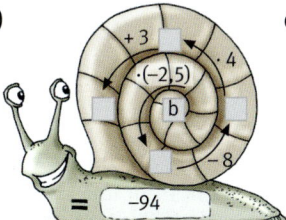

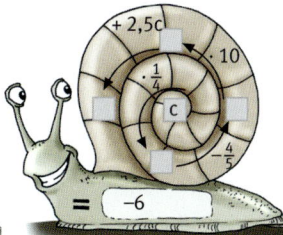

12 Für welche Grundmengen ist die Gleichung lösbar, für welche nicht?
   a) $40y - 22 = -128 - 10y$
   b) $5 - 2a = 8 + a - 3a + 3$
   c) $2{,}5x + 17{,}5 = 0$

13 Bestimme die Lösungsmenge in $\mathbb{G} = \mathbb{Q}$.
   a) $19 - x = 5(x - 4) - x$
   b) $7y + (y + 6) \cdot 3 = 2\left(\frac{1}{2}y + 1\right)$
   c) $(2z - 3) = 7 - \left(\frac{1}{2}z - \frac{1}{2}\right)$
   d) $2q + 4 = 0{,}3q - 1\frac{2}{5}$

14 Wenn man jede Seite eines Schachbretts (ohne Rand) um 1 cm in beide Richtungen verlängert, erhält man einen Umfang von 120 cm. Wie lang ist ein Feld auf dem Schachbrett ursprünglich?

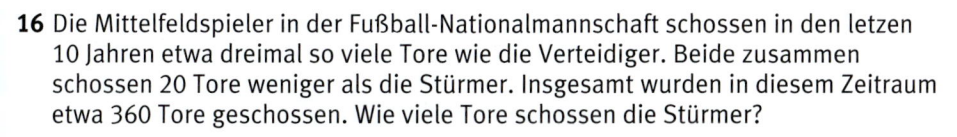

15 Für ein Musical-Bühnenbild werden vier Seile von insgesamt 10 m Länge zurechtgeschnitten. Das zweite Seil ist 28 cm länger als das erste, das dritte 13 cm länger als das zweite, aber 39 cm kürzer als das vierte.

16 Die Mittelfeldspieler in der Fußball-Nationalmannschaft schossen in den letzten 10 Jahren etwa dreimal so viele Tore wie die Verteidiger. Beide zusammen schossen 20 Tore weniger als die Stürmer. Insgesamt wurden in diesem Zeitraum etwa 360 Tore geschossen. Wie viele Tore schossen die Stürmer?

17 In einem Dreieck ist der Winkel α doppelt so groß wie der Winkel β und 50° kleiner als γ. Wie groß sind die Winkel?

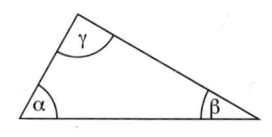

7.10 Themenseite: Fliegerei

Papierflieger
Sicherlich hast du schon mal einen Papierflieger gebaut. Hier findest du eine Anleitung für einen schnellen Jäger. Als Ausgangsmaterial benötigst du ein Blatt Papier der Größe DIN-A4.

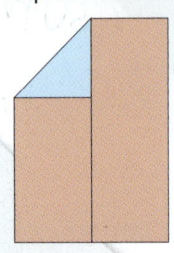

1 Halbiere das Blatt längs und knicke dann auf einer Seite beide Ecken zur Mittellinie.

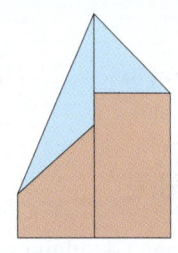

2 Knicke die entstandene Kante auf beiden Seiten nochmals jeweils zur Mittellinie.

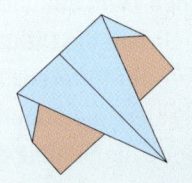

3 Knicke die Spitze parallel zur Grundkante und etwas über diese hinaus.

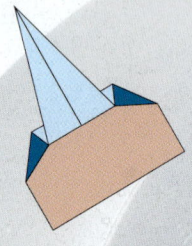

4 Falte die Spitze dann wieder zum Teil zurück, sodass eine Art Ziehharmonika entsteht.

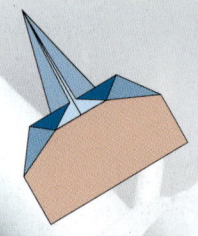

5 Falte die Seiten der Spitze zur Mittellinie. Dabei entsteht im unteren Ende ein Dreieck, das ebenfalls mitgefaltet wird.

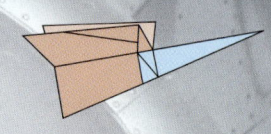

6 Falte den Flieger entlang der Mittellinie. Knicke anschließend die Flügel nach unten. Fertig.

a) Wie weit fliegt dein Flieger? Führe ein Experiment durch und bestimme die Flugweite. Bestimme mithilfe des Experiments Kenndaten (siehe Kapitel 4) deines Fliegers.

b) Die Länge deines Fliegers hängt von der Ziehharmonikafaltung in Schritt **4** ab. Gib einen Term an, der die Länge des Fliegers in Abhängigkeit von dieser Faltung beschreibt.

c) Welchen Einfluss hat die Ziehharmonikafaltung auf die Flugeigenschaften? Wiederhole das Experiment aus a) mit mindestens einem weiteren Flieger.

d) Entfalte einen Flieger und betrachte das Faltmuster.
   1 Beschreibe die auftretenden Figuren im Faltmuster.
   2 Der Flächeninhalt einiger dieser Figuren hängt von der Faltung ab. Beschreibe einige solche Zusammenhänge.

THEMENSEITE

KAPITEL 7

Warum fliegt ein Flugzeug?

Damit ein Flugzeug fliegen kann, ist besonders die Form der Tragfläche wichtig. Der Querschnitt einer Tragfläche zeigt, dass die Oberseite des Flügels stärker gebogen ist als seine (fast) gerade Unterseite. An der Oberseite bewegt sich die Luft aufgrund des längeren Weges deshalb schneller entlang als an der Unterseite. Dadurch entsteht ein Sog (der sogenannte Auftrieb), der das Flugzeug nach oben zieht.
Bei einer Tragfläche strömt die Luft entlang der oberen Kante etwa 1,02-mal so schnell wie entlang der unteren.

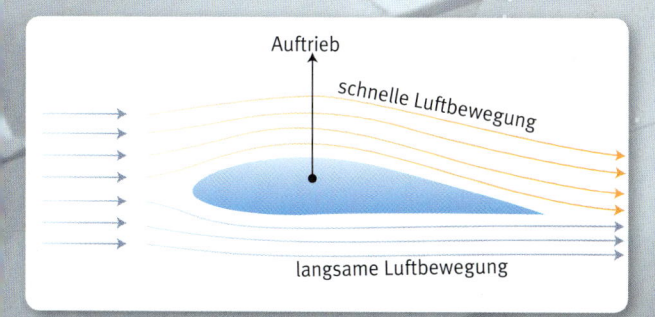

a) Wie schnell strömt die Luft an einem Punkt auf der Oberseite der Tragfläche vorbei, wenn das Flugzeug 750 $\frac{km}{h}$ (800 $\frac{km}{h}$, 850 $\frac{km}{h}$) fliegt?

b) Stelle einen Term auf, mit dem man die Geschwindigkeit auf der Oberseite der Tragfläche bestimmen kann, wenn man die Reisegeschwindigkeit kennt.

c) Stelle den Sachverhalt als Graphen dar. Welche Zusammenhänge erkennst du?

Massentransporter

Der Airbus A380 ist derzeit das größte Passagierflugzeug der Welt. Es ist 24 m hoch, 73 m lang und 560 t schwer. Der Airbus verfügt auf zwei Etagen über Platz für ca. 520 Passagiere, 100 in der luxuriösen ersten Klasse, 420 in der Business- und Economy-Class.

a) Finde heraus, wie oft du euer Schulgebäude übereinanderstellen könntest, damit man etwa die Höhe des Airbus erreicht.

b) Ein Pkw in der Kompaktklasse ist etwa 4,20 m (normaler Schulbus: 12 m) lang. Wie viele müsste man jeweils hintereinanderstellen, damit sie länger sind als der Airbus?

c) Kombiniere die Länge von Pkw und Bussen aus b) miteinander. Im Folgenden sollen die Fahrzeuge so aneinandergestellt werden, dass die Gesamtlänge möglichst nahe bei 73 m liegt.

① Stelle eine Gleichung auf, die den Sachverhalt beschreibt. Lege die Grundmenge fest.

② Finde verschiedene Kombinationen, die die Gleichung aus ① näherungsweise lösen. Verwende dazu ein Tabellenprogramm.

	A	B	C
1	Anzahl Pkw	3	
2	Länger aller Pkw	12,6	m
3	Anzahl Busse	4	
4	Länger alle Busse	=B3*12	m
5	**Gesamtlänge**	60,6	m

③ Welche Kombination aus ② erfüllt die Bedingungen am besten? Beurteile.

7.11 Das kann ich!

Überprüfe deine Fähigkeiten und Kenntnisse. Bearbeite dazu die folgenden Aufgaben und bewerte anschließend deine Lösungen mit einem Smiley.

☺	😐	☹
Das kann ich!	Das kann ich fast!	Das kann ich noch nicht!

Hinweise zum Nacharbeiten findest du auf der folgenden Seite. Die Lösungen stehen im Anhang.

Aufgaben zur Einzelarbeit

1. Berechne die folgenden Terme für $x = 11$ ($x = -4{,}5$).
   a) $31 \cdot x$ b) $5 + x \cdot 7$ c) $19{,}8 : x$

2. Stelle einen Term auf, mit dem man den Umfang bestimmen kann, und vereinfache so weit wie möglich.
   a) Bei einem Parallelogramm ist eine Seite dreimal so lang wie die andere.
   b) Bei einem Drachenviereck ist die längere Seite 6,5 cm länger als die andere Seite.
   c) Bei einem gleichschenkligen Dreieck ist die Basis ein Fünftel mal so groß wie beide Schenkel zusammen.

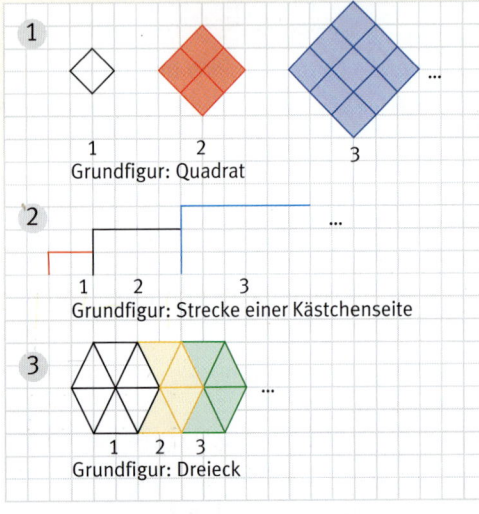

3.
   1 Grundfigur: Quadrat
   2 Grundfigur: Strecke einer Kästchenseite
   3 Grundfigur: Dreieck

   Die dargestellte Folge aus Figuren wird fortgesetzt.
   a) Übertrage die Folge in dein Heft und setze sie um drei weitere Schritte fort.
   b) Gib einen Term an, mit dem man die Anzahl der Grundfiguren für einen beliebigen Schritt beschreiben kann.

4. Welcher Term passt zu welcher Beschreibung?

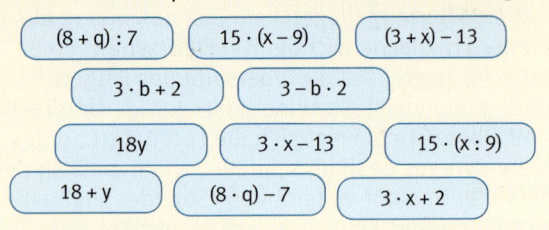

   $(8 + q) : 7$ $15 \cdot (x - 9)$ $(3 + x) - 13$
   $3 \cdot b + 2$ $3 - b \cdot 2$
   $18y$ $3 \cdot x - 13$ $15 \cdot (x : 9)$
   $18 + y$ $(8 \cdot q) - 7$ $3 \cdot x + 2$

   a) Die Summe aus dem 3-Fachen einer Zahl und 2
   b) Das Produkt aus 15 und der Differenz aus einer Zahl und 9
   c) Das Produkt aus 18 und einer Zahl
   d) Der Quotient aus der Summe aus 8 und einer Zahl und 7
   e) Die Differenz aus dem Produkt einer Zahl mit 3 und 13

5. Ordne und vereinfache so weit wie möglich.
   a) $5x + r - j + 3e - 8x + 7r - 12j$
   b) $\frac{2}{3} t q + 7t + 3q - 2\frac{1}{3} t + t - 2q$
   c) $-3x + 2x - 7y + 5y + y + x - 2y$

6. Fülle die Lücken aus. Eine Sternzacke ist das Produkt der beiden angrenzenden Bereiche.
   a) 4r, 8, 7m, 3s, 24s, 64g
   b) 15xy, 5x, $\frac{1}{3}$r, 12a, 9xy, xyz

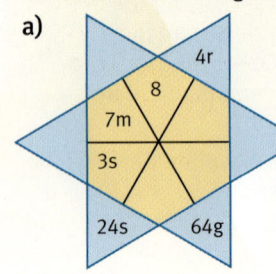

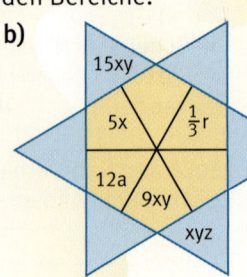

7. Vereinfache so weit wie möglich.
   a) $5m \cdot 213t : 15$ b) $x \cdot 4y \cdot 3a : 6$
   c) $30r : 12 \cdot 4s$ d) $21 \cdot 4x : 28$
   e) $z \cdot 2y \cdot 3x : 18$ f) $8c : \frac{1}{2} \cdot 9ab$

8. Löse die Klammern auf und vereinfache.
   a) $0{,}4 \cdot (5 - 25r)$ b) $(56 + 3{,}5s) : 7$
   c) $6x + (2y + (-7x))$ d) $\frac{1}{4} (26 + 92p)$
   e) $q \cdot (34r + 108s)$ f) $(a - b) - 15$

9. Stelle eine passende Gleichung auf und löse.
   a) Die Differenz aus einer Zahl und 7 ergibt 45.
   b) Das Produkt einer Zahl mit 6 ergibt 84.
   c) Der Quotient aus dem Doppelten einer Zahl und 3 ergibt 8.

Kapitel 7

10 Für welche Grundmengen ist die Gleichung lösbar, für welche nicht?

a) $3a + 7 = -14$ b) $x - 8 = 4 - x$
c) $8y - 3 = 8 - 2y$ d) $-b + 15{,}5 = 12 - b + 3\frac{1}{2}$
e) $5e - 7 = -17 + 5e$ f) $2f + 4 = 6f + 9$

11 Bestimme die Lösungsmenge ($\mathbb{G} = \mathbb{Z}$).

a) $6x + 5 = x - 7 + 3x$ b) $y + 5 = -3{,}8$
c) $\frac{1}{2}z + 19{,}5 = -3$ d) $-4a + 18 = 5a - 7 - a$
e) $1 + 2a + 5 = 2a + 6$ f) $3c + 37{,}5 = -3c + 37{,}5$

12 Löse für $\mathbb{G} = \mathbb{Q}$.

a) $-1 + \frac{1}{4}x = -x$ b) $+\frac{1}{2}x - 5 = -\frac{1}{2}x + 5$
c) $\frac{y}{2} = y + 15$ d) $0{,}4y - 7 = -\frac{1}{5}y - 3$
e) $\frac{2}{3} \cdot (6x - 4{,}5) = 10$ f) $2 \cdot (r - 6) = 5 - (r + 1)$
g) $2 \cdot \left(3s + \frac{1}{4}\right) = s + 8 \cdot (s - 3)$
h) $2 \cdot (4t - 4) - (2 - t) = -1$

13 Für einen Dachgiebel in Form eines gleichschenkligen Dreiecks benötigt Bauer Reusch Dachsparren. Er denkt über verschiedene Scheunenbreiten nach. In der Konstruktion sollen aber die Dachsparren jeweils dreimal so lang sein wie ein Viertel der Scheunenbreite. Bauer Reusch möchte die Scheune entweder 14 m, 15 m oder 16 m breit bauen. Bestimme jeweils die Länge der Dachsparren.

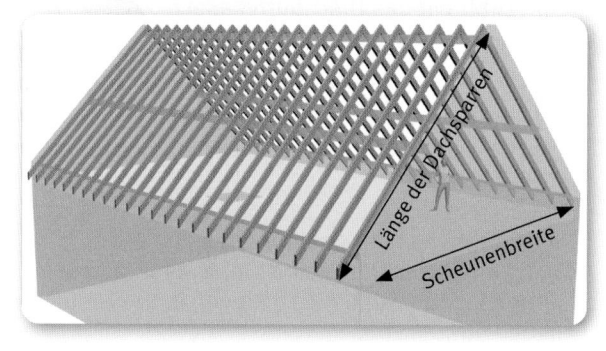

14 Ein Quader ist doppelt so lang wie breit und dreimal so hoch wie lang. Wie lang sind die einzelnen Seiten, wenn alle Kanten des Quaders zusammen 72 cm lang sind? Stelle eine Gleichung auf und löse.

15 Ein Flugzeug ist im Landeanflug auf New York. Es sinkt 2 m pro Sekunde. Als es in 600 m Höhe ist, startet ein Flugzeug vom Boden. Es steigt 4 m pro Sekunde. Nach welcher Zeit sind beide auf gleicher Höhe?

Aufgaben für Lernpartner

Arbeitsschritte

1. Bearbeite die folgenden Aufgaben alleine.
2. Suche dir einen Partner und erkläre ihm deine Lösungen. Höre aufmerksam und gewissenhaft zu, wenn dein Partner dir seine Lösungen erklärt.
3. Korrigiere gegebenenfalls deine Antworten und benutze dazu eine andere Farbe.

Sind folgende Behauptungen **richtig** oder **falsch**? Begründe schriftlich.

16 Eine Variable in einem Term kann man durch eine beliebige Zahl ersetzen.

17 3x multipliziert mit x ergibt 4x.

18 Das Kommutativgesetz besagt, dass man innerhalb eines Terms in beliebiger Reihenfolge rechnen darf.

19 Die Multiplikation beider Seiten einer Gleichung mit null ist eine Äquivalenzumformung.

20 Es gibt Gleichungen, die für bestimmte Grundmengen lösbar sind, für andere jedoch nicht.

21 Bei Gleichungen mit Klammern löst man zunächst die Klammern auf jeder Seite auf.

22 Der einzige Weg zum Lösen einer Sachaufgabe ist das Aufstellen eines Terms oder einer Gleichung.

23 Zwei Gleichungen sind äquivalent, wenn sie dieselbe Lösungsmenge haben.

24 Durch das Vereinfachen von Termen entstehen stets zueinander äquivalente Terme.

Aufgabe	Ich kann ...	Hilfe
1, 16	Terme berechnen.	S. 174
2, 3, 4, 9	Terme mit Variablen aufstellen.	S. 174
5, 9, 18, 24	Terme vereinfachen.	S. 178
6, 7, 17	einfache Terme mit Zahlen und Variablen multiplizieren und dividieren.	S. 180
8	Terme mit Klammern auflösen.	S. 182
10, 20	Grundmengen bestimmen.	S. 186
11, 12, 19, 21, 23	die Lösungsmenge von Gleichungen durch Äquivalenzumformungen finden.	S. 184, S. 188
13, 14, 15, 22	Sachaufgaben lösen.	S. 192

7.12 Auf einen Blick

S. 174

Terme mit Variablen (Platzhaltern):
$2 \cdot a + 7 \qquad b + 17 - 3 \cdot b \qquad (c + 44) : 4$

Zahlterme:
$3 \cdot \frac{1}{2} - 4 \qquad 3 + 8 \cdot 7 \qquad 5 \cdot (9 - 3)$

Eine **Variable** ist ein Platzhalter für eine Zahl in einem Term.
Ein **Term** verbindet mithilfe von Rechenzeichen Zahlen und/oder Variablen miteinander.
Terme ohne Variable nennt man Zahlterme.

S. 178

Beispiel zu ①:
$a + a + a + a + a = 5 \cdot a$

Beispiel zu ②:
$a + b + a + a + b = a + a + a + b + b = 3 \cdot a + 2 \cdot b$

Beispiel zu ③:
$6 \cdot a - 4 \cdot a = (6 - 4) \cdot a = 2 \cdot a$
$-5 \cdot b - 8 \cdot b = (-5 - 8) \cdot b = -13 \cdot b$

Beim Vereinfachen von Termen gelten die **bekannten Rechenregeln**:
① Eine Summe aus lauter gleichen Summanden lässt sich als **Produkt** schreiben.
② Mithilfe des Kommutativgesetzes lassen sich **Summanden ordnen**.
③ Aufgrund des Distributivgesetzes lassen sich **gleichartige Variablen zusammenfassen**.
Durch das Vereinfachen entstehen zueinander **äquivalente Terme**.

S. 180

$16a \cdot 4 \qquad 6x \cdot 11x \qquad 9x : 15 \qquad 28f : 7$
$= 64a \qquad = 66x^2 \qquad = \frac{9}{15}x \qquad = 4f$
$\qquad\qquad\qquad\qquad\qquad = \frac{3}{5}x$

Ein Produkt aus Zahlen und Variablen wird vereinfacht, indem man das Produkt ordnet und dann **Zahlen mit Zahlen** und **Variablen mit Variablen** multipliziert.
Dividiert man einen Term **durch eine Zahl**, beachtet man lediglich die Zahlen.

S. 182

$4 + (y - 2) = 4 + y - 2 = 2 + y$
$4 - (y + 2) = 4 - y - 2 = 2 - y$

$(x - 1) \cdot 3 = x \cdot 3 - 1 \cdot 3 = 3x - 3$

$(x - 3) : 2 = x : 2 - 3 : 2 = \frac{1}{2}x - \frac{3}{2} = \frac{1}{2}x - 1\frac{1}{2}$

Bei der **Addition** einer Summe (Differenz) **ändern** sich die **Vorzeichen nicht** beim Entfernen der Klammer, während sie sich bei der **Subtraktion umkehren**.
Bei **Multiplikation** mit einer Zahl (**Division** durch eine Zahl) gilt das **Distributivgesetz**.

S. 186

Menge der natürlichen Zahlen:
$\mathbb{N} = \{0; 1; 2; 3; 4; ...\}$
Menge der ganzen Zahlen:
$\mathbb{Z} = \{...; -2; -1; 0; 1; 2; ...\}$
$\mathbb{Q}$ = Menge der rationalen Zahlen

Möglichkeiten für die Lösungsmenge:
- Es gibt keine Lösung in $\mathbb{G}$: $\mathbb{L} = \{\}$.
- Es gibt Lösungen in $\mathbb{G}$, z. B.: $\mathbb{L} = \{-3; 2\}$.
- Alle Zahlen aus $\mathbb{G}$ sind Lösung: $\mathbb{L} = \mathbb{G}$.

Beim Lösen von Gleichungen ist es möglich, dass nur bestimmte Zahlen zulässig sind. Als **Grundmenge** $\mathbb{G}$ fasst man diejenigen Zahlen zusammen, aus der alle **Ergebnisse** einer Gleichung **stammen dürfen**.

Alle **Zahlen aus der Grundmenge**, die eine Gleichung lösen, bezeichnet man als **Lösungsmenge** $\mathbb{L}$. Man zählt alle Lösungen in der Lösungsmenge auf.

S. 186 / S. 188

Beispiele:

$-7 \begin{pmatrix} 4x + 7 = 31 \\ 4x = 24 \\ :4 \quad x = 6 \end{pmatrix} -7$
$\qquad :4$
$\mathbb{L} = \{6\}$

$-10 \begin{pmatrix} 5x + 10 = 2x - 2 \\ 5x = 2x - 12 \\ -2x \quad 3x = -12 \\ :3 \quad x = -4 \end{pmatrix} -10$
$\qquad -2x$
$\qquad :3$
$\mathbb{L} = \{-4\}$

Gleichungen kann man auch durch **Äquivalenzumformungen** lösen: Oft ist es möglich, eine **Gleichung** so zu **vereinfachen**, dass die Variable auf einer Seite der Gleichung alleine steht. Dabei darf sich die **Lösungsmenge** der Gleichung **nicht ändern**. Es gilt:
- Man **addiert** (**subtrahiert**) auf beiden Seiten der Gleichung die **gleiche Zahl** oder den **gleichen Term**.
- Man **multipliziert** (**dividiert**) auf beiden Seiten die **gleiche Zahl** (die nicht null sein darf).

Kreuz und quer — 201

Zuordnungen

1 In Großbritannien gilt das britische Pfund (£) als Währung.
Übertrage die Umrechnungstabelle ins Heft und ergänze die fehlenden Werte. Runde geeignet.

a)
€	£
0,10	☐
0,50	☐
1,00	☐
5,00	☐
10,00	☐
20,00	☐
50,00	☐
100,00	85,42
250,00	☐
500,00	☐

b)
£	€
0,10	☐
0,50	☐
1,00	☐
5,00	☐
10,00	☐
20,00	☐
50,00	58,54
100,00	☐
250,00	☐
500,00	☐

2

a) Nenne die zugeordneten Größen und erläutere den Sachverhalt.
b) Gib für beide Fahrer ihre Startzeit und die Durchschnittsgeschwindigkeit an.
c) Erstelle eine Wertetabelle, die zu jeder vollen Stunde den zurückgelegten Weg zeigt.
d) Wie lange waren die Fahrer bis zum Einholen unterwegs?

3 Untersuche, ob die Zuordnungen proportional oder antiproportional sind, oder ob keine dieser Zuordnungen vorliegt.

a)
x	y
4	23
7,5	$43\frac{1}{8}$
10	57,5

b)
x	y
−8	3,4
−3	2,1
−1,5	9,5

c)
x	y
0,7	−2,1
1,5	−0,98
−0,3	4,9

Rationale Zahlen

4 Wie lauten die markierten Zahlen?

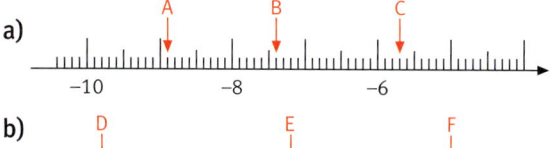

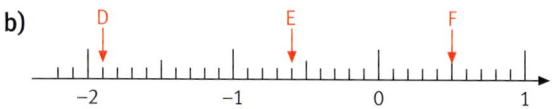

a) A, B, C auf Zahlenstrahl von −10 bis −6

b) D, E, F auf Zahlenstrahl von −2 bis 1

5 Ordne die Zahlen aufsteigend der Größe nach.
a) −6; 7; 4; −9; 0; 4,5; −6,5; −4
b) −0,8; $-\frac{3}{4}$; $\frac{2}{3}$; −1; $\frac{1}{4}$; 0,3; −0,3

6 Ergänze die fehlenden Werte.

Alter Kontostand	Gutschrift (+) Lastschrift (−)	Neuer Kontostand
+375,45 €	+ 56,90 €	☐
+78,20 €	− 87,85 €	☐
−67,34 €	☐	+45,22 €
+76,12 €	☐	−12,93 €
☐	+ 25,66 €	−213,45 €
☐	− 45,67 €	−14,65 €

7 Übertrage die Tabellen in dein Heft und berechne.

a)
+	−6	+2,5	−8,7	+0,48
+12	☐	☐	☐	☐
−5,5	☐	☐	☐	☐
−3,4	☐	☐	☐	☐

b)
·	−6	+2,5	−8,7	+0,48
+12	☐	☐	☐	☐
−5,5	☐	☐	☐	☐
−3,4	☐	☐	☐	☐

8 <, > oder =?
a) 28 − (17 + 6) ☐ 28 − 17 − 6
b) 4,2 − (1,8 + 2,9) ☐ 4,2 − 1,8 + 2,9
c) 1,9 − (0,8 + 1,2) ☐ 1,9 + 0,8 + 1,2
d) $2\frac{1}{2} + \left(\frac{3}{4} - 2\right)$ ☐ $2\frac{1}{2} + \frac{3}{4} + 2$
e) −3 − (−1,4 − 0,9) ☐ −3 + 1,4 − 0,9
f) −3,5 − (1,2 + 8,7) ☐ −3,5 − 8,7 − 1,2
g) −3 · (2,5 + 4) ☐ −7,5 + 12

Kreuz und quer

Flächen

9 Bezeichne die Figuren und nenne ihre Eigenschaften.

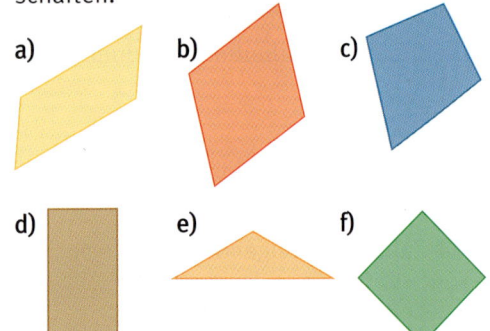

a) b) c)
d) e) f)

10 a) Bestimme Flächeninhalt und Umfang eines Quadrats mit der Seitenlänge 6 cm (12 dm; 7,6 km).
b) Wie ändert sich der Flächeninhalt (Umfang) eines Quadrats, wenn sich die Seitenlänge verdoppelt?

11 Der Flächeninhalt der Figur beträgt jeweils 210 cm². Bestimme die fehlenden Angaben.

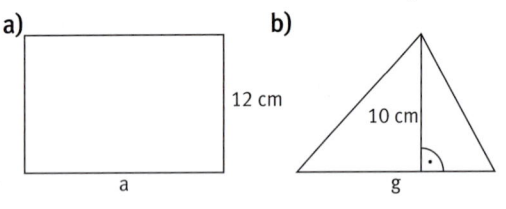

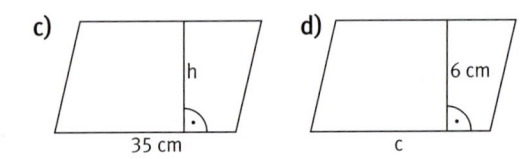

a) 12 cm, a
b) 10 cm, g
c) h, 35 cm
d) 6 cm, c

12 Durch ein Grundstück führt ein Weg.
a) Wie groß sind die einzelnen Teilflächen?
b) Wie viel kostet das Pflastern des Weges, wenn pro m² 54 € Kosten anfallen?

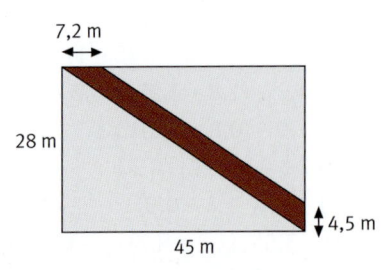

(7,2 m; 28 m; 45 m; 4,5 m)

Daten

13 Ändere zwei der Größen
5 €; 7 €; 12 €; 7 €; 6 €; 7 €; 5 €
so ab, dass …
a) der Modalwert und das arithmetische Mittel unverändert bleiben.
b) der Median 7 € beträgt.

14 In der Klasse 7b wird der Puls gemessen. Die Ergebnisse stellen die Anzahl der Herzschläge pro Minute dar.
82; 74; 76; 76; 62; 87; 74; 75; 69; 77; 74; 72; 63; 75; 81; 75; 71; 69; 70; 62; 65; 80; 74; 72; 73; 76; 78; 70
a) Beschreibe die Ergebnisse mithilfe von Kennwerten (Minimum, Maximum, Spannweite, Median, arithmetisches Mittel).
b) Zeichne einen Boxplot zu dem Sachverhalt.

15 Death Valley, das „Tal des Todes" in Kalifornien (USA) ist das heißeste Gebiet der Erde. Die Tabelle gibt die mittleren Monatstemperaturen aus einem der letzten Jahre an.

Monat	J	F	M	A	M	J
Temperatur in °C	13	17	21	27	32	38

Monat	J	A	S	O	N	D
Temperatur in °C	40	38	34	27	20	14

a) Berechne die mittlere Jahrestemperatur.
b) Bestimme für jeden Monat die Abweichung vom Durchschnitt aus a) und stelle den Sachverhalt in einem Diagramm dar.
c) Gib jeweils mithilfe der Daten an, ob die Aussage wahr oder falsch ist.
  ① Der heißeste Tag des Jahres war im Juli.
  ② Im April gab es Temperaturen unter 30 °C.
  ③ Im Februar war die Temperatur immer unter 20 °C.

Grundwissen

	4	2	6	·	2	5	7
			8	5	2	0	0
				2	1	3	0	0
					2	9	8	2
	1		1				
	1	0	9	4	8	2

Schriftliche Multiplikation
1. Multipliziere die Ziffern des 2. Faktors stellenweise mit dem 1. Faktor. Beginne mit der höchsten Stelle.
2. Schreibe alle Teilprodukte stellengerecht unter den 2. Faktor.
3. Addiere zum Schluss alle Teilprodukte.

```
6372 : 27 = 236
−54
  97
 −81
  162
 −162
  000
```

27 geht in 63 zweimal,   notiere 2
2 · 27 = 54, 63 − 54   Rest 9
27 geht in 97 dreimal   notiere 3
3 · 27 = 81, 97 − 81 = 16   Rest 16
27 geht in 162 sechsmal,   notiere 6
6 · 27 = 162, 162 − 162 = 0 Rest 0

Schriftliche Division
1. Fasse vom Dividenden von links so viele Ziffern zusammen, dass der Divisor in ihr enthalten ist.
2. Notiere im Ergebnis, wie oft der Divisor vollständig in den Teildividenden passt. Schreibe dann das Produkt dieser Zahl mit dem Divisor stellengerecht unter die Teilrechnung. Notiere die Differenz beider Zahlen als Rest.
3. Hänge den nächsten Stellenwert des Dividenden an den Rest an.
4. Wiederhole 2. und 3. so lange, bis kein Stellenwert des Dividenden mehr übrig ist.

$2 \cdot 2 \cdot 2 \cdot 2 \cdot 2 = 2^5$ (Basis, Exponent)

Ein Produkt aus lauter gleichen Faktoren schreibt man kurz als **Potenz**. Eine Potenz besteht aus einer **Basis** und einem **Exponent**.

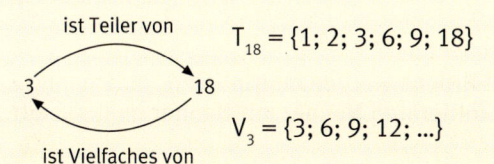

ist Teiler von: 3 → 18 $T_{18} = \{1; 2; 3; 6; 9; 18\}$
ist Vielfaches von $V_3 = \{3; 6; 9; 12; ...\}$

Eine Zahl ist **Teiler** einer anderen Zahl, wenn bei der Division kein Rest bleibt. Man fasst alle Teiler einer Zahl in deren **Teilermenge** zusammen.
Ebenso kann eine Zahl ein **Vielfaches** einer anderen Zahl sein. Alle Vielfachen einer Zahl werden in ihrer **Vielfachenmenge** zusammengefasst.

5 | 25, denn die letzte Ziffer ist eine 5.

12 340 ist durch 2, 4, 5, und 10 teilbar, denn die letzte Ziffer ist eine 0 bzw. 40 ist durch 4 teilbar.

Eine natürliche Zahl ist teilbar durch …
- 2, wenn die **Endziffer** gerade ist.
- 4, wenn ihre letzten beiden Endziffern eine durch 4 teilbare Zahl bilden.
- 5, wenn die Endziffer eine 0 oder eine 5 ist.
- 10, wenn die Endziffer eine 0 ist.

Quersumme von 1578: 1 + 5 + 7 + 8 = 21
21 ist durch 3 teilbar, jedoch nicht durch 9. Also gilt:
3 | 1578   9 ∤ 1578

Eine Zahl ist durch 3 bzw. 9 teilbar, wenn ihre **Quersumme** durch 3 bzw. 9 teilbar ist.

Aufrunden (hier auf Zehner): 230 238 240   238 ≈ 240
Abrunden (hier auf Hunderter): 200 238 240 300   238 ≈ 200

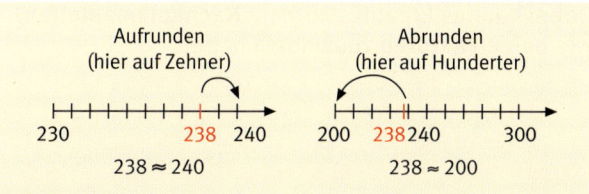

Große Zahlen werden oftmals **gerundet**. Beim Runden auf einen Stellenwert betrachtet man den **benachbarten kleineren Stellenwert** genauer.
Bei den Ziffern **0, 1, 2, 3, 4** wird **abgerundet**,
bei den Ziffern **5, 6, 7, 8, 9** wird **aufgerundet**.

Grundwissen

1,3**4**9
1,3**5**7   also: 1,349 < 1,357

Ordnet man Dezimalzahlen der **Größe nach**, dann untersucht man **zunächst die Stellenwerte vor dem Komma**. Führt dies zu keinem Ergebnis, werden die Stellenwerte **nach dem Komma von links nach rechts** untersucht. Entscheidend ist die erste Stelle, an der verschiedene Ziffern stehen.

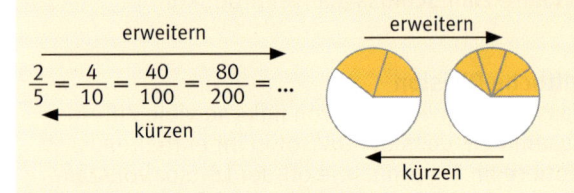

$$\frac{2}{5} = \frac{4}{10} = \frac{40}{100} = \frac{80}{200} = \ldots$$

erweitern → ← kürzen

Ein Bruch wird **erweitert**, indem man Zähler und Nenner mit derselben Zahl **multipliziert**. Der Anteil **verfeinert** sich.
Ein Bruch wird **gekürzt**, indem man Zähler und Nenner mit derselben Zahl **dividiert**. Der Anteil **vergröbert** sich.

$$\frac{1}{12} + \frac{4}{9} = \frac{3}{36} + \frac{16}{36} = \frac{3+16}{36} = \frac{19}{36}$$

Hauptnenner: 36, denn
$V_{12} = \{12; 24; 36; 48; \ldots\}$
$V_9 = \{9; 18; 27; 36; 45; \ldots\}$

Ungleichnamige Brüche werden vor dem **Addieren** (**Subtrahieren**) erst auf denselben (**Haupt-**)**Nenner** erweitert bzw. gekürzt.
Anschließend wird der Zähler addiert (subtrahiert), der gemeinsame Nenner bleibt erhalten.
Unter dem Hauptnenner versteht man das kleinste gemeinsame Vielfache der Nenner.

```
   0,265            1,34
+  1,372         -  0,25
      1               1
  ─────           ─────
   1,637            1,09
```

Dezimalbrüche werden stellenweise **addiert** (**subtrahiert**), d. h. „Komma unter Komma".

$$\frac{4}{7} \cdot \frac{2}{9} = \frac{4 \cdot 2}{7 \cdot 9} = \frac{8}{63}$$

Zwei Brüche werden **multipliziert**, indem man **Zähler mit Zähler** und **Nenner mit Nenner** multipliziert.

$$\frac{3}{4} : \frac{2}{3} = \frac{3}{4} \cdot \frac{3}{2} = \frac{3 \cdot 3}{4 \cdot 2} = \frac{9}{8}$$

Multiplikation — Kehrbruch

Man **dividiert** eine Zahl durch einen **Bruch**, indem man mit seinem **Kehrbruch multipliziert**.

Beim Kehrbruch werden **Zähler und Nenner** des Bruchs **vertauscht**.

3,425 kg · 100 = 342,5 kg
15,2 m : 100 = 0,152 m

Multipliziert (**dividiert**) man einen Dezimalbruch mit einer **Stufenzahl** (10, 100, 1000, …), dann verschiebt sich das Komma um **so viele Stellen nach rechts** (**links**), wie die Stufenzahl Nullen hat.

```
 123 · 36        1,23 · 3,6 = 4,428
 ─────
  369
  738
   11
 ─────
 4428
```
2 Dezimale 1 Dezimale 3 Dezimale

Dezimalbrüche werden zunächst ohne Komma **multipliziert**. Anschließend wird das Komma gesetzt: Dabei hat das Ergebnis so viele **Nachkommastellen**, wie **beide Faktoren zusammen** haben.

```
          gleichsinnige Kommaverschiebung
11,541 : 0,3 = 115,41 : 3   = 38,47
              −9      Überschreiten  Komma im
              ──         des Kommas   Ergebnis
              25                       setzen
             −24
             ──
              14
             −12
             ──
              21
             −21
             ──
              0
```

Bei der **Division** durch einen **Dezimalbruch** kann man durch eine **gleichsinnige Kommaverschiebung** stets erreichen, dass der **Divisor** eine **natürliche Zahl** ist. Anschließend dividiert man wie bei natürlichen Zahlen.
Beim **Überschreiten des Kommas** im Dividenden wird das **Komma im Ergebnis** gesetzt.

Maßzahl   Maßeinheit
        3 m

Längen, Massen, Zeitspannen, Geldbeträge usw. sind **Größen**. Größen bestehen stets aus einer **Maßzahl** und einer **Maßeinheit.**

1 km = 1000 m
 1 m = 10 dm
 1 dm = 10 cm
  1 cm = 10 mm

Die **Länge** einer Strecke wird in der Regel durch die Maßeinheiten Kilometer (km), Meter (m), Dezimeter (dm), Zentimeter (cm) oder Millimeter (mm) angegeben.

1 t = 1000 kg
 1 kg = 1000 g
  1 g = 1000 mg

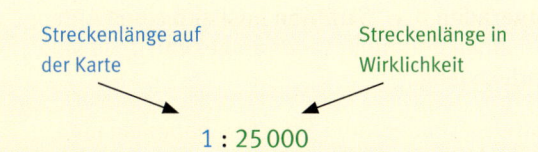

Für die **Masse** eines Gegenstands sind die Maßeinheiten Tonne (t), Kilogramm (kg), Gramm (g) oder Milligramm (mg) üblich.

Streckenlänge auf   Streckenlänge in
der Karte   Wirklichkeit
            1 : 25 000

Gegenstände werden oft verkleinert (oder vergrößert) dargestellt. Damit man weiß, wie groß sie in Wirklichkeit sind, werden sie mithilfe eines **Maßstabs** gezeichnet. Er gibt an, wievielmal größer (oder kleiner) eine Strecke in Wirklichkeit ist.

Familie Metz kauft einen neuen Fernseher zu 1250 € und zahlt ihn in fünf Raten ab.

Gegeben: 1250 €
Gesucht (F): Wie hoch ist eine Rate?
R: 1250 € : 5 = 250 €
A: Eine Rate beträgt 250 €.

Um Sachaufgaben mit vielen Informationen zu bearbeiten, liest man den Text zunächst **aufmerksam durch** und verfährt dann so:
1. Ordne die Angaben: Was ist **gegeben**? Notiere die wichtigen Informationen übersichtlich.
2. Wende das **F**rage-**R**echnung-**A**ntwort-Schema an.

Regel: „Alle 5 Tage Verdopplung der Fläche"

Tage	0	5	10	15	20
Fläche	3 m²	6 m²	12 m²	24 m²	48 m²

Bei manchen Aufgaben ist es hilfreich, gegebene Daten in einer **Tabelle** niederzuschreiben und fehlende Werte zu ergänzen. Das geht jedoch nur, wenn eine **Gesetzmäßigkeit** vorliegt.

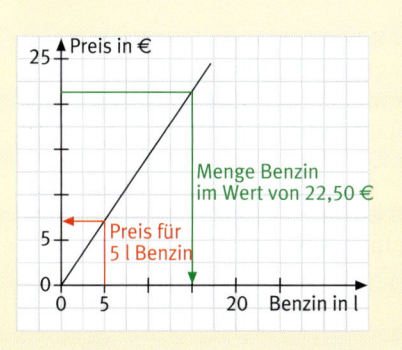

Die Darstellung von Werten in einem **Graphen** kann helfen, Ergebnisse schnell abzulesen. Dabei lassen sich auch sinnvolle Zwischenwerte im Rahmen der Zeichengenauigkeit bestimmen.

Beachte:
1. Nicht immer kann man Wertepaare miteinander verbinden. Wenn Zwischenwerte keinen Sinn ergeben, verwendet man eine gestrichelte Linie.
2. Es gibt viele mögliche Gesetzmäßigkeiten und auch viele Arten von Graphen.

Grundwissen

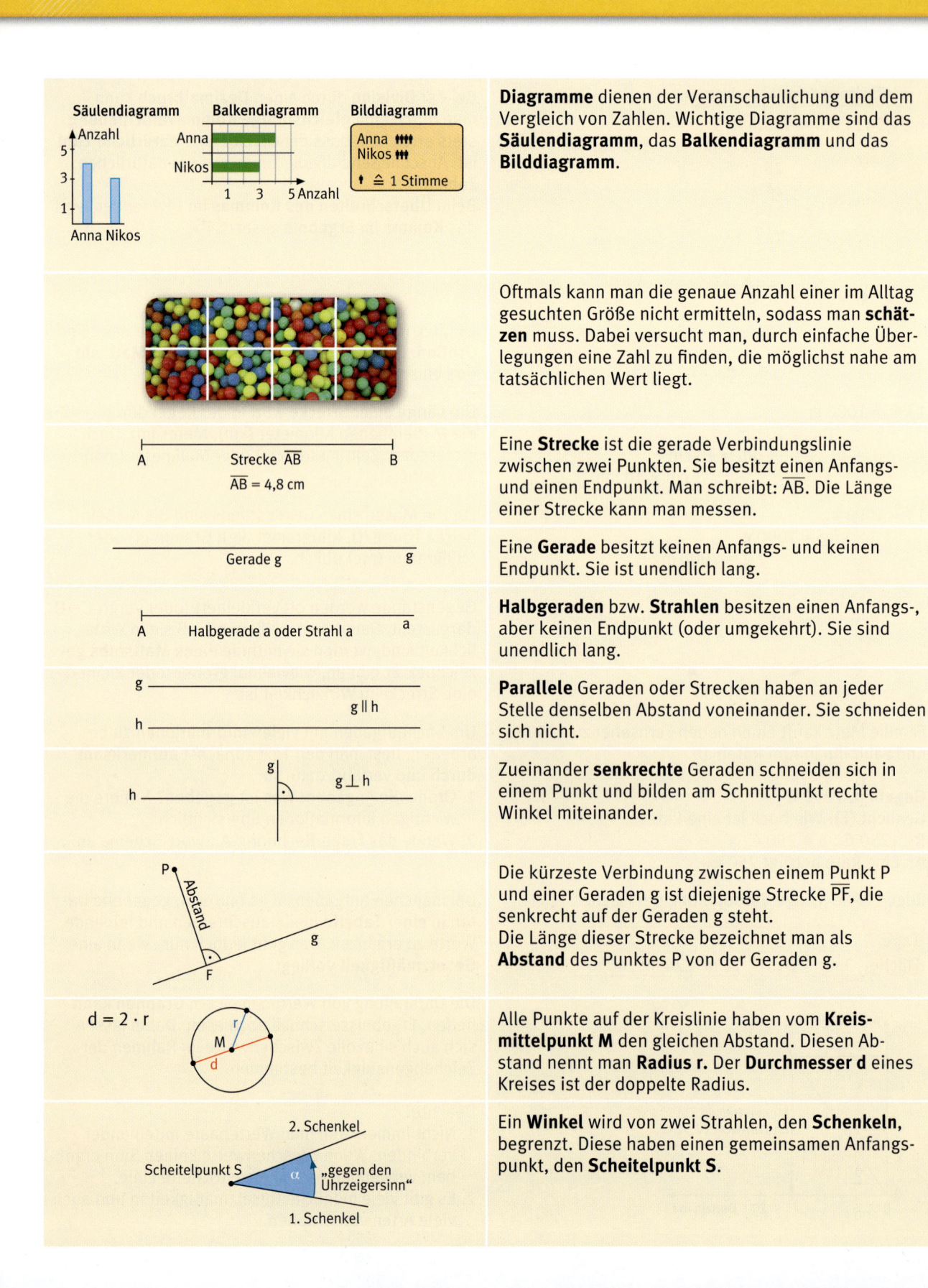

Diagramme dienen der Veranschaulichung und dem Vergleich von Zahlen. Wichtige Diagramme sind das **Säulendiagramm**, das **Balkendiagramm** und das **Bilddiagramm**.

Oftmals kann man die genaue Anzahl einer im Alltag gesuchten Größe nicht ermitteln, sodass man **schätzen** muss. Dabei versucht man, durch einfache Überlegungen eine Zahl zu finden, die möglichst nahe am tatsächlichen Wert liegt.

Eine **Strecke** ist die gerade Verbindungslinie zwischen zwei Punkten. Sie besitzt einen Anfangs- und einen Endpunkt. Man schreibt: $\overline{AB}$. Die Länge einer Strecke kann man messen.

Eine **Gerade** besitzt keinen Anfangs- und keinen Endpunkt. Sie ist unendlich lang.

Halbgeraden bzw. **Strahlen** besitzen einen Anfangs-, aber keinen Endpunkt (oder umgekehrt). Sie sind unendlich lang.

Parallele Geraden oder Strecken haben an jeder Stelle denselben Abstand voneinander. Sie schneiden sich nicht.

Zueinander **senkrechte** Geraden schneiden sich in einem Punkt und bilden am Schnittpunkt rechte Winkel miteinander.

Die kürzeste Verbindung zwischen einem Punkt P und einer Geraden g ist diejenige Strecke $\overline{PF}$, die senkrecht auf der Geraden g steht.
Die Länge dieser Strecke bezeichnet man als **Abstand** des Punktes P von der Geraden g.

Alle Punkte auf der Kreislinie haben vom **Kreismittelpunkt M** den gleichen Abstand. Diesen Abstand nennt man **Radius r**. Der **Durchmesser d** eines Kreises ist der doppelte Radius.

Ein **Winkel** wird von zwei Strahlen, den **Schenkeln**, begrenzt. Diese haben einen gemeinsamen Anfangspunkt, den **Scheitelpunkt S**.

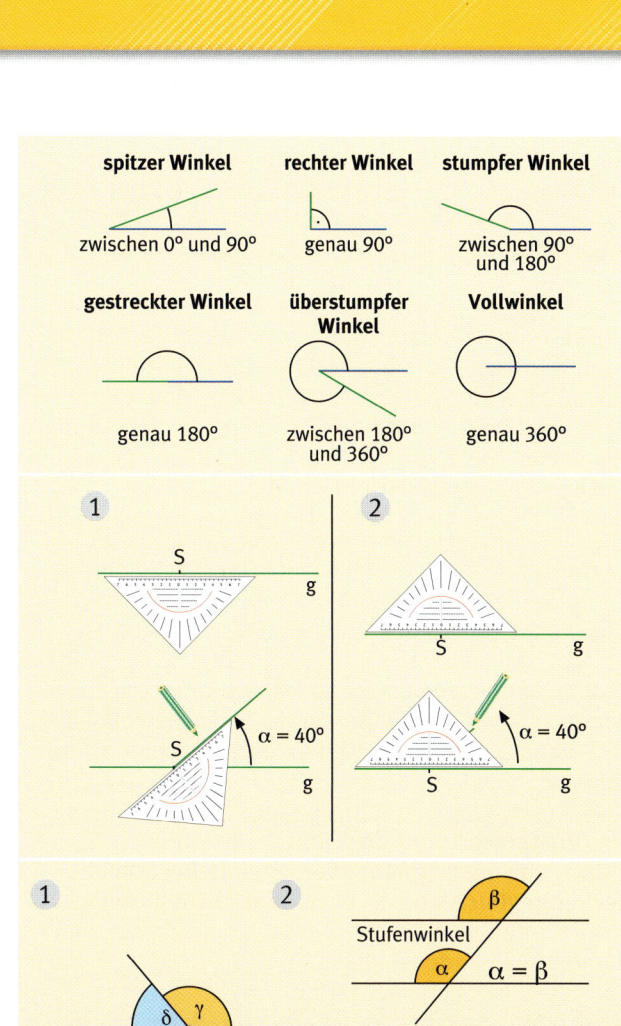

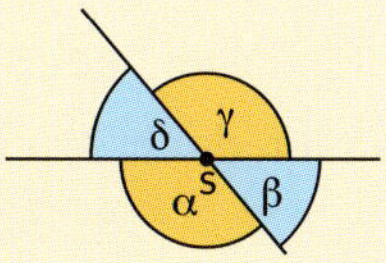

spitzer Winkel — zwischen 0° und 90° **rechter Winkel** — genau 90° **stumpfer Winkel** — zwischen 90° und 180° **gestreckter Winkel** — genau 180° **überstumpfer Winkel** — zwischen 180° und 360° **Vollwinkel** — genau 360°	Um die **Größe von Winkeln** anzugeben, wird der Vollwinkel (eine Umdrehung) in 360 gleich große Teile geteilt. Die so entstandene Einheit heißt **1 Grad (1°)**. $\alpha = 40°$ — Maßzahl, Maßeinheit (Grad) Die Winkel werden ihrer Größe nach unterschieden.
(Geodreieck-Darstellungen 1 und 2, $\alpha = 40°$)	Zum **Messen** und **Zeichnen von Winkeln** mit dem Geodreieck gibt es ausgehend von einem Schenkel und dem Scheitel S zwei Möglichkeiten: ① Das Geodreieck am ersten Schenkel anlegen mit dem Nullpunkt im Scheitel. Anschließend das Geodreieck gegen den Uhrzeigersinn um die entsprechende Gradzahl drehen, die man am ersten Schenkel abliest. ② Das Geodreieck am ersten Schenkel anlegen mit dem Nullpunkt im Scheitel. Anschließend an der Skala die Gradzahl ablesen bzw. markieren.
① $\alpha = \gamma$ $\beta = \delta$ $\alpha + \beta = \ldots = 180°$ ② Stufenwinkel $\alpha = \beta$ Wechselwinkel $\alpha = \gamma$	① Schneiden sich zwei Geraden, so heißen gegenüberliegende Winkel **Scheitelwinkel**, die jeweils gleich groß sind. Nebeneinanderliegende Winkel heißen **Nebenwinkel** und ergeben zusammen immer 180°. ② Schneidet eine Gerade zwei Parallelen, erhält man **Stufenwinkel** jeweils auf der gleichen Seite von Schnittgerade und Parallelen sowie **Wechselwinkel** auf den entgegengesetzten Seiten. Stufen- und Wechselwinkel sind **gleich groß**.
Im Dreieck ABC gilt: $\alpha + \beta + \gamma = 180°$.	Die Summe aller Winkel im Dreieck beträgt 180°.
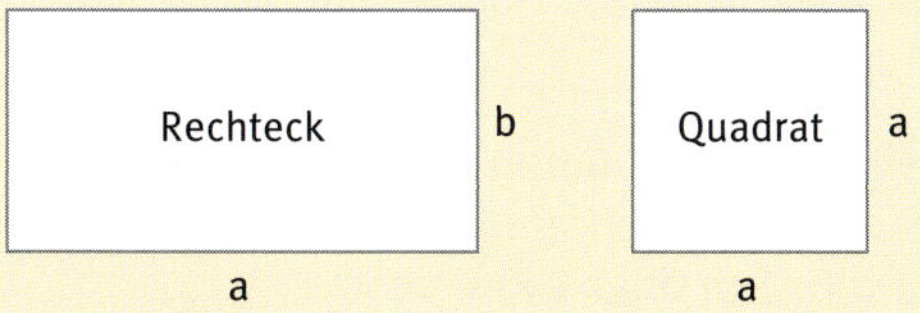 Rechteck (Seiten a, b), Quadrat (Seite a) $u_{Rechteck} = 2 \cdot a + 2 \cdot b$ $u_{Rechteck} = 2 \cdot (a + b)$ $u_{Quadrat} = 4 \cdot a$	Der **Umfang u** einer geometrischen Figur ist die **Länge** ihrer **Randlinie**. Bei einer beliebigen Figur werden für den Umfang die einzelnen Seitenlängen addiert. Für das **Rechteck** gilt: Der Umfang ist die doppelte Länge plus doppelte Breite. Für das **Quadrat** gilt: Der Umfang des Quadrats ist die vierfache Seitenlänge.
$\ldots \xrightarrow{\cdot 100} 1\,dm^2 \xrightarrow{\cdot 100} 1\,m^2 \xrightarrow{\cdot 100} 1\,a \xrightarrow{\cdot 100} \ldots$ (jeweils $: 100$ rückwärts)	Zum Messen von **Flächeninhalten** legt man die Fläche mit Quadraten aus, deren Seitenlängen jeweils 1 mm, 1 cm, 1 dm, 1 m, 10 m, 100 m oder 1 km betragen. Die **Umwandlungszahl** zwischen benachbarten Flächeneinheiten ist 100.

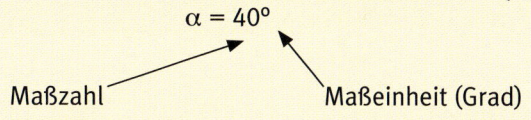

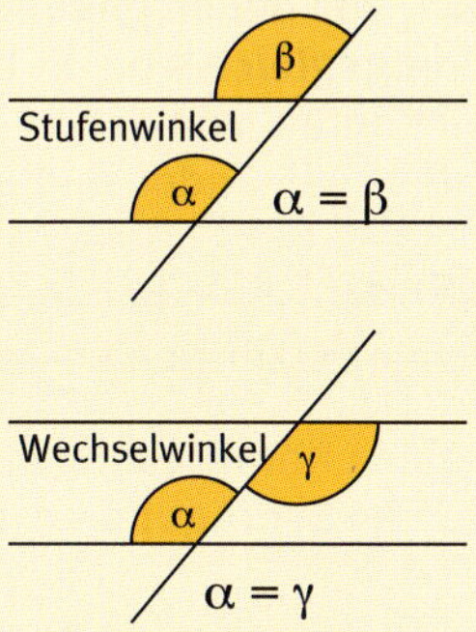

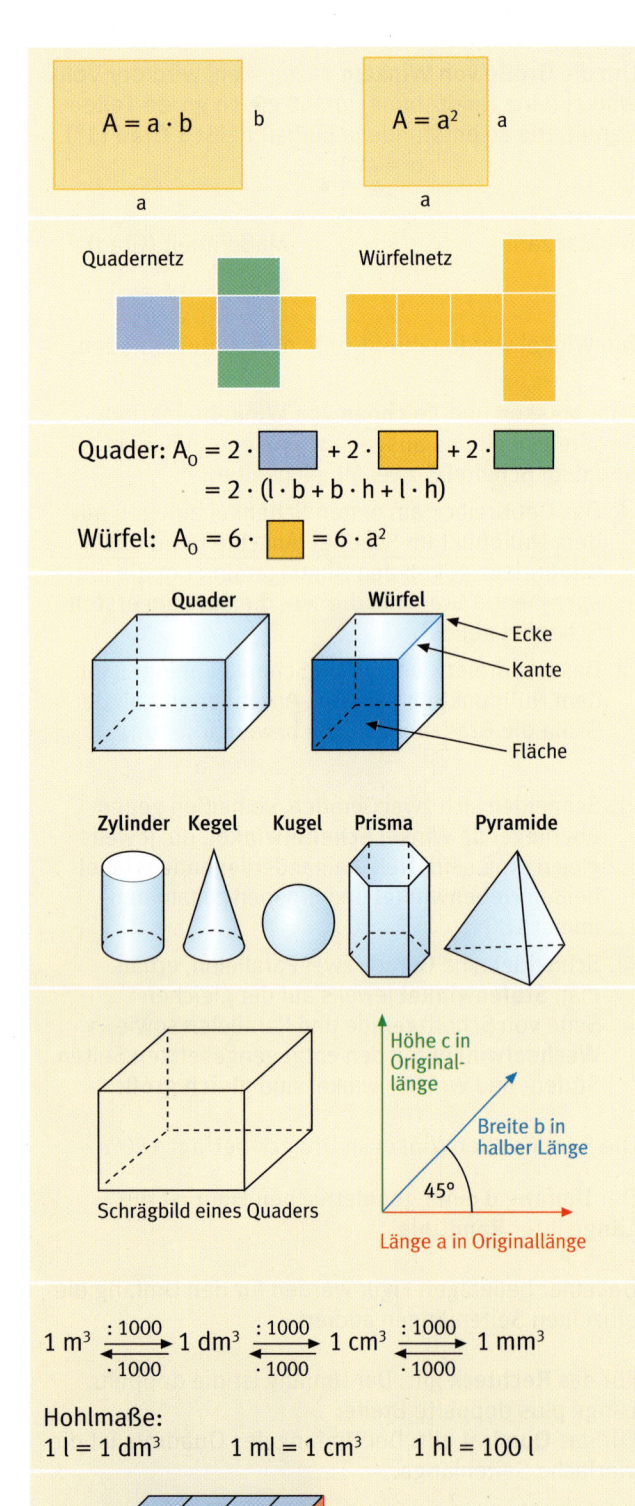

Grundwissen

Für den **Flächeninhalt** A eines **Rechtecks** mit den Seitenlängen a (Länge) und b (Breite) gilt: $A = a \cdot b$.

Für den Flächeninhalt A eines **Quadrats** mit der Seitenlänge a gilt: $A = a \cdot a = a^2$.

Ein **Netz** eines Quaders oder eines Würfels erhält man, wenn man eine quader- oder würfelförmige Schachtel entlang ihrer Kanten aufschneidet und flach ausbreitet. Einzelne Teile hängen an den Kanten zusammen. Die Form der Netze hängt davon ab, welche Kanten aufgeschnitten werden.

Quader: $A_O = 2 \cdot \square + 2 \cdot \square + 2 \cdot \square$
$= 2 \cdot (l \cdot b + b \cdot h + l \cdot h)$

Würfel: $A_O = 6 \cdot \square = 6 \cdot a^2$

Alle Flächen, die einen Quader oder einen Würfel begrenzen, bilden zusammen die **Oberfläche** dieses Körpers. Der Flächeninhalt des Netzes ist somit der **Oberflächeninhalt** des Quaders oder des Würfels.

Körper werden von ebenen oder gekrümmten Flächen begrenzt. Zwei aneinanderstoßende Flächen bilden eine **Kante**, aufeinandertreffende Kanten bilden eine **Ecke**.

Ein **Quader** wird von sechs Rechtecken begrenzt, von denen **gegenüberliegende Rechtecke deckungsgleich** sind. Er besteht aus acht Ecken und zwölf Kanten, von denen jeweils vier gleich lang und parallel zueinander sind.

Ein **Würfel** ist ein besonderer Quader, der aus sechs gleichen Quadraten besteht.

Um einen Körper räumlich darzustellen, wird er häufig im **Schrägbild** gezeichnet.

Beim Quader werden die Kanten der Vorder- und Rückfläche mit den angegebenen Längenmaßen gezeichnet. Die nach hinten verlaufenden Kanten werden in halber Länge und unter einem Winkel von 45° gezeichnet. Nicht sichtbare Kanten werden gestrichelt.

$1 \text{ m}^3 \xrightleftharpoons[\cdot 1000]{:1000} 1 \text{ dm}^3 \xrightleftharpoons[\cdot 1000]{:1000} 1 \text{ cm}^3 \xrightleftharpoons[\cdot 1000]{:1000} 1 \text{ mm}^3$

Hohlmaße:
$1 \text{ l} = 1 \text{ dm}^3 \qquad 1 \text{ ml} = 1 \text{ cm}^3 \qquad 1 \text{ hl} = 100 \text{ l}$

Als Maßeinheit für das **Volumen** (Rauminhalt) verwendet man Einheitswürfel mit der Kantenlänge 1 mm, 1 cm, 1 dm, 1 m oder 1 km.
Die **Umwandlungszahl** zwischen benachbarten Volumeneinheiten ist 1000.

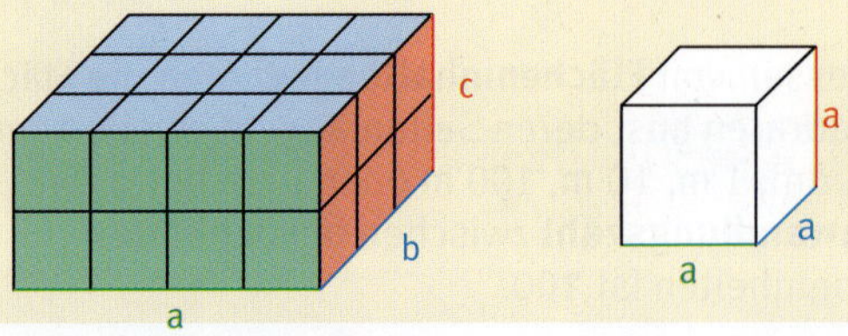

$V_{Quader} = $ Länge · Breite · Höhe
$V_{Quader} = a \cdot b \cdot c$

$V_{Würfel} = a \cdot a \cdot a = a^3$

Lösungen zu „Das kann ich!"

Lösungen zu „1.10 Das kann ich!" – Seite 32

1 ① ist kongruent zu ⑥. ② ist kongruent zu ④.
     ⑧ ist kongruent zu ⑪. ⑨ ist kongruent zu ⑫.

2 a)

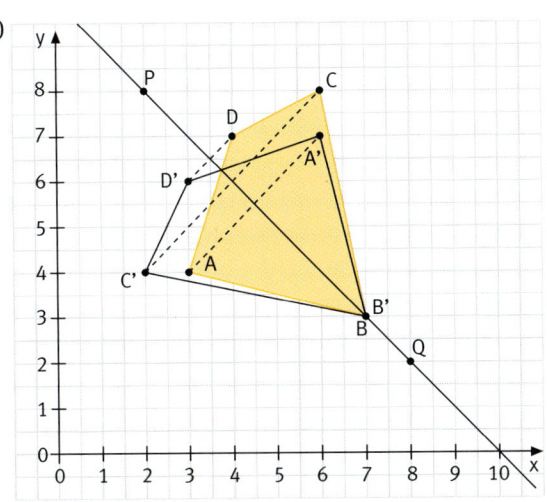

b)

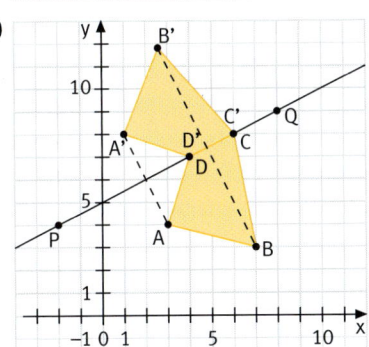

c)

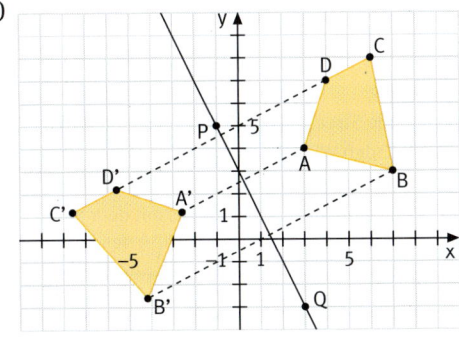

d)

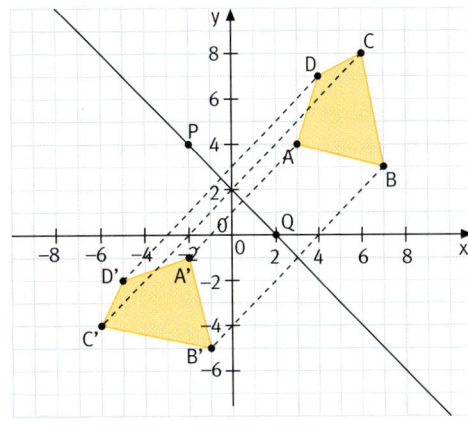

3 a) Z (2|1) ist Mittelpunkt der Strecke $\overline{GG'}$.
   b) O' (–1|0); T' (1|–1); H' (2|–3); A' (3|–1)
   c) Lösungsmöglichkeit:

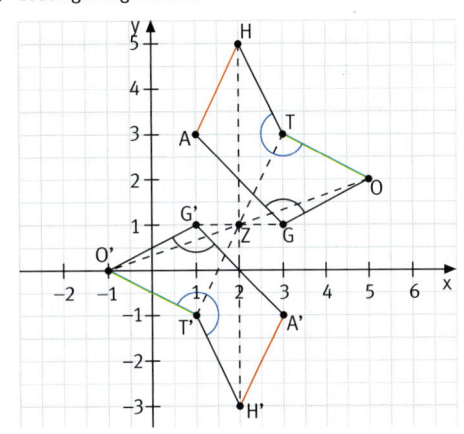

4 a) 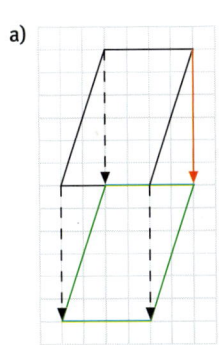   b)

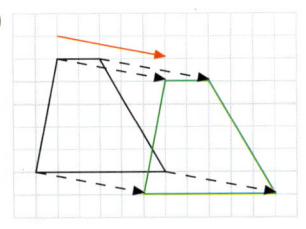

c)

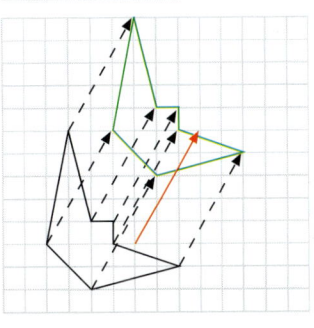

5 Das Dreieck ist ...
a) rechtwinklig.
b) spitzwinklig.
c) stumpfwinklig.
d) gleichseitig (spitzwinklig).
e) rechtwinklig.
f) stumpfwinklig-gleichschenklig.
g) spitzwinklig-gleichschenklig.

6 a) stumpfwinkliges Dreieck
b) gleichseitiges Dreieck (gleichschenkliges Dreieck, bei dem alle Winkel 60° sind)
c) rechtwinkliges Dreieck
d) gleichseitiges Dreieck (gleichschenkliges Dreieck, bei dem alle Winkel 60° sind)

7 a) Beschreibung:
1. Zeichne die Seite c mit den Eckpunkten A und B.
2. Trage in A den Winkel α ab.
3. Trage in B den Winkel β ab.
4. Der Schnittpunkt der beiden freien Schenkel von α und β ergibt den Eckpunkt C des Dreiecks.

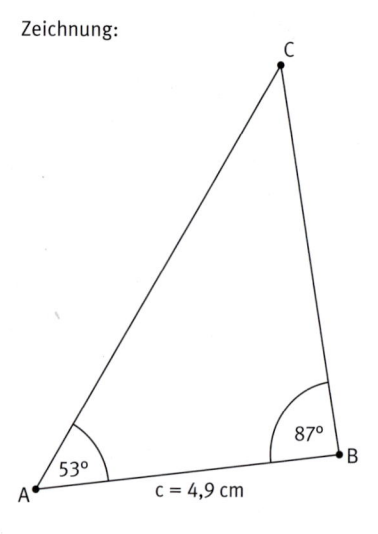

Zeichnung:

b) Beschreibung:
1. Zeichne die Seite c mit den Eckpunkten A und B.
2. Trage in A den Winkel α ab.
3. Zeichne einen Kreisbogen um A mit Radius r = b.
4. Der Schnittpunkt des freien Schenkels von α und des Kreisbogens ergibt den Eckpunkt C des Dreiecks.

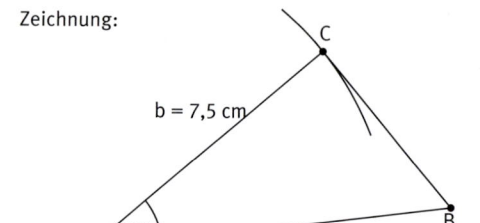

Zeichnung:

Anmerkung: Es ist möglich, mit b zu beginnen. Den Punkt B erhält man dann als Schnittpunkt eines Kreises um A mit Radius r = c und dem freien Schenkel von α.

c) Beschreibung:
1. Zeichne die Strecke c mit den Eckpunkten A und B.
2. Zeichne einen Kreisbogen um A mit Radius r = b.
3. Zeichne einen Kreisbogen um B mit Radius r = a.
4. Der Schnittpunkt der Kreisbögen ergibt den Eckpunkt C des Dreiecks.

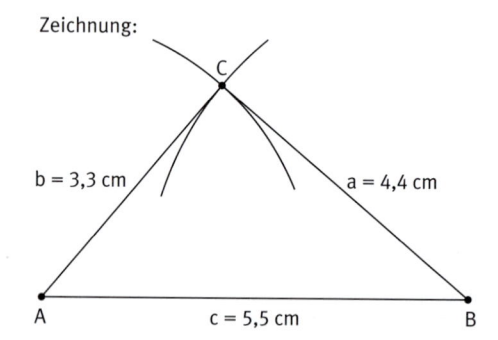

Zeichnung:

Anmerkung: Man kann auch entsprechend mit einer anderen Seite beginnen und von dort die zugehörigen Kreisbögen zeichnen.

d) Beschreibung:
1. Zeichne die Strecke a mit den Eckpunkten B und C.
2. Trage in C den Winkel γ ab.
3. Zeichne einen Kreisbogen um B mit Radius r = c.
4. Der Schnittpunkt des Kreisbogens mit dem freien Schenkel von γ ergibt den Eckpunkt A des Dreiecks.

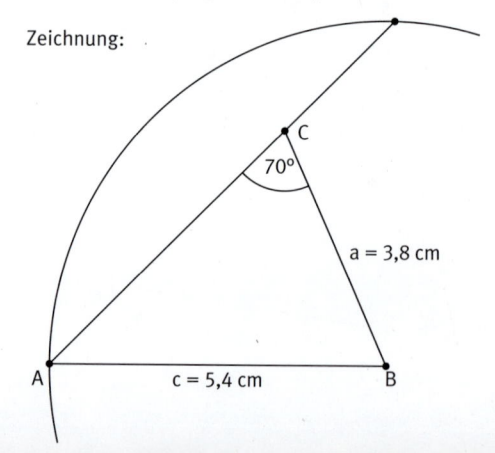

Zeichnung:

Anmerkung: Man erhält zwei Schnittpunkte des Kreisbogens mit dem Schenkel, die zu verschiedenen Dreiecken führen. In der Reihenfolge der Bezeichnung ABC bleibt jedoch nur die dargestellte Lösung übrig.

e) Beschreibung:
1. Zeichne die Strecke a mit den Eckpunkten B und C.
2. Zeichne eine Parallele p zu a im Abstand von 4,5 cm.
3. Trage bei C den Winkel γ ab.
4. Der Schnittpunkt des freien Schenkels mit p ergibt den Eckpunkt A des Dreiecks.

Zeichnung:

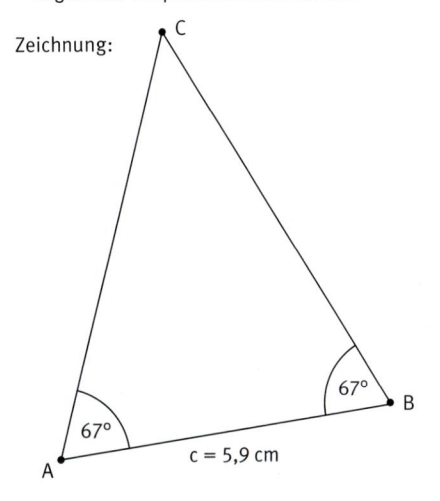

b) Beschreibung:
1. Zeichne die Seite b mit den Eckpunkten A und C.
2. Trage in A den Winkel α ab.
3. Trage in C den Winkel γ ab mit $\gamma = \alpha$.
4. Der Schnittpunkt der beiden freien Schenkel von α und γ ergibt den Eckpunkt B des Dreiecks.

Zeichnung:

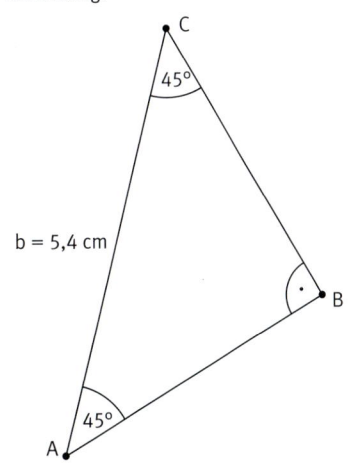

Anmerkung: Das Dreieck ist auch rechtwinklig.

c) Beschreibung:
1. Zeichne die Seite b mit den Eckpunkten A und C.
2. Zeichne einen Kreisbogen um A mit c = 4,5 cm.
3. Zeichne einen Kreisbogen um C mit a = 4,5 cm.
4 Die Kreisbögen schneiden sich im Eckpunkt B des Dreiecks.

Zeichnung:

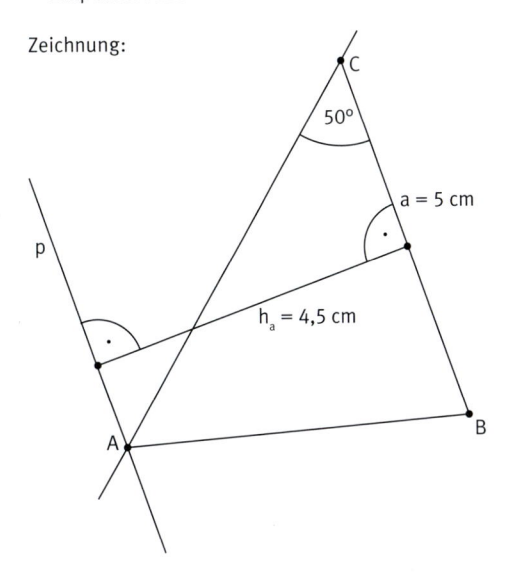

8 Je nach Wahl der Bestimmungsstücke erhält man eine Konstruktionsbeschreibung wie in Aufgabe 7.

9 a) Beschreibung:
1. Zeichne die Strecke c mit den Eckpunkten A und B.
2. Trage in A den Winkel α ab.
3. Trage in B den Winkel β ab mit $\beta = \alpha$.
4. Der Schnittpunkt der beiden freien Schenkel von α und β ergibt den Eckpunkt C des Dreiecks.

Zeichnung:

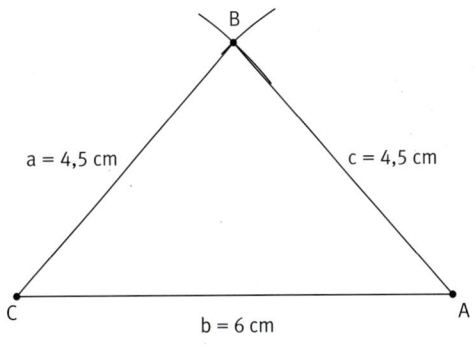

Anmerkung: Die Kreisbögen schneiden sich in zwei Punkten. Beachtet man allerdings den Umlaufsinn des Dreiecks ABC, so ergibt sich nur die abgebildete Löung.

Lösungen zu „Das kann ich!"

d) Beschreibung:
1. Zeichne den Winkel γ mit C als Scheitelpunkt und den freien Schenkeln a und b.
2. Zeichne w_γ und trage dort die Länge 5 cm ab. Dies ergibt den Punkt D.
3. Zeichne das Lot l auf w_γ durch den Punkt D.
4. Die Schnittpunkte von l mit a und b ergeben die Dreieckspunkte B und A.

Zeichnung:

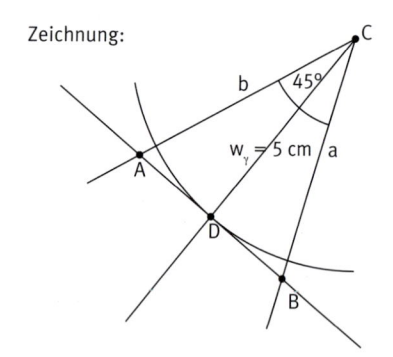

10

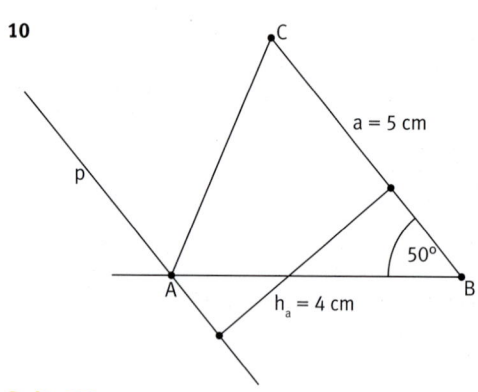

Seite 33

11 Die fertige Konstruktion:

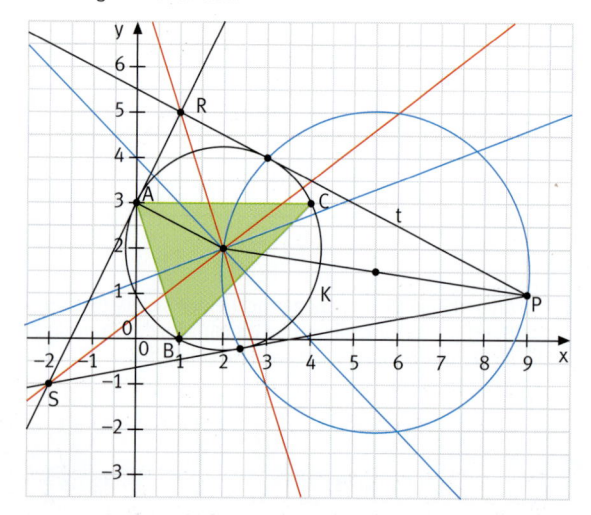

a) Die Koordinaten des Umkreismittelpunktes lauten M (2|2).

d) R (1|5) und S (−2|−1)

e) Da der Kreis K Inkreis des Dreiecks PRS ist, sind die Geraden durch M und die Eckpunkte Winkelhalbierende der Winkel an den Eckpunkten.

12 Skizze im Maßstab 1 : 1000. 10 m in Wirklichkeit entsprechen 1 cm in der Skizze.

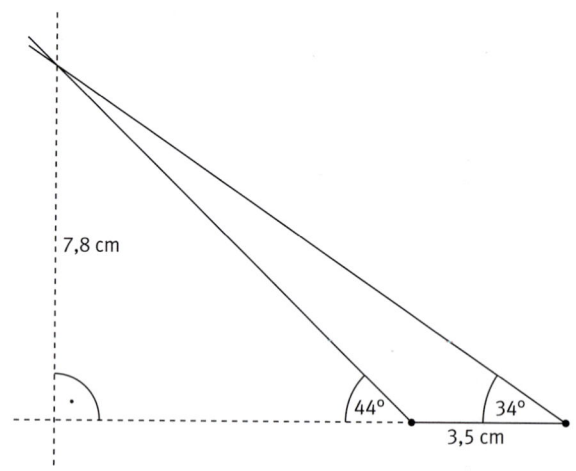

Im Rahmen der Mess- und Zeichengenauigkeit stellt man fest, dass der Felsen eine Höhe von etwa 78 m hat.

13 a) Beschreibung:
1. Zeichne die Strecke c mit den Eckpunkten A und B.
2. Zeichne den Thaleskreis über dem Mittelpunkt M der Strecke c.
3. Zeichne einen Kreisbogen um A mit Radius r = b.
4. Der Schnittpunkt des Kreisbogens mit dem Thaleskreis ergibt C.

Zeichnung:

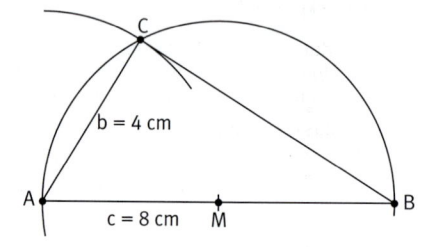

b) Beschreibung:
1. Zeichne die Strecke c mit den Eckpunkten A und B.
2. Zeichne den Thaleskreis über der Strecke c.
3. Zeichne eine Parallele p zu c im Abstand von 5 cm.
4. Ein Schnittpunkt der Parallelen p mit dem Thaleskreis ist der Dreieckspunkt C_1.
5. Es gibt zwei Lösungen C_1 und C_2.

Zeichnung:

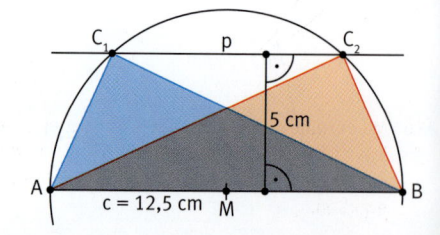

14 Zeichnung:

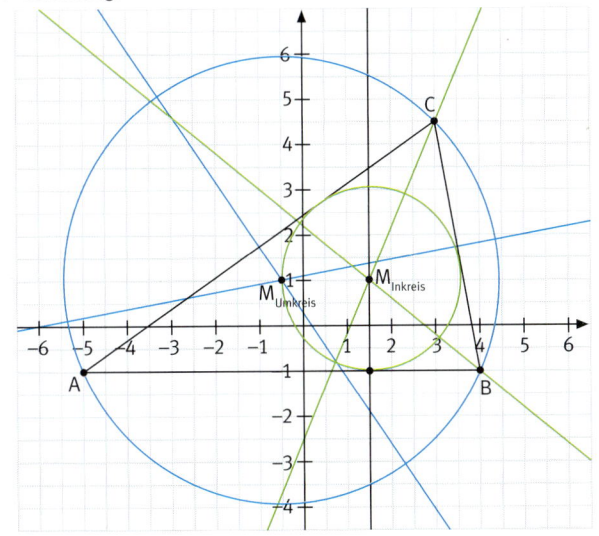

Beschreibung:
Konstruiere den Inkreis mithilfe der Winkelhalbierenden und den Umkreis mithilfe der Mittelsenkrechten; $M_{Inkreis}$ (1,5 | 1); $M_{Umkreis}$ (−0,5 | 1).

15 Beschreibung:
1. Zeichne die Diagonale d mit den Eckpunkten A und C.
2. Zeichne den Thaleskreis über dem Mittelpunkt M der Diagonale $\overline{AC}$.
3. Zeichne einen Kreisbogen mit Mittelpunkt A und Radius r = a. Der Schnittpunkt des Kreisbogens mit dem Thaleskreis ergibt B.
4. Zeichne einen Kreisbogen mit Mittelpunkt C und Radius r = a. Der Schnittpunkt des Kreisbogens mit dem Thaleskreis ergibt den Eckpunkt D.

Begründung: Man erhält auf diese Weise ein Parallelogramm, dessen Winkel in B und D rechtwinklig sind. Folglich müssen auch die gleich großen Winkel in A und C rechtwinklig sein. Wir haben das gesuchte Rechteck konstruiert.

Zeichnung:

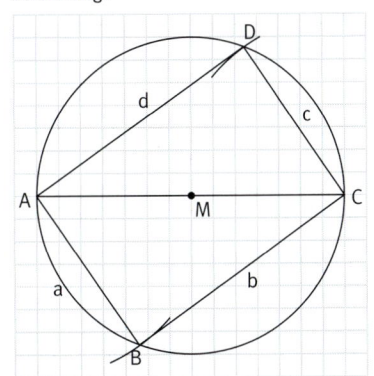

16 Man erhält weitere Lösungen, indem man jeweils den Thaleskreis über den Quadratseiten errichtet und die Punkte auf den Kreisbögen jeweils so wählt, dass sie wiederum ein Quadrat ergeben.

17 Die Aussage ist für Dreiecke richtig, für Figuren im Allgemeinen jedoch falsch. Ein beliebiges Parallelogramm und ein Rechteck können dieselben Seitenlängen haben, sind jedoch nicht deckungsgleich, d. h. nicht kongruent.

18 Die Aussage ist im allgemeinen Fall falsch. Nur im gleichseitigen Dreieck ist der Mittelpunkt des Umkreises identisch mit dem des Inkreises und damit auch gleich weit von allen Seiten entfernt.

19 Die Aussage ist im Allgemeinen falsch. Sie stimmt nur, wenn die Originalgerade parallel zur Spiegelachse verläuft.

20 Die Aussage ist falsch. Bei einer Punktspiegelung bleibt der Umlaufsinn erhalten, bei einer einfachen Achsenspiegelung dreht er sich um.

21 Die Aussage ist falsch. In jedem Dreieck schneiden sich die Winkelhalbierenden im Mittelpunkt des Inkreises.

22 Die Aussage ist falsch. Bei einem gleichseitigen Dreieck sind alle Winkel stets 60° groß, es kann also nie rechtwinklig sein.

23 Die Aussage ist richtig. Jedes Rechteck lässt sich mittels einer Diagonalen in zwei kongruente rechtwinklige Dreiecke zerlegen. Der Thaleskreis über der gemeinsamen Seite ist für beide Dreiecke auch der Umkreis, also auch für das Rechteck.

24 Die Aussage ist richtig. Da die Winkelsumme im Dreieck stets 180° ergibt, bleiben in einem rechtwinkligen Dreieck für die beiden verbliebenen Winkel zusammen nur 90° übrig, d. h. sie sind beide spitzwinklig.

25 Die Aussage ist falsch. Das Dreieck lässt sich zwar mit drei gegebenen Seiten eindeutig konstruieren (SSS), aber auch mithilfe anderer Kongruenzsätze (SWS, WSW, SsW).

26 Die Aussage ist richtig.

27 Die Aussage ist falsch, wie man an einem Beispiel schnell zeigen kann. Die Dreiecke haben zwar die gleiche Gestalt, aber ein Dreieck ist größer als das andere.

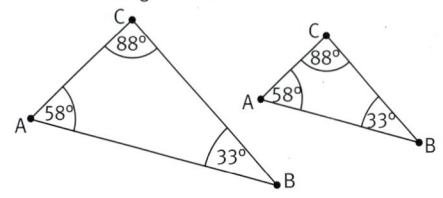

Lösungen zu „2.8 Das kann ich!" – Seite 58

1 Lösungsmöglichkeiten:
a) 45 min → 1,50 €; 1 h → 1,50 €; 1,5 h → 3,00 €
b) 1,20 m → 45 kg; 1,45 m → 56 kg; 1,65 m → 62 kg
c) 6.00 Uhr → 5 °C; 8.30 Uhr → 7 °C; 13.00 Uhr → 9 °C
d) 11.00 Uhr → 12 km; 11.30 Uhr → 23 km; 12.15 Uhr → 37 km

2 a) Zuordnung: *Ausstattungsmerkmal Handy → Anzahl Schüler*
b)

Ausstattung	Kamera	Touchscreen	Internet	E-Mail
Anz. Schüler	25	15	20	10

3 a) Lösungsmöglichkeit:

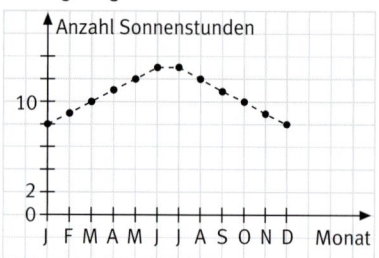

[Diagramm: Anzahl Sonnenstunden pro Monat J F M A M J J A S O N D, Werte steigen von ca. 6 auf 14 und fallen wieder auf 6]

b) Die Sonnenscheindauer nimmt in den ersten sechs Monaten pro Monat um 1 h am Tag zu, um in den folgenden sechs Monaten wiederum um 1 h pro Tag zu sinken.

4 a) Die Zuordnung ist in der Regel eindeutig, weil man pro Kuchenstück einen bestimmten Preis bezahlen muss.

b) Die Zuordnung ist nicht eindeutig, weil derselbe Wasserstand zu verschiedenen Uhrzeiten erreicht werden kann. Anmerkung: Die Zuordnung *Uhrzeit → Wasserstand in cm* ist dagegen eindeutig.

c) Die Zuordnung ist eindeutig, weil für jede Anzahl ein eindeutiger Preis bezahlt werden muss (ob man die Aktion jetzt nutzt oder nicht).

d) Die Zuordnung ist nicht eindeutig, wenn man nur die gestrichene Wandfläche meint, die man zum Teil mehrfach streichen kann. Sie ist jedoch eindeutig, wenn man die „Arbeitsfläche" meint, die man bei jedem Malgang überstreicht.

5 a) Der Anteil der Menschen, die im Durchschnitt mehr als drei Stunden Fernsehen pro Tag schauen, liegt bei den 14- bis 19-Jährigen bei etwa 50 %. Er sinkt für die nächsten beiden Altersgruppen jeweils leicht ab. In den 40ern steigt er dann zunächst leicht, ab den 50ern dann stärker an. Der Anstieg verlangsamt sich dann bei den über 70-Jährigen.

b) Zuordnung: *Altersgruppen → Anteil mit durchschnittlich mehr als 3 Stunden Fernsehen pro Tag*

c) Am größten ist der Anteil bei den über 70-Jährigen, am geringsten ist der Anteil bei den 30- bis 39-Jährigen.

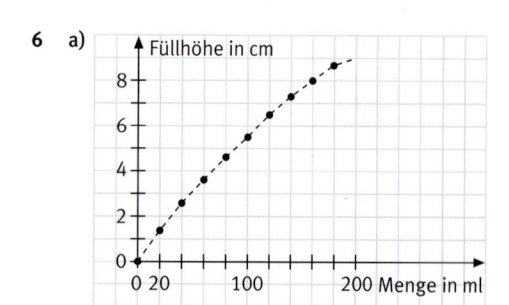

6 a)

[Diagramm: Füllhöhe in cm gegen Menge in ml, annähernd linear steigend]

b) Das Gefäß muss zunächst annähernd zylindrisch (also wie ein gerader Becher) sein, denn die Füllhöhe steigt anfangs etwa gleichmäßig an, wenn man jeweils die gleiche Menge Wasser einfüllt. Nach oben hin muss das Gefäß etwas breiter werden, weil die Füllhöhe bei gleicher Menge Wasser etwas langsamer ansteigt.

7 a) Die Zuordnung ist proportional, weil man (abgesehen von Tauschgebühren) für die doppelte (dreifache, ...) Menge US-Dollar die doppelte (dreifache, ...) Menge Euro bekommt.

b) Die Zuordnung ist proportional, weil man für die doppelte (dreifache, ...) Menge Benzin auch den doppelten (dreifachen, ...) Preis bezahlen muss.

c) Die Zuordnung ist umgekehrt proportional, weil man bei doppelter (dreifacher, ...) Geschwindigkeit nur die Hälfte (ein Drittel, ...) der Reisezeit benötigt.

d) Die Zuordnung ist umgekehrt proportional, weil man für die doppelte (dreifache, ...) Anzahl an Lkw nur die Hälfte (ein Drittel, ...) der Fahrten pro Lkw benötigt.

Seite 59

8 Lösungsmöglichkeiten:

a) Die Zuordnung ist umgekehrt proportional, weil die Wertepaare aus Ausgangsgröße und zugeordneter Größe produktgleich sind (260).

b) Die Zuordnung ist proportional, weil der Quotient aus Ausgangsgröße und zugeordneter Größe stets gleich ist ($\frac{1}{14}$).

c) Die Zuordnung ist umgekehrt proportional, weil die Wertepaare aus Ausgangsgröße und zugeordneter Größe produktgleich sind (128,8).

d) Die Zuordnung ist weder proportional noch umgekehrt proportional, weil die einander zugeordneten Wertepaare weder produkt- noch quotientengleich sind.

9 Der Graph von b) gehört zu einer proportionalen Zuordnung, der Graph von d) zu einer umgekehrt proportionalen Zuordnung. Die Graphen von a) und c) gehören nicht erkennbar zu einer der beiden Zuordnungen.

10 a)

Masse in g	100	600	375	1500	750
Preis in €	0,88	5,28	3,30	1,32	0,66

b)

Masse in g	100	400	350	750	2500
Preis in €	1,38	5,52	≈ 4,83	≈ 10,35	34,50

c)

Masse in g	150	100	750	75	125
Preis in €	1,69	≈ 1,13	8,45	≈ 0,85	≈ 1,41

11 a)

Anzahl Teilnehmer	5	8	12	15	18
Preis pro Teilnehmer in €	25,20	15,75	10,50	8,40	7,00

b) Das Produkt der Wertepaare gibt den Gesamtpreis an, der für den Ausflug gezahlt werden muss.

12 Die Aussage ist richtig.

13 Die Aussage ist falsch. Beispielsweise ist die Zuordnung *Preis in € → Parkdauer in min* nicht eindeutig, denn wenn die erste Stunde 1,50 € kostet, kann man nicht sagen, ob jemand 20 min, 40 min oder nur 12 min geparkt hat.

14 Die Aussage ist richtig.

15 Die Aussage ist nicht in jedem Fall richtig. Für eine umgekehrt proportionale Zuordnung gilt zwar der Zusammenhang, aber für viele andere Zuordnungen auch. Wenn man beispielsweise beschreiben möchte, wie Wasser über einen Zeitraum aus einer Wanne abfließt, dann nimmt die Wasserhöhe ab, während die abgelaufene Zeit zunimmt. Die Zuordnung
Zeitdauer in min → Wasserhöhe in cm ist aber nicht umgekehrt proportional.

16 Die Aussage ist falsch. Der Graph einer umgekehrt proportionalen Zuordnung ist eine Hyperbel, die niemals durch den Ursprung des Koordinatensystems verläuft.

17 Die Aussage ist richtig. Insbesondere verläuft die Gerade immer durch den Ursprung.

18 Die Aussage ist falsch. Die Quotientengleichheit gilt für proportionale Zuordnungen, für umgekehrt proportionale Zuordnungen gilt die Produktgleichheit von Wertepaaren.

19 Die Aussage ist so nicht richtig. Vielmehr muss man jedes Mal überprüfen, ob die Punkte sinnvoll miteinander verbunden werden können.

20 Die Aussage ist sicherlich zutreffend, weil man die Veränderungen im Graphen in der Regel besser erkennt als anhand der Zahlen in der Tabelle allein.

21 Die Aussage ist falsch. Proportionale und umgekehrt proportionale Zuordnungen sind wichtig, aber es gibt eine Vielzahl an Zuordnungen in diesem Kapitel, die weder proportional noch umgekehrt proportional sind.

22 Die Aussage ist richtig.

Lösungen zu „3.11 Das kann ich!" – Seite 86

1

	a)	b)	c)
	$25\% = 0{,}25 = \frac{1}{4}$	$6\% = 0{,}06 = \frac{3}{50}$	$0{,}5\% = 0{,}005 = \frac{1}{200}$
	$20\% = 0{,}2 = \frac{1}{5}$	$17\% = 0{,}17 = \frac{17}{100}$	$1{,}25\% = 0{,}0125 = \frac{1}{80}$
	$65\% = 0{,}65 = \frac{13}{20}$	$29\% = 0{,}29 = \frac{29}{100}$	$4{,}5\% = 0{,}045 = \frac{9}{200}$
	$80\% = 0{,}8 = \frac{4}{5}$	$33\% = 0{,}33 = \frac{33}{100}$ ($\approx \frac{1}{3}$)	$22{,}5\% = 0{,}225 = \frac{9}{40}$
	$95\% = 0{,}95 = \frac{19}{20}$	$57\% = 0{,}57 = \frac{57}{100}$	$66{,}8\% = 0{,}668 = \frac{167}{250}$
	$100\% = 1 = \frac{1}{1}$	$72\% = 0{,}72 = \frac{18}{25}$	$77{,}2\% = 0{,}772 = \frac{193}{250}$
	$140\% = 1{,}4 = \frac{7}{5}$	$105\% = 1{,}05 = \frac{21}{20}$	

2

	a)	b)	c)
	$\frac{27}{100} = 0{,}27 = 27\%$	$\frac{7}{10} = 0{,}7 = 70\%$	$\frac{32}{40} = 0{,}8 = 80\%$
	$\frac{3}{50} = 0{,}06 = 6\%$	$\frac{4}{5} = 0{,}8 = 80\%$	$\frac{34}{60} = 0{,}566\ldots \approx 57\%$
	$\frac{37}{50} = 0{,}74 = 74\%$	$\frac{3}{4} = 0{,}75 = 75\%$	$\frac{17}{45} = 0{,}377\ldots \approx 38\%$
	$\frac{6}{25} = 0{,}24 = 24\%$	$\frac{9}{10} = 0{,}9 = 90\%$	$\frac{7}{9} = 0{,}777\ldots \approx 78\%$
	$\frac{17}{25} = 0{,}68 = 68\%$	$\frac{6}{5} = 1{,}2 = 120\%$	$\frac{1}{11} = 0{,}0909\ldots \approx 9\%$
	$\frac{3}{20} = 0{,}15 = 15\%$	$2\frac{1}{2} = 2{,}5 = 250\%$	$\frac{5}{12} = 0{,}4166\ldots \approx 42\%$
	$\frac{7}{20} = 0{,}35 = 35\%$	$3\frac{2}{5} = 3{,}4 = 340\%$	$\frac{5}{6} = 0{,}833\ldots \approx 83\%$

3 a) $\frac{12}{18} = \frac{2}{3} = 0{,}666\ldots \approx 67\% < \frac{14}{20} = \frac{7}{10} = 0{,}7 = 70\%$

b) $\frac{65}{100} = 0{,}65 = 65\% < \frac{8}{12} = \frac{2}{3} = 0{,}666\ldots \approx 67\%$

4 Sabine: $\frac{8}{20} = 0{,}4 = 40\%$

Simon: $\frac{10}{25} = 0{,}4 = 40\%$

Jakob: $\frac{9}{21} = \frac{3}{7} = 0{,}429\ldots \approx 43\%$

Absolut spart Simon am meisten, nämlich 10 €. Bezogen auf die Höhe des Taschengeldes spart jedoch Jakob am meisten, nämlich fast 43 %, während Sabine und Simon 40 % ihres Taschengeldes sparen.

5 a) 10 % (36°), 15 % (54°), 20 % (72°), 25 % (90°), 30 % (108°)

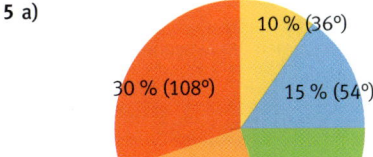

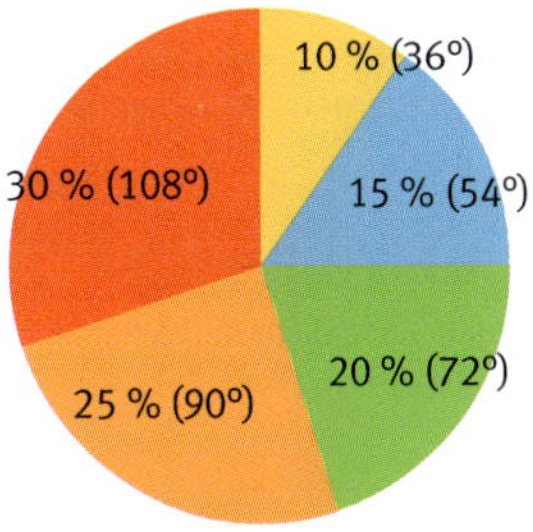

b) 8 % (28,8°), 12 % (43,2°), 18 % (64,8°), 24 % (86,4°), 38 % (136,8°)

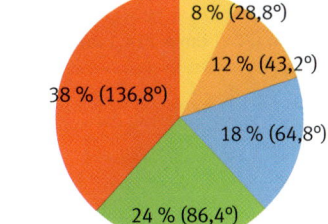

6 A, E, I, O, U

7 a) G: 32 Kinder; P: 12 Mädchen
Gesucht: Prozentsatz p % der Mädchen
b) G: 20 €; p % = 10 %
Gesucht: Prozentwert P, um den das Taschengeld erhöht wird
c) P = 240 €; p % = 16 %
Gesucht: Grundwert G, also der ursprüngliche Preis
d) G: 20 Stimmen; P: 15 Stimmen
Gesucht: Prozentsatz p % der Stimmen

8 a) 78 %   b) 36 %   c) 20 %
d) 38 %   e) 25 %   f) 58 %

9 a) 60 min ≙ 100 %
15 min ≙ 25 %
12 min ≙ 20 %
b) p % = 72 % (240 %)
c) p % = 35 % (82,5 %)
d) p % = 80 % (45 %)

10 $\frac{234}{1179} = 0{,}198\ldots \approx 20\%$

11 a) $P = \frac{30}{100} \cdot 120\,kg = 0{,}3 \cdot 120\,kg = 36\,kg$ (54 kg)
b) P = 7,5 m (35 m)
c) P = 50,73 € (99,68 €)
d) P = 1,14 m (7,125 m)

12 Gegeben: G = 516 kg; p % = 68 % = 0,68
a) Gesucht: P
P = 0,68 · 516 kg = 350,88 kg
Antwort: Im Durchschnitt werden pro Einwohner etwa 351 kg Hausmüll wiederverwertet.
b) Gesucht: G – P
516 kg – 350,88 kg = 165,12 kg
Antwort: Ungefähr 165 kg des Hausmülls eines Einwohners können nicht verwertet werden.

13 a) 40 % ≙ 230 l
100 % ≙ 575 l   (≈ 418,18 l)
b) G ≈ 1420,45 € (7812,50 €)
c) G = 278,5 dm = 27,85 m (7241 dm = 724,1 m)
d) G ≈ 282,2 g (≈ 19,24 g)

14 Gegeben: Z = 3000 €, p % = 5,5 %
Gesucht: K
5,5 % ≙ 3000 €
100 % ≙ 54 545,46 €
Antwort: Das Kapital betrug 54 545,46 €.

Seite 87

15 Gegeben: P = 12 600 €; p % = 40 %
Gesucht: G
40 % ≙ 12 600 €
100 % ≙ 31 500 €
(P = 365 000 €: G = 91 250 €
P = 58 000 €: G = 145 000 €)
Antwort: Man muss mindestens 31 500 € angespart haben.

16 Gegeben: G = 420 €; P = 18,90 €
Gesucht: p %
$p\% = \frac{18{,}90\,€}{420\,€} = 0{,}045 = 4{,}5\%$
Antwort: Der Finderlohn liegt mit 4,5 % unter dem gesetzlichen Wert von 5 %. Es wurde also zu wenig Finderlohn bezahlt. (Es hätten 21 € bezahlt werden müssen.)

17 Gegeben: G = 16 750 €; p % = 16 % = 0,16
Gesucht: P (bzw. G – P)
P = 0,16 · 16 750 € = 2680 €
(16 750 € – 2680 € = 14 070 €)
Antwort: Das Autohaus gibt einen Rabatt von 2680 €. (Der Kaufpreis beträgt somit nur noch 14 070 €.)

18 Rabatt auf den Preis von …
- Diesel: $p\% = \frac{2\,ct}{147{,}9\,ct} \approx 0{,}014 = 1{,}4\%$
- Super: $p\% = \frac{2\,ct}{149{,}9\,ct} \approx 0{,}013 = 1{,}3\%$
- V-Power: $p\% = \frac{2\,ct}{162{,}9\,ct} \approx 0{,}012 = 1{,}2\%$

19 Gegeben: G = 5 l = 5000 ml; p ‰ = 0,3 ‰ = 0,0003
Gesucht: P
P = 0,0003 · 5000 ml = 1,5 ml
Antwort: Das entspricht einer Menge von 1,5 ml reinem Alkohol.

20 Die Aussage ist richtig. Anteile lassen sich als Brüche, Dezimalbrüche, als Verhältnisse oder in Prozent angeben.

21 Die Aussage ist falsch. Jeden Bruch kann man in Prozente umwandeln, indem man beispielsweise Zähler durch Nenner dividiert und die erhaltene Dezimalzahl dann in Prozent angibt.

22 Die Aussage ist falsch. Die Anteile müssen dieselben sein (sonst wäre es nicht umwandelbar).

23 Die Aussage ist falsch. Wie man bei Aufgabe 4 erkennen konnte, kann sich beim absoluten Vergleich eine andere Reihenfolge ergeben als beim relativen.

24 Die Aussage ist richtig.

25 Die Aussage ist falsch. Die Zinsen entsprechen dem Prozentwert, der Zinssatz dem Prozentsatz in der Prozentrechnung.

26 Die Aussage ist falsch. Wenn man beispielsweise bei einer Lotterie 1 € einsetzt und 10 € gewinnt, dann ist der Prozentsatz höher als der Grundwert.

27 Die Aussage ist richtig.

28 Die Aussage ist richtig.

29 Die Aussage ist richtig.

30 Die Aussage ist falsch. Rabatte sind Abschläge auf einen Rechnungsbetrag.

31 Die Aussage ist falsch. Die Mehrwertsteuer entspricht einem Aufschlag auf einen Preis.

32 Die Aussage ist richtig.

33 Die Aussage ist richtig.

34 Die Aussage ist richtig.

Lösungen zu „4.8 Das kann ich!" – Seite 110

1 a) Es haben 13 Schüler Angaben gemacht, die kleiner oder gleich 11 Bücher sind, sowie 13 Schüler Angaben, die größer oder gleich 11 Bücher sind.
b) Die meisten Schüler haben als Angabe 9 Bücher gemacht.
c) Die Angabe ist nicht möglich, denn einerseits wäre dann der Modalwert ebenfalls 10. Andererseits kann der Median nicht 11 sein, wenn die meisten Schüler gesagt haben, dass sie 9 Bücher besitzen.

2 a) bisher: $\bar{x} = 2$, somit 2 ergänzen
b) bisher: $\bar{x} = 22{,}5$. Damit $\bar{x} = 30$ gilt, muss jeder Wert im Durchschnitt 30 sein, also $5 \cdot 30 = 150$. Die Summe der bisherigen Werte ist 90. Also muss 60 ergänzt werden.
c) 0 ergänzen
d) 1 ergänzen: Dann ist der Median in der Reihe 1; 1; 1; 3; 7; 13 die Zahl 2.
e) bisher: Spannweite: $9 - 2 = 7$
Zahl 13 ergänzen (oder Zahl –2)

3 a) Anzahl Saxophon > Anzahl Gitarre > Anzahl Schlagzeug > Anzahl Klavier > Anzahl Geige = Anzahl Horn
b) 4 Schüler spielen kein Instrument, also spielen 12 Schüler ein Instrument. Somit spielt mindestens 1 Schüler mehr als 1 Instrument (d. h. 1 Schüler spielt dann 5 Instrumente und die restlichen 11 Schüler jeweils 1 Instrument).
Höchstens 4 Schüler spielen mehr als 1 Instrument (also 4 Schüler spielen 2 Instrumente und die restlichen 8 Schüler jeweils 1 Instrument).
c) Anzahl aller Instrumente: 16
$\bar{x} = \frac{16}{16} = 1$
Von allen Schülern des Wahlkurses spielt jeder im Durchschnitt 1 Instrument.
$\bar{x} = \frac{16}{12} = 1\frac{1}{3}$
Von den Schülern, die ein Instrument spielen, spielt jeder im Durchschnitt $1\frac{1}{3}$ Instrumente (bzw. jeder 3. Schüler spielt dann 2 Instrumente).

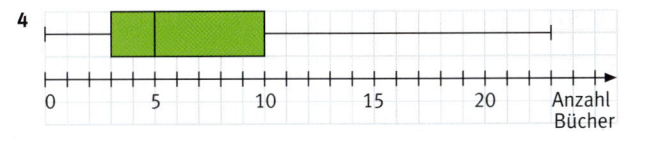

4 [Boxplot: 0 bis ca. 22, Box von 5 bis 10, Median bei 5, Anzahl Bücher]

5 Lösungsmöglichkeit:
Die Katzen brachten zwischen 0 und 8 Babys zur Welt. 10 Katzen brachten 4 Babys oder weniger zur Welt, die andere Hälfte 4 Babys oder mehr. 5 Katzen brachten zwischen 0 und 2 Babys zur Welt, 5 Katzen zwischen 2 und 4, wiederum ein anderes Viertel zwischen 4 und 7 Babys sowie 5 Katzen 7 oder 8 Babys zur Welt.

6 a) Wenn man die Münze immer zufällig wirft, dann handelt es sich um ein Zufallsexperiment.
b) ① $H(W) = 11$, Anteil: $h(W) = \frac{11}{20}$
② Modalwert: W
③ Es lassen sich kein Median und kein arithmetisches Mittel einer „Buchstabenreihe" bestimmen.
(Möglichkeit: Übersetzung in eine Zahlenreihe: $Z \triangleq 0$, $W \triangleq 1$, damit Median: 1 (also W) und $\bar{x} = \frac{11}{20} = 0{,}55$)

7 Man führt einen Zufallsversuch zum Werfen des Deckels sehr häufig durch. Die sich stabilisierenden relativen Häufigkeiten können als Schätzwerte für die jeweiligen Wahrscheinlichkeiten angesehen werden.

8 Die Wahrscheinlichkeit beträgt $\frac{1}{5} = 20\,\%$.

9 Die Wahrscheinlichkeit ins Haus zu kommen beträgt $\frac{1}{6} \approx 17\,\%$.

Seite 111

10 Da es sich um einen Zufallsversuch handelt, bei dem jede Kugel mit der gleichen Wahrscheinlichkeit gezogen wird, ist das Ziehen jeder Kugel gleich wahrscheinlich. Die Ziehungen, die Lucy und Hank zugrunde legen, scheinen noch nicht ausreichend viele zu sein, sodass sich die relativen Häufigkeiten stabilisiert haben.

11 a) Jede Farbe hat die Wahrscheinlichkeit $\frac{1}{6}$.
b) Ella muss den Versuch sehr häufig durchführen und die Entwicklung der relativen Häufigkeiten beobachten. Wenn sich diese nahe bei der erwarteten Wahrscheinlichkeit stabilisieren, ist ihre Vermutung richtig.

12 Die Aussage ist richtig.

13 Die Aussage ist richtig, denn es ist der Wert, der am häufigsten vorkommt.

14 Die Aussage ist falsch. Gegenbeispiel:
0, 1, 3, 4
Hier ist der Median 2, die Zahl 2 kommt aber nicht vor.

15 Die Aussage ist falsch. Gegenbeispiel:
0, 1, 2, 9
$\bar{x} = \frac{12}{4} = 3$. Die Zahl 3 kommt aber nicht vor.

16 Die Aussage ist richtig, wie man an beliebigen Beispielen ausprobieren kann.

17 Die Aussage ist richtig für positive Zahlen. Wenn das Minimum jedoch eine negative Zahl ist, dann kann die Spannweite auch größer sein.

18 Die Aussage ist im Allgemeinen falsch.
Beispiel: 4, 5, 6
Minimum: 4   Spannweite: 6 – 4 = 2

19 Die Aussage ist richtig.

20 Die Aussage ist richtig.

21 Die Aussage ist richtig.

22 Die Aussage ist richtig, da die relative Häufigkeit bei wenigen Würfen stärker schwanken kann als bei einer größeren Anzahl.

23 Die Aussage ist so allgemein nicht richtig. Laplace-Wahrscheinlichkeiten liegen nur bei Zufallsexperimenten vor, bei denen jedes Ergebnis mit gleicher Wahrscheinlichkeit vorkommt.

24 Die Aussage ist richtig.

Lösungen zu „5.9 Das kann ich!" – Seite 138

1 a) Parallelogramm, Trapez
(Jedes Parallelogramm ist auch ein Trapez.)

b) symmetrisches Trapez

c) Raute, Parallelogramm, Trapez
(Jede Raute ist auch ein Parallelogramm.)

d) Rechteck, Parallelogramm, Trapez
(Jedes Rechteck ist auch ein Parallelogramm.)

e) Quadrat, Rechteck, Raute, Parallelogramm, Trapez
(Jedes Quadrat erfüllt gleichzeitig die Eigenschaften der anderen Figuren.)

f) Trapez

2 Lösungsmöglichkeiten:
a)

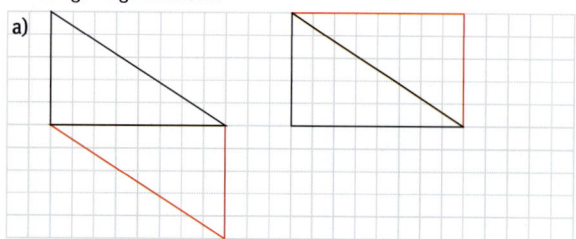

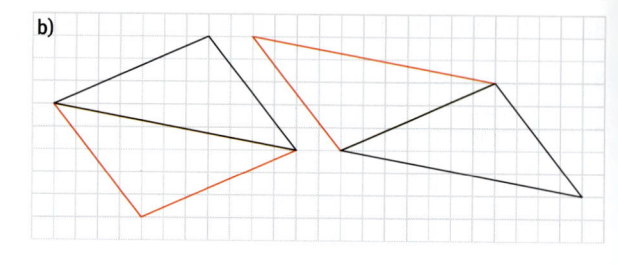

b)

3 Rechteck: rechtwinkliges Dreieck (vgl. Lösung bei Beispiel 2 a)
Quadrat: rechtwinklig-gleichschenkliges Dreieck

4 ①, ③ und ④ besitzen mit 36 Kästchen denselben Flächeninhalt. ② ist 40 Kästchen groß.

5 Eine Raute ist ein Parallelogramm, bei dem alle vier Seiten gleich lang sind.
a), b) und d) erfüllen diese Eigenschaften, c) nicht.

6

	Achsensymmetrie	Zahl der Achsen	Punktsymmetrie
Rechteck	ja	2	ja
Quadrat	ja	4	ja
Parallelogramm	nein	0	ja
Raute	ja	2	ja
Symmetrisches Trapez	ja	1	nein

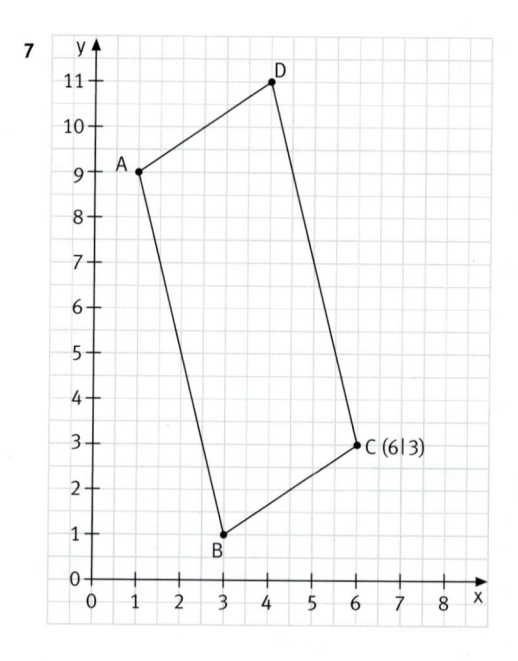

7

8

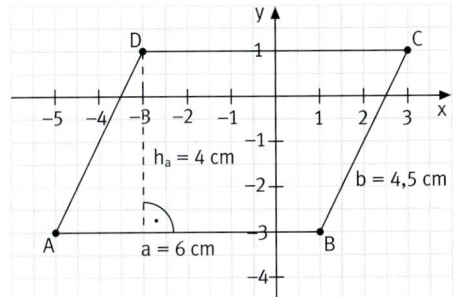

$u = 2 \cdot a + 2 \cdot b$
$u = 2 \cdot 6\text{ cm} + 2 \cdot 4,5\text{ cm} = 21\text{ cm}$
$A = a \cdot h_a$
$A = 6\text{ cm} \cdot 4\text{ cm} = 24\text{ cm}^2$

9 $A = \frac{1}{2} \cdot g \cdot h$

a) $A = \frac{1}{2} \cdot 5,6\text{ cm} \cdot 4,5\text{ cm} = 12,6\text{ cm}^2$

b) $A = \frac{1}{2} \cdot 7,9\text{ cm} \cdot 3\text{ cm} = 11,85\text{ cm}^2$

10 $A = \frac{1}{2} \cdot g \cdot h$

Bei der Berechnung muss man auf gleiche Einheiten achten.

	a)	b)	c)
Grundseite g	40 mm	3,8 cm	1,3 cm
Höhe h	12 cm	4,1 cm	17 mm
Flächeninhalt A	24 cm²	7,79 cm²	110,5 mm²

11 a) $A = \frac{1,5\text{ cm} + 4,5\text{ cm}}{2} \cdot 2,5\text{ cm} = 3\text{ cm} \cdot 2,5\text{ cm} = 7,5\text{ cm}^2$

b) $A = \frac{1\text{ cm} + 3\text{ cm}}{2} \cdot 4,5\text{ cm} = 2\text{ cm} \cdot 4,5\text{ cm} = 9\text{ cm}^2$

Seite 139

12 **1** a) $A = g \cdot h$
$A = 1,5\text{ cm} \cdot 7,3\text{ cm} = 10,95\text{ cm}^2$

b) Der Umfang kann aus den Angaben nicht berechnet werden, weil die Länge der anderen Seite des Parallelogramms fehlt.

2 a) $A = a^2$
$A = 32\text{ m} \cdot 32\text{ m} = 1024\text{ m}^2$

b) $u = 4 \cdot a \quad u = 4 \cdot 32\text{ m} = 128\text{ m}$

3 a) $A = \frac{a+c}{2} \cdot h$
$A = \frac{38\text{ dm} + 20\text{ dm}}{2} \cdot 10,7\text{ dm} = 310,3\text{ dm}^2$

b) $u = a + b + c + d$; hier: $b = d$
$u = 38\text{ dm} + 14\text{ dm} + 20\text{ dm} + 14\text{ dm} = 86\text{ dm}$

4 a) $A = \frac{a+c}{2} \cdot h$
$A = \frac{8,4\text{ dm} + 11,2\text{ dm}}{2} \cdot 5,5\text{ dm} = 53,9\text{ dm}^2$

b) Der Umfang kann nicht berechnet werden, weil die Angaben der beiden anderen Seitenlängen fehlen.

5 a) $A = g \cdot h$
$A = 2\text{ cm} \cdot 2,5\text{ cm} = 5\text{ cm}^2$
Beachte, dass die Höhe zu einer bekannten Seite des Parallelogramms gewählt werden muss.

b) Der Umfang kann aus den Angaben nicht berechnet werden, weil die Länge der anderen Seite des Parallelogramms fehlt.

13 Es sind verschiedene Zerlegungen (oder auch Ergänzungen) möglich. Lösungsmöglichkeit:

a) Zerlegung in Trapez (A_1) und Dreieck (A_2):

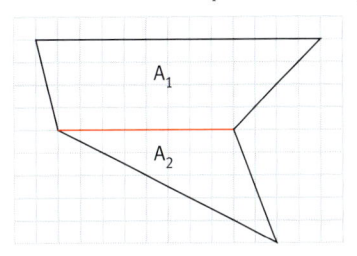

$A = A_1 + A_2$
$A_1 = \frac{4\text{ cm} + 6,5\text{ cm}}{2} \cdot 2\text{ cm} = 10,5\text{ cm}^2$
$A_2 = \frac{1}{2} \cdot 4\text{ cm} \cdot 2,5\text{ cm} = 5\text{ cm}^2$
$A = 15,5\text{ cm}^2$

b) Zerlegung in Dreiecke (A_1, A_3) und Trapez (A_2):

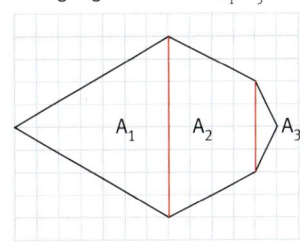

$A = A_1 + A_2 + A_3$
$A_1 = \frac{1}{2} \cdot 4\text{ cm} \cdot 3,5\text{ cm} = 7\text{ cm}^2$
$A_2 = \frac{4\text{ cm} + 2\text{ cm}}{2} \cdot 2\text{ cm} = 6\text{ cm}^2$
$A_3 = \frac{1}{2} \cdot 2\text{ cm} \cdot \frac{1}{2}\text{ cm} = \frac{1}{2}\text{ cm}^2$
$A = 13,5\text{ cm}^2$

14 Lösungsmöglichkeit:

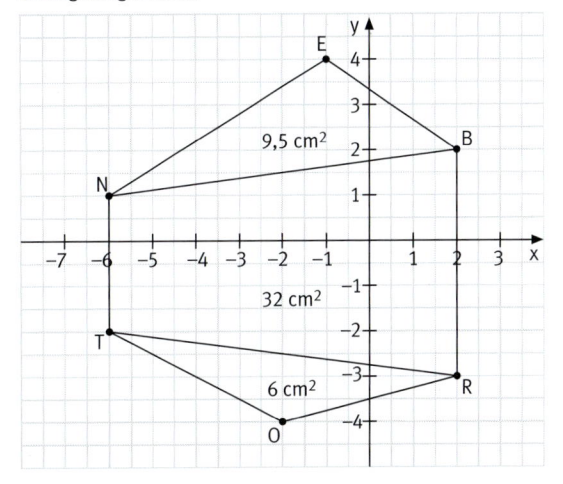

$A = 6\text{ cm}^2 + 32\text{ cm}^2 + 9,5\text{ cm}^2 = 47,5\text{ cm}^2$

15 Die Aussage ist richtig, denn das Quadrat erfüllt die Eigenschaften des Rechtecks.

16 Die Aussage ist falsch, denn ein Rechteck muss nicht vier gleich lange Seiten haben.

17 Die Aussage ist richtig, denn das Parallelogramm erfüllt die Eigenschaften des Trapezes.

18 Die Aussage ist falsch. Zwar haben beliebige Drachenvierecke genau eine Symmetrieachse, aber symmetrische Trapeze ebenso.

19 Die Aussage ist richtig.

20 Die Aussage ist richtig. Es gibt aber noch weitere Zerlegungsmöglichkeiten für ein Parallelogramm.

21 Die Aussage ist falsch, wie man in einem beliebigen Trapez sehen kann (siehe beispielsweise Aufgabe 12 ③ auf dieser Seite).

22 Die Aussage ist falsch. Wenn man eine der Seitenlängen verdoppelt, dann verdoppelt sich auch der Flächeninhalt. Wenn man beide Seitenlängen verdoppelt, dann vervierfacht sich der Flächeninhalt. Dieses kann man an Zahlenbeispielen ausprobieren oder sich allgemein folgendermaßen überlegen:
$A_1 = g \cdot h$
$A_2 = 2 \cdot g \cdot 2 \cdot h = 2 \cdot 2 \cdot g \cdot h = 4 \cdot g \cdot h = 4 \cdot A_1$

23 Die Aussage ist richtig, wie man an Zahlenbeispielen ausprobieren oder sich allgemein überlegen kann:
$A_1 = \frac{1}{2} \cdot g \cdot h$
$A_2 = \frac{1}{2} \cdot 2 \cdot g \cdot \frac{1}{2} \cdot h = \frac{1}{2} \cdot 2 \cdot \frac{1}{2} \cdot g \cdot h = \frac{1}{2} \cdot g \cdot h = A_1$

24 Die Aussage ist falsch. Mit dem Produkt aus Grundseite und zugehöriger Höhe kann man den Flächeninhalt eines Parallelogramms berechnen. Da man durch Verdopplung des Trapezes jedes Trapez zu einem Parallelogramm ergänzen kann, ist der Flächeninhalt des Trapezes genau halb so groß wie der des zugehörigen Parallelogramms.

25 Bei einem Dreieck bietet sich die Flächeninhaltsformel für Trapeze nicht unbedingt an, es sei denn man setzt eine der parallelen Seiten mit der Länge 0 LE an. Bei Parallelogrammen klappt es aber, denn Parallelogramme sind spezielle Trapeze.

26 Die Aussage ist richtig.

Lösungen zu „6.11 Das kann ich!" – Seite 168

1
a) Die Personen tauchen 14,5 m unter dem Wasserspiegel, also −14,5 m.
b) Die Temperaturen schwanken zwischen −4,8 °C und +3,2 °C.
c) Pro Monat kommen 8 € in das Sparschwein hinzu.
d) Kaiser Augustus lebte von 64 vor Christus bis 14 nach Christus, also von −64 bis +14 unserer Zeitrechnung.

2
a) A: −300   B: −200   C: −50   D: 0
   E: +150
b) A: $-1\frac{1}{4}$ B: $-\frac{1}{2}$ C: $-\frac{1}{4}$ D: 0
   E: $+\frac{3}{4}$ F: $+1\frac{1}{4}$

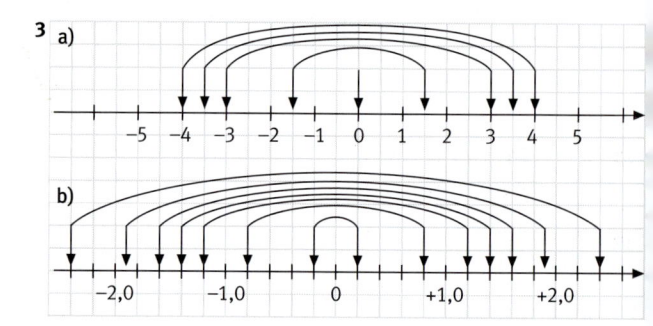

3 a) b)

4
a) −5,5   b) +20   c) −8,9
d) $-6\frac{3}{4}$ e) $-\frac{1}{7}$ f) $-\frac{5}{18}$

5
a) −11,49 (−11)   b) −12,00 (−12)   c) −254,95 (−255)
   −87,21 (−87)   −45,99 (−46)   −153,91 (−154)
   35,00 (35)   −18,89 (−19)   −9999,92 (−10 000)

6
a) 0,235 > −0,235   b) |−17,14| > −17,14
   |−12,35| = 12,35   −35,78 > −35,79
c) +123,21 > |−123,20| d) $-\frac{15}{3} < -\frac{15}{4}$
   |−15,993| > |−15,992| $\left|-16\frac{1}{2}\right| > \left|16\frac{1}{3}\right|$

7
a) $-17 < -4,5 < -4 < 0 < 2,1 < 3,5 < 22\frac{1}{7}$
b) $-33\frac{1}{3} < -33,3 < -33,2 < -33,1 < |-33,1| < |-33,2|$

8 a)

+	−2,75	+4,3	$-\frac{7}{10}$	$-2\frac{1}{5}$
−3,4	−6,15	+0,9	−4,1	−5,6
9,2	+6,45	+13,5	+8,5	+7
$-\frac{2}{3}$	$-3\frac{5}{12}$	$+3\frac{19}{30}$	$-1\frac{11}{30}$	$-2\frac{13}{15}$
+0,9	−1,85	+5,2	+0,2	−1,3

b)

−	7,2	−14,8	$-\frac{5}{8}$	+12,34
−15,7	−22,9	−0,9	−15,075	−28,04
+4,6	−2,6	+19,4	+5,225	−7,74
$-\frac{9}{10}$	−8,1	+13,9	$-\frac{11}{40}$	−13,24
2,78	−4,42	+17,58	+3,405	−9,56

c) Die Subtraktion ist nicht kommutativ, also wird durch die ausgefüllte Zelle die Reihenfolge der Berechnung festgelegt.

9 x + (−56) − (−44) = 100
x − 56 + 44 = 100
x − 12 = 100   Markus hat sich die Zahl 112 gedacht.

10

·	−3,5	+9,8	−$\frac{3}{5}$	−17,1
−6,7	+23,45	−65,66	+4,02	+114,57
+2$\frac{3}{4}$	−9$\frac{5}{8}$	+26,95	−1$\frac{13}{20}$	−47,025
−7,5	+26,25	−73,5	+4,5	+128,25
+0,25	−0,875	+2,45	−0,15	−4,275

Seite 169

11 a) Das Ergebnis ist positiv.
  b) Das Ergebnis ist negativ.

12

:	−2,1	+5	−$\frac{3}{4}$	−3,5
220,5	−105	+44,1	−294	−63
−15,75	+7,5	−3,15	+21	+4,5
−94,5	+45	−18,9	+126	+27
−12$\frac{3}{5}$	+6	−2,52	+16$\frac{4}{5}$	+3,6

13 a) $-5 \cdot (3,5 + 4,5) = -5 \cdot 8 = -40$
  b) $36,7 + (-6,7) + (-12,9) + (-5,1) = 36,7 - 6,7 + (-12,9 - 5,1)$
    $= 30 - 18 = 12$
  c) $\frac{1}{4} + (-\frac{7}{8}) + (-\frac{1}{6}) + (-\frac{5}{12}) = \frac{1}{4} - \frac{7}{8} + (-\frac{1}{6} - \frac{5}{12}) = -\frac{5}{8} - \frac{7}{12}$
    $= -1\frac{5}{24}$
  d) $-22,1 \cdot 98 + (-5,6) \cdot 98 = (-22,1 - 5,6) \cdot 98 = -27,7 \cdot 98$
    $= -2714,6$
  e) $-14,7 \cdot (-\frac{3}{4} + \frac{4}{3}) = -14,7 \cdot \frac{7}{12} = -8,575 \; (-8\frac{23}{40})$
  f) $0,01 \cdot (-27,1 - 15,9) = 0,01 \cdot (-43) = -0,43$

14 a) $(-4) \cdot (-4) \cdot (-4) \cdot (-4) \cdot (-4) = (-4)^5 = -1024$.
  b) $2,5 \cdot 2,5 \cdot 2,5 \cdot 2,5 \cdot 2,5 \cdot 2,5 \cdot 2,5 = 2,5^7 = 610\frac{45}{128}$

15 Die Aussage ist falsch.
  Beispiel: $-\frac{3}{4}$ ist eine rationale, aber keine ganze Zahl.

16 Die Aussage ist falsch. Jede natürliche Zahl ist gleichzeitig auch eine rationale Zahl.

17 Die Aussage ist richtig.

18 Die Aussage ist falsch, denn −38,2 liegt weiter links auf der Zahlengerade als −37,2, weshalb es auch einen größeren Abstand zur Null hat.

19 Die Aussage ist für zwei verschiedene rationale Zahlen richtig. Man kann beispielsweise stets die Mitte nehmen.

20 Die Aussage ist richtig, es ist eine mögliche Vorgehensweise.

21 Die Aussage ist richtig.

22 Die Aussage ist falsch. Treffen zwei Minuszeichen aufeinander, dann kann man sie durch ein Pluszeichen ersetzen.

23 Die Aussage ist richtig, wie man durch einen Vergleich von jeweils zwei der Zahlen überprüfen kann.

24 Die Aussage ist falsch. Wird eine Zahl durch einen negativen Bruch dividiert, dann wird diese Zahl auch mit dem negativen Kehrbruch multipliziert.

25 Die Aussage ist falsch. Die beiden Gesetze gelten für die alleinige Multiplikation und die alleinige Addition rationaler Zahlen.

26 Die Aussage ist richtig, weil man jedes Ausklammern durch Ausmultiplizieren wieder rückgängig machen kann.

27 Die Aussage ist falsch. Man kann die Division einer rationalen Zahl durch die Multiplikation mit ihrem Kehrbruch ersetzen.
  Beispiel: $15 : (-\frac{3}{4}) = 15 \cdot (-\frac{4}{3})$

28 Die Aussage ist so sicherlich falsch. Das Kommutativgesetz besagt, dass man die Reihenfolge bei der alleinigen Multiplikation oder der alleinigen Addition beliebig vertauschen darf.

29 Die Aussage ist richtig.

Lösungen zu „7.11 Das kann ich!" – Seite 198

1 a) 341 (−139,5)   b) 82 (−26,5)   c) 1,8 (−4,4)

2 Lösungsmöglichkeiten:
  a) Sei a die kürzere Seite, dann ist $3 \cdot a$ die längere Seite.
    $u = a + 3 \cdot a + a + 3 \cdot a = 8 \cdot a$
  b) Sei a die kürzere Seite, dann ist die längere Seite a + 6,5 cm lang.
    $u = a + a + 6,5 \text{ cm} + a + a + 6,5 \text{ cm} = 4 \cdot a + 13 \text{ cm}$
  c) Sei x die Länge eines Schenkels, dann ist die Länge der Basis $\frac{1}{5} \cdot 2x = \frac{2}{5} \cdot x$.
    $u = x + x + \frac{2}{5} \cdot x = 2\frac{2}{5} \cdot x$

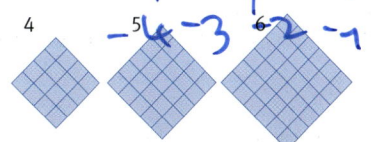

3 1 a) 4

  b) Anzahl der Quadrate beim n-ten Schritt: n^2

2 a)

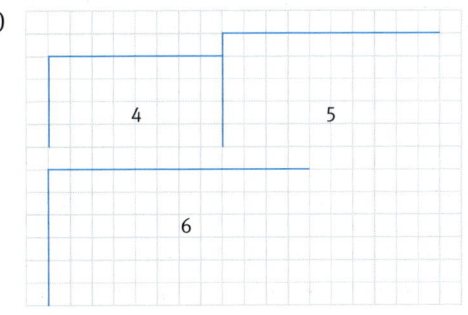

  b) Die Länge der n-ten Strecke beträgt jeweils n Kästchenlängen nach oben und $2 \cdot n$ Kästchenlängen zur Seite. Gesamtlänge des n-ten Streckenzuges: $3 \cdot n$ Kästchenlängen

Lösungen zu „Das kann ich!"

3 a) [Figur mit Sechsecken und Dreiecken, nummeriert 1–6]

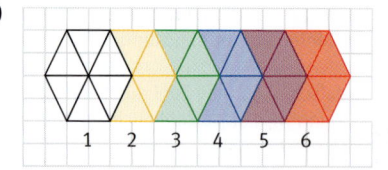

b) Mit jedem Schritt kommen 4 Dreiecke hinzu, nur die erste Figur hat 2 Dreiecke mehr.
Anzahl der Dreiecke der n-ten Figur: $4 \cdot n + 2$

4 a) $3 \cdot b + 2$ und $3 \cdot x + 2$
b) $15 \cdot (x - 9)$ c) $18y$
d) $(8 + q) : 7$ e) $3 \cdot x - 13$

5 a) $3e - 13j + 8r - 3x$
b) $q + 5\frac{2}{3}t + \frac{2}{3}t\,q$
c) $-3y$

6 a) [Stern mit: 56m, 4r, 8, 7m, ½r, 21ms, 4gr, 3s, 8g, 8, 24s, 64g]
b) [Stern mit: 15xy, ry, 3y, 5x, ⅓r, 60ax, $\frac{1}{27}$rz, 12a, $\frac{1}{9}$z, 9xy, 108axy, xyz]

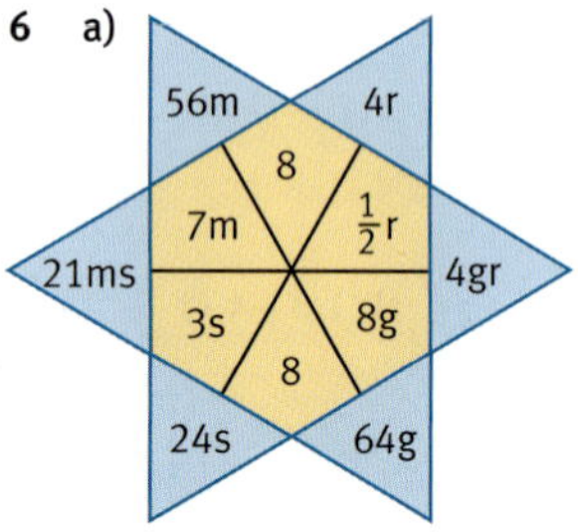

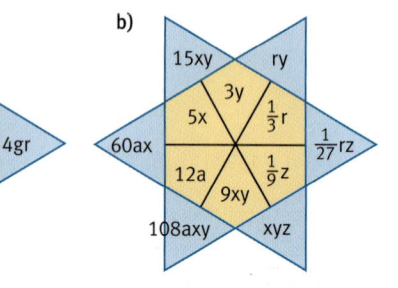

7 a) $71mt$ b) $2axy$ c) $10rs$
d) $3x$ e) $\frac{1}{3}xyz$ f) $144abc$

8 a) $2 - 10r$ b) $8 + \frac{1}{2}s$ c) $-x + 2y$
d) $6\frac{1}{2} + 23p$ e) $34qr + 108qs$ f) $a - b - 15$

9 a) $a - 7 = 45$ $a = 52$
b) $6 \cdot b = 84$ $b = 14$
c) $(2 \cdot c) : 3 = 8$ $c = 12$

Seite 199

10 a) $a = -7$. Gleichung lösbar für $\mathbb{G} = \mathbb{Z}$ und $\mathbb{G} = \mathbb{Q}$. Gleichung nicht lösbar für $\mathbb{G} = \mathbb{N}$.
b) $x = 6$. Gleichung lösbar für jeden Zahlenbereich $\mathbb{N}, \mathbb{Z}, \mathbb{Q}$.
c) $y = 1,1$. Gleichung lösbar für $\mathbb{G} = \mathbb{Q}$. Gleichung nicht lösbar für $\mathbb{G} = \mathbb{N}$ und $\mathbb{G} = \mathbb{Z}$.
d) Gleichung immer erfüllt für alle Zahlen aus $\mathbb{N}, \mathbb{Z}, \mathbb{Q}$.
e) Gleichung nicht lösbar (in keinem Zahlenbereich).
f) $f = -1,25$. Gleichung lösbar für $\mathbb{G} = \mathbb{Q}$. Gleichung nicht lösbar für $\mathbb{G} = \mathbb{N}$ und $\mathbb{G} = \mathbb{Z}$.

11 a) $x = -6$ $\mathbb{L} = \{-6\}$
b) $y = -8,8$ $\mathbb{L} = \{\}$
c) $z = -45$ $\mathbb{L} = \{-45\}$
d) $a = \frac{25}{8}$ $\mathbb{L} = \{\}$
e) $2a + 6 = 2a + 6$ $\mathbb{L} = \mathbb{Z}$
f) $c = 0$ $\mathbb{L} = \{0\}$

12 a) $x = 0,8$ $\mathbb{L} = \{0,8\}$ b) $x = 10$ $\mathbb{L} = \{10\}$
c) $y = -30$ $\mathbb{L} = \{-30\}$ d) $y = 6\frac{2}{3}$ $\mathbb{L} = \{6\frac{2}{3}\}$
e) $x = 3,25$ $\mathbb{L} = \{3,25\}$ f) $r = 5\frac{1}{3}$ $\mathbb{L} = \{5\frac{1}{3}\}$
g) $s = 8\frac{1}{6}$ $\mathbb{L} = \{8\frac{1}{6}\}$ h) $t = 1$ $\mathbb{L} = \{1\}$

13 Sei x die Breite der Scheune. Dann gilt für die Länge d der Dachsparren: $d = 3 \cdot (\frac{1}{4} \cdot x) = \frac{3}{4} \cdot x$.
$x = 14$ m, also $d = 10,5$ m
$x = 15$ m, also $d = 11,25$ m
$x = 16$ m, also $d = 12$ m

14 Lösungsmöglichkeit:
Sei b die Breite des Quaders, dann ist $l = 2b$ die Länge des Quaders und $h = 3l = 6b$ die Höhe des Quaders.
Gesamtkantenlänge: $4h + 4l + 4b = 72$ cm
Also:
$24b + 8b + 4b = 36b; \; 36b = 72$ cm
$b = 2$ cm
$l = 2b = 4$ cm
$h = 6b = 12$ cm

15 Sei z die Zeit in Sekunden.
$600 - 2t = 4t$
$t = 100$
Nach 100 s = 1 min 40 s sind beide Flugzeuge auf gleicher Höhe (nämlich in 400 m Höhe).

16 Die Aussage ist richtig.

17 Die Aussage ist falsch. $3x \cdot x = 3x^2$

18 Die Aussage ist richtig für die alleinige Addition und Multiplikation. Ansonsten ist sie im Allgemeinen falsch.

19 Die Aussage ist falsch. Man darf beide Seiten nur mit einer Zahl ungleich null multiplizieren, sonst ändert sich die Lösungsmenge der Gleichung.

20 Die Aussage ist richtig. Beispiele findet man bei Aufgabe 10 auf dieser Seite.

21 Die Aussage ist richtig.

22 Die Aussage ist im Allgemeinen falsch. Terme und Gleichungen bieten oft eine Möglichkeit, Sachaufgaben zu lösen, es gibt aber noch weitere (z. B. Tabellen, Graphen, Probieren).

23 Die Aussage ist richtig.

24 Die Aussage ist richtig.

Stichwortverzeichnis

Absolute Häufigkeit 92
Achsenspiegelung 8
Addieren rationaler Zahlen 150
Äquivalenzumformungen 188, 200
Arithmetisches Mittel 92, 112
Assoziativgesetz 156, 170, 180
Ausklammern 160, 170
Ausmultiplizieren 160, 170

Betrag 148
Boxplot 94, 112
Brutto 79, 88

Distributivgesetz 160, 170, 200
Dividieren
– rationaler Zahlen 158, 170
– von Termen 180
Drachenviereck 116, 140
Drehung 8
Dreieck
– Dreiecksarten 12, 34
– Flächeninhalt 124, 140
Dreisatz 46, 50, 60, 72, 74, 76

Ereignis 98, 112
Ergebnis 98, 102, 112

Flächeninhalt 120, 140
– Dreieck 124, 140
– Parallelogramm 122, 140
– Trapez 128, 140
– Vieleck 130, 140

Gegenzahl 148
Gerade 44
Gesetz der großen Zahlen 100, 112
Gleichschenkliges Dreieck 12, 34
Gleichseitiges Dreieck 12, 34
Gleichung 184
– umformen 188
Graph 40, 60
Grundmenge 186, 200
Grundwert 70, 76, 88

Häufigkeit, absolute 100
– relative 100
Haus der Vierecke 119
Höhe 14
Hyperbel 48

Inkreis 16, 34

Kapital 80, 88
Klammern, Terme mit 182
Kommutativgesetz 156, 170, 180
Kongruenz 8, 34
Kongruenzsätze 18, 34
Konstruktion 18, 34

Laplace-Wahrscheinlichkeit 102, 112
Lösungsmenge 186, 200

Maximum 92, 112
Median 92, 112
Minimum 92, 112
Minusklammern 182
Mittel, arithmetisches 92, 112
Mittelsenkrechte 14
Modalwert 92, 112
Multiplizieren
– rationaler Zahlen 154, 170
– von Termen 180

Netto 79, 88

Parallelogramm 116, 140
– Flächeninhalt 122, 140
Passante 26
Plusklammern 182
Potenzen 162, 170
Promille 79, 88
Proportional 44, 60
Proportionalitätsfaktor 44, 60
Prozent 64
Prozentsatz 70, 72, 88
Prozentwert 70, 74, 88
Punktspiegelung 8

Quadrant 146, 170
Quadrat 116
Quartil 94, 112

Rabatt 78, 88
Rangliste 92, 112
rationale Zahlen 144, 170
– addieren 150, 170
– dividieren 158, 170
– multiplizieren 154, 170
Raute 116, 140
Rechteck 116
Rechtwinkliges Dreieck 12

Sachaufgaben 192
Satz des Thales 22, 34
Seitenhalbierende 14
Sekante 26
Skonto 78, 88
Spannweite 96, 112
Spitzwinkliges Dreieck 12, 34
Streifendiagramm 68
Stumpfwinkliges Dreieck 12, 34
Subtrahieren rationaler Zahlen 150

Tabellenkalkulation 108
Tangente 26
Tara 79, 88
Terme 174, 200
– dividieren 180
– mit Klammern 182
– multiplizieren 180
Thales von Milet, Satz des 22, 34
Trapez 116, 140
– Flächeninhalt 128, 140

Umgekehrt proportional 48, 60

Variable 174, 200
Verhältnisse 67
Vermessen 21, 136
Verschiebung 8
Vieleck, Flächeninhalt eines 130, 140
Vierecke, Haus der 119

Winkelhalbierende 14

Zinsen 80, 88
Zinssatz 80, 88
Zufallsversuch 98, 112
Zuordnung 38, 60

Bildnachweis

Bildagentur Mauritius / Phototake RF, Mittenwald – S. 84; Eisele photos / Reinhard Eisele, Walchensee – S. 116; F1-online / denkou images, Frankfurt – S. 41; Fotolia / Laik Alilly – S. 49; - / ankiro – S. 91; - / ArtHdesign – S. 29; - / by-studio – S. 51; - / dephoto – S. 21, 27, 133; - / Otto Durst – S. 12; - / einstein – S. 135; - / fotowahn – S. 108; - / gandolf – S. 52; - / GordenGrand – S. 38; - / Thomas Hansen – S. 65; - / Barbara Helgason – S. 41; - / Felix Jork – S. 80; - / Manfred Karisch – S. 167; - / Axel Kock – S. 149; - / Lara Nachtigal – S. 96; - / One02 – S. 66; - / Matthias Ott – S. 44; - / pegbes – S. 39; - / Mark Physsas – S. 24; - / Nicholas Piccilo – S. 74; - / picsfive – S. 36; - / Pixelspieler – S. 49; - / Peter Pyka – S. 72, 177; - / Alexander Rochau – S. 93; - / M. Rosenwirth – S. 81; - / Orlando Florin Rosu – S. 106; - / Mariano Poro Ruiz – S. 68; - / Gina Sanders – S. 46; - / Martin Schlecht – S. 51; - / Serbis – S. 168; - / Shockmotion – S. 168; - / sil007 – S. 45; - / Sulabaja – S. 50; - / sunt – S. 104; - / Tentacle – S. 121; - / Benjamin Thorn – S. 43; - / Wladimir Tolstich – S. 71; - / tomtitom – S. 71; - / unterwaterpics – S. 168; - / voizin – S. 182; - / Moritz Wussow – S. 191; - / xmasarox – S. 63; - / zentilia – S. 94; fotosearch / Lushpix Value – S. 115; http://www.flugsimulator.com – S. 197; http://www.joerg-hempel.com – S. 123; http://www.media.dresden-airport.de – S. 135; http://www.wikimedia.org – S. 23, 187; / Rainer Martini, München – S. 127; Matthias Ludwig, Würzburg – S. 3, 7, 10 (4), 21, 118, 127, 131, 134 (3), 137 (2); Project Photos / Reinhard Eisele, Walchensee – S. 166; Shotshop / bluemagenta, Berlin – S. 136: Verlagsarchiv – S. 5, 21, 30, 31, 36 (2), 42, 45, 53, 54, 73, 75 (5), 89, 90, 117 (2), 132 (2), 136, 137, 141, 153, 190, 193, 196, 202; Georg Vollmer, Bamberg – S. 75; Wildner + Designer GmbH, Fürth – Einband, 3, 37